科学是永无止境的，它是一个永恒之迷。

——爱因斯坦

U0228597

"中国制造2025"
出版工程

"十三五"国家重点出版物
出版规划项目

"中国制造2025"
出版工程

先进材料
连接技术及应用

李亚江　等著

化学工业出版社

·北　京·

先进材料连接技术的应用产生了明显的经济效益和社会效益，是值得大力推广的。本书针对近年来受到人们关注的先进材料，如高技术陶瓷、金属间化合物、复合材料、功能材料等，对其连接原理、焊接性特点、技术要点及应用等做了系统的阐述，给出一些典型工程结构连接的应用示例，可以指导新产品研发。本书内容反映出近年来先进材料连接技术的发展，特别是一些高新技术的发展，对推动先进材料的焊接应用有重要的意义。本书供从事与材料开发和焊接技术相关事业的工程技术人员使用，也可供高等院校师生、科研院（所）和企事业单位的科研人员阅读参考。

图书在版编目（CIP）数据

先进材料连接技术及应用/李亚江等著.—北京：化学工业出版社，2018.6

（"中国制造2025"出版工程）

ISBN 978-7-122-32014-8

Ⅰ.①先… Ⅱ.①李… Ⅲ.①工程材料-焊接工艺

Ⅳ.①TG457

中国版本图书馆 CIP 数据核字（2018）第 079931 号

责任编辑：曾　越　张兴辉　　　　　　　　文字编辑：陈　喆
责任校对：宋　夏　　　　　　　　　　　　装帧设计：尹琳琳

出版发行：化学工业出版社（北京市东城区青年湖南街 13 号　邮政编码 100011）
印　　装：三河市延风印装有限公司
710mm×1000mm　1/16　印张 22¾　字数 431 千字　　2018 年 10 月北京第 1 版第 1 次印刷

购书咨询：010-64518888（传真：010-64519686）　　售后服务：010-64518899
网　　址：http://www.cip.com.cn
凡购买本书，如有缺损质量问题，本社销售中心负责调换。

定　　价：98.00 元　　　　　　　　　　　　　　　版权所有　违者必究

序

　　制造业是国民经济的主体，是立国之本、兴国之器、强国之基。近十年来，我国制造业持续快速发展，综合实力不断增强，国际地位得到大幅提升，已成为世界制造业规模最大的国家。但我国仍处于工业化进程中，大而不强的问题突出，与先进国家相比还有较大差距。为解决制造业大而不强、自主创新能力弱、关键核心技术与高端装备对外依存度高等制约我国发展的问题，国务院于 2015 年 5 月 8 日发布了"中国制造 2025"国家规划。随后，工信部发布了"中国制造 2025"规划，提出了我国制造业"三步走"的强国发展战略及 2025 年的奋斗目标、指导方针和战略路线，制定了九大战略任务、十大重点发展领域。2016 年 8 月 19 日，工信部、发展改革委、科技部、财政部四部委联合发布了"中国制造 2025"制造业创新中心、工业强基、绿色制造、智能制造和高端装备创新五大工程实施指南。

　　为了响应党中央、国务院做出的建设制造强国的重大战略部署，各地政府、企业、科研部门都在进行积极的探索和部署。加快推动新一代信息技术与制造技术融合发展，推动我国制造模式从"中国制造"向"中国智造"转变，加快实现我国制造业由大变强，正成为我们新的历史使命。当前，信息革命进程持续快速演进，物联网、云计算、大数据、人工智能等技术广泛渗透于经济社会各个领域，信息经济繁荣程度成为国家实力的重要标志。增材制造（3D 打印）、机器人与智能制造、控制和信息技术、人工智能等领域技术不断取得重大突破，推动传统工业体系分化变革，并将重塑制造业国际分工格局。制造技术与互联网等信息技术融合发展，成为新一轮科技革命和产业变革的重大趋势和主要特征。在这种中国制造业大发展、大变革背景之下，化学工业出版社主动顺应技术和产业发展趋势，组织出版《"中国制造 2025"出版工程》丛书可谓勇于引领、恰逢其时。

　　《"中国制造 2025"出版工程》丛书是紧紧围绕国务院发布的实施制造强国战略的第一个十年的行动纲领——"中国制造 2025"的一套高水平、原创性强的学术专著。丛书立足智能制造及装备、控制及信息技术两大领域，涵盖了物联网、大数据、3D 打印、机器人、智能装备、工业网络安全、知识自动化、人工智能等一系列的核心技术。丛书的选题策划紧密结合"中国制造 2025"规划及 11 个配套实施指南、行动计划或专项规划，每个分册针对各个领域的一些核心技术组织内容，集中体现了国内制造业领域的技术发展成果，旨在加强先进技术的研发、推广和应用，为"中国制造 2025"行动纲领的落地生根提供了有针对性的方向引导和系统性的技术参考。

这套书集中体现以下几大特点：

首先，丛书内容都力求原创，以网络化、智能化技术为核心，汇集了许多前沿科技，反映了国内外最新的一些技术成果，尤其国内的相关原创性科技成果得到了体现。这些图书中，包含了获得国家与省部级诸多科技奖励的许多新技术，图书的出版对新技术的推广应用很有帮助！这些内容不仅为技术人员解决实际问题，也为研究提供新方向、拓展新思路。

其次，丛书各分册在介绍相应专业领域的新技术、新理论和新方法的同时，优先介绍有应用前景的新技术及其推广应用的范例，以促进优秀科研成果向产业的转化。

丛书由我国控制工程专家孙优贤院士牵头并担任编委会主任，吴澄、王天然、郑南宁等多位院士参与策划组织工作，众多长江学者、杰青、优青等中青年学者参与具体的编写工作，具有较高的学术水平与编写质量。

相信本套丛书的出版对推动"中国制造 2025"国家重要战略规划的实施具有积极的意义，可以有效促进我国智能制造技术的研发和创新，推动装备制造业的技术转型和升级，提高产品的设计能力和技术水平，从而多角度地提升中国制造业的核心竞争力。

中国工程院院士 潘云鹤

前言

历史上每一种新材料的出现，都伴随着新的连接工艺的出现并推动了科学技术的发展。先进材料的研究开发是多学科相互渗透的结果，连接技术对其推广应用起着至关重要的作用，并在电子、能源、汽车、航空航天、核工业等部门中得到了应用。

先进材料的开发是发展高新技术的重要物质基础，先进材料的连接在工程结构中是经常遇到的，而且在实践中出现的问题较多，有时甚至阻碍了整个工程的进展。特别是许多先进材料的连接，采用常规的焊接方法难以完成，先进焊接技术的优越性日益突现。

为配合"中国制造 2025"国家制造强国战略，适应先进材料的发展，本书从理论与实践相结合的角度，针对近年来受到人们关注的先进材料（如高技术陶瓷、金属间化合物、复合材料、功能材料等）的连接问题，对其连接原理、焊接性特点、技术要点及应用等做了系统的阐述，力求突出科学性、先进性和新颖性等特色。本书内容反映出近年来先进材料连接技术的发展，特别是一些高新技术的发展，对推动先进材料的焊接应用有重要的意义。书中给出一些先进材料结构连接的应用示例，可以指导新产品研发。

本书供从事与材料开发和焊接技术相关的工程技术人员使用，也可供高等院校师生、科研院（所）和企事业单位的科研人员参考。

参加本书撰写的其他人员还有：王娟、马海军、夏春智、陈茂爱、刘鹏、沈孝芹、黄万群、吴娜、李嘉宁、刘如伟、马群双、刘坤、蒋庆磊、魏守征。

由于笔者水平所限，书中不足之处在所难免，敬请读者批评指正。

著　者

目录

80 第3章 复合陶瓷与钢的扩散连接

125 第4章 镍铝及钛铝金属间化合物的连接

168　第5章　铁铝金属间化合物的连接

第1章

概　述

先进材料是指具有比传统钢铁和有色金属材料更加优异的性能，能够满足高新技术发展需求的一类工程材料，如高技术陶瓷、金属间化合物、叠层材料、复合材料等。先进材料的焊接是经常遇到的，而且出现问题较多，有时甚至阻碍了整个研发和工程（或焊接结构）的进展。先进材料的主要特点是高性能、高硬度、焊接难度大。

1.1　先进材料的分类和性能特点

现代科学技术的发展，对焊接接头质量及结构性能的要求越来越高，钢铁材料和常规有色金属材料的焊接已难以满足高新技术发展的要求，各种先进及特殊材料的焊接近年来不断涌现。先进材料受到人们的关注，极大地推动了科学技术进步和社会发展，并在电子、能源、汽车、航空航天、核工业等部门中得到了应用。

1.1.1　先进材料的分类

先进材料是指除普通钢铁材料和有色金属之外已经开发或正在开发的具有特殊性能和用途的工程材料，如高技术陶瓷、金属间化合物、复合材料等。先进材料具有比传统材料更为优异的性能，与高新技术的发展密切相关。先进材料技术是按照人的意志，通过物理化学、材料设计、材料加工、试验评价等一系列研发过程，创造出能满足各种需要的新型材料的技术。先进材料按材料的属性划分，有先进金属材料、无机非金属材料（如陶瓷材料等）、有机高分子材料、先进复合材料四大类。

按材料的使用性能划分，有结构材料和功能材料。结构材料主要是利用材料的力学和理化性能，以满足高强度、高刚度、高硬度、耐高温、耐磨、耐蚀、抗辐照等性能要求；功能材料主要是利用材料具有的电、磁、声、光、热等效应，以实现某种功能，如超导材料、磁性材料、光敏材料、热敏材料、隐身材料和制造原子弹、氢弹的核材料等。先进材料在国防建设上作用重大。例如，超纯硅、砷化镓的成功研制促进大规模和超大规模集成电路的诞生，使计算机运算速度从每秒几十万次提高到每秒百亿次以上；航空发动机材料的工作温度每提高 100℃，推力可增大 24％；隐身材料能吸收电磁波或降低武器装备的红外辐射，使敌方探测系统难以发现。

先进材料的开发与应用是现代科学技术发展的重要组成部分。随着航空航天、新能源、电力等工业的发展，人们对材料的性能提出了越来越高的要求。开发在特殊条件下使用的先进材料是科学技术发展的趋势之一，而先进结构材料的发展是其中重要的组成部分。

先进材料涉及面很广，并且处于不断的开发和应用中。工程中经常涉及的先进材料主要包括：高技术陶瓷、金属间化合物、叠层材料、复合材料、功能材料等。这些材料的一个突出特点是硬度和强度高、塑性和韧性差，焊接难度很大，采用常规的熔焊方法很难对这类材料进行焊接。

先进材料的发展及应用与高新技术的发展密切相关，而且有独特的和难以替代的作用。例如先进陶瓷材料、金属间化合物和难熔材料的开发与应用，为开发能源、开发太空和海洋、探索航空航天等领域提供了重要的物质基础。先进材料是高新技术发展必要的物质基础，常成为新技术革命的先导。

1.1.2 先进材料的性能特点

从先进材料的合成和制造工艺来看，先进陶瓷、金属间化合物、叠层材料、复合材料等，常将一些高技术手段获得的极端条件（如超高压、超高温、超高速冷却速度等）作为必要的制备方法；其次，先进陶瓷、金属间化合物和复合材料等的研发与计算机技术和自动控制技术的发展和应用密切相关，对材料的质量控制要求非常严格。先进材料是正在发展的、具有高强度、耐高温、耐腐蚀、抗氧化等优异性能和特殊用途的材料。

（1）先进陶瓷材料

又称高技术陶瓷、新型陶瓷或高性能陶瓷，是以精制的高纯、超细人工合成的无机化合物为原料，采用精密控制的制备工艺获得的具有优异性能的新一代陶瓷。

陶瓷是指以各种金属的氧化物、氮化物、碳化物、硅化物为原料，经适当配料、成形和高温烧结等合成的无机非金属材料。先进陶瓷在组成、性能、制造工艺及应用等方面都与传统的陶瓷截然不同，组成已由原来的 SiO_2、Al_2O_3、MgO 等发展到了 Si_3N_4、SiC 和 ZrO_2 等。采用先进的物理、化学方法能够制备出超细粉末。烧结方法也由普通的大气烧结发展到控制气氛的热压烧结、真空烧结和微波烧结等先进的烧结方法。先进陶瓷具有特定的精细组织结构和性能，在现代工程和高新技术发展中起着重要的作用。

广义的先进陶瓷包括人工单晶、非晶态（玻璃）陶瓷及其复合材料、半导体、耐火材料等，属于无机非金属材料。陶瓷材料一般分为功能陶瓷和结构陶瓷两大类，生物陶瓷可以归入功能陶瓷（也可以单独列出）。与焊接技术相关的主要是结构陶瓷。

先进陶瓷具有优异的物理和力学性能，如高强度、高硬度、耐磨、耐腐蚀、耐高温和抗热震性等，而且在电、磁、热、光、声等方面具有独特的功能。

与金属材料相比，陶瓷材料的线胀系数比较低，一般在 $10^{-5} \sim 10^{-6} \mathrm{K}^{-1}$ 的范围内；熔点（或升华、分解温度）高很多，有些陶瓷可在 $2000 \sim 3000 ℃$ 的高温下工作且保持室温时的强度，而大多数金属在 $1000 ℃$ 以上就基本上丧失了强度性能。因此，陶瓷作为高温结构材料用于航空发动机、切削刀具和耐高温部件等，具有广阔的前景。

先进陶瓷的发展趋势有三个方面。

① 由单相、高纯材料向多相复合陶瓷方向发展，包括纤维（或晶须）补强的陶瓷基复合材料、异相颗粒弥散强化复相陶瓷、两种或两种以上主晶相组合的自补强材料、梯度功能陶瓷材料以及纳米-微米陶瓷复合材料等。

② 从微米级尺度（从粉体到显微结构）向纳米级方向（1至数百纳米）发展，即向介于原子或分子与常规的微米结构之间的过渡性结构区发展，将出现与以往的微米级陶瓷材料不同的化学和物理性质，如超塑性和电、磁性质的变化等。

③ 陶瓷材料的加工，如剪裁、形状设计和连接（焊接）等。

（2）金属间化合物

金属间化合物简称 IMC（Intermetallics Compounds），是指由两种或者更多种金属组元按比例组成的、具有不同于其组成元素的长程有序晶体结构和金属特性（有金属光泽、导电性和导热性）的化合物。特点是各元素间既有化学计量的组分，而其成分又可以在一定范围内变化从而形成以化合物为基体的固溶体。

金属间化合物的金属元素之间通过共价键和金属键共存的混合键结合，性能介于陶瓷和金属之间（也被誉为半陶瓷材料）：塑性和韧性低于一般金属而高于陶瓷材料；高温性能高于一般金属而低于陶瓷材料。两种金属以整数比（或在接近整数比的一定范围内）形成化合物时，其结构与构成它的两金属的结构不同，从而形成长程有序的超点阵结构。

金属间化合物分为结构用和功能用两类，前者是作为承载结构使用，具有良好的室温和高温力学性能，后者具有某种特殊的物理或化学性能，作为功能材料使用。

金属在高温下会失去原有的强度。金属间化合物却不存在这样的问题，可以说在高温下方显出金属间化合物的"英雄本色"。在一定温度范围内，金属间化合物的强度随温度升高而增强，这就使这类材料在高温结构应用方面具有潜在的优势。但是，伴随着金属间化合物的高温强度性能的，是其较大的室温脆性。20世纪30年代金属间化合物刚被发现时，它们的室温延性几乎为零。因此，有人预言，金属间化合物在结构上没有实用价值。

20世纪80年代中期，美国科学家们在金属间化合物室温脆性研究上取得了突破性进展，使它的室温伸长率大幅度提高，甚至与纯铝的延性相当。这一重要发现及其所蕴含的发展前景，吸引了各国材料科学家对金属间化合物的关注，在世界范围内掀起一股研究热潮，在不同层次上开展研发工作，先后突破了Ti_3Al、Ni_3Al、$TiAl$、$NiAl$等金属间化合物的脆性问题，使这些材料向工程实用跨出了关键性的一步。

金属间化合物的脆性问题基本解决后，要使这些合金成为实用的工程材料，还需解决一系列问题，如进一步提高强度和高温强度、改善加工性能（特别是压延性、焊接性）和保证组织稳定性等。

以金属间化合物为基体的合金或材料是一种全新的材料。常规的金属材料都是以相图中端际固溶体为基体，而金属间化合物则以相图中间部分的有序金属间化合物为基体。许多金属间化合物具有反常的强度与温度之间的关系特性，这些金属间化合物的屈服强度随着温度的提高而升高，在达到峰值后又随着温度的提高而下降。

金属间化合物具有独特的物理化学特性，如独特的电学性能、磁学性能、光学性能、声学性能、化学稳定性、热稳定性和高温强度等。此外，金属间化合物还具有良好的抗氧化性、耐腐蚀性能、超导性、半导体性能及其他功能特性等。正是由于金属间化合物具有这些突出特性，因此这是一类极具发展潜力的高温结构材料。

金属间化合物的种类繁多，包括所有金属与金属之间的化合物，而且不遵循传统的化合价规律。目前用于工程结构的金属间化合物集中于Ni-Al、Ti-Al和Fe-Al三大合金系。Ni-Al系金属间化合物是研究较早的一类材料，研究比较深入，取得了许多成果，也有很多实际应用。Ti-Al系金属间化合物由于密度小、性能好，是潜在的航空航天材料，极具发展前景，国外已开始用于军事领域。Ni-Al和Ti-Al系金属间化合物性能优异但价格高，主要用于航空航天等高科技领域。Fe-Al系金属间化合物除具有高强度、耐腐蚀等优点外，还具有成本低和密度小等优势，具有广阔的应用前景。

金属间化合物这一"高温材料"最大的用武之地是在航空航天领域，由轻金属（如Ti、Al）组成的金属间化合物密度小、熔点高、高温性能好等，具有极诱人的应用前景。

（3）叠层材料

叠层材料（也称叠层复合材料）是将两种或两种以上具有不同物理、化学性能的材料按一定的层间距及层厚比交互重叠形成的"三明治"型结构或多层材料（微叠层材料），材料组分可以是金属、金属间化合物、聚合物或陶瓷等。叠层材料的性质取决于每一组分的结构和特性、各自体积含量、层间距、它们的互溶度以及在两组分之间形成的金属间化合物。由于更能满足高性能产品的结构需求，因此这种材料得到高度重视。

叠层材料旨在利用韧性金属克服金属间化合物的脆性，层间界面对内部载荷传递、应力分布、增强机制和断裂过程有重要影响，使其在性能上优于相应的单体材料，具有更为优异的高温韧性、抗蠕变能力、低温断裂强度、高温时的微结构热力学稳定性，在航空航天领域有良好的应用前景。在深入了解叠层材料性能特点、制备工艺的基础上，分析叠层材料的焊接性问题，对推动叠层材料的发展及应用具有重要意义。

Ni-Al、Ti-Al 等金属间化合物因其具有良好的比强度、比刚度、抗氧化性和耐腐蚀性等优异性能，是一类极具发展潜力的高温结构材料，在航空航天领域中具有广阔的应用前景。但是，金属间化合物较高的室温脆性严重限制了它的实际应用。莫斯科鲍曼技术大学、美国 GE 公司（在美国空军实验室材料指导部资助下）开展了将金属间化合物与韧性金属制成叠层复合材料的研发，依靠韧性金属克服金属间化合物的脆性，为航空航天材料提供了发展前景。

微叠层复合材料通过在脆性金属间化合物层间交替加入韧性金属层制成，其性质取决于各组分的特性、体积分数、层间距及层厚比。层间界面对微叠层复合材料内部载荷的传递、残余应力、微区应力及应变分布、增强机制和断裂机制有重要影响。交替界面对微叠层复合材料有三种强化作用：Orowan 型强化，界面对层内位错运动的阻碍作用；Koehler 强化，由于界面两侧模量差异形成作用于位错上的像力，使位错运动的阻力增大；Hall-Patch 型强化，晶粒边界对位错运动的阻碍作用。叠层复合材料的应力场是一种能量耗散结构，能克服脆性材料突发性断裂的致命弱点，当微叠层材料受到冲击或弯曲时，微裂纹多次在层界面处受到阻碍而偏折或者钝化，这样可以有效减弱裂纹尖端的应力集中效应，改善材料韧性，结合良好的界面具有阻滞裂纹扩展、缓解应力集中的作用。

（4）复合材料

复合材料是指由两种或两种以上物理和化学性质不同的物质，按一定方式、比例及分布方式合成的一种多相固体材料。通过良好的增强相/基体组配及适当的制造工艺，充分发挥各组分的长处，得到的复合材料具有单一材料无法达到的优异综合性能。复合材料保持各组分材料的优点及其相对独立性，但却不是各组分材料性能的简单叠加。

复合材料的发展可以分为两个阶段，即早期复合材料和现代复合材料。"复合材料"（composite materials）一词出现于 20 世纪 40 年代，当时出现了玻璃纤维增强不饱和聚酯树脂，20 世纪 60 年代以后陆续开发出多种高性能纤维；20 世纪 80 年代以后，各类作为复合材料基体的材料（如树脂基、金属基、陶瓷基、碳/碳基）和增强相的使用和改进使复合材料的发展达到了更高的水平，进入高性能现代复合材料的发展阶段。

复合材料制造技术实质上就是用原有的金属材料、无机非金属材料和高分子材料等作为组分，通过一定的工艺方法将增强相与基体复合在一起，制成既保留原有材料的特性又能呈现出某些新性能的材料。

复合材料一般有两个基本相：一个是连续相（称为基体）；另一个是分散相（称为增强相）。复合材料的性能取决于各相的性能、比例，而且与两相界面性质和增强相的几何特征有密切的关系。分散相是以独立的形态分布在整个连续相中，分散相可以是纤维、晶须、颗粒（分别以下标 f、w、p 表示）等弥散分布的填料。

金属基复合材料包括晶须、颗粒和短纤维增强的金属基复合材料等几种。增强相包括单质元素（如石墨、硼、硅等）、氧化物（如 Al_2O_3、TiO_2、SiO_2、ZrO_2 等）、碳化物（SiC、B_4C、TiC、VC、ZrC 等）、氮化物（Si_3N_4、BN、AlN 等）的颗粒、晶须及短纤维。

连续纤维增强金属基复合材料由基体金属及增强纤维组成，基体通常是一些塑性、韧性好的金属，其焊接性一般较好；而增强相是高强度、高模量、高熔点、低密度和低线胀系数的非金属，其焊接性都很差。这类材料的焊接不但涉及金属基复合材料之间的焊接，还涉及金属与非金属增强相之间的焊接以及增强相之间的焊接。

(5) 功能材料

材料可分为结构材料和功能材料两大类。功能材料的概念是美国 J. A. Morton 于 1965 年首先提出的。功能材料是指具有特定功能的材料，在物件中起着"功能"的作用。许多新功能材料已经批量生产和得到应用，推动了现代科学技术的进一步发展。

功能材料是指那些具有优良的电学、磁学、光学、热学、声学、力学、化学、生物医学功能，特殊的物理、化学、生物学效应，能完成功能相互转化，主要用来制造各种功能元器件而被广泛应用于各类高科技领域的高新技术材料。

世界各国功能材料的研究极为活跃，充满了机遇和挑战，新技术、新专利层出不穷。发达国家企图通过知识产权的形式在特种功能材料领域形成技术垄断，并试图占领中国广阔的市场，这种态势已引起我国的高度重视。功能材料不但是发展信息技术、生物技术、能源技术等高技术领域和国防建设的重要基础材料，而且是改造与提升我国基础工业和传统产业的基础，直接关系到我国资源、环境及社会的可持续发展。

功能材料在国民经济、社会发展及国防建设中起着独特的作用，它涉及信息技术、生物工程技术、能源技术、纳米技术、环保技术、空间技术等现代高新技术及其产业。功能材料不仅对高新技术的发展起着重要的推动和支撑作用，还对我国相关传统产业的改造和升级、实现跨越式发展起着重要的促进作用。

功能材料种类繁多，用途非常广泛，正在形成一个规模宏大的高技术产业群，有着广阔的市场前景和极为重要的战略意义。世界各国均十分重视功能材料的研发与应用，它已成为世界各国新材料研究发展的热点，也是世界各国高技术发展中战略竞争的热点。

在适当的条件下，结构材料和功能材料可以相互转化。因为结构材料和功能材料有着共同的科学基础，很难截然分开。有时，一种材料同时具有结构材料和功能材料两种属性，例如机体隐身材料就兼有承载、气动力学、隐身三种功能。

当前国际功能材料及其应用技术正面临新的突破，如超导材料、微电子材料、光子材料、信息材料、能源转换及储能材料、生态环境材料、生物医用材料等正处于日新月异的发展之中，发展功能材料技术正成为一些发达国家强化其经济及军事优势的重要手段。

1.2 先进材料的应用及发展前景

对于现代材料而言，材料是物质，制造是途径（或手段），应用是目的。在先进材料的应用条件下，必须考虑环境的特殊要求，如高温、低温、腐蚀介质等。结构件均有一定的形状配合和精度要求，因此先进材料还需有良好的可加工性能，如铸造性、冷（或热）成形性、焊接性、切削加工性等。遗憾的是，先进材料由于固有的特殊性能，焊接难度很大，有时甚至阻碍了先进材料的发展和应用。

1.2.1 先进陶瓷

先进陶瓷原料丰富、产品附加值高，应用领域广阔。但由于陶瓷塑性和韧性差，加工困难，不易制成大型或形状复杂的构件，单独使用又受到一定的限制。先进陶瓷是随着现代电器、电子、航空、原子能、冶金、机械、化学等工业以及计算机、空间技术、新能源开发等科学技术的飞跃发展而发展起来的。在实际应用中，常采用连接技术制成陶瓷-金属复合构件，这样既能发挥陶瓷与金属各自的性能优势，又能降低生产成本，具有很好的应用前景。

陶瓷与金属焊接已获得广泛的应用，例如用于汽车发动机增压器转子（可以减少尾气排放）、陶瓷/钢摇杆、陶瓷/金属挺柱、火花塞、高压绝缘子、电子元器件（如真空管外壳、整流器外壳）等。

研究开发高效陶瓷发动机，是世界各国高技术竞争的热点之一。使用陶瓷发动机，可以把发动机的工作温度从 1000℃提高到 1300℃，热效率从 30%提高到 50%，重量减轻 20%，燃料节省 30%～50%。英国是最早从事结构陶瓷应用开发的国家，英国政府专门拨款数千万英镑，对陶瓷燃气轮机和往复式陶瓷发动机进行研发，已经制造出了活塞式陶瓷发动机。据美国福特汽车公司的专家估计，如果全美国的汽车都采用陶瓷发动机，那么每年至少可节约石油 5 亿桶。

对于陶瓷发动机，美、俄、法、德等国家制定了庞大的研发计划，投入了巨大的人力和资金。美国投资数十亿美元，组织几十家公司从事陶瓷发动机的研究开发，其中通用汽车公司、福特汽车公司、诺尔顿公司等大型企业相继建立了新型陶瓷发动机专业化研发中心。

日本把结构陶瓷看作是继微电子之后又一个可带来巨大效益的新领域，他们在同美国人的竞争中不惜代价，开发新产品的能力甚至超过了美国。日本 213kW 陶瓷发动机已经形成规模生产，并已装备了上百万辆小汽车。德国对陶瓷内燃机的研发也走在世界前列，德国奔驰汽车公司研制的"2000 年轿车"就是由陶瓷燃气轮机驱动的。

在欧洲共同体的"尤里卡计划"中，法国、德国和瑞典三个国家从 20 世纪 80 年代开始联合进行陶瓷燃气轮机的开发，已经研制出功率为 147kW 的陶瓷涡轮喷气发动机，其工作温度可达 1600℃，比普通发动机高出 600℃以上。

1.2.2　金属间化合物

近二十年来，人们开始重视对金属间化合物的开发应用，这是材料领域一个根本性的转变，也是今后材料发展的重要方向之一。金属间化合物由于它的特殊晶体结构，使其具有其他固溶体材料所没有的性能。特别是固溶体材料通常随着温度的升高而强度降低，但某些金属间化合物的强度在一定范围内随着温度的升高而增大，这就使它有可能作为新型高温结构材料的基础。另外，金属间化合物还有一些性能是固溶体材料的数倍乃至几十倍。

Ni-Al、Ti-Al 金属间化合物适合用于航空航天材料，具有很好的应用潜力，已受到欧、美等发达国家的重视。一些 NiAl 合金已获得应用或试用，如用于柴油机部件、电热元器件、航空航天飞机紧固件等。TiAl 合金可替代镍基合金制成航空发动机高压涡轮定子支承环、高压压气机匣、发动机燃烧室扩张喷管喷口等；我国宇航工业正试用这类合金制造发动机热端部件，应用前景广阔。

例如，20 世纪 90 年代美国 GE 发动机公司将 TiAl 合金（Ti-47Al-2Cr-2Nb）低压气机叶片安装在 CF6-80C2 战机上并做了 1000 个模拟飞行周次的考核，结果 TiAl 合金叶片完整无损。其后美国国家航空航天总署（NASA）的"AITP"计划，将 TiAl 合金用作 GE-90 发动机 5 级和 6 级低压气机叶片，目标是取代原来的 Rene77 叶片，以减少重量 80kg。在压气机叶片台架试车取得进展的同时，TiAl 合金作为机匣、涡轮盘、支撑架、导梁等应用也在逐步展开。

Fe_3Al 金属间化合物由于具有高的抗氧化性和耐磨性，可以在许多场合代替不锈钢、耐热钢或高温合金，用于制造耐腐蚀件、耐热件和耐磨件，其良好的抗硫化性能适合于恶劣条件下（如高温腐蚀环境）的应用。例如，可用于火力发电厂结构件、渗碳炉气氛工作的结构件、化工器件、汽车尾气排气管、石化催化裂化装置、加热炉导轨、高温炉箅等。此外，由于 Fe_3Al 金属间化合物具有优异的高温抗氧化性和很高的电阻率，有可能开发成新型电热材料。Fe_3Al 还可以和 WC、TiC、TiB、ZrB 等陶瓷材料制成复合结构，具有更加广阔的应用前景。

1.2.3 叠层材料

目前对叠层复合材料的研究主要集中在制备工艺、界面性能、增强机制等方面，对其焊接应用研究较少。美国加利福尼亚大学采用 Ag-Cu-In 钎料通过真空钎焊对 Ti-6Al-4V/TiAl$_3$ 微叠层复合材料进行焊接，Ti-Al 微叠层复合材料的抗拉强度为 200MPa，而得到钎焊对接接头的抗拉强度仅为 20MPa，需要进一步改善工艺参数和寻求更可靠的焊接方法。

纯镍复层＋Ti$_3$Al 基层的叠层材料在高温下的整体性能较好，其焊接的主要问题是室温脆性不足引起结合界面微裂纹。控制热输入和采用合适的焊前预热工艺可以降低微裂纹倾向。经预热处理后，焊缝区的结晶层消失，整个焊缝区的显微硬度分布趋于一致。但是焊接过程冷却速度较快，是非平衡过程，有序化进程进行不充分，对焊接区的组织性能产生影响，这也是在金属/金属间化合物叠层复合材料焊接中必须考虑的问题。

叠层复合材料由于其特殊的叠层结构，韧性层与金属间化合物层的组织结构、熔化温度、热膨胀系数、热导率等一系列物理化学性能不同，导致叠层复合材料的焊接比单独块体材料更加复杂、困难。焊接热循环对叠层复合材料的界面产生影响，使界面反应充分、反应层增厚等；界面存在的一些潜在缺陷，受焊接冶金过程的影响，可能转变为气孔、裂纹等。

航空航天飞行器发动机推重比、燃料效率的提高，使涡轮气体通道的温度越来越高（一般在 1100℃以上），要求发动机叶片有较好的耐高温性能和损伤断裂韧性。而传统的镍基合金在 1000℃以上韧性下降很快、易被氧化已难以满足要求。采用 Ni、Ti、Nb、V 等高温金属及其金属间化合物（如 Ni-Al、Ti-Al、Nb-Al、Nb-Ti-Al）为原材料制备叠层复合材料，利用高温金属作为韧化元素克服金属间化合物的脆性，使这种材料具有更优异的高温韧性和抗蠕变能力、低温断裂韧性以及在热循环过程中的抗氧化能力，在温度较高时具有微结构的热力学稳定性及具有竞争力的成本。

采用高温金属箔片（如 Ti、Ni、V）与 Al 箔交替层叠，通过轧制或自蔓延高温合成方法使箔片之间发生反应形成金属间化合物制得的微叠层复合材料中可能存在未完全反应的 Al 层，限制其在高温条件下的应用。但是由于金属间化合物具有良好的比强度、比刚度，Al 作为韧化元素能够改变金属间化合物的脆性，使这种微叠层复合材料能够作为轻质结构材料，在机体结构制造中有应用前景。

叠层材料具有良好的高温性能和热力学稳定性，在航空航天发动机制造中有良好的应用前景。通过真空轧制或自蔓延高温合成制备的微叠层复合材料限制其在高温条件下的应用，但是可用作机体轻质结构材料。焊接技术是实现多种航空航天构件连接的重要途径，但目前仍缺乏对叠层材料焊接应用的系统研发。焊接热输入可能促使层间界面潜在缺陷扩展、复层与基层的热膨胀系数不同易引起裂纹等问题是叠层复合材料的焊接中需要考虑的关键问题。

1.2.4　复合材料

复合材料是 20 世纪 60 年代初应航天、航空发展的需要而产生的。复合材料具有可设计性，即可根据人们的需要，选择不同的基体与增强相，确定材料的组合形式、增强相的比例与分布等。

复合材料的应用优势在于通过不同材料的组合，形成各种性能优异的新材料，结构-功能一体化是复合材料的发展趋势。过去 30 年间，复合材料在战斗机中的应用持续增长，取代了相当大一部分的传统结构材料。用复合材料代替金属显示出明显的减重效果，例如对于受载荷小的结构（如前机身），因金属结构较薄，直接代替减重效果明显；对于承受载荷大的结构，由于铺层复杂（如机翼翼根处），减重效果不明显。但飞机大部分结构是在这两种极端情况之间，减重效果居中。一般说复合材料占结构重量的 20%～25% 时，飞机机体的减重效果有大幅度增加。

复合材料在民用飞机、直升机上的应用也逐渐增加。在人造地球卫星、太空战、天地往返运输系统、运载火箭箭体、战略导弹弹头材料等结构中，复合材料的应用起着关键性的作用。例如，许多国家研制的远程及洲际战略导弹端头帽几乎都采用了碳/碳复合材料。

碳/碳复合材料，特别适于远程导弹和返地卫星前沿的头帽，它的优势在于：

① 耐高温、密度小；对于洲际导弹来说，每减重 1kg，可增加 300km 射程；对宇宙飞船和航天飞机来说，每减重 1kg，可减少 2kN 的推力，大大节省火箭燃料。

② 碳纤维复合材料在超高温和高气流的冲击下烧蚀速度慢，烧结后结成一层坚固而疏松的"海绵体"，可防止进一步烧蚀，又可起隔热作用。

"长征二号"捆绑式运载火箭的卫星接头支架，是大型复合材料结构件首次在我国的运载火箭上的应用，采用了碳/环氧复合材料半硬壳加肋铝蜂窝夹芯结构。"长征三号"系列运载火箭的关键部件"共底"，是大型铝蒙皮玻璃钢蜂窝夹芯胶接真空绝热结构件，采用了先进复合材料成形工艺，实现了大型运载火箭低温推进剂储箱结构的先进设计和制造，为提高火箭运载能力起了关键作用。

连续纤维增强金属基复合材料由于制造工艺复杂、成本高，其应用限于航空航天、军工等少数领域。非连续增强金属基复合材料保持了连续纤维增强 MCM 的大部分优良性能，而且制造工艺简单、原材料成本低、便于二次加工，近年来发展极为迅速。这类材料的焊接性虽然比连续纤维增强金属基复合材料好，但与单一金属及合金的焊接相比仍是非常困难的。非连续增强金属基复合材料主要有 SiC_p/Al、SiC_w/Al、Al_2O_{3p}/Al、Al_2O_{3sf}/Al 及 B_4C_p/Al 等，应用范围正日益扩大。

1.2.5 功能材料

我国非常重视功能材料的发展，在国家科技攻关、"863"、"973"、国家自然科学基金等计划中，功能材料都占有很大比例。在"十五"、"十一五"国防科技计划中还将特种功能材料列为"国防尖端"材料。这些科技计划的实施，使我国在功能材料领域取得了丰硕的成果。在"863 计划"支持下，开辟了超导材料、平板显示材料、稀土功能材料、生物医用材料、储氢等新能源材料；在金刚石薄膜、红外隐身材料等功能材料新领域，取得了一批接近或达到国际先进水平的研究成果，在国际上占有了一席之地。功能材料还在"两弹一星""四大装备四颗星"等国防工程中作出了举足轻重的贡献。

近年来功能材料迅速发展，已有几十大类、数万个品种。功能材料的应用范围也迅速扩大，在电子信息、计算机、光电、航空航天、兵器、能源、医学等领域得到广泛应用。虽然在产量和产值上还不如结构材料，但功能材料对各行业的发展有很大的影响，特别是在高新技术发展中有时起着关键的作用。

例如，以 NbTi、Nb_3Sn 为代表的超导材料已实现了商品化，在核磁共振人体成像（NMRI）、超导磁体及大型加速器磁体等多个领域获得了应用。由于常规低温超导体的临界温度太低，须在昂贵复杂的液氦（4.2K）系统中使用，因而限制了低温超导材料的进一步应用。

高温氧化物超导体的出现，突破了温度壁垒，把超导应用温度从液氦（4.2K）提高到液氮（77K）温区。同液氦相比，液氮是一种非常经济的冷媒，并且具有较高的热容量，给工程应用带来了极大的方便。高温氧化物超导体是复杂的多元体系，在研究过程中涉及多个领域，这些领域包括凝聚态物理、晶体化学、工艺技术及微结构分析等。一些材料科学研究领域最新的技术手段，如非晶技术、纳米技术、磁光技术、隧道显微技术及场离子显微技术等都被用来研究高温超导体，其中许多研究工作涉及材料科学的前沿。高温超导材料的研究已在单晶、薄膜、体材料、线材和应用等方面取得了重要进展。

形状记忆合金（SMA）是一种新型功能材料，它具有特殊的形状记忆效应，在航空航天、原子能、海洋开发、仪器仪表、医疗器械等领域具有广阔的应用前景。采用传统的焊接方法难以实现 TiNi 形状记忆合金的连接，难以控制焊缝的化学成分、微观组织和相变温度与母材一致以获得与母材等同的形状记忆效应。固相连接方法是很有潜力的，瞬间液相扩散焊和采用特殊钎料及热源的钎焊也有利于对形状记忆合金的焊接。

美国、欧洲、日本等发达国家和地区十分重视先进材料的发展，都把发展先进材料作为科技发展战略的重要组成部分，在制定国家科技与产业发展规划时，将先进材料加工技术列为优先发展的关键技术之一，以保持其经济和科技的领先地位。我国先进材料研发及产业化也取得了重大的进展，为经济和社会发展提供了强有力的支撑。

先进材料的发展推动了科技进步、产业结构的变化。高性能结构材料的研发和产业化使一些机械、装备的大型化、高效化、高参数化、多功能化有了物质基础，先进材料焊接技术的迅速发展将推进社会不断进步和向前发展。

参考文献

[1] 史耀武. 中国材料工程大典：第 23 卷　材料焊接工程. 北京：化学工业出版社，2006.

[2] 技术预测与国家关键技术选择研究组. 中国技术前瞻报告：信息、生物和材料. 北京：科学技术文献出版社，2004.

[3] 仲增墉，叶恒强. 金属间化合物（全国首届高温结构金属间化合物学术讨论会文集）. 北京：机械工业出版社，1992.

[4] 任家烈，吴爱萍. 先进材料的连接. 北京：机械工业出版社，2000.

[5] Li Yajiang, Wang Juan, Yin Yansheng, et al. Phase constitution near the interface zone of diffusion bonding for Fe_3Al/Q235 dissimilar materials. Scripta Materials, 2002, 47 (12): 851-856.

[6] 沈真，仇仲翼. 复合材料原理及其应用. 北京：科学出版社，1992.

[7] 王辉，陈再良. 形状记忆合金材料的应用. 机械工程材料，2002, 26 (3): 5-8.

第2章

先进陶瓷材料的焊接

高技术陶瓷正处在快速发展中，已经成为重要的工程材料。从整体上看，陶瓷是硬而脆的高熔点材料，具有低的导热性、良好的化学稳定性和热稳定性，以及较高的压缩强度和独特的性能，如绝缘和电、磁、声、光、热及生物相容性等，可用于机械、电子、宇航、医学、能源等各个领域，成为现代高技术材料的重要组成部分。先进陶瓷材料的焊接应用也日益受到人们的重视。

2.1 陶瓷材料的性能特点及连接问题

陶瓷是指以各种金属的氧化物、氮化物、碳化物、硅化物为原料，经适当配料、成形和高温烧结等合成的无机非金属材料。陶瓷具有许多独特的性能，这类材料一般是由共价键、离子键或混合键结合而成，键合力强，具有很高的弹性模量和硬度。

陶瓷材料按其应用特性分为功能陶瓷和工程结构陶瓷两大类。功能陶瓷是指具有电、磁、光、声、热等功能以及耦合功能的陶瓷材料，从性能上分有铁电、压电、光电、声光、磁光、生物等功能陶瓷。工程结构陶瓷强调材料的力学性能，以其具有的耐高温、高强度、超硬度、高绝缘性、高耐磨性、抗腐蚀性等性能，在工程领域得到广泛应用。常见的工程结构陶瓷见表 2.1。

表 2.1　常见的工程结构陶瓷

种类		组成材料
氧化物陶瓷		Al_2O_3，MgO，ZrO_2，SiO_2，UO_2，BeO 等
非氧化物陶瓷	碳化物	SiC，TiC，B_4C，WC，UC，ZrC 等
	氮化物	Si_3N_4，AlN，BN，TiN，ZrN 等
	硼化物	ZrB_2，WB，TiB_2，LaB_6 等
	硅化物	$MoSi_2$ 等
	氟化物	CaF_2，BaF_2，MgF_2 等
	硫化物	ZnS，TiS_2，$M_xMo_6S_8$（$M=Pb$，Cu，Cd）等
	碳和石墨	C

2.1.1　结构陶瓷的性能特点

2.1.1.1　物理和化学性能

陶瓷材料的物理性能与金属材料有较大的区别，主要表现在以下几个方面：陶瓷的线胀系数比金属低，一般在 $10^{-5} \sim 10^{-6} K^{-1}$ 的范围内；陶瓷的熔点（或升华、分解温度）比金属的高得多，有些陶瓷可在 $2000 \sim 3000℃$ 的高温下工作且保持室温时的强度，而大多数金属在 $1000℃$ 以上就基本上丧失了强度。一些新型的特殊陶瓷具有特定条件下的导电性能，如导电陶瓷、半导体陶瓷、压电陶瓷等。还有一些陶瓷具有特殊的光学性能，如透明陶瓷、光导纤维等，但它们主要是功能陶瓷而不是结构陶瓷。

陶瓷的组织结构十分稳定，具有良好的化学性能。在它的离子晶体中，金属原子被非金属（氧）原子所包围，受到非金属原子的屏蔽，因而形成极为稳定的化学结构。一般情况下不再与介质中的氧发生作用，甚至在 $1000℃$ 的高温下也不会氧化。由于化学结构稳定，大多数陶瓷具有较强的抵抗酸、碱、盐类的腐蚀以及抵抗熔融金属腐蚀的能力。

2.1.1.2　力学性能

陶瓷材料多为离子键构成的晶体（如 Al_2O_3）或共价键组成的共价晶体（如 Si_3N_4、SiC），这类晶体结构具有明显的方向性。多晶体陶瓷的滑移系很少，受到外力时几乎不能产生塑性变形，常常发生脆性断裂，抗冲击能力较差。由于离子晶体结构的关系，陶瓷的硬度和室温弹性模量也都较高。陶瓷内部存在大量的气孔，致密度比金属差很多，因此抗拉强度不高，但因为气孔在受压时不会导致裂纹扩展，所以陶瓷的抗压强度还是比较高的。脆性材料铸铁的抗拉强度与抗压强度之比一般为 1/3，而陶瓷则为 1/10 左右。

陶瓷是非常坚固的离子/共价结合（比金属键更强）组织，这种结合使陶瓷具有相关的特性：高硬度，高压缩强度，低导热、导电性及化学不活泼性。这种坚固的结合也表现出一些不好的特性，如低延伸性。通过控制显微组织可以克服陶瓷固有的高硬度并制出陶瓷弹簧。已经开发应用的复合陶瓷，其断裂韧性可达钢的一半。

陶瓷更广泛的特性可能并没有被认识到。人们一般认为陶瓷是电/热绝缘体，而陶瓷氧化物（以 Y-Ba-Cu-O 为基）却具有高温超导性。金刚石、氧化铍和碳化硅比铝或铜有着更高的导热性。

2.1.1.3　几种常用的结构陶瓷

（1）氧化物陶瓷

常用的氧化物陶瓷有氧化铝陶瓷、氧化铍陶瓷和部分稳定氧化锆陶瓷等。

表 2.2 所示是常用的几种氧化物陶瓷的物理性能。

1) 氧化铝陶瓷

氧化铝陶瓷是工程中广泛应用的陶瓷材料，氧化铝陶瓷主要成分是 Al_2O_3 和 SiO_2。Al_2O_3 含量越高性能越好，但工艺更复杂，成本也更高。几种氧化物陶瓷的化学组成见表 2.3。

氧化铝有十多种同素异构体，常见的主要有三种：$\alpha\text{-}Al_2O_3$，$\beta\text{-}Al_2O_3$ 和 $\gamma\text{-}Al_2O_3$。

$\gamma\text{-}Al_2O_3$ 属于尖晶石型立方结构，高温下不稳定。在 1600℃ 转变为 $\alpha\text{-}Al_2O_3$。$\alpha\text{-}Al_2O_3$ 在高温下十分稳定，在达到熔点 2050℃ 之前没有晶型转变。

氧化铝陶瓷的主要性能特点是硬度高（760℃ 时硬度为 87HRA，1200℃ 仍可保持 82HRA 的硬度），有很好的耐磨性、耐腐蚀性、耐高温性能，可在 1600℃ 高温下长期使用。氧化铝陶瓷还具有良好的电气绝缘性能，在高频下的电绝缘性能尤为突出，每毫米厚度可耐压 8000V 以上。氧化铝陶瓷的缺点是韧性低、抗热振性能差，不能承受温度的急剧变化。这类陶瓷主要用于制造刀具、模具、轴承、熔化金属的坩埚、高温热电偶套管，以及化工行业中的一些特殊零部件，如化工泵的密封滑环、轴套和叶轮等。

表 2.2 几种氧化物陶瓷的物理性能

材料名称		氧化铝			氧化铍 (BeO)	氧化锆 (ZrO_2)	氧化镁 (MgO)	镁橄榄石 (2MgO·SiO_2)
		75% Al_2O_3	95% Al_2O_3	99% Al_2O_3				
熔点(分解点)/℃		—	—	2025	2570	2550	2800	1885
密度/(g/cm³)		3.2～3.4	3.5	3.9	2.8	3.5	3.56	2.8
弹性模量/GPa		304	304	382	294	205	345	—
抗压强度/MPa		1200	2000	2500	1472	2060	850	579
抗弯强度/MPa		250～300	280～350	370～450	172	650	140	137
线胀系数 /$10^{-6}K^{-1}$	25～300℃	6.6	6.7	6.8	6.8	≥10	≥10	10
	25～700℃	7.6	7.7	8.0	8.4	—	—	12
导热率 /[W/(cm·K)]	25℃	—	0.218	0.314	1.592	0.0195	0.419	0.034
	300℃	—	0.126	0.159	0.838	0.0205	—	—
电阻率/Ω·cm		>10^{13}	>10^{13}	>10^{14}	>10^{14}	>10^{14}	>10^{14}	>10^{14}
相对介电常数(1MHz)		8.5	9.5	9.35	6.5	—	8.9	6.0
介电强度/(kV/mm)		25～30	15～18	25～30	15	—	14	13

表 2.3　几种氧化物陶瓷的化学组成　　　　　　　　　　　　　　%

材料	75%氧化铝陶瓷	95%氧化铝陶瓷	99%氧化铝陶瓷	滑石陶瓷	镁橄榄石陶瓷
SiO_2	15.30	2.50	0.30	55.80	44.50
Al_2O_3	75.80	94.70	99.10	3.90	5.10
TiO_2	0.25	微量	微量	微量	0.10
Fe_2O_3	0.40	0.10	0.14	0.45	0.20
CaO	2.30	2.50	微量	0.05	—
MgO	1.85	微量	0.25	28.90	49.70
R_2O	0.60	0.20	0.20	0.07	0.20
BaO	3.20	—	—	6.60	—
ZrO_2	微量	—	—	3.80	微量

2）部分稳定氧化锆（ZrO_2）陶瓷

氧化锆陶瓷有三种晶型：四方结构（t 相）、立方结构（c 相）和单斜结构（m 相）。加入适量的稳定剂后，四方结构（t 相）在室温以亚稳定状态存在，称为部分稳定氧化锆（简称 PSZ）。部分稳定氧化锆陶瓷可应用于发动机的结构件，其抗弯强度在 600℃时可达 981MPa。

在应力作用下发生的四方结构（t 相）向单斜结构（m 相）的马氏体转变称为"应力诱发相变"，在相变过程中吸收能量，使陶瓷内裂纹尖端的应力场松弛，增加了裂纹的扩展阻力，实现氧化锆陶瓷的增韧。部分稳定氧化锆陶瓷的断裂韧性远高于其他的结构陶瓷。目前发展起来的几种氧化锆陶瓷中，常用的稳定剂包括 MgO、Y_2O_3、CaO、CeO_2 等。

① 高强度氧化锆陶瓷（MG-PSZ）　抗弯强度为 800MPa，断裂韧性为 10MPa·$m^{1/2}$。抗振型 MG-PSZ 的抗弯强度为 600MPa，断裂韧性为 8～15MPa·$m^{1/2}$。

② 四方多晶氧化锆陶瓷（Y-TZP）　以 Y_2O_3 为稳定剂，抗弯强度可达 800MPa，最高可达 1200MPa，断裂韧性可达 10MPa·$m^{1/2}$ 以上。

③ 四方多晶 ZrO_2-Al_2O_3 复合陶瓷　利用 Al_2O_3 的高弹性模量可使多晶氧化锆陶瓷晶粒细化，硬度提高，四方结构的 t 相含量增加，可以提高陶瓷的强度和韧性。用热压烧结方法制造的 ZrO_2-Al_2O_3 复合陶瓷的抗弯强度可高达 2400MPa，断裂韧性可达 17MPa·$m^{1/2}$。

（2）非氧化物陶瓷

包括氮化硅（Si_3N_4）、碳化硅（SiC）、氮化硼（BN）与氮化钛（TiN）等。碳化硼（B_4C）在工程材料中的硬度仅次于金刚石和立方氮化硼，用于需要高耐磨性能的部件。由于非氧化物陶瓷在高温下仍具有高强度、超硬度、抗磨损、耐腐蚀等性能，已成为机械制造、冶金和宇航等高科技领域中的关键材料。

几种非氧化物陶瓷的物理性能和力学性能见表 2.4。

表 2.4 几种非氧化物陶瓷的物理性能和力学性能

性 能	氮化硅 (Si_3N_4)		碳化硅 (SiC)		氮化硼 (BN)		氮化铝 (AlN)	赛隆 (Sialon)	
	热压烧结	反应烧结	热压烧结	常压烧结	六方	立方	—	常压烧结	热压烧结
熔点(分解点)/℃	1900 (升华)	1900 (升华)	2600 (分解)	2600 (分解)	3000 (分解)	3000 (分解)	2450 (分解)		
密度/(g/cm³)	3～3.2	2.2～2.6	3.2	3.09	2.27	—	3.32	3.18	3.29
硬度(HRA)	91～93	80～85	93	90～92	2 (莫氏)	4.8 (莫氏)	1400 (HV)	92～93	95
弹性模量/GPa	320	160～180	450	405	—	—	279	290	31.5
抗弯强度/MPa	65	20～100	78～90	45			40～50	70～80	97～116
线胀系数/$10^{-6}K^{-1}$	3	2.7	4.6～4.8	4	7.5	—	4.5～5.7	—	—
热导率/[W/(cm·K)]	0.30	0.14	0.81	0.43			0.7～2.7	—	—
电阻率/Ω·cm	$>10^{13}$	$>10^{13}$	$10～10^3$	$10～10^3$	$>10^{14}$	$>10^{14}$	$>10^{14}$	$>10^{12}$	$>10^{12}$
介电常数	9.4～9.5	9.4～9.5	45	45	3.4～5.3	3.4～5.3	8.8		

① 氮化硅陶瓷 六方晶系，以 Si_3N_4 为结构单元，具有极强的共价键性，有 α-Si_3N_4 和 β-Si_3N_4 两种晶体。氮化硅陶瓷的特点是强度高，反应烧结氮化硅陶瓷的室温抗弯强度达 200MPa，在 1200～1350℃高温下可保证强度不衰减。热压烧结氮化硅陶瓷室温抗弯强度可高达 800～1000MPa，加入某些添加剂后抗弯强度可达到 1500MPa。氮化硅陶瓷的硬度很高，仅次于金刚石、立方氮化硼和碳化硼等。用氮化硅陶瓷制造的发动机可以在更高的温度下工作，使发动机的燃料充分燃烧，提高热效率，减少能耗与环境污染。

② 碳化硅陶瓷 具有高的热传导性、高耐蚀性和高硬度，是一种键能很高的共价键化合物，具有金刚石的结构类型。常见的碳化硅晶型为 2100℃以下稳定存在的立方结构 β-SiC 和 2100℃以上稳定存在的六方结构 α-SiC。在压力为 101.33MPa 时，碳化硅在 2830℃左右分解。碳化硅陶瓷的特点是高温强度高，在 1400℃时抗弯强度仍保持在 500～600MPa 的较高水平。碳化硅陶瓷具有很好的耐磨损、耐腐蚀、抗蠕变性能。由于碳化硅陶瓷具有高温强度高的特点，可用于制造火箭尾喷管的喷嘴、浇注金属用的喉嘴、热电偶套管、加热炉管以及燃气轮机的叶片、轴承等，还可用于热交换器、耐火材料等。

③ 赛隆陶瓷（Sialon） 由 Si_3N_4 和 Al_2O_3 构成的陶瓷称为赛隆陶瓷，其成形和烧结性能优于纯 Si_3N_4 陶瓷，物理性能与 β-Si_3N_4 相近，化学性能接近 Al_2O_3。这种陶瓷可以采用热挤压、模压、浇注等技术成形，在 1600℃常压无活

性气氛中烧结即可达到热压氮化硅陶瓷的性能，是目前常压烧结强度最高的陶瓷材料。近年来赛隆陶瓷得到了较快的发展。

（3）陶瓷复合材料

提高陶瓷材料性能的方法之一是制作陶瓷基复合材料。加入其他化合物或金属元素形成的复合 Al_2O_3 陶瓷，可改善氧化物陶瓷的韧性和抗热震性。几种氧化铝复相陶瓷与热压氧化铝陶瓷的力学性能见表 2.5。由于分散的第二相可阻止 Al_2O_3 晶粒长大，又可阻碍微裂纹扩展，因此复相陶瓷的抗弯强度明显提高。含 5％（体积含量）SiC 的 Al_2O_3 复相陶瓷的抗弯强度可达 1000MPa 以上，断裂韧性提高到 $4.7MPa \cdot m^{1/2}$。

表 2.5 热压 Al_2O_3 陶瓷及其复相陶瓷的力学性能

主要性能	热压烧结 Al_2O_3	热压烧结 Al_2O_3＋金属	热压烧结 Al_2O_3＋TiC	热压烧结 Al_2O_3＋ZrO_2	热压烧结 Al_2O_3＋SiC(w)
密度/(g/cm³)	3.4～3.99	5.0	4.6	4.5	3.75
熔点/℃	2050	—	—	—	—
抗弯强度/MPa	280～420	900	800	850	900
硬度(HRA)	91	91	94	93	94.5
热导率/[W/(cm·K)]	0.04～0.045	0.33	0.17	0.21	0.33
平均晶粒尺寸/μm	3.0	3.0	1.5	1.5	3.0

陶瓷可作为复合物系统（如玻璃钢 GRP）和金属基复合材料（如氧化铝强化的 Al/Al_2O_3）的增强剂，即将陶瓷纤维、晶须或颗粒混入陶瓷基体材料中。使基体和加入的材料保持固有的性能，而陶瓷复合材料的综合性能远远超过单一材料本身的性能。

陶瓷复合材料主要分为纤维增强和晶须或颗粒增强复合材料两大类。

① 纤维增强陶瓷复合材料 纤维是连续的或接近连续的细丝，在保持或提高强度的同时能增强韧性和抗高温性能。可以做成纤维的材料有 Al_2O_3、SiC、Si_3N_4 等。但是，陶瓷基体加入纤维后很难进行加工，许多靠纤维增强的陶瓷复合材料就因为纤维分布不均匀、加工（焊接）后纤维性能下降或基体密实性不足等原因而达不到提高性能的目的。

② 晶须或颗粒增强陶瓷复合材料 晶须是短小的单晶体纤维，无论是棒状或针状，其纵横比约为100，直径小于 3μm。以 SiC 晶须增强的 Al_2O_3 陶瓷复合材料已经引起广泛地关注。将 SiC 晶须加入单一的 Al_2O_3 陶瓷或多元基体中，能使材料的强度和断裂韧性提高很多，而且还具有优异的抗热震性、耐磨性和抗氧化性。以 ZrO_2 韧化的 Al_2O_3 系列陶瓷复合材料是以弥散分布的部分稳定的 ZrO_2 颗粒来提高 Al_2O_3 陶瓷基体的强度和韧性。

陶瓷由于具有良好的介电性、耐热性、真空致密性、耐腐蚀性等，在工程技术中得到广泛应用。它具有持久的热稳定性，耐各种介质的浸蚀性，具有严格的电绝缘性能和绝磁性能，具有很广阔的应用前景。

2.1.1.4　复合陶瓷的制备方法

可采用多种方法制备复合陶瓷。复合陶瓷的制备工艺过程为：配料→混粉→压制成形→烧结。以 Al_2O_3-TiC 复合陶瓷为例，在烧结过程中，由于 Al_2O_3 和 TiC 之间会发生反应并有气体发生，因此烧结比较困难。一般需添加烧结助剂、表面处理或热压烧结（hot-pressing sintering，HP）、热等静压烧结（hot-iso-static-pressing sintering，HIP）工艺。烧结是使材料获得预期的显微结构，赋予材料各种性能的关键工序。可将 Al_2O_3-TiC 复合陶瓷按烧结方式的不同进行分类。

（1）无压烧结（pressureless sintering，PS）

无压（常压）烧结是指烧结过程中烧结坯体无外加压力、只在常压下烧结。由于 Al_2O_3 和 TiC 在高温下会发生反应产生气体，用常规烧结方法难以致密化（相对密度＜94%），为了促进烧结，常在 Al_2O_3-TiC 体系中添加各种助烧剂，如 TiH_2、MgO、CaO、Y_2O_3、Cr_2O_3 等，并采取快速升温、埋粉等方法，可使烧结体的相对密度达到 98%。这种烧结方法可在烧结过程中形成有利于致密化的液相，抑制晶粒异常长大，使材料显微结构均匀。无压烧结可连续作业，生产成本低，产品形状和尺寸不受限制。烧结助剂对 Al_2O_3-TiC 复合陶瓷性能的影响见表 2.6。

表 2.6　烧结助剂对 Al_2O_3-TiC 基复合陶瓷性能的影响

助烧剂	方　法	相对密度 /%	抗弯强度 /MPa	维氏硬度 /GPa	断裂韧性 /MPa·m$^{1/2}$
TiH_2	PS	94.9	386～574	18.1～19.3	4.2～4.6
MgO	PS(埋粉烧结)	96.7	504～746	—	3.7～4.7
CaO	PS(埋粉烧结)	＞97.0	—	—	—
Y_2O_3	PS(埋粉烧结)	97.0	—	—	4.6

（2）热压烧结（hot-pressing sintering，HP）

热压烧结是在加热烧结的同时施加足够大的压力来促进烧结。由于同时加温、加压，有利于粉末颗粒的接触、扩散和流动等传质过程，可降低烧结温度、缩短烧结时间和抑制晶粒长大；不需添加助烧剂，容易获得接近理论密度、气孔率接近零的烧结体。由于热压烧结对粉体的推动力比常压烧结推动力大 20～100 倍，用常压烧结可以烧结的材料，若用热压烧结，其烧结温度可以降低 100～150℃。但热压烧结时材料的形状和尺寸受到限制，不能批量生产，成本也较高。

热压工艺对 Al_2O_3-TiC 复合陶瓷性能的影响见表 2.7。

表 2.7　热压 Al_2O_3-TiC 基复合陶瓷的性能

成分 (质量分数)/%	热压工艺			相对密度 /%	抗弯强度 /MPa	维氏硬度 /GPa	断裂韧性 /MPa·m$^{1/2}$
	温度 /℃	压力/MPa	时间/min				
Al_2O_3	1700	30	60	99.5	401～471	18.1～19.3	3.0～3.4
Al_2O_3-30TiC	1750	25	30	99.5	500	—	5.1
Al_2O_3-29TiC	1600	20	60	—	516	20.9	5.2
Al_2O_3-30TiC	1620	25	60	99.0		20.9	5.2
Al_2O_3-30TiC	1650	40	30	99.9	637～805	—	4.0～4.6
Al_2O_3-30TiC	1700	—	30	99.5	704～866	19.8～21.6	4.0～4.6
Al_2O_3-25TiC	1750	30	—	—	762	—	5.7
Al_2O_3-25TiC	1750	25	20	100	450	21.0	5.7

（3）自蔓延高温合成法（self-propagating high temperature synthesis，SHS）

利用反应物之间化学反应热的自加热和自传导作用来合成材料的技术。自蔓延高温合成法制备复合陶瓷是以石墨、TiO_2 粉、Al 粉为原料，按反应式 $3TiO_2 + 4Al + 3C \Longrightarrow 3TiC + 2Al_2O_3$ 的配比混合，燃烧的粉末间发生反应时放出大量的热，来维持反应的进行直至蔓延完毕。该方法工艺简单，节能省时，而且可合成传统工艺难以合成的非平衡相、中间产物。该方法反应不易控制，产物疏松多孔，但若同时加压可一步合成致密陶瓷，是未来合成复合材料的一种重要工艺。

（4）放电等离子烧结（spark plasma sintering，SPS）

放电等离子烧结是一种新的烧结技术，具有升温速度快、烧结时间短、晶粒均匀、有利于控制烧结体的结构、获得的材料致密度高等特点。烧结时将 Al_2O_3 与 TiC 粉末按一定配比混合后放在容器内，在高压下，利用直流脉冲电流直接通过模具进行加热，使粉末瞬间处于高温状态，只需几分钟就能完成制备过程。由于制备时间短，可降低生产成本。

（5）其他制备方法

制备复合陶瓷的其他烧结方法还有：热等静压烧结（hot-isostatic-pressing sintering，HIP）、气压烧结（gas pressure sintering，GPS）、多步烧结法（multi-step sintering，MS）等。热等静压烧结是将粉末压坯放入高压容器中，使粉料在加热过程中经受各向均衡的气体压力，使材料致密化。利用该技术制备的 Al_2O_3-TiC 复合陶瓷致密度高，性能优异，但其设备比较复杂昂贵。气压烧结法可以抑制反应物的挥发、分解，烧结温度较高。TiC 的含量不能太高，当超过 30％时，Al_2O_3-TiC 复合陶瓷的致密度和性能都较低。用该法可制备形状较复杂的部件，制得的材料性能较热压法和热等静压法略低。多步烧结即先无压烧结或自蔓延高温合成粉末再经热等静压或热压烧结等，该方法使用的助烧剂较少，所制备的材料性能可接近热压法制备的，但工艺时间较长。以上几种方法成本都较高。

制备方法对复合陶瓷的力学性能有很大的影响。例如，用不同方法制备的 Al_2O_3-TiC 复合陶瓷的常温力学性能见表 2.8。可见，无压烧结法制得的材料性能较差；热等静压烧结的材料强度好于其他制备方法；自蔓延高温合成法烧结的材料强度不如热压烧结和气压烧结材料；自蔓延高温合成法＋热压烧结（或热等静压烧结）制备的 Al_2O_3-TiC 陶瓷综合性能较好，材料强度、硬度和韧性比单种制备方法制得的材料要好。

表 2.8　不同工艺制备的 Al_2O_3-TiC 基复合陶瓷的性能

成分 （质量分数）/％	制备方法	密度 /(g/cm³)	抗弯强度 /MPa	维氏硬度 /GPa	断裂韧性 /MPa·m^{1/2}
Al_2O_3-26TiC	PS	—	386～574	18.1～19.3	4.2～4.6
	SHS＋HIP	—	511～765	20.9～23.1	4.2～4.6
Al_2O_3-28TiC	HP	4.16	516	20.9	5.2
Al_2O_3-30TiC	GPS	—	563～639	18.3～19.1	3.6～3.8
	HIP	4.30	780	20.0	
	SHS＋PS	4.23	307～467	20.7～21.3	4.1～4.7
	SHS＋PS＋HIP	4.25	435～661	21.9～23.7	4.1～5.7
	SHS＋HP	4.23	416～832	22.2～24.6	3.6～3.8
Al_2O_3-37TiC	SHS	—	587	18.4	4.5
Al_2O_3-40TiC	SHS＋HP	4.47	658～824	21.4～23.8	5.1～5.9
Al_2O_3-47TiC	SHS＋HP	4.54	571～941	20.8～22.0	5.5～5.9
	SHS＋HP	4.27	537～597	22.8～23.0	5.5～6.1

注：PS 为无压烧结；HP 为热压烧结；SHS 为自蔓延高温合成；GPS 为气压烧结；HIP 为热等静压烧结。

Al_2O_3-TiC 复合陶瓷常被用作高速切削刀具或高温发热体，所以其热稳定性能至关重要。对 Al_2O_3-TiC 陶瓷高温抗氧化性能的研究表明，Al_2O_3-TiC 复合陶瓷在 400℃时发生微量氧化。当温度 $T<900℃$ 时，氧化过程中相界面反应生成了脆性 TiO_2，氧化增量与时间的关系式为：$1-(1-\alpha)^{2/3}=Kt$。当温度为 900～1100℃ 时，氧化机制转变为抛物线型，氧化增量与时间的关系式为：$\alpha^2=Kt$。

2.1.2　陶瓷与金属连接的基本要求

工程陶瓷材料由于具有高强度、耐腐蚀、低导热及高耐磨等优良性能，在航空航天、机械、冶金、化工、电子等方面有广阔的应用前景。但陶瓷材料固有的硬脆性使其难以加工、难以制成形状复杂的构件，在工程应用上受到很大限制。推进陶瓷实用化的方法之一是将其与塑韧性高的金属材料连接制成复合构件，发挥两种材料的性能优势，弥补各自的不足。因此焊接是陶瓷推广应用的关键技术之一。

（1）陶瓷连接的形式

陶瓷材料的加工性能差，塑性和冲击韧性低，耐热冲击能力弱，制造尺寸大而形状复杂的零件较为困难，因此陶瓷通常都是与金属材料一起组成复合结构来应用。当陶瓷与金属材料成功连接时，陶瓷将给部件提供附加功能并改善其应用性能。所以陶瓷与金属材料之间的可靠连接是推进陶瓷材料应用的关键。

焊接是陶瓷在生产中应用的一种重要的加工形式。例如，在核工业和电真空器件生产中，陶瓷与金属的焊接占有非常重要的地位。陶瓷材料的连接有如下几种形式：

① 陶瓷与金属材料的连接；

② 陶瓷与非金属材料（如玻璃、石墨等）的连接；

③ 陶瓷与半导体材料的连接。

（2）对接头性能的要求

应用较多的是陶瓷与金属材料的焊接，这种焊接结构在电器、电子器件、核能工业、航空航天等领域的应用逐渐扩大，对陶瓷与金属接头性能的要求也越来越高。对陶瓷与金属接头性能的总体要求如下：

① 陶瓷与金属的焊接接头必须具有较高的强度，这是焊接结构件的基本性能要求；

② 焊接接头必须具有真空的气密性；

③ 接头的残余应力应最小，在使用过程中应具有耐热性、耐腐蚀性和热稳定性；

④ 焊接工艺应尽可能简化，工艺过程稳定，生产成本低。

2.1.3　陶瓷与金属连接存在的问题

由于陶瓷材料与金属原子结构之间存在本质上的差别，加上陶瓷材料本身特殊的物理化学性能，因此，无论是与金属连接还是陶瓷本身的连接都存在不少问题。当陶瓷与金属连接时，为了实现两者的可靠结合，需要在连接材料之间做一个界面。这个界面材料应符合以下几点要求：

① 界面材料与被焊材料有相近的线胀系数；

② 合理的结合类型，也就是离子/共价键结合；

③ 陶瓷与金属间晶格的错配。

陶瓷与金属材料焊接中出现的主要问题如下：

（1）陶瓷与金属焊接中的热膨胀与热应力

陶瓷的线胀系数比较小，与金属的线胀系数相差较大，通过加热连接陶瓷与金属时，热胀冷缩使接头区产生很大的残余应力，削弱接头的力学性能；热应力较大时还会产生裂纹，导致连接陶瓷接头的断裂破坏。

控制应力的方法之一是在焊接时尽可能地减少焊接部位及其附近的温度梯度，控制加热和冷却速度，降低冷却速度有利于应力松弛而使应力减小。另一个减小应力的办法是采用金属中间层，使用塑性材料或线胀系数接近陶瓷线胀系数的金属材料。

（2）陶瓷与金属很难润湿

陶瓷材料润湿性很差，或者根本就不润湿。采用钎焊或扩散焊的方法连接陶瓷与金属材料，由于熔化的金属在陶瓷表面很难润湿，因此难以选择合适的钎料与基体结合。为了使陶瓷与金属达到钎焊连接的目的，最基本条件之一是使钎料对陶瓷表面产生润湿，或提高对陶瓷的润湿性，最后达到钎焊连接。例如，采用活性金属 Ti 在界面反应形成 Ti 的化合物，可获得良好的润湿性。

在陶瓷连接过程中，也可在陶瓷表面进行金属化处理（用物理或化学的方法覆上一层金属），然后再进行陶瓷与陶瓷或陶瓷与金属的连接。这种方法实际上就是把陶瓷与陶瓷或陶瓷与金属的连接变成了金属之间的连接，但是这种方法的结合强度不高，主要用于密封的焊缝。

（3）易生成脆性化合物

由于陶瓷和金属的物理化学性能差别很大，连接时界面处除存在键型转换以外，还容易发生各种化学反应，在结合界面生成各种碳化物、氮化物、硅化物、氧化物以及多元化合物等。这些化合物硬度高、脆性大，是产生裂纹和造成接头脆性断裂的主要原因。

确定界面脆性化合物相时，由于一些轻元素（C、N、B 等）的定量分析误差很大，需制备多种试样进行标定。多元化合物的相结构确定一般通过 X 射线衍射方法和标准衍射图谱进行对比，但有些化合物没有标准图谱，使物相确定有一定的难度。

（4）陶瓷与金属的结合界面

陶瓷与金属接头在界面间存在着原子结构能级的差异，陶瓷与金属之间是通过过渡层（扩散层或反应层）而结合的。两种材料间的界面反应对接头的形成和组织性能有很大的影响。接头界面反应和微观结构是陶瓷与金属焊接研究中的重要课题。

陶瓷材料主要含有离子键或共价键，表现出非常稳定的电子配位，很难被金属键的金属钎料润湿，所以用通常的熔焊方法使金属与陶瓷产生熔合是很困难的。用金属钎料钎焊陶瓷材料时，要么对陶瓷表面先进行金属化处理，对被焊陶瓷的表面改性，或是在钎料中加入活性元素，使钎料与陶瓷之间有化学反应发生，通过反应使陶瓷的表面分解形成新相，产生化学吸附机制，这样才能形成牢固的陶瓷与金属结合的界面。

2.1.4　陶瓷与金属的连接方法

陶瓷与金属之间的连接方法，包括机械连接、粘接和焊接。常用的焊接方法主要有钎焊连接、扩散连接、电子束焊、激光焊等，见表 2.9。

表 2.9　陶瓷与金属的连接方法

陶瓷与金属的连接方法	钎焊连接	陶瓷表面金属化法	烧结粉末金属法	Mo-Mn 法
				Mo-Fe 法
			其他金属化法	蒸涂金属化法
				溅射金属化法
				离子涂覆法
		活性金属化法	Ti-Ag-Cu 法	
			Ti-Ni 法、Ti-Cu 法、Ti-Ag 法	
		氧化物钎料法		
		氟化物钎焊法		
	扩散连接	直接扩散连接		
		间接扩散连接（加中间层的扩散连接）		
	其他连接方法	电子束焊（EBW）		
		激光焊（LW）		
		超声波压焊（UPW）		

陶瓷与金属直接进行焊接的难度很大，采用一般的熔焊方法很难实现，甚至不能进行直接焊接。因此，陶瓷与金属焊接须采取特殊的工艺措施，使金属能润湿陶瓷或与之发生化学反应。金属对陶瓷的润湿与金属和陶瓷之间的化学反应，

以及连接过程中两者热胀冷缩的差异和所造成的热应力，甚至引起开裂等，是陶瓷与金属连接时的主要问题。

（1）陶瓷与金属钎焊连接

陶瓷-金属连接中应用最多的是钎焊连接，一般分为间接钎焊和直接钎焊。陶瓷与金属钎焊方法的分类、原理及适用材料见表2.10。

表 2.10　陶瓷-金属钎焊方法的分类、原理及适用材料

分类	原理	适用材料	说明
Mo-Mn 法	以 Mo 或 Mo-Mn 粉末（粒度为 $3\sim5\mu m$）同有机溶剂混合成膏剂作钎料，涂于陶瓷表面，在水蒸气气氛中加热进行钎焊	陶瓷-金属连接	用于 Al_2O_3 等氧化物陶瓷与金属的连接，如各种电子管和电气机械中陶瓷与金属连接部位的密封
活性金属化法	对氧化性的金属（Ti、Zr、Nb、Ta 等）添加某些金属（如 Ag、Cu、Ni 等）配置成低熔点合金作钎料（这种钎料熔融金属的表面张力和黏度小、润湿性好），加到被连接的陶瓷与金属的间隙中，在真空或 Ar 等惰性气氛炉内加热钎焊	陶瓷-金属连接	适用于产量大的场合,工件形状可任意。Al_2O_3 与金属连接时,可用 Ti-Cu、Ti-Ni、Ti-Ni-Cu、Ti-Ag-Cu、Ti-Au-Cu 等钎料;要求高温强度的场合,可用 Ti-V 系和 Ti-Zr 系添加 Ta,Cr,Mo,Nb 等钎料,钎焊温度为 $1300\sim1650℃$
陶瓷熔接法	采用熔点比所连接的陶瓷和金属低的混合型氧化物玻璃质钎料,用有机黏结剂调成膏状,嵌入接头中,在氢气中加热熔接	陶瓷-金属连接	Al_2O_3-CaO-MgO-SiO_2 钎料用于陶瓷与耐热金属的连接,加热温度在 $1200℃$ 以上。Al_2O_3-MnO-SiO_2 钎料用于陶瓷与铁系合金、耐热金属的连接,加热温度在 $1400℃$ 以上
一氧化铜法	用一氧化铜（CuO）粉末（粒度为 $2\sim5\mu m$）作中间材料,在真空或氧化性气氛中加热,借熔融铜在 Al_2O_3 陶瓷面上的良好润湿性与氧化物反应进行钎焊	氧化物陶瓷（Al_2O_3、MgO、ZrO_2）之间以及与金属的连接	通常的钎接条件是:在真空度为 $6.67\times10^{-5}Pa$ 的真空炉中,约 $600℃$ 温度下加热 20min
非晶体合金法	用厚约 $40\sim50\mu m$、宽约 $10\mu m$ 的非晶二元合金（Ti-Cu、Ti-Ni 或 Zr-Cu、Zr-Ni）箔作钎料,置于结合面中,然后在真空或 Ar 气氛炉中加热钎焊	Si_3N_4、SiC 等陶瓷-陶瓷连接，Si_3N_4 或 SiC 与金属连接	活性金属化法的变种。用 Cu-Ti 合金箔作钎料连接 Si_3N_4-Si_3N_4 或 SiC-SiC 等非氧化物陶瓷,可获得较高的接头强度
超声波钎焊法	利用超声波振动的表面摩擦功能和搅拌作用,同时用 Sn-Pb 合金软钎料（通常添加 Zn、Sb 等）进行浸渍钎焊	玻璃、Al_2O_3 陶瓷等的连接	纯度（质量分数）为 96% 的 Al_2O_3 用 Sn-Pb 钎料加 Zn 进行钎焊,可大大提高接头强度。纯度（质量分数）为 99.6% 的 Al_2O_3 难以用本法钎接

续表

分类	原理	适用材料	说明
激光活化 钎焊法	用氢氧化物系耐热玻璃作中间层置于接头中,在 Ar 或 N_2 气氛下边加热边用激光照射,使之活化,进行钎焊	玻璃、Al_2O_3 陶瓷等的连接	—

间接钎焊(也称为两步法)是先在陶瓷表面进行金属化,再用普通钎料进行钎焊。陶瓷表面金属化的方法最常用的是 Mo-Mn 法,此外还有物理气相沉积(PVD)、化学气相沉积(CVD)、热喷涂法以及离子注入法等。间接钎焊工艺复杂,应用受到一定限制。

直接钎焊法(也称为一步法)又叫活性金属化钎焊法,是在钎料中加入活性元素,如过渡金属 Ti、Zr、Hf、Nb、Ta 等,通过化学反应使陶瓷表面发生分解,形成反应层。反应层主要由金属与陶瓷的化合物组成,这些产物大多表现出与金属相同的结构,因此可以被熔化的金属润湿。直接钎焊法可使陶瓷结构件的制造工艺变得简单,成为近年来研究的热点之一。直接钎焊陶瓷的关键是使用活性钎料,在钎料能够润湿陶瓷的前提下,还要考虑高温钎焊时陶瓷与金属线胀系数的差异是否会引起裂纹。在陶瓷和金属之间插入中间缓冲层可有效降低应力,提高接头强度。直接钎焊的局限性在于接头的高温强度较低以及大面积钎焊时钎料的铺展问题。

(2)固态扩散连接

固态扩散连接一般分为直接和间接两种形式,主要是采用真空扩散焊,也有采用热等静压法扩散连接的。陶瓷与金属固相连接方法的分类、原理及适用材料见表 2.11。

表 2.11　陶瓷-金属固相连接方法的分类、原理及适用材料

分类	原理	适用材料	说明
气体-金属 共晶法	在陶瓷与金属的连接面处覆以金属箔,在稍具氧化性气氛(氧或磷、硫等)的炉中加热至低于金属熔点(对于 Cu 为 1065℃),利用气体与金属反应后的共晶作用实现连接	陶瓷与 Cu、Fe、Ni、Co、Ag、Cr 等的连接,尤其适用于 Al_2O_3 与 Cu 的连接	—
各向同时加压法(HIP 法)	连接表面加工成近似网状,连接件组装后放入真空室(真空度为 $133×10^{-3}$ Pa),适当温度下于各个方向同时施加静压(压力为 50～250MPa),较短时间内即形成连接(为促进界面连接,有时在界面上放置金属粉末或 TiN 等陶瓷粉末作中间层)	陶瓷-陶瓷连接,陶瓷-金属连接,尤其适合于 Al_2O_3、Zr_2O、SiC 等与金属的连接	由于各向同时加压,在连接区塑性变形小的情况下使界面密接,接头强度较高。陶瓷粉末覆盖于金属表面,能形成较厚且致密的表面层

续表

分类	原理	适用材料	说明
附加电压连接法	将接头区加热至高温的同时,通以直流电压使结合界面极化,通过金属向陶瓷扩散进行直接连接。通常在连接区附加 0.1～1.0kV 直流电压,于 500～600℃ 温度下持续 40～50min	玻璃与金属、Al_2O_3 与 Cu、Fe、Ti、Al 等连接,也适用于陶瓷与半导体的连接	如同时施加外压力,在较低的电压和温度下就能实现连接
反应连接法	借助陶瓷与金属接触后进行反应而直接连接的方法。又分为非加压方式和加压方式两种	氧化物陶瓷与贵金属(Pt、Pd、Au 等)和过渡族金属(如 Ni)的连接,陶瓷-金属连接	非加压方式:在大气(Ar 或真空)中加热至金属熔点的 90%,施加使结合面产生物理接触的压力进行连接;加压方式:在氢气氛中加热(温度为金属熔点的 90%)的同时施加外压力使金属产生变形并形成连接
扩散连接法	在接头的间隙中夹以中间层(钎料),于真空炉中加热并加压,通过界面原子的扩散实现连接的一种扩散钎焊法	陶瓷-金属连接	在柴油机排气阀中用于镍基耐热合金与 Si_3N_4 的连接

固态扩散连接是陶瓷-金属连接常用的方法,是指在一定的温度和压力下,被连接表面相互接触,通过使接触面局部发生塑性变形,或通过被连接表面产生的瞬态液相而扩大被连接表面的物理接触,然后结合层原子间相互扩散而形成整体可靠连接的过程。其显著特点是接头质量稳定、连接强度高、接头高温性能和耐腐蚀性能好。

固相扩散焊中,连接温度、压力、时间及焊件表面状态是影响扩散焊接质量的主要因素。固相扩散连接中界面的结合是靠塑性变形、扩散和蠕变机制实现的,其连接温度较高,陶瓷-金属固相扩散连接温度通常为金属熔点的 90%。由于陶瓷和金属的线胀系数和弹性模量不匹配,易在界面附近产生很大的应力,很难实现直接固相扩散连接。为缓解陶瓷与金属接头残余应力以及控制界面反应,抑制或改变界面反应产物以提高接头性能,常采用加中间层的扩散焊。

(3) 陶瓷与金属的熔化焊

高熔点和陶瓷高温分解使陶瓷和金属的连接采用一般的熔化焊方法较困难。采用熔化焊方法虽然速度快,效率高,可以形成高温下性能稳定的连接接头,但是为了降低焊接应力,防止裂纹的产生,必须采用辅助热源进行预热和缓冷,而且工艺参数难以控制,设备投资昂贵。

陶瓷与金属的熔化焊方法主要包括电子束焊、激光焊、电弧焊等。因为陶瓷材料极脆,塑、韧性很低,使其熔化焊受到很大限制。陶瓷与金属熔化焊的方法、原理及适用材料见表 2.12。

表 2.12　陶瓷-金属熔化焊方法、原理及适用材料

分类	原理	适用材料	说明
激光焊	用高能量密度的激光束照射陶瓷接头进行熔化焊的方法。激光器采用输出功率大的脉冲振荡方式。焊前工件需预热以防止因激光集中加热的热冲击而产生裂纹	氧化物陶瓷（Al_2O_3、莫来石等）、Si_3N_4、SiC 与陶瓷之间的连接	对 Al_2O_3 预热温度为1030℃。不采用中间层，可获得与陶瓷强度接近的接头强度。预热时可利用非聚焦的激光束。为增大熔深，焊接速度宜慢，但过慢会使晶粒粗大
电子束焊	利用高能量密度的电子束照射接头区进行熔化连接	与激光焊法相同。此外还可连接 Al_2O_3 与 Ta，石墨与 W	同激光焊法。还须在真空室内进行焊接
电弧焊接	用气体火焰加热接头区，到温度升至陶瓷具有导电性时，通过气体火焰炬中的特殊电极在接头处加电压，使结合面间电弧放电产生高热以进行熔化连接	某些陶瓷-陶瓷连接，陶瓷与某些金属连接（如 ZrB_2 与 Mo、Nb、Ta，ZrB_2、SiC 与 Ta）	具有导电性的碳化物陶瓷和硼陶瓷可直接焊接。焊接时需控制电流上升速度和最大电流值

　　陶瓷与金属连接的钎焊法、扩散连接方法比较成熟，应用也较为广泛；电子束焊和激光焊也正在扩大其应用。此外，陶瓷与金属的连接还可采用超声波压接焊、摩擦压接焊等方法。

2.2　陶瓷材料的焊接性分析

　　陶瓷材料与金属之间存在本质上的差别，加上陶瓷本身特殊的物理化学性能，因此陶瓷与金属焊接存在不少问题。陶瓷的线胀系数比较小，与金属的线胀系数相差较大，焊接接头区会产生残余应力，应力较大时会导致接头处产生裂纹，甚至引起断裂。陶瓷与金属焊接中的主要问题包括应力和裂纹、界面反应、结合强度低等。

2.2.1　焊接应力和裂纹

　　陶瓷与金属的化学成分和热物理性能有很大差别，特别是线胀系数差异很大（见图 2.1）。例如 SiC 和 Si_3N_4 的线胀系数分别只有 $4×10^{-6}K^{-1}$ 和 $3×10^{-6}K^{-1}$，而铝和铁的线胀系数分别高达 $23.6×10^{-6}K^{-1}$ 和 $11.7×10^{-6}K^{-1}$。此外，陶瓷的弹性模量也很高。在焊接加热和冷却过程中陶瓷、金属产生差异很大的膨胀和收缩，在接头附近产生较大的热应力。由于热应力的分布极不均匀，使接合界面产生应力集中，以致造成接头区产生裂纹。当集中加热时，尤其是用高能密束热源进行熔焊时，靠近焊接接头的陶瓷一侧产生高应力区，陶瓷本身属

硬脆性材料，很容易在焊接过程或焊后产生裂纹。

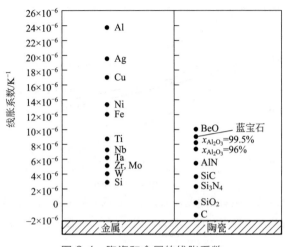

图 2.1　陶瓷和金属的线胀系数

　　陶瓷与金属的焊接一般是在高温下进行，焊接温度与室温之差也是增大接头区残余应力的重要因素。为了减小陶瓷与金属焊接接头的应力集中，在陶瓷与金属之间加入塑性材料或线胀系数接近陶瓷线胀系数的金属作为中间层是有效的。例如在陶瓷与 Fe-Ni-Co 合金之间，加入厚度 20mm 的 Cu 箔作为过渡层，在加热温度为 1050℃、保温时间为 10min、压力为 15MPa 的条件下可得到抗拉强度为 72MPa 的扩散焊接头。

　　扩散焊时采用中间层可以降低扩散温度、减小压力和减少保温时间，以促进界面扩散和去除杂质元素，同时也是为了降低接头区产生的残余应力。Al_2O_3 陶瓷与 0Cr13 铁素体不锈钢扩散焊时，中间层厚度对减小残余应力的影响如图 2.2 所示。

　　中间层多选择弹性模量和屈服强度较低、塑性好的材料，通过中间层金属或合金的塑性变形减小陶瓷/金属接头的应力。采用弹性模量和屈服强度较低的金属作为中间层是将陶瓷中的应力转移到中间层中。使用两种不同的金属作为复合中间层也是降低陶瓷/金属焊接应力的有效办法。一般是以 Ni 作为塑性金属，W 作为低线胀系数材料使用。

　　陶瓷与金属扩散焊常用作中间层的金属主要有 Cu、Ni、Nb、Ti、W、Mo、铜镍合金、钢等。对这些金属的要求是线胀系数与陶瓷相近，并且在构件制造和工作过程中不发生同素异构转变，以免引起线胀系数的突变，破坏陶瓷与金属的匹配而导致焊接结构失效。中间层可以直接使用金属箔片，也可以采用真空蒸发、离子溅射、化学气相沉积（CVD）、喷涂、电镀等方法将金属粉末预先置于陶瓷表面，然后再与金属进行焊接。

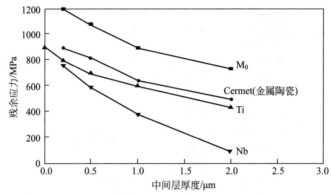

图 2.2　中间层厚度对 Al_2O_3/不锈钢接头残余应力的影响
（加热温度为 1300℃，保温时间为 30min，压力为 100MPa）

中间层厚度增大，残余应力降低，Nb 与氧化铝陶瓷的线胀系数接近，作用最明显。但是，中间层的影响有时比较复杂，如果界面有化学反应，中间层的作用会因反应物类型与厚度的不同而有所变化。中间层选择不当甚至会导致接头性能恶化。如由于化学反应形成脆性相或由于线胀系数不匹配而增大应力，使接头区出现裂纹等。

陶瓷与金属钎焊时，为了最大限度地释放钎焊接头的应力，可选用一些塑性好、屈服强度低的钎料，如纯 Ag、Au 或 Ag-Cu 钎料等；有时还选用低熔点活性钎料，例如，用 Ag52-Cu20-In25-Ti3 和 In85-Ti15 铟基钎料真空钎焊 AlN 和 Cu。铟基钎料对 AlN 陶瓷有很好的润湿性，控制钎焊温度和时间可以形成组织性能较好的钎焊接头，如图 2.3 所示。

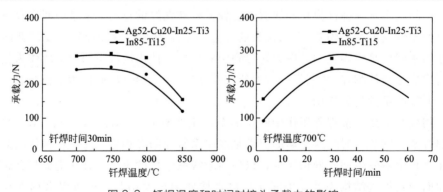

图 2.3　钎焊温度和时间对接头承载力的影响

为避免陶瓷与金属接头出现焊接裂纹，除添加中间层或合理选用钎料外，还可采用以下工艺措施：

① 合理选择被焊陶瓷与金属，在不影响接头使用性能的条件下，尽可能使两者的线胀系数相差最小。

② 应尽可能地减小焊接部位及其附近的温度梯度，控制加热速度，降低冷却速度，有利于应力松弛而使焊接应力减小。

③ 采取缺口、突起和端部变薄等措施合理设计陶瓷与金属的接头结构。

陶瓷与钢扩散连接时在接头处产生残余应力。应力产生的原因是：陶瓷与钢之间的热膨胀不匹配，弹性模量差异大。另外，应变硬化系数、屈服应力、中间层厚度也会对应力的形成及分布产生影响。当应力达到一定强度时，可能在接头不同区域产生裂纹。当陶瓷的热膨胀系数低于钢时（$\alpha_c < \alpha_m$），陶瓷与钢扩散接头应力及裂纹分布如图 2.4(a) 所示，当陶瓷的热膨胀系数高于钢时（$\alpha_c > \alpha_m$），陶瓷与钢扩散接头应力及裂纹分布如图 2.4(b) 所示。两种情况下，裂纹均产生于陶瓷侧的最大拉应力区，因为陶瓷侧在拉应力作用下易弱化。

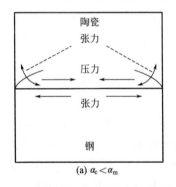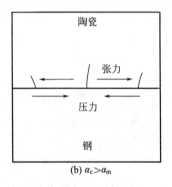

图 2.4　热膨胀系数不匹配引起的接头热应力及裂纹示意

例如，在 Al_2O_3-TiC/18-8 钢扩散焊接头试样界面附近也观察到微裂纹的存在，裂纹存在于界面附近的 Al_2O_3-TiC 陶瓷一则，形成与界面大致平行的纵向裂纹，如图 2.5 所示。

Al_2O_3-TiC/18-8 钢扩散界面附近的 Al_2O_3-TiC 陶瓷内纵向裂纹的形成，是由于 Al_2O_3-TiC 陶瓷的热膨胀系数（$7.6 \times 10^{-6} K^{-1}$）低于 18-8 不锈钢（$16.7 \times 10^{-6} K^{-1}$）及界面过渡区反应产物的热膨胀系数，在 Al_2O_3-TiC 陶瓷近界面附近形成平行于界面的纵向裂纹。在 Al_2O_3-TiC/18-8 钢扩散焊接头试样中间层反应区内也观察到微裂纹，如图 2.5 所示。该类裂纹位于中间层反应区内，与界面垂直的横向裂纹，如图 2.5(b) 所示。横向裂纹是陶瓷与金属焊接（扩散焊、钎焊）接头中常见的缺陷，因为在多数情况下扩散反应层的热膨胀系数高于陶瓷基体。

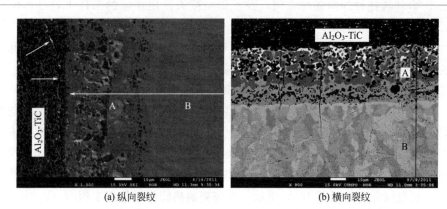

(a) 纵向裂纹　　　　　　　　　　　(b) 横向裂纹

图 2.5　扩散焊界面附近 Al_2O_3-TiC 陶瓷一侧的裂纹形貌

对中间层反应区横向裂纹仔细观察发现，中间层反应区的横向裂纹始于中间层反应区并向中间层反应区与钢侧扩散反应区的交界面扩展，或越过两者的交界面进入钢侧反应区的析出相内而终止扩展，不再越过析出相边界继续扩展。

对于 Al_2O_3-TiC/钢扩散焊接头，纵向裂纹和横向裂纹的产生都与扩散焊过程中元素的界面反应及接头的残余应力有关。上述纵向裂纹和横向裂纹是在 Al_2O_3-TiC/18-8 钢扩散焊试验中发现的。

裂纹的形成的两大主要因素是冶金因素和力学因素，对于 Al_2O_3-TiC/18-8 钢扩散焊接头，根据 Ti-Fe 相图，Ti 与 Fe 在液态时完全互溶，固态时有限溶解，Ti 与 Fe 易形成 TiFe 和 $TiFe_2$ 金属间化合物。扩散焊过程中，复合中间层熔化形成 Cu-Ti 液相，熔化的 Cu-Ti 液相向 18-8 钢中扩散，同时 18-8 钢中的元素（Fe、Cr、Ni）也向 Cu-Ti 液相溶解扩散，这样液/固界面前沿将出现 Ti、Cu、Fe、Cr、Ni 的富集，Ti 是活性元素，易于与 Cu、Fe、Cr、Ni 反应，形成的 Fe_xTi_y、Fe（Ti）、TiFe 和 $TiFe_2$ 金属间化合物都是硬脆化合物，均具有高硬度、低塑性特点，这样接头的塑性降低，易出现裂纹，这就是中间层反应区裂纹形成的冶金因素。虽然 Ti-Cu、Ti-Ni 化合物也可能在 Al_2O_3-TiC/18-8 钢界面生成，但这些化合物不是很脆，并具有一定的塑性，由于脆硬 Ti-Fe 化合物层的存在，因此 Al_2O_3-TiC/18-8 钢扩散焊接头更易于在 Ti-Fe 化合物层撕裂。

Al_2O_3-TiC/Q235 钢扩散焊接头的界面过渡区也可能形成 Ti-Fe、Ti-Cu、Ti-Ni 等的化合物，但 Al_2O_3-TiC/Q235 钢接头断裂时裂纹始于 CuTi 化合物层，表明 Al_2O_3-TiC/Q235 钢界面过渡区内所生成的 Ti-Fe 化合物层较薄，且界面过渡区内存在高塑性残余 Cu，使接头具有一定的塑性，Ti-Fe 化合物层较薄时不足以引起破坏；而 CuTi 化合物层较厚时，界面过渡区内 Cu 的塑性也不足以抵制较厚的 CuTi 层所带来的脆性破坏。但由于 Cu-Ti 化合物的塑性优于 Ti-Fe 化合物，Al_2O_3-TiC/18-8 钢接头的剪切强度低于 Al_2O_3-TiC/Q235 钢接头。

Al_2O_3-TiC 陶瓷与钢之间热物理性能不同，特别是线胀系数不同，这些差异可能引起残余热应力，这是裂纹形成的力学因素。

2.2.2 界面反应及界面形成过程

(1) 界面反应产物

陶瓷与金属之间的连接是通过过渡层（扩散层或反应层）而结合的。陶瓷/过渡层/金属材料之间的界面反应对接头的形成和性能有很大的影响。接头界面反应的物相结构是影响陶瓷与金属结合的关键。

在陶瓷与金属扩散焊时，陶瓷与金属界面发生反应形成化合物，所形成的物相结构取决于陶瓷与金属（包括中间层）的种类，也与焊接条件（如加热温度、表面状态、中间合金及厚度等）有关。SiC 陶瓷与金属的界面反应一般生成该金属的碳化物、硅化物或三元化合物，有时还生成四元等多元化合物或非晶相，反应式为：

$$Me + SiC \longrightarrow MeC + MeSi$$
$$Me + SiC \longrightarrow MeSi_x C_y$$

例如，SiC 与 Zr 界面反应生成 ZrC、Zr_2Si 和三元化合物 $Zr_5Si_3C_x$。SiC 陶瓷与金属接头中可能出现的界面反应产物见表 2.13。

表 2.13 SiC 陶瓷与金属连接接头的界面反应产物

接头组合	温度 /K	时间 /min	压力 /MPa	气氛 /mPa	反应产物
SiC/Ni	1223	90	0	Ar	Ni_2Si+C, Ni_5Si+C, Ni_3Si
SiC/Fe-16Cr	1223	960	0	Ar	$(Ni,Cr)_2Si+C$, $(Ni,Cr)_5Si_2+C$, $(Cr3Ni5Si1.8)C$
SiC/Fe-17Cr	1223	960	0	Ar	$(Fe,Cr)_7C_3$, $(Fe,Cr)_4SiC$, $\alpha+C$
SiC/Fe-26Ni	1223	240	0	Ar	$(Fe,Ni)_2Si+C$, $(Fe,Ni)_5Si_2+C$, $\alpha+C$
SiC/Ti-25Al-10Nb	973	6000	0	—	$(Ti,Nb)C$, $(Ti,Nb)_3(Si,Al)$, $(Ti,Nb)_5(Si,Al)_3$, $(Ti,Nb)_5(Si,Al)_3C$
SiC/Zr/SiC	1573	60	7.3	1.33	$Zr_5Si_3C_x$, Zr_2Si, ZrC_x
SiC/Mo	1973	60	20	20000	Mo_5Si_3C, Mo_5Si_3, Mo_2C
SiC/Al-Mg/SiC	834	120	50	4000	Mg_2Si, MgO, Al_2MgO_4, Al_8Mg_5
SiC/Ti/SiC	1673	60	7.3	1.33	Ti_3SiC_2, $Ti_5Si_3C_x$, TiC, $TiSi_2$, Ti_5Si_3
SiC/Ta/SiC	1773	480	7.3	1.33	TaC, $Ta_5Si_3C_x$, Ta_2C

续表

接头组合	温度/K	时间/min	压力/MPa	气氛/mPa	反应产物
SiC/Nb/SiC	1790	120	7.3	1.33	NbC，Nb_2C，$Nb_5Si_3C_x$，$NbSi_2$
SiC/Cr/SiC	1573	30	7.3	1.33	$Cr_5Si_3C_x$，Cr_3SiC_x，Cr_7C_3，$Cr_{23}C_6$
SiC/V/SiC	1573	120	7.3	1.33	$V_5Si_3C_x$，V_5Si_3，V_3Si，V_2C
SiC/Al/SiC	873	120	50	4000	Al-Si-C-O 非晶相

Si_3N_4 陶瓷与金属的界面反应一般生成该金属的氮化物、硅化物或三元化合物，例如 Si_3N_4 与 Ni-20Cr 合金界面反应生成 Cr_2N、CrN 和 Ni_5Si_2，但与 Fe、Ni 及 Fe-Ni 合金则不生成化合物。Si_3N_4 陶瓷与金属接头中可能出现的界面反应产物见表 2.14。Si_3N_4 陶瓷与金属 Ti、Mo、Nb 界面反应中，当分别用 N_2 和 Ar 作保护气氛时，即使采用相同的加热温度和时间，所得到的界面反应产物也不相同。

表 2.14 Si_3N_4 陶瓷与金属连接接头的界面反应产物

接头组合	温度/K	时间/min	压力/MPa	气氛/mPa	反应产物
Si_3N_4/Incoloy909	1200	240	200	Ar	TiN，$Ni_{16}Nb_6Si_7$
Si_3N_4/Ni-20Cr/Si_3N_4	1473	60	50	0.14	CrN，Cr_2N，Ni_5Si_2
Si_3N_4/Ti	1073	120	0	N_2	$TiN+Ti_2N$
	1323	120	0	Ar	$TiN+Ti_2N+Ti_5Si_3$
Si_3N_4/Mo	1473	60	0	N_2	Mo_3Si，Mo_5Si_3
	1473	60	0	Ar	Mo_3Si，Mo_5Si_3，$MoSi_2$
Si_3N_4/Cr	1473	60	—	—	CrN，Cr_2N，Cr_3Si
Si_3N_4/Nb	1473	60	0	N_2	Nb_5N，Nb_4N_3，$Nb_{4.62}N_{2.14}$
	1673	60	7.3	Ar	Nb_5Si_3，$NbSi_2$，Nb_2N，$Nb_{4.62}N_{2.14}$
Si_3N_4/V/Mo	1523	90	20	5	V_3Si，V_5Si_3
Si_3N_4/AISI316	1273	1440	7	1	$\alpha\text{-Fe}$，$\gamma\text{-Fe}$
Si_3N_4/Ni-Cr	1073~1473	95	0	Ar	Ni_2Si，Ni_3Si_2，Cr_3Si，Cr_5Si_3，$(Cr,Si)_3Ni_2Si$
Si_3N_4/Ni-Nb-Fe-36Ni/MA6000	1473	60	100	—	NbN，Ni_8Nb_6，Ni_6Nb_7，Ni_3Nb

Al_2O_3 陶瓷与金属的界面反应一般生成该金属的氧化物、铝化物或三元化合物，例如 Al_2O_3 与 Ti 的反应生成 TiO 和 $TiAl_x$。Al_2O_3 陶瓷与金属接头中可能出现的界面反应产物见表 2.15。ZrO_2 与金属的反应一般生成该金属的氧化物和锆化物，例如 ZrO_2 与 Ni 的反应生成 NiO_{1-x}、Ni_5Zr 和 Ni_7Zr_2。

（2）扩散界面的形成

用复合中间层扩散连接陶瓷和金属的过程中，由于陶瓷和金属的微观组织、成分、物化性能和力学性能差异很大，中间层元素在两种母材中的扩散能力不同，造成中间层与两侧母材发生反应的程度也不同，因此产生扩散连接界面形成过程的非对称性。

表 2.15　Al_2O_3 陶瓷与金属连接接头的界面反应产物

接头组合	温度 /K	时间 /min	压力 /MPa	气氛 /MPa	反应产物
$Al_2O_3/Cu/Al$	803	30	6	1.33	$Al+CuAlO_2$,$Cu+CuAl_2O_4$
$Al_2O_3/Ti/1Cr18Ni9Ti$	1143	30	15	1.33	TiO,$TiAl_x$
$Al_2O_3/Cu/AISI1015$	1273	30	3	O_2	Cu_2O,$CuAlO_2$,$CuAl_2O_4$
$Al_2O_3/Cu/Al_2O_3$	1313	1440	5	0.13	Cu_2O,$CuAlO_2$
$Al_2O_3/Ta-33Ti$	1373	30	3	0.13	$TiAl$,Ti_3Al,Ta_3Al
Al_2O_3/Ni	—	—	—	—	NiO,Al_2O_3,$NiO \cdot Al_2O_3$
$Ni/ZrO_2/Zr$	1273	60	2	1	Ni_5Zr,Ni_7Zr_2
$ZrO_2/Ni-Cr-(O)/ZrO_2$	1373	180	10	100	$NiO_{1-x}Cr_2O_{3-y}ZrO_{2-z}$,$0<x,y,z<1$

以 Al_2O_3-TiC 复合陶瓷与 W18Cr4V 高速钢扩散焊为例，界面组织结构和元素分布存在明显的不对称现象。为了阐明 Al_2O_3-TiC/W18Cr4V 扩散焊过程，图 2.6 示意了 Al_2O_3-TiC 陶瓷与 W18Cr4V 钢扩散焊界面形成过程的非对称性。Al_2O_3-TiC/W18Cr4V 扩散焊过程分为四个阶段。

第一阶段：Ti-Cu-Ti 中间层熔化阶段。

图 2.6(a) 所示为扩散连接之前，Ti-Cu-Ti 复合中间层放置在 Al_2O_3-TiC 陶瓷和 W18Cr4V 钢中间。扩散连接过程开始后，压力逐渐施加在试样的上表面，中间层中的 Cu 较软发生塑性变形，加快了界面的接触，为原子扩散和界面反应提供了通道。随着加热温度的升高，Al_2O_3-TiC/W18Cr4V 界面之间开始发生固相扩散，由于固态时元素的扩散系数较小，因此元素扩散距离很短。

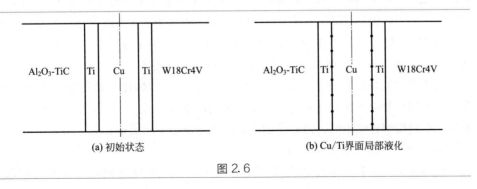

(a) 初始状态　　　　　　　　　　(b) Cu/Ti界面局部液化

图 2.6

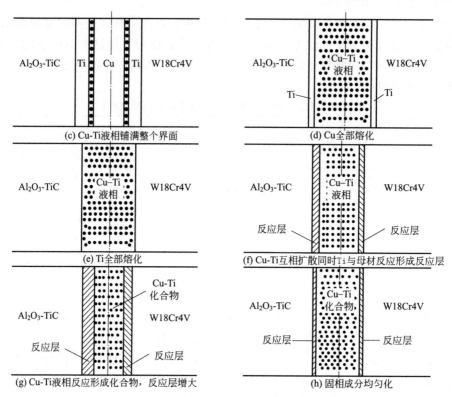

图 2.6　Al_2O_3-TiC/W18Cr4V 扩散连接界面形成示意

根据 Cu-Ti 二元合金相图（图 2.7），在 Cu/Ti 界面上，首先生成 CuTi 相而不是 Cu_3Ti_2。当温度升高到 985℃时，Cu/Ti 界面局部接触部位开始出现浓度梯度很大的液相区［图 2.6(b)］，随后液相向整个界面蔓延并向 Cu 和 Ti 两侧扩展［图 2.6(c)］。由于 Cu 的扩散系数（$D_{Cu} = 3 \times 10^{-9}\,m^2/s$）大于 Ti 的扩散系数（$D_{Ti} = 5.5 \times 10^{-14}\,m^2/s$），所以 Cu 比 Ti 扩散得快，Cu 先全部熔化［图 2.6(d)］，然后 Ti 也全部熔化［图 2.6(e)］。熔化的 Ti 和 Cu 形成有浓度梯度的 Cu-Ti 液相填充 Al_2O_3-TiC 和 W18Cr4V 的整个界面。由于试样表面施加了压力，在压力的作用下部分液相被挤出界面，Cu-Ti 液相区变窄。

由于存在液相扩散和浓度梯度，Ti-Cu-Ti 中间层的熔化非常迅速，中间层熔化完成时间与整个连接时间相比非常短（瞬间液相），此阶段 Ti 向两侧母材的扩散有限。中间层熔化结束后，液相区的中心线仍为原始中间层中心线［图 2.6(e)］。

第二阶段：液相成分均匀化。

刚熔化的 Cu-Ti 液相浓度分布不均匀，所以 Cu 和 Ti 之间进一步相互扩散。

Ti 是活性元素，Cu-Ti 液相填充金属对 Al_2O_3-TiC/W18Cr4V 钢界面有润湿性。施加的压力促进了 Cu-Ti 液态合金的扩展。在此过程中，Cu-Ti 液相填充金属中的 Ti 向 Al_2O_3-TiC/W18Cr4V 界面两侧扩散并发生反应 [图 2.6(f)]，母材中的元素也向 Cu-Ti 液相扩散，使液相区成分均匀化。由于 Al_2O_3-TiC 陶瓷的晶粒间有微小的空隙，有利于 Ti 在 Al_2O_3-TiC 陶瓷中扩散。W18Cr4V 钢中的 C 原子很小，扩散速度很快，易于向 Cu-Ti 液相扩散，在液/固界面与 Ti 反应生成 TiC，阻碍了 Ti 向 W18Cr4V 的扩散，所以 Ti 向 Al_2O_3-TiC 中扩散的距离大于向 W18Cr4V 侧扩散的距离。该阶段结束时，液相中心线向 Al_2O_3-TiC 侧偏移。

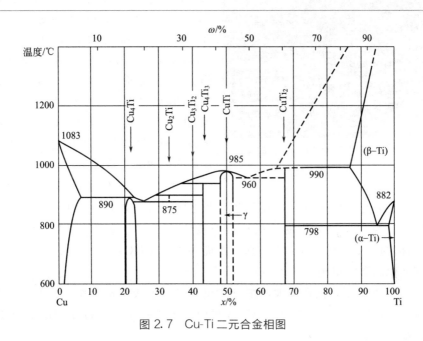

图 2.7　Cu-Ti 二元合金相图

第三阶段：液相凝固过程。

随着液-固界面上 Ti 原子的扩散，在 Al_2O_3-TiC 与液相界面，Ti 与 Al_2O_3-TiC 中的 Al、O 等发生反应，生成 Ti-Al、Ti-O 化合物反应层；在液相与 W18Cr4V 界面，Ti 与 W18Cr4V 钢中的 Fe、C 等反应生成 TiC、FeTi 等反应层。液相区中的溶质原子逐渐减少，当溶质原子的浓度小于固相线浓度时，液相开始凝固（液-固界面向液相中推进），界面反应层继续长大，Cu-Ti 液相逐渐减少，最终液相区全部消失，如图 2.6(g) 所示。由于 Ti 向 Al_2O_3-TiC 侧的扩散速度大于向 W18Cr4V 侧的速度，液相凝固结束时，Al_2O_3-TiC 侧反应层的厚度大于 W18Cr4V 侧反应层的厚度，界面中心线偏移原中间层中心线的位置。

第四阶段：固相成分均匀化。

液相区完全凝固后，随着扩散连接过程的进行，Al_2O_3-TiC/W18Cr4V 界面过渡区元素仍有很大的浓度梯度。通过保温阶段，界面元素之间相互扩散，各反应层中的成分进一步均匀化，形成成分相对均匀的界面层见图 2.6(h)。固相成分均匀化需要很长时间，界面一般不能达到完全均匀化。因此，Al_2O_3-TiC/W18Cr4V 界面过渡区组织形态和元素分布呈现出不对称性。

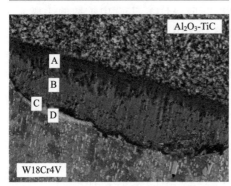

图 2.8　Al_2O_3-TiC/W18Cr4V 扩散连接界面过渡区组织结构

（3）扩散连接界面反应机理

Al_2O_3-TiC/W18Cr4V 扩散接头剪切断口 X 射线衍射（XRD）分析表明，Al_2O_3-TiC/W18Cr4V 界面过渡区中存在着 TiC、TiO、Ti_3Al、Cu、CuTi、$CuTi_2$、FeTi、Fe_3W_3C 等多种反应产物。这些反应产物位于 Al_2O_3-TiC/W18Cr4V 界面过渡区不同的反应层中，见图 2.8。从 Al_2O_3-TiC 陶瓷侧到 W18Cr4V 钢侧分析界面过渡区各反应层发生的界面反应如下。

① Al_2O_3-TiC/Ti 界面（反应层 A）Al_2O_3-TiC 复合陶瓷的 Al_2O_3 相和 TiC 相之间，只有在温度大于 1650℃时，才有较剧烈的反应。试验中的扩散连接温度为 1160℃，远低于 1650℃。TiC 是 NaCl 结构的离子键化合物，吉布斯自由能为 ΔG^0（TiC）$= -190.97 + 0.016T$，受温度变化的影响很小。

Ti 是过渡金属，活性很大，在陶瓷和金属的连接中被用作活性元素，与陶瓷反应形成反应层。在 Al_2O_3-TiC/Ti 界面，主要是 Ti-Cu-Ti 中间层中的 Ti 和 Al_2O_3 陶瓷之间的反应。

Al_2O_3-TiC/W18Cr4V 扩散连接过程中，Ti 与 Al_2O_3 发生反应：

$$3Ti + Al_2O_3 =\!=\!= 3TiO + 2Al \tag{2.1}$$

生成 TiO 和 Al 原子。

根据 Ti-Al 二元相图，在扩散连接温度下，Ti 和 Al 之间可能发生反应：

$$Ti + 3Al =\!=\!= TiAl_3 \tag{2.2}$$

$$Ti + Al =\!=\!= TiAl \tag{2.3}$$

$$3Ti + Al =\!=\!= Ti_3Al \tag{2.4}$$

由于最后只生成 Ti_3Al 相，因此还存在着：

$$TiAl_3 + 2Ti =\!=\!= 3TiAl \tag{2.5}$$

$$TiAl + 2Ti =\!=\!= Ti_3Al \tag{2.6}$$

在扩散反应开始时，Ti、Al 相互扩散。因 Al 的扩散速度快，在 Ti、Al 的界面上首先形成 TiAl$_3$，随后在 TiAl$_3$ 和 Ti 的界面上形成 TiAl，最后 TiAl 和 Ti 反应生成 Ti$_3$Al。

Ti 是强碳化物形成元素，所以中间层中的自由 Ti 与 Al$_2$O$_3$-TiC 陶瓷中的 C 反应生成 TiC：

$$Ti + C = TiC \tag{2.7}$$

与 Al$_2$O$_3$-TiC 中的 TiC 共存聚集于 Al$_2$O$_3$-TiC/Ti 界面。通过上述分析可知，反应层 A 主要生成了 TiO、Ti$_3$Al 和 TiC 相。

② Ti-Cu-Ti 中间层内（反应层 B）　用 Ti-Cu-Ti 中间层扩散连接 Al$_2$O$_3$-TiC 陶瓷和 W18Cr4V 钢的过程中，反应层 B 中主要是 Ti 和 Cu 之间的反应。由于 Ti 在 Cu 中的溶解度很小，Ti 主要以金属间化合物的形式存在。根据 Cu-Ti 二元合金相图，在 Cu/Ti 界面上，当加热温度达到 985℃时开始形成 Cu-Ti 液相。在 Cu-Ti 液相区内，Ti 和 Cu 的扩散速度很快，能够进行充分的扩散。

该系统中 CuTi 的生成自由能最低，最易生成。反应产物还与 Cu-Ti 的相对浓度有关，Cu 与 Ti 除了生成 CuTi 外，还生成了 CuTi$_2$。由于扩散连接中施加了压力，Cu-Ti 液相中多余的 Cu 会在压力的作用下挤出界面。

由于 C 原子扩散速度很快，Al$_2$O$_3$-TiC 陶瓷和 W18Cr4V 钢中的 C 很快向 Cu-Ti 液相内部扩散，与 Ti 反应生成 TiC，弥散分布在 Cu-Ti 液相中，凝固后以 TiC 颗粒存在于 Cu-Ti 固溶体中，增强了界面过渡区的性能。反应层 B 中的相主要是 CuTi、CuTi$_2$ 和 TiC。

③ Ti/W18Cr4V 界面 Ti 侧（反应层 C）　Ti-Cu-Ti 中间层形成 Cu-Ti 瞬间液相后，W18Cr4V 钢中的 C 原子会迅速地向 Ti/W18Cr4V 界面扩散。由于 Ti 是强碳化物形成元素，在 Ti/W18Cr4V 界面上 Ti 和 C 形成 TiC 相。随着保温时间的延长，TiC 聚集于 Ti/W18Cr4V 界面，生成连续的 TiC 层。

Fe 和 Ti 的互溶性很小，主要以 Fe-Ti 金属间化合物形式存在。Cu-Ti 液相中的 Ti 向 W18Cr4V 钢中扩散，同时 W18Cr4V 钢向 Cu-Ti 液相溶解、扩散。Ti 和 Fe 发生反应：

$$2Fe + Ti = Fe_2Ti \tag{2.8}$$

$$Fe + Ti = FeTi \tag{2.9}$$

形成 FeTi、Fe$_2$Ti，随着反应的进行，Fe$_2$Ti 转化为 FeTi。

在 Ti/W18Cr4V 界面上 Ti 优先与 C 反应生成 TiC，阻碍了 Ti 向 W18Cr4V 钢中的扩散，所以 FeTi 只在 Ti/W18Cr4V 界面很小的范围内存在。Ti/W18Cr4V 界面 Ti 侧的反应层 C 主要是 TiC 相和少量的 FeTi 相。

④ Ti/W18Cr4V 界面近 W18Cr4V 钢侧（反应层 D）　W18Cr4V 高速钢中的碳化物数量多，对钢的性能影响很大。扩散连接过程中，W18Cr4V 高速钢中的

C 向 Ti/W18Cr4V 界面扩散，与 Ti 反应生成 TiC，在 W18Cr4V 侧形成了一个脱碳层，C 浓度降低，该区域主要含 Fe、W 及少量 C，生成 Fe_3W_3C，使得 W18Cr4V 钢中的碳化物颗粒变得细小，未发生反应的 Fe 以 α-Fe 的形式保存下来。所以反应层 D 主要是 Fe_3W_3C 等碳化物和 α-Fe。

Al_2O_3-TiC/W18Cr4V 接头从 Al_2O_3-TiC 一侧到 W18Cr4V 侧，界面结构依次为：Al_2O_3-TiC/TiC+Ti_3Al+TiO/CuTi+$CuTi_2$+TiC/TiC+FeTi/Fe_3W_3C +α-Fe/W18Cr4V，如图 2.9 所示。界面过渡区相结构的形成与扩散连接参数密切相关。界面过渡区各反应层界限并不明显，有时交叉在一起。由图 2.7 可见，Ti 几乎出现在所有的界面反应产物中，表明 Ti 参与界面反应的各个过程。在 Al_2O_3-TiC/W18Cr4V 扩散连接过程中，Ti 是界面反应的主控元素。

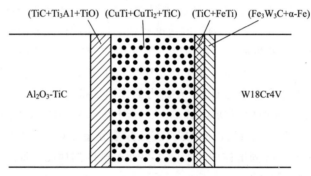

图 2.9　Al_2O_3-TiC/W18Cr4V 界面过渡区的相结构

2.2.3　扩散界面的结合强度

扩散条件不同，界面反应产物不同，扩散焊接头性能有很大差别。加热温度提高，界面扩散反应充分，使接头强度提高。用厚度为 0.5mm 的铝箔作中间层对氧化铝与钢进行扩散焊时，加热温度对接头抗拉强度的影响如图 2.10 所示。

温度过高可能使陶瓷的性能发生变化，或出现脆性相而使接头性能降低。此外，陶瓷与金属扩散焊接头的抗拉强度与金属的熔点有关，在氧化铝与金属扩散焊接头中，金属熔点提高，接头抗拉强度增大。

陶瓷与金属扩散焊接头抗拉强度（σ_b）与保温时间（t）的关系为：

$$\sigma_b = B_0 t^{1/2} \tag{2.10}$$

其中 B_0 为常数。但是，在一定加热温度下，保温时间存在一个最佳值。

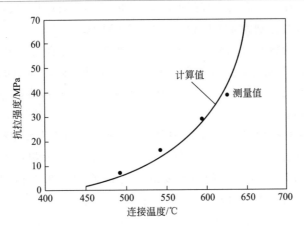

图 2.10 加热温度对氧化铝/钢扩散焊接头强度的影响

Al_2O_3/Al 扩散焊接头中，保温时间对接头抗拉强度的影响如图 2.11(a) 所示。用 Nb 作中间层扩散连接 SiC 和不锈钢时，时间过长时出现了强度较低、线胀系数与 SiC 相差很大的 $NbSi_2$ 相，而使接头抗剪强度降低，如图 2.11(b) 所示。用 V 作中间层扩散连接 AlN 时，保温时间过长也由于 V_5Al_8 脆性相的出现而使接头抗剪强度降低。

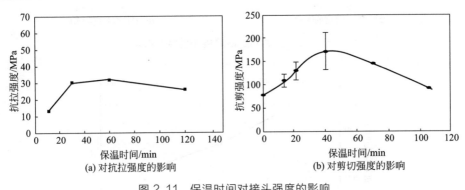

(a) 对抗拉强度的影响   (b) 对剪切强度的影响

图 2.11 保温时间对接头强度的影响

扩散焊中施加压力是为了使接触面处产生微观塑性变形，减小表面不平整和破坏表面氧化膜，增加表面接触面积，为原子扩散提供条件。为了防止陶瓷与金属结构件发生较大的变形，扩散焊时所施加的压力一般较小（<100MPa），这一压力范围足以减小表面局部不平整和破坏表面氧化膜。压力较小时，增大压力可以使接头强度提高，如 Cu 或 Ag 与 Al_2O_3 陶瓷、Al 与 SiC 陶瓷扩散焊时，施加压力对接头抗剪强度的影响如图 2.12(a) 所示。与加热温度和保温时间的影响

一样，压力也存在一个获得最佳强度的值，如 Al 与 Si_3N_4 陶瓷、Ni 与 Al_2O_3 陶瓷扩散焊时，压力分别为 4MPa 和 15MPa～20MPa。

压力的影响与材料的类型、厚度以及表面氧化状态有关。用贵金属（如金、铂）连接 Al_2O_3 陶瓷时，金属表面的氧化膜非常薄，随着压力的提高，接头强度提高直到一个稳定值。Al_2O_3 与 Pt 扩散连接时压力对接头抗弯强度的影响如图 2.12(b) 所示。

表面粗糙度对扩散焊接头强度的影响十分显著。因为表面粗糙会在陶瓷中产生局部应力集中而容易引起脆性破坏。Si_3N_4/Al 接头表面粗糙度对接头抗弯强度的影响如图 2.13 所示，表面粗糙度由 $0.1\mu m$ 改变为 $0.3\mu m$ 时，接头抗弯强度从 470MPa 降低到 270MPa。

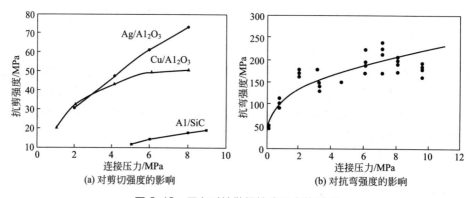

(a) 对剪切强度的影响　　　(b) 对抗弯强度的影响

图 2.12　压力对扩散焊接头强度的影响

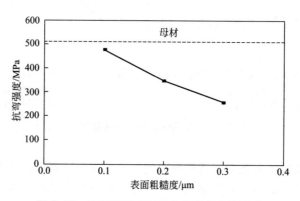

图 2.13　表面粗糙度对接头抗弯强度的影响

界面反应与焊接环境条件有关。在真空扩散焊中，避免 O、N、H 等参与界面反应有利于提高接头的强度。图 2.14 示出用 Al 作中间层连接 Si_3N_4 时，环境条件对接头抗弯强度的影响。氩气保护下焊接接头强度最高，抗弯强度超过 500MPa。

空气中焊接时接头强度低，界面处由于氧化产生 Al_2O_3，沿 Al/Si_3N_4 界面产生脆性断裂。虽然加压能破坏氧化膜，但当氧分压较高时会形成新的氧化物层，使接头强度降低。在高温（1500℃）下直接扩散连接 Si_3N_4 陶瓷时，由于高温下 Si_3N_4 陶瓷容易分解形成孔洞，在 N_2 气氛中焊接可以限制 Si_3N_4 陶瓷的分解，N_2 压力高时接头抗弯强度较高。在

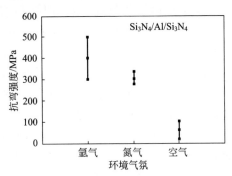

图 2.14　环境条件对接头抗弯强度的影响

1MPa 氮气中焊接的接头抗弯强度比在 0.1MPa 氮气中焊接的接头抗弯强度高 30% 左右。

对陶瓷/金属连接接头强度评估的方式有拉伸、剪切、弯曲和剥离等多种方式，根据试样的尺寸，多采用剪切强度进行评估。

扩散焊加热温度从 1080℃ 上升到 1130℃，连接压力从 10MPa 提高到 15MPa，Al_2O_3-TiC/W18Cr4V 扩散连接界面剪切强度从 95MPa 增加到 154MPa（图 2.15）。随着加热温度提高，界面附近形成良好的冶金结合。但是当加热温度升高到 1160℃ 时，Al_2O_3-TiC/W18Cr4V 界面剪切强度反而降低，剪切强度为 141MPa。因为温度过高时界面形成了较厚的 TiC 反应层，从而降低了接头的强度。

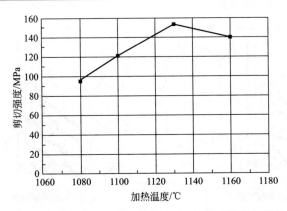

图 2.15　加热温度对 Al_2O_3-TiC/W18Cr4V 扩散界面剪切强度的影响

例如，Al_2O_3-TiC/W18Cr4V 扩散连接时，接触界面处容易形成应力集中，使得扩散连接界面在冷却阶段产生较大的收缩，引发微裂纹。这些微裂纹在外部载荷的作用下继续扩展，最终导致 Al_2O_3-TiC/W18Cr4V 扩散界面的断裂。

Al_2O_3-TiC/W18Cr4V 扩散界面 Al_2O_3-TiC 陶瓷侧易造成应力集中，成为微裂纹源。微裂纹的形成并非一定能够引发解理断裂，加于裂纹尖端的局部应力超过临界应力时，微裂纹才能扩展。

图 2.16 为 Al_2O_3-TiC/W18Cr4V 扩散连接界面剪切断裂过程的示意图。施加剪切力前，Al_2O_3-TiC 侧存在空洞、微裂纹等缺陷，缺陷周围存在高应力区 [图 2.16(a)]。在剪切力作用下，空洞聚集、微裂纹开始扩展如图 2.16(b) 所示。随着剪切力的进一步增大，微裂纹不断扩展、长大，当弹性释放能远大于表面能时，裂纹把剩余能量积累为动能，裂纹可持续扩展，如图 2.16(c) 所示。解理裂纹的扩展是高速进行的，当微裂纹与剪切直接造成的主裂纹汇合后，沿 Al_2O_3-TiC/W18Cr4V 扩散界面或 Al_2O_3-TiC 陶瓷基体发生断裂。

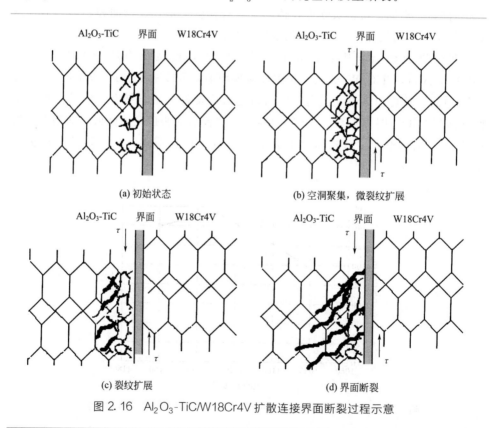

(a) 初始状态　　　　　　　　(b) 空洞聚集，微裂纹扩展

(c) 裂纹扩展　　　　　　　　(d) 界面断裂

图 2.16　Al_2O_3-TiC/W18Cr4V 扩散连接界面断裂过程示意

2.3　陶瓷与金属的钎焊连接

2.3.1　陶瓷与金属钎焊连接的特点

　　钎焊连接是利用陶瓷与金属之间的钎料在高温下熔化，其中的活性组元与陶瓷发生化学反应，形成稳定的反应梯度层使两种材料结合在一起的。

　　陶瓷材料含有离子键或共价键，表现出非常稳定的电子配位，很难被金属键的熔融金属润湿，所以用通常的熔焊或钎焊方法使金属与陶瓷产生熔合或钎合是很困难的。为了使陶瓷与金属达到钎焊的目的，应使钎料对陶瓷表面产生润湿，或提高对陶瓷的润湿性。例如，采用活性金属 Ti 在界面形成 Ti 的化合物，可促使陶瓷表面润湿。

　　陶瓷与金属的钎焊比金属之间的钎焊复杂很多，多数情况下要对陶瓷表面金属化处理或采用活性钎料才能进行钎焊。为了改善陶瓷表面的润湿性，陶瓷与金属常用的钎焊工艺有如下两种：

　　（1）陶瓷-金属化法（也称为两步法）

　　先在陶瓷表面进行金属化后，再用普通钎料与金属钎焊；陶瓷表面金属化最常用的是 Mo-Mn 法，此外还有蒸发金属化法、溅射金属化法、离子注入法等。

　　① Mo-Mn 法　在 Mo 粉中加入质量分数为 $10\%\sim25\%$ 的 Mn 以改善金属镀层与陶瓷的润湿性。Mo-Mn 法由陶瓷表面处理、金属膏剂化、配制与涂敷、金属化烧结、镀镍等工序组成，是最常用的一种陶瓷表面金属化法。

　　② 蒸发金属化法　利用真空镀膜机在陶瓷上蒸镀金属膜，如先蒸镀 Ti、Mo，再在 Ti-Mo 金属化层上电镀一层 Ni。这种方法的特点是蒸镀温度低（$300\sim400℃$），能适应各种不同的陶瓷，获得良好的气密性。

　　③ 溅射金属化法　在真空容器中利用气体放电产生的正离子轰击靶面，将靶面材料溅射到陶瓷表面上以实现金属化。这种方法能在较低的沉积温度下形成高熔点的金属层，适用于各种陶瓷，特别是 BeO 陶瓷的表面金属化。

　　④ 离子注入法　将 Ti 等活性元素的离子直接注入陶瓷中，在陶瓷上形成可以被一般钎料润湿的表面。以 Al_2O_3 陶瓷为例，离子注入剂量范围为 $2\times10^{16}\sim3.1\times10^{17}$ 个/cm^2 时，Ti 的注入深度可达 $50\sim100nm$，陶瓷表面润湿性得到大大改善。

　　（2）活性金属化法（也称为一步法）

　　采用活性钎料直接对陶瓷与金属进行钎焊。在钎料中加入活性元素，使钎料与陶瓷之间发生化学反应，形成反应层和结合牢固的陶瓷与金属结合界面。反应层主要由金属与陶瓷的化合物组成，可以被熔化的金属润湿。

活性金属化法常用的活性金属是过渡族金属，如 Ti、Zr、Hf、Nb、Ta 等。这些金属元素对氧化物、硅酸盐等有较大的亲和力，可以在陶瓷表面形成反应层。反应层主要由金属与陶瓷的复合物组成，这些复合物可以被熔化的金属润湿，达到与金属钎接的目的。

陶瓷与金属钎焊用钎料含有活性元素 Ti、Zr 或 Ti、Zr 的氧化物和碳化物，它们对氧化物陶瓷具有一定的活性，在一定的温度下能够直接发生反应。

采用 Ag-Cu-1.75Ti 钎料在氩气中钎焊 Si_3N_4 陶瓷和 Cu 的研究表明，金属 Cu 表面越光滑，Si_3N_4/Cu 钎焊接头的抗剪强度越高。钎焊时稍施加压力（2.5kPa），使先熔化的富 Ag 钎料被挤出，剩余的钎料中富 Cu 相增多，减缓接头应力，可以提高接头的抗剪强度。但压力进一步增大后，钎料挤出太多，Ti 不足以与陶瓷反应并润湿陶瓷，会降低接头强度。

2.3.2　陶瓷与金属的表面金属化法钎焊

（1）陶瓷表面的金属化

陶瓷表面的金属化不仅可以用于改善非活性钎料对陶瓷的润湿性，还可以在高温钎焊时保护陶瓷不发生分解和产生孔洞。如 Si_3N_4 陶瓷在真空（10^{-3}Pa）中，达到 1100℃以上时 Si_3N_4 陶瓷就要发生分解，产生孔洞。

① Mo-Mn 法陶瓷金属化法　是将纯金属粉末（Mo、Mn）与金属氧化物粉末组成的膏状混合物涂于陶瓷表面，再在炉中高温加热，形成金属层。在 Mo 粉中加入 10%～25%Mn 是为了改善金属镀层与陶瓷的结合。不同组分的陶瓷要选用相应地金属化膏剂，才能达到陶瓷表面金属化的最佳效果。表 2.16 给出 Mo-Mn 法烧结金属粉末的配方和烧结参数示例。

表 2.16　Mo-Mn 法金属化配方和烧结参数示例

序号	配方组成/%								适用陶瓷	涂层厚度/μm	金属化温度/℃	保温时间/min
	Mo	Mn	MnO	Al_2O_3	SiO_2	CaO	MgO	Fe_2O_3				
1	80	20	—	—	—	—	—	—	75%Al_2O_3	30～40	1350	30～60
2	45	—	18.2	20.9	12.1	2.2	1.1	0.5	95%Al_2O_3	60～70	1470	60
3	65	17.5	95%Al_2O_3 粉　17.5						95%Al_2O_3	35～45	1550	60
4	59.5	—	17.9	12.9	7.9	1.8 (CaCO$_3$)	—	—	95%Al_2O_3 (Mg-Al-Si)	60～80	1510	50
5	50	—	17.5	19.5	11.5	1.5	—	—	透明刚玉	50～60	1400～1500	40
6	70	9	—	12	8	1	—	—	99%BeO	40～50	1400	30
									95%Al_2O_3		1500	60

一般钎料（如 Ag-Cu 钎料）对陶瓷金属化层的润湿性还不能达到钎焊的要求，所以通常要在 Mo-Mn 金属化层上再镀一层镍来增加金属化层对钎料的润湿性。镀镍层的厚度约为 $4\sim6\mu m$，镀镍后的陶瓷还需在氢气炉中在 1000℃的温度下烧结 $15\sim25min$，这道工序称之为二次金属化。

② 蒸发金属化法　是在陶瓷件上蒸镀金属膜，实现陶瓷表面金属化的一种方法。将清洗好的陶瓷件包上铝箔，只露出需要金属化的部位，放入镀膜机的真空室内。当真空度达 $4\times10^{-3}Pa$ 后，将陶瓷件预热到 $300\sim400℃$，保温 10min。先开始蒸镀 Ti，然后再蒸镀 Mo，形成金属化层。蒸镀后还需要在 Ti、Mo 金属化层上再电镀一层 Ni（厚度约 $2\sim5\mu m$），然后在真空炉中进行钎焊。这种方法较 Mo-Mn 法、活性法有更高的封接强度。其缺点是蒸镀高熔点金属比较困难。

③ 溅射金属化法　将陶瓷放入真空容器中并充以氩气，在电极之间加上直流电压，形成气体辉光放电，利用气体放电产生的正离子轰击靶面，把靶面材料溅射到陶瓷表面上形成金属化膜。溅射沉积时，工件可以旋转，使陶瓷金属化面对准不同的溅射金属，依次沉积所需要的金属膜。沉积到陶瓷表面的第一层金属化材料是 Mo、W、Ti、Ta 或 Cr，第二层金属化材料为 Cu、Ni、Au 或 Ag。在溅射过程中，陶瓷的沉积温度应保持在 $150\sim200℃$。这种方法涂层厚度均匀、与陶瓷结合牢固，能在较低的沉积温度下制备高熔点的金属涂层。

④ 离子注入法　涂覆装置的阴极为安放陶瓷工件的支架，阳极是作为蒸发源的热丝，热丝材料为待涂覆的金属材料，真空容器内通入氩气。当阴、阳极之间接上直流高压电（$2\sim5kV$）后，在阴、阳极之间形成氩的等离子体。在直流电场的作用下，氩的正离子轰击陶瓷工件的表面达到净化陶瓷表面的目的。溅射清洗完后移开活动挡板，开始加热热丝，使金属蒸发。金属蒸气在电场作用下被电离成正离子并被加速向作为阴极的陶瓷表面移动，在轰击陶瓷表面的过程中形成结合牢固的金属涂层。这种金属化方法温度低（工件沉积温度小于 300℃），沉积速率高，涂层结合牢固。其缺点是只适宜沉积一些比较容易蒸发的金属材料，对熔点比较高的金属沉积比较困难。

⑤ 热喷涂法　利用等离子弧喷涂技术在 Si_3N_4 陶瓷表面喷涂两层 Al。喷涂第一层前，先将陶瓷预热到略高于 Al 的熔点温度以增强 Al 对 Si_3N_4 陶瓷的吸附。第一层喷涂的 Al 不能太厚，一般不超过 $2\mu m$。在第一层的基础上再喷涂第二层厚度 $200\mu m$ 的 Al，热喷涂后的 Si_3N_4 陶瓷直接以 Al 涂层为钎料在 700℃×15min、加压 0.5MPa 的条件下钎焊，接头的抗弯强度达到 340MPa，比直接用 Al 钎料在同样的条件下钎焊的接头强度（230MPa）高许多。

（2）陶瓷钎焊的钎料

陶瓷金属化后再进行钎焊，使用广泛的一种钎料是 BAg72Cu。也可以根据需要，选用其他的钎料。陶瓷与金属连接常用的钎料见表 2.17。在钎料能够润湿陶瓷的前提下，还要考虑高温钎焊时陶瓷与金属线胀系数差异会引起的裂纹，以及夹具定位等问题。

表 2.17　陶瓷与金属连接常用的钎料

钎料	成分/%	熔点/℃	流点/℃
Cu	100	1083	1083
Ag	>99.99	960.5	960.5
Au-Ni	Au 82.5,Ni 17.5	950	950
Cu-Ge	Ge 12,Ni 0.25,Cu 余量	850	965
Ag-Cu-Pd	Ag 65,Cu 20,Pd 15	852	898
Au-Cu	Au 80,Cu 20	889	889
Ag-Cu	Ag 50,Cu 50	779	850
Ag-Cu-Pd	Ag 58,Cu 32,Pd 10	824	852
Au-Ag-Cu	Au 60,Ag 20,Cu 20	835	845
Ag-Cu	Ag 72,Cu 28	779	779
Ag-Cu-In	Ag 63,Cu 27,In 10	685	710

由于陶瓷与金属连接多是在惰性气氛或真空炉中进行，当用陶瓷金属化法对真空电子器件钎焊时，对钎料的要求是：

① 钎料中不含有饱和蒸气压高的化学元素，如 Zn、Cd、Mg 等，以免在钎焊过程中这些化学元素污染电子器件或造成电介质漏电；

② 钎料的含氧量不能超过 0.001%，以免在惰性气氛中钎焊时生成水汽；

③ 钎焊接头要有良好的松弛性，能最大限度地减小由陶瓷与金属线胀系数差异而引起的热应力。

在选择陶瓷与金属连接的钎料时，为了最大限度地减小焊接应力，有时不得不选用一些塑性好、屈服强度低的钎料，如纯 Ag、Au 或 Ag-Cu 共晶钎料等。

玻璃化法是利用毛细作用实现连接，这种方法不加金属钎料而加无机钎料（玻璃体），如氧化物、氟化物的钎料。氧化物钎料熔化后形成的玻璃相能向陶瓷渗透，浸润金属表面，最后形成连接。典型的玻璃化法氧化物钎料配方见表 2.18。

表 2.18　典型的玻璃化法氧化物钎料配方

系列	配方组成/%	熔制温度/℃	线胀系数/$10^{-6}K^{-1}$
Al-Y-Si	Al_2O_3 15,Y_2O_3 65,SiO_2 20	—	7.6～8.2
Al-Ca-Mg-Ba	Al_2O_3 49,CaO 3,MgO 11,BaO 4	1550	—
	Al_2O_3 45,CaO 36.4,MgO 4.7,BaO 13.9	1410	8.8
Al-Ca-Ba-B	Al_2O_3 46,CaO 36,BaO 16,B_2O_3 2	(1320)	9.4～9.8
Al-Ca-Ba-Sr	Al_2O_3 44～50,CaO 35～40,BaO 12～16,SrO 1.5～5,Al_2O_3 40,CaO 33,BaO 15,SrO 10	1500(1310) 1500	7.7～9.1 9.5
Al-Ca-Ta-Y	Al_2O_3 45,CaO 49,Ta_2O_3 3,Y_2O_3 3	(1380)	7.5～8.5

系列	配方组成/%	熔制温度/℃	线胀系数/$10^{-6}K^{-1}$
Al-Ca-Mg-Ba-Y	Al_2O_3 40~50,CaO 30~40,MgO 10~20 BaO 3~8,Y_2O_3 0.5~5	1480~1560	6.7~7.6
Zn-B-Si-Al-Li	ZnO 29~57,B_2O_3 19~56,SiO_2 4~26,Li_2O 3~5,Al_2O_3 0~6	(1000)	4.9
Si-Ba-Al-Li-Co-P	SiO_2 55~65,BaO 25~32,Al_2O_3 0~5,Li_2O 6~11,CaO 0.5~1,P_2O_5 1.5~3.5	(950~1100)	10.4
Si-Al-K-Na-Ba-Sr-Ca	SiO_2 43~68,Al_2O_3 3~6,K_2O 8~9,Na_2O 5~6,BaO 2~4,SrO 5~7,CaO 2~4,另含少量 Li_2O、MgO、TiO_2、B_2O_3	(1000)	8.5~9.3

注：括号中的数据为参考温度。

玻璃体固化后没有韧性，无法承受陶瓷的收缩，只能靠配制成分使其线胀系数尽量与陶瓷的线胀系数接近。这种方法的实际应用也是相当严格的。

调整钎料配方可以获得不同熔点和线胀系数的钎料，以便适用于不同的陶瓷和金属的连接。这种玻璃体中间材料实际上是 Si_3N_4 陶瓷晶粒间的粘接相（如 Al_2O_3、Y_2O_3、MgO 等）以及杂质 SiO_2，是烧结时就有的。连接在超过 1530℃的高温下（相当于 Y-Si-Al-O-N 的共晶点）进行，不需加压，通常用氮气保护。

（3）陶瓷金属化钎焊工艺

以 Mo-Mn 金属化法为例，陶瓷金属化钎焊连接的工艺流程见图 2.17。陶瓷金属化钎焊工艺要点为：

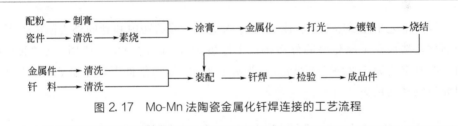

图 2.17 Mo-Mn 法陶瓷金属化钎焊连接的工艺流程

金属化膏剂的制备和涂覆工艺如下：

① 零件的清洗 陶瓷件可以在超声波清洗机中用清洗剂清洗，然后用去离子水清洗并烘干。金属件则要通过碱洗、酸洗的办法去除金属表面的油污、氧化膜等，并用流动水清洗、烘干。清洗过的零件应立即进入下一道工序，中间不得用裸手接触。

② 涂膏剂 将各种原料的粉末按比例称好，加入适量的硝棉溶液、醋酸丁酯、草酸二乙酯等。这是陶瓷金属化的重要工序，膏剂多由纯金属粉末加适量的金属氧化物组成，粉末粒度在 1~5μm 之间，用有机黏结剂调成糊状，均匀地涂

刷在需要金属化的陶瓷表面上。涂层厚度大约为 $30\sim60\mu m$。

③ 陶瓷金属化　将涂好的陶瓷件放入氢气炉中，在 $1300\sim1500\degree C$ 温度下保温 $0.5\sim1h$。

④ 镀镍　金属化层多为 Mo-Mn 层，难与钎料浸润，须再镀上一层厚度 $4\sim5\mu m$ 的镍。

⑤ 装架　将处理好的金属件和陶瓷件装配在一起，在接缝处装上钎料。

⑥ 钎焊　在惰性气氛或真空炉中进行，钎焊温度由钎料而定。在钎焊过程中加热和冷却速度都不能过快，以防止陶瓷件炸裂。

⑦ 检验　对一些特殊要求的陶瓷封接件，如真空器件或电器件，要进行泄漏、热冲击、热烘烤和绝缘强度等检验。

陶瓷金属化法钎焊的应用示例如下。

图 2.18 所示是某石油检测仪器中使用的探针元件，材料为紫铜与不锈钢，元件之间用 Al_2O_3 陶瓷隔离，陶瓷起绝缘作用，要求钎焊后密封无泄漏。

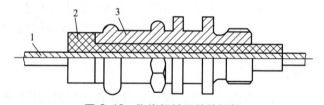

图 2.18　陶瓷探针元件的钎焊

1—紫铜；2—陶瓷；3—不锈钢

钎焊工艺采用 Mo-Mn 法使 Al_2O_3 陶瓷管一端的孔内和管的外表面待焊部位金属化，然后在金属化层的外面再镀上厚度为 $35\mu m$ 的镍层。使用 BAg72Cu 钎料，在真空度为 $1.33\times10^{-2}Pa$、钎焊温度为 $850\degree C$ 的条件下，保温 5min 即可获得光洁致密的接头。

2.3.3　陶瓷与金属的活性金属化法钎焊

过渡族金属（如 Ti、Zr、Nb 等）具有很强的化学活性，这些元素对氧化物、硅酸盐等有较大的亲和力，可通过化学反应在陶瓷表面形成反应层。在 Au、Ag、Cu、Ni 等系统的钎料中加入这类活性金属后，形成所谓活性钎料。活性钎料在液态下极易与陶瓷发生化学反应而形成陶瓷与金属的连接。

反应层主要由金属与陶瓷的复合物组成（表现出与金属相同的微观结构，可被熔化金属润湿），达到与金属连接的目的。活性金属的化学活性很强，钎焊时活性元素的保护是很重要的，这些元素一旦被氧化后就不能再与陶瓷发生反应。

因此活性金属化法钎焊一般是在 10^{-2}Pa 以上的真空或惰性保护气氛中进行的，一次完成钎焊连接。

（1）活性钎料

活性钎料通常以 Ti 作为活性元素，可适用于钎焊氧化物陶瓷、非氧化物陶瓷以及各种无机介质材料。由于是用活性金属与陶瓷直接钎焊，工序简单，因此发展很快。表 2.19 所示是几种常用的活性金属化法钎焊的比较。

表 2.19　几种常用的活性金属化法钎焊的比较

钎料	钎料加入方式	钎焊温度/℃	保温时间/min	陶瓷材料	金属材料	特点及应用
Ag-Cu-Ti	在陶瓷表面预涂厚度为 20～40μm 的 Ti 粉，然后用厚度为 0.2mm 的 Ag69Cu26Ti5 钎料施焊	850～880	3～5	高氧化铝、蓝宝石、透明氧化铝、镁橄榄石、微晶玻璃、云母、石墨以及非氧化物陶瓷	Cu,Ti,Nb	对陶瓷润湿性良好，接头气密性好，应用广泛。常用于大件匹配性钎接和软金属与高强度陶瓷钎接。缺点是钎料含 Ag 量大，蒸气压高易沉积陶瓷表面，使绝缘性能下降
Ti-Ni	用厚度为 10～20μm 的 Ti71.5Ni28.5 箔作钎料施焊	990±10	3～5	高氧化铝、镁橄榄石陶瓷	Ti	钎焊温度较高，蒸气压较低，对陶瓷润湿性良好，特别适用于 Ti 与镁橄榄石陶瓷的匹配钎接。缺点是钎焊温度范围窄，零件表面清理严格
Cu-Ti	Ti 25%～30%，Cu 余量。用符合上述匹配的 Ti(Cu)箔或粉做钎料施焊	900～1000	2～5	高氧化铝、镁橄榄石以及非氧化物陶瓷	Cu,Ti,Ta,Nb,Ni-Cu	钎焊温度较高，蒸气压低，对陶瓷润湿性良好，合金脆硬，适用于匹配钎接或高强度陶瓷钎接

用于直接钎焊陶瓷与金属的高温活性钎料见表 2.20。其中二元系钎料以 Ti-Cu、Ti-Ni 为主，这类钎料蒸气压较低，700℃时小于 1.33×10^{-3}Pa，可在 1200～1800℃范围内使用。三元系钎料为 Ti-Cu-Be 或 Ti-V-Cr，其中 49Ti-49Cu-2Be 具有与不锈钢相近的耐腐蚀性，并且蒸气压较低，在防泄露、防氧化的真空密封接头中使用。不含 Cr 的 Ti-Zr-Ta 系钎料，也可以直接钎焊 MgO 和 Al_2O_3 陶瓷，这种钎料获得的接头能够在温度高于 1000℃ 的条件下工作。国内研制的 Ag-Cu-Ti 系钎料，能够直接钎焊陶瓷与无氧铜，接头抗剪强度可达 70MPa。

表 2.20　用于直接钎焊陶瓷与金属的高温活性钎料

钎料	熔化温度/℃	钎焊温度/℃	用途及接头性能
92Ti-8Cu	790	820～900	陶瓷-金属的连接
75Ti-25Cu	870	900～950	陶瓷-金属

续表

钎料	熔化温度/℃	钎焊温度/℃	用途及接头性能
72Ti-28Ni	942	1140	陶瓷-陶瓷,陶瓷-石墨,陶瓷-金属
68Ti-28Ag-4Be	—	1040	陶瓷-金属
54Ti-25Cr-21V		1550~1650	陶瓷-陶瓷,陶瓷-石墨,陶瓷-金属
50Ti-50Cu	960	980~1050	陶瓷-金属
50Ti-50Cu(原子比)	1210~1310	1300~1500	陶瓷与蓝宝石,陶瓷与锂
49Ti-49Cu-2Be	—	980	陶瓷-金属
48Ti-48Zr-4Be	—	1050	陶瓷-金属
47.5Ti-47.5Zr-5Ta	—	1650~2100	陶瓷-钽
7Ti-93(BAg72Cu)	779	820~850	陶瓷-钛
5Ti-68Cu-26Ag	779	820~850	陶瓷-钛
100Ge	937	1180	自粘接碳化硅-金属(σ_b=400MPa)
85Nb-15Ni	—	1500~1675	陶瓷-铌(σ_b=145MPa)
75Zr-19Nb-6Be	—	1050	陶瓷-金属
56Zr-28V-16Ti		1250	陶瓷-金属
83Ni-17Fe	—	1500~1675	陶瓷-钽(σ_b=140MPa)
66Ag-27Cu-7Ti	779	820~850	陶瓷-钛

（2）活性钎焊连接工艺

以活性金属 Ti-Ag-Cu 法为例，陶瓷与金属的活性钎焊连接的工艺流程见图 2.19。

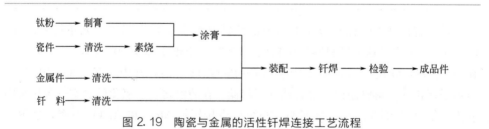

图 2.19　陶瓷与金属的活性钎焊连接工艺流程

活性金属化法钎焊工艺要点：

① 零件清洗　陶瓷件可在超声波清洗机中清洗，金属件通过碱洗、酸洗去除金属表面的油污、氧化膜等。清洗过的零件立即进入下一道工序。

② 制膏剂　制膏所用的钛粉纯度应在 99.7% 以上，粒度在 270~360 目范围内。制膏剂时取重量为钛粉之半的硝棉溶液，加上少量的草酸二乙酯稀释，调成膏状。

③ 涂膏剂　用毛笔或其他喷涂的方法将活性钎料膏剂均匀地涂复在陶瓷的钎接面上。涂层要均匀，厚度一般在 $25\sim40\mu m$ 左右。

④ 装配　陶瓷表面的膏剂晾干后与金属件及 BAg72Cu 钎料装配在一起。

⑤ 钎接　在真空或惰性气氛中进行钎接连接。当真空度达到 $5\times10^{-3}Pa$ 时，逐渐升温到 $779℃$ 使钎料熔化，然后再升温至 $820\sim840℃$，保温 $3\sim5min$ 后（温度过高或保温时间过长都会使得活性元素与陶瓷件反应强烈，引起钎缝组织疏松，形成漏气）降温冷却。在加热或冷却过程中，注意加热、冷却速度，以避免因加热、冷却过快而造成陶瓷开裂。

⑥ 检验　对钎接件要进行耐烘烤性能检验和气密性检验。对真空器件或电器件，要进行漏气、热冲击、热烘烤和电绝缘强度等检验。

2.3.4　陶瓷与金属钎焊的示例

（1）几个应用示例

陶瓷与金属连接结构在电子工业中应用广泛，在机械、冶金、能源等领域的应用也正在发展。一些应用实例如图 2.20 所示。

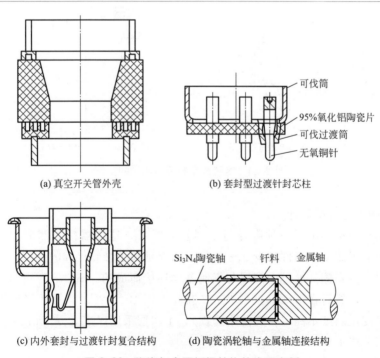

(a) 真空开关管外壳　　　(b) 套封型过渡针封芯柱

(c) 内外套封与过渡针封复合结构　　(d) 陶瓷涡轮轴与金属轴连接结构

图 2.20　陶瓷与金属钎焊结构的应用实例

1) 汽车发动机增压器转子

为了提高汽车发动机性能和节约燃料，陶瓷与金属的复合零件受到人们的重视。Si_3N_4 陶瓷由于密度小、高温强度好以及不需润滑而耐磨损，用于制造汽车发动机增压器转子有很好的前景。这种陶瓷与钢复合的转子比传统的全金属转子质量轻 40% 左右，耐温达到 1000℃，这些特性提高了涡轮的加速性能和燃烧效率，减少了尾气排放。这类复合转子在重载柴油发动机上也有所应用。

这种汽车发动机增压器转子结构如图 2.21(a) 所示，其结构为 Si_3N_4 陶瓷涡轮与金属轴复合体，通过加中间层的活性钎料和套筒连接成整体。形成这种陶瓷与金属复合结构的关键有两点：

① 采用厚度为 2~4mm 的 Ni-W 合金与 Ni 组成多层缓冲层，它能使陶瓷中的最大应力从直接连接时的 1250MPa 降低到 210MPa；

② 选用活性钎料，无需对 Si_3N_4 陶瓷进行金属化就能很好地润湿其表面，实现钎焊。钎焊的真空度为 $3×10^{-2}$ Pa。

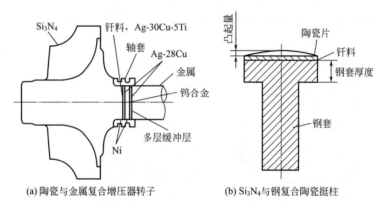

(a) 陶瓷与金属复合增压器转子   (b) Si_3N_4 与钢复合陶瓷挺柱

图 2.21   陶瓷与金属复合结构的实例

2) 陶瓷与金属摇杆

某汽车公司推出了一种陶瓷与金属复合摇杆。这种摇杆局部采用 Si_3N_4 陶瓷，可使磨损比全金属件减少 5~10 倍，从而延长了维修保养的期限。这种摇杆是将 Si_3N_4 陶瓷镶片通过中间层与钢制基体连接而成的。Si_3N_4 陶瓷镶片表面事先涂覆钛层，然后在惰性气氛中 850℃ 温度下用 BAg72Cu 钎料钎焊到钢制基体上。由于使用温度不高（主要是耐磨损），中间层采用厚度为 0.5mm 的 Cu 片就可满足工艺要求。

3) 陶瓷与金属挺柱

挺柱和凸轮是发动机配气机构中一对重要的摩擦副，在工作过程中挺柱的接触面受到激烈的摩擦。用 Si_3N_4 陶瓷制成的复合陶瓷挺柱与目前常用的冷激铸铁和硬质致密铸铁挺柱相比,耐磨性能更为优越。

Si_3N_4 与钢复合陶瓷挺柱结构示意如图 2.21(b) 所示。Si_3N_4 陶瓷与钢套采用钎焊技术连接。这种 Si_3N_4 陶瓷与钢的复合挺柱可用于重载柴油发动机,具有很好的应用前景。

（2）钎焊接头设计注意事项

① 合理选择钎接匹配材料 选择线胀系数相近的陶瓷与金属相互匹配,如 Ti 和镁橄榄石陶瓷与 Ni 和 95％Al_2O_3 陶瓷,在室温至 800℃范围内,线胀系数基本一致。利用金属的塑性减小钎接应力,如用无氧铜与 95％Al_2O_3 陶瓷钎接,虽然金属与陶瓷的线胀系数差别很大,但由于充分利用了软金属的塑性与延展性,仍能获得良好的连接。

选择高强度、高热导率陶瓷,如 BeO、AlN 等,可以减小钎焊接头处的热应力,提高钎缝结合强度。

② 利用金属件的弹性变形减小应力 利用金属零件的非钎接部位薄壁弹性变形,设计成"挠性钎接结构"以释放应力。典型的挠性钎接接头形式见图 2.22。

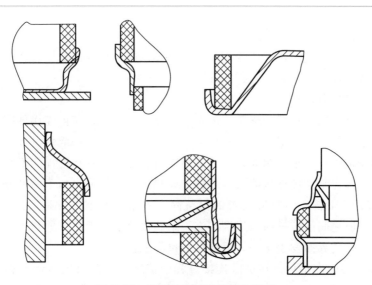

图 2.22 典型的挠性钎接接头形式

③ 避免应力集中 陶瓷件设计应避免尖角或厚薄相差悬殊,尽量采用圆弧过渡。套封时改变金属件端部形状,使封口处金属端减薄,可增加塑性,减小应力集中。

控制钎焊件加热温度，防止产生焊瘤。钎料的线胀系数一般都比较大，如果钎料堆积，会造成局部应力集中，导致陶瓷炸裂。

④ 重视钎料的影响　尽量选用强度低、塑性好的钎料，如 Ag-Cu 共晶、纯 Ag、Cu、Au 等，以最大限度地释放应力。在保证密封的前提下，钎料层尽可能薄。选择适宜的焊脚长度，套封时焊脚长度对接头强度影响很大，一般以 0.3～0.6mm 为宜。

2.4　陶瓷与金属的扩散连接

2.4.1　陶瓷与金属扩散连接的特点

扩散焊是陶瓷/金属连接常用的方法，是在一定的温度和压力下，被连接表面相互接触，通过使接触面局部发生塑性变形，或通过被连接表面产生的瞬态液相而扩大被连接表面的物理接触，然后结合界面原子间相互扩散而形成整体可靠连接的过程。这种连接方法的特点是接头质量稳定、连接强度高、接头高温性能和耐腐蚀性能好。

（1）直接扩散连接

这种方法要求被连接件的表面非常平整和洁净，在高温及压力作用下达到原子接触，实现连接界面原子的扩散迁移。

（2）间接扩散连接

该方法是在陶瓷焊接中最常用的扩散连接方法。通过在被连接件间加入塑性好的金属中间层，在一定的温度和压力下完成连接。间接扩散焊可以使连接温度降低，避免被连接件组织粗大，减少了不同材料连接时热物理性能不匹配所引起的问题，是陶瓷与金属连接的有效手段。间接扩散连接分为如下两种方式。

① 陶瓷、金属和中间层三者都保持固态不熔融状态，只是通过加热加压，使陶瓷与金属之间的接触面积逐渐扩大，某些成分发生表面扩散和体积扩散，消除界面孔穴，使界面发生移动，最终形成可靠连接。

② 中间层瞬间熔化，在扩散连接过程中接缝区瞬时出现微量液相，也称为瞬间液相扩散焊（TLP）。这种方法结合了钎焊和固相扩散焊的优点，利用在某一温度下待焊母材与中间层之间形成低熔点共晶，通过溶质原子的扩散发生等温凝固和加速扩散过程，形成组织均匀的扩散焊接头。

瞬间液相扩散连接可应用到陶瓷与陶瓷或陶瓷与金属的连接，并可对瞬间液相扩散连接接头形成过程、中间层设计、连接温度和压力等对接头性能的影响、连接机理等进行深入的研究。

微量液相有助于改善界面接触状态，能降低连接温度，允许使用较低的扩散压力。获得微量液相的方法主要有两种：

a. 利用共晶反应。利用某些异种材料之间可能形成低熔点共晶的特点进行液相扩散连接（称为共晶反应扩散连接）。这种方法要求一旦液相形成应立即降温使之凝固，以免继续生成过量液相，所以要严格控制温度和保温时间。

将共晶反应扩散连接原理应用于加中间层扩散连接时，液相总量可通过中间层厚度来控制，这种方法称为瞬间液相扩散连接（或过渡液相扩散连接）。

b. 添加特殊钎料。采用与母材成分接近但含有少量能降低熔点又能在母材中快速扩散的元素（如 B、Si、Be 等），用这种钎料作为中间层，以箔片或涂层方式加入。与常规钎焊相比，这种钎料层厚度较薄，钎料凝固是在等温状态下完成的，而常规钎焊时钎料是在冷却过程中凝固的。

在陶瓷与金属的焊接中，扩散焊具有广泛的应用和可靠的质量控制。陶瓷材料扩散焊工艺主要有：

① 同种陶瓷材料直接扩散连接；

② 用另一种薄层材料扩散连接同种陶瓷材料；

③ 异种陶瓷材料直接扩散连接；

④ 用第三种薄层材料扩散连接异种陶瓷材料。

陶瓷与金属焊接时，常采用填加中间层的扩散焊以及共晶反应扩散焊等。陶瓷材料扩散焊的主要优点是：连接强度高，尺寸容易控制，适合于连接异种材料。主要不足是扩散温度高、时间长且在真空下连接、设备一次投入大、试件尺寸和形状受到限制。

陶瓷与金属的扩散焊既可在真空中，也可在惰性气氛中进行。金属表面有活性膜时更易产生相互间的化学作用。因此在焊接真空室中充以还原性的活性介质（使金属表面保持一层薄的活性膜）会使扩散焊接头具有更牢固的结合和更高的强度。

氧化铝陶瓷与无氧铜之间的扩散焊接温度达到 900℃ 可得到合格的接头强度。更高的强度指标要在 1030～1050℃ 焊接温度下才能获得，因为铜具有很大的塑性，易在压力下产生变形，使实际接触面增大。影响扩散焊接头强度的因素是加热温度、保温时间、压力、环境介质、被连接面的表面状态以及被连接材料之间的化学反应和物理性能（如线胀系数等）的匹配。

2.4.2 扩散连接的工艺参数

固相扩散焊中，连接温度、压力、时间及焊件表面状态是影响扩散焊接质量的主要因素。固相扩散连接中界面的结合是靠塑性变形、扩散和蠕变机制实现的，其连接温度较高，陶瓷/金属扩散连接温度通常为金属熔点的 $0.8 \sim 0.9$ 倍。由于陶瓷和金属的线胀系数和弹性模量不匹配，易在界面附近产生很大的应力，很难实现直接扩散连接。为缓解陶瓷与金属接头残余应力以及控制界面反应，抑制或改变界面反应产物以提高接头性能，常采用加中间层的扩散焊。

（1）加热温度

加热温度对扩散过程的影响最显著，连接金属与陶瓷时温度有时达到金属熔点的 90% 以上。固相扩散焊时，元素之间相互扩散引起的化学反应，可以形成足够的界面结合。反应层的厚度 (X) 可通过下式估算：

$$X = K_0 t^n \exp(-Q/RT) \qquad (2.11)$$

式中，K_0 是常数；t 是连接时间，s；n 是时间指数；Q 是扩散激活能，J/mol，取决于扩散机制；T 是热力学温度，K；R 是气体常数，$R = 8.314\mathrm{J/(K \cdot mol)}$。

加热温度对接头强度的影响也有同样的趋势，根据拉伸试验得到的温度对接头抗拉强度 (σ_b) 的影响可用下式表示：

$$\sigma_b = B_0 \exp(-Q_{app}/RT) \qquad (2.12)$$

式中，B_0 是常数；Q_{app} 是表观激活能，可以是各种激活能的总和。

加热温度提高使接头强度提高，但是温度提高可能使陶瓷的性能发生变化，或出现脆性相而使接头性能降低。

陶瓷与金属扩散焊接头的抗拉强度与金属的熔点有关，在氧化铝与金属的扩散焊接头中，金属熔点提高，接头抗拉强度增大。

例如，用铝作中间层连接 Si_3N_4 陶瓷，在不同的加热温度时扩散接头的界面结构和抗弯强度有很大的差别。图 2.23 所示是加热温度对 $Si_3N_4/Al/Si_3N_4$ 扩散接头抗弯强度的影响。可以看出，低温连接时，由于在接头界面残留有中间层

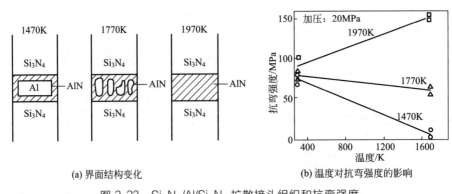

(a) 界面结构变化　　　　　　(b) 温度对抗弯强度的影响

图 2.23　$Si_3N_4/Al/Si_3N_4$ 扩散接头组织和抗弯强度

铝，扩散接头的抗弯强度随着温度的提高而急剧下降，主要是铝的性能影响了接头强度。经过 1970K 温度处理的接头，抗弯强度随着加热温度的提高而增加[图 2.23(b)]，这是由于残留的 Al 在高温下形成了 AlN 陶瓷，AlN 的强度比铝高，而且 AlN 与 AlSi 聚合带比较致密，从而提高了接头强度。

（2）保温时间

SiC/Nb 扩散焊接头反应层厚度与保温时间的关系如图 2.24 所示。

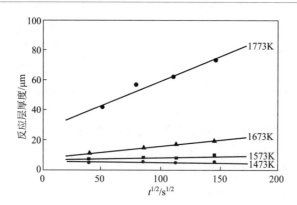

图 2.24 SiC/Nb 扩散焊接头反应层厚度与保温时间 t 的关系

保温时间对扩散焊接头强度的影响也有同样的趋势，抗拉强度 （σ_b） 与保温时间 （t） 的关系为：$\sigma_b = B_0 t^{1/2}$，其中 B_0 为常数。

在其他条件相同时，随着加热温度和连接时间的增加，扩散焊反应层厚度也增加，如图 2.25 所示。

（3）压力

为了防止构件变形，陶瓷与金属扩散焊所加的压力一般小于 100MPa。固相扩散连接陶瓷与金属时，陶瓷与金属界面会发生反应形成化合物，所形成的化合物种类与连接条件 （如温度、表面状态、杂质类型与含量等） 有关。不同类型陶瓷与金属接头中可能出现的界面反应产物见表 2.21。

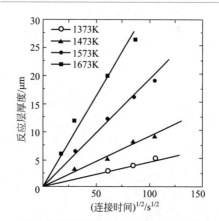

图 2.25 SiC/Ti 反应层厚度与加热温度和时间的关系

表 2.21　不同类型陶瓷与金属接头中的界面反应产物

接头组合	界面反应产物	接头组合	界面反应产物
Al_2O_3/Cu	$CuAlO_2$，$CuAl_2O_4$	Si_3N_4/Al	AlN
Al_2O_3/Ti	$NiO \cdot Al_2O_3$，$NiO \cdot SiAl_2O_3$	Si_3N_4/Ni	Ni_3Si，$Ni(Si)$
SiC/Nb	Nb_5Si_3，$NbSi_2$，Nb_2C，$Nb_5Si_3C_x$，NbC	$Si_3N_4/Fe\text{-}Cr$ 合金	Fe_3Si，Fe_4N，Cr_2N，CrN，Fe_xN
$SiC\text{-}Ni$	Ni_2Si	AlN/V	$V(Al)$，V_2N，V_5Al_8，V_3Al
SiC/Ti	Ti_5Si_3，Ti_3SiC_2，TiC	$ZrO_2/N\text{-}Cr\text{-}(O)/ZrO_2$	$NiO_{1-x}Cr_2O_{3-y}ZrO_{2-z}$，$0 < x, y, z < 1$

　　扩散条件不同，界面反应产物不同，接头性能有很大差别。一般情况下，真空扩散焊的接头强度高于在氩气和空气中连接的接头强度。陶瓷与金属扩散焊时采用中间层，不仅降低了接头产生的残余应力，还可以降低加热温度，减小压力和缩短保温时间，促进扩散和去除杂质元素。

　　中间层的选择很关键，选择不当会引起接头性能的恶化。如由于化学反应激烈形成脆性反应物而使接头抗弯强度降低，或由于线胀系数不匹配而增大残余应力，或使接头耐腐蚀性能降低，甚至导致产生裂纹和断裂。中间层可以不同的形式加入，通常以粉末、箔状或通过金属化加入。各种陶瓷材料组合扩散焊的工艺参数及其性能见表 2.22。

表 2.22　各种陶瓷材料组合扩散焊的工艺参数及其性能

连接材料	加热温度/℃	保温时间/min	压力/MPa	中间层及厚度	环境气氛	强度/MPa
$Al_2O_3 + Ni$	1350	20	100	—	H_2	200^b(A)
$Al_2O_3 + Nb$	1600	60	8.8	—	真空	120(B)
$Al_2O_3 + Pt$	1550	1.7~20	0.03~10	—	H_2	200~250(A)
$Al_2O_3 + Al$	600	1.7~5	7.5~15	—	H_2	95(A)
$Al_2O_3 + Cu$	1025~1050	155	1.5~5	—	H_2	153^b(A)
94% $Al_2O_3 + Cu$	1050	50~60	10~12	—	真空	230(B)
$Al_2O_3 + Cu_4Ti$	800	20	50	—	真空	45^b(T)
$Al_2O_3 + Fe$	1375	1.7~6	0.7~10	—	H_2	220~231(A)
Al_2O_3 + 低碳钢	1450	120	<1	Co	真空	3~4(S)
	1450	240	<1	Ni	真空	0(S)
Al_2O_3 + 高合金钢	625	30	50	0.5mm Al	真空	41.5^b(T)
$Al_2O_3 + Cr$	1100	15	120	—	真空	$57~90^b$(S)
$Al_2O_3/Pt/Al_2O_3$	1650	240	0.8	—	空气	220(A)
$Al_2O_3/Cu/Al_2O_3$	1025	15	50	—	真空	177(B)
	1000	120	6	—	真空	50(S)

续表

连接材料	加热温度/℃	保温时间/min	压力/MPa	中间层及厚度	环境气氛	强度/MPa
$Al_2O_3/Ni/Al_2O_3$	1350	30	50	—	真空	149(B)
	1250	60	15~20	—	真空	75~80(T)
$Al_2O_3/Fe/Al_2O_3$	1375	2	50	—	真空	50(B)
$Al_2O_3/Ag/Al_2O_3$	900	120	6	—	真空	68(S)
Si_3N_4＋Invar	727~877	7	0~0.15	0.5mm Al	空气	110~200(A)
Si_3N_4＋Nimonic80A	1100	6~60	0~50	—	真空	—
	1200	—	—	Cu,Ni,Kovar	—	—
Si_3N_4＋Si_3N_4	770~986	10	0~0.15	10~20μm Al	空气	320~490(B)
	1550	40~60	0~1.5	ZrO_2	真空	175(B)
	1500	60	21	无	1MPa 氮气	380(A)室温, 230(A)1000℃
	1500	60	21	无	0.1MPa 氮气	220(A)室温, 135(A)1000℃
Si_3N_4-WC/Co	610	30	5	Al	真空	208[b](A)
	610	30	5	Al-Si	真空	50[b](A)
	1050~1100	180~360	3~5	Fe-Ni-Cr	真空	＞90(A)
$Si_3N_4/Al/Si_3N_4$	630	300	4	—	真空	100(S)
$Si_3N_4/Ni/Si_3N_4$	1150	0~300	6~10	—	真空	20(S)
Si_3N_4-Invar＋AISI316	1000~1100	90~1440	7~20	—	真空	95(S)
Si_3N_4＋钢	610	30	10	Al-Si/Al/Al-Si	真空	200(B)
SiC＋Nb	1400	30	1.96	—	真空	87(S)
SiC/Nb/SiC	1400	600	—	—	真空	187 室温, ＞100(800℃)
SiC/Nb/SUS304	1400	60	—	—	真空	125
SiC＋SUS304	800~1517	30~180	—	—	真空	0~40
AlN＋AlN	1300	90	—	25μm V	真空	120(S)
ZrO_2＋Si_3N_4	1000~1100	90	＞14	＞0.2mm Ni	真空	57(S)
ZrO_2/Cu/ZrO_2	1000	120	6	—	真空	97(T)
ZrO_2＋ZrO_2	1100	60	10	0.1mm Ni	真空	150(A)
	900	60	10	0.1mm Cu	真空	240(A)
BeO＋Cu	250~450	10	10~15	Ag25μm	真空	—

注：强度值后面括号中的字母代表各种性能试验方法，A 代表四点弯曲试验，B 代表三点弯曲试验，T 代表拉伸试验，S 代表剪切试验；上标 b 代表最大值。

Al_2O_3、SiC、Si_3N_4 及 WC 等陶瓷研究和开发较早，发展比较成熟。而 AlN、ZrO_2 陶瓷发展得相对较晚。陶瓷的硬度与强度较高，不易发生变形，所以陶瓷与金属的扩散连接除了要求被连接的表面平整和清洁外，扩散连接时还须压力大（压力 $0.1\sim15$MPa）、温度高（通常为金属熔点 T_m 的 $0.8\sim0.9$），焊接时间也比其他焊接方法长得多。陶瓷与金属的扩散连接中，常用的陶瓷材料为氧化铝陶瓷和氧化锆陶瓷。与此类陶瓷焊接的金属有铜（无氧铜）、钛（TA1）、钛钽合金（Ti-5Ta）等。

例如，氧化铝陶瓷具有硬度高、塑性低的特性，在扩散焊时仍将保持这种特性。即使氧化铝陶瓷内存在玻璃相（多半分布在刚玉晶粒的周围），陶瓷也要加热到 $1100\sim1300$℃以上才会出现蠕性，陶瓷与大多数金属扩散焊时的实际接触是在金属的局部塑性变形过程中形成的。表 2.23 列出 Al_2O_3 陶瓷与不同金属相匹配的组合、扩散焊条件及接头强度。

表 2.23　各种 Al_2O_3 陶瓷与不同金属扩散焊条件及接头强度

陶瓷-金属组合		气氛	加热温度/℃	抗弯强度/MPa
95%氧化铝瓷（含 MnO）	Fe-Ni-Co	H_2（真空）	1200	100(120)
	不锈钢	H_2（真空）	1200	100(200)
	Ti	真空	1100	140
	Ti-Mo	真空	1100	100
72%氧化铝瓷	Fe-Ni-Co	H_2	1200	100
	不锈钢	H_2（真空）	1200	115
	Ti	真空	1100	125
	Ni	真空	1200	130
99.7%氧化铝瓷	不锈钢	真空	$1250\sim1300$	$180\sim200$
	Ni	真空	$1250\sim1300$	$150\sim180$
	Ti	真空	$1250\sim1300$	160
	Fe-Ni-Co	真空	$1250\sim1300$	$110\sim130$
	Fe-Ni 合金	真空	$1250\sim1300$	$50\sim80$
	Nb	真空	$1250\sim1300$	70
	Ni-Cr	H_2（真空）	$1250\sim1300$	100
	Pd	H_2（真空）	$1250\sim1300$	160
	3 号钢	H_2（真空）	$1250\sim1300$	50
94%氧化铝瓷	不锈钢	H_2	$1250\sim1300$	30

注：1. 真空度为 $10^{-2}\sim10^{-3}$Pa。
2. 保温时间为 $15\sim20$min。

陶瓷与金属直接用扩散焊连接有困难时，可以采用加中间层的方法，而且金属中间层的塑性变形可以降低对陶瓷表面的加工精度。例如在陶瓷与 Fe-Ni-Co 合金之间，加入厚度为 20μm 的 Cu 箔作为过渡层，在加热温度为 1050℃、保温时间为 10min、压力为 15MPa 的工艺条件下可得到抗拉强度为 72MPa 的扩散焊接头。

中间过渡层可以直接使用金属箔片，也可以采用真空蒸发、离子溅射、化学气相沉积（CVD）、喷涂、电镀等。还可以采用前面介绍的烧结金属化法、活性金属化法、金属粉末或钎料等实现扩散焊接。扩散焊工艺不仅用于金属与陶瓷的焊接，也可用于微晶玻璃、半导体陶瓷、石英、石墨等与金属的焊接。

无机非金属材料与金属扩散焊的工艺参数见表 2.24。表 2.25 列出了无氧铜与 Al_2O_3 陶瓷在 H_2 气氛中的扩散焊工艺参数。

表 2.24　无机非金属材料与金属扩散焊的工艺参数

材料组合	过渡层	焊接温度/℃	压力/MPa	保温时间/min	真空度/Pa	备注
硅硼玻璃＋可伐合金	Cu 箔 0.05mm	590	5	20	5×10^{-2}	抗拉强度 10MPa
硅铝玻璃＋Nb	—	840	50～100	15	$(2\sim5)\times10^{-2}$	抗拉强度 18MPa，耐 Cs，650℃，800h
石英玻璃＋Cu	镀 Cu5～10μm	950	10	30	$10^{-1}\sim5\times10^{-2}$	抗拉强度 29MPa，耐 700℃热冲击
微晶玻璃＋Cu	—	850～900	5～8	15～20	$10^{-2}\sim10^{-3}$	抗拉强度 139MPa，600℃热冲击 16 次
	Al 箔	420	5	45	10^{-2}	
微晶玻璃＋Al	—	620	8	60	10^{-2}	
94％Al_2O_3 陶瓷＋Cu		1050	10～12	50～60	—	H_2 中，抗弯 230MPa
94％Al_2O_3 陶瓷＋Ni、Mo、可伐合金	Cu 箔	1050	18	15		H_2 中
95％Al_2O_3 陶瓷＋Cu	—	1000～1020	20～22	20～25		H_2 中，φ135mm 陶瓷件
95％Al_2O_3 陶瓷＋4J42	—	1150～1250	15～18	8～10	10^{-1}	
蓝宝石＋（Fe-Ni 合金）	—	1000～1100	2	10	5×10^{-2}	合金中含 Ni 46％
BeO 陶瓷＋Cu	Ag 箔 25μm	250～450	10～15	10		
ZnS 光学陶瓷＋Cu、可伐合金	—	850	8～10	40	—	Ar 中
（ZnO-TiO）陶瓷＋Ti	CVD 沉积 Ni	750	15	15	10^{-2}	—
（Al_2O_3-SiC-Si）陶瓷＋（Ni-Cr）	沉积 Ni	650	15	15	10^{-2}	（Ni-Cr）合金中 Ni 80％，Cr 20％
ZrO_2 陶瓷＋Pt	Ni 箔	1150～1300	2～3	5～20	10^{-2}	
硅晶体＋Cu	镀 Au、（Ni）	370	20	60	10^{-1}	

续表

材料组合	过渡层	焊接温度/℃	压力/MPa	保温时间/min	真空度/Pa	备注
硅晶体+Mo	镀 Ag 6～8μm，夹 Ag 箔 10～30μm	400	5～300	50～60	—	300～−196℃ 热循环 5 次
硅晶体+W	—	1100～1150	17	30	10^{-1}	—
	Al 箔 0.1mm	500	23	60	10^{-1}	—
(钇-钆)石榴石铁氧体+Cu	Cu 箔 0.6mm	1000～1050	16～20	15～20	10^{-1}	抗拉强度 68MPa
Mn(Ni)+Zn 铁氧体磁头	Al-Mg 玻璃 1～10μm	550～750	10～50	15～90	10^{-1}	焊后不影响铁氧体电磁性能
石墨+Ti	化学镀 Ni 10～30μm	850	3	35	10^{-1}	—
	Ni 箔 1μm	850	1	35	10^{-1}	—
		1100	7	45	10^{-1}	—
石墨+不锈钢	—	1250～1300	1～2	5	5×10^{-4}	—
石墨+Mo、Nb	Cr、Ni 粉	1650～1750	1	5		惰性气体，Cr 粉 80%，Ni 粉 20%

表 2.25　Al_2O_3 陶瓷与无氧铜在 H_2 气氛中扩散焊的工艺参数

陶瓷与金属	厚度/mm	工艺参数						
		焊接温度/℃	保温时间/min	压力/MPa	加热速度/(℃/min)	冷却速度/(℃/min)	总加热时间/min	总冷却时间/min
Al_2O_3 陶瓷+无氧铜	7+0.4	1000	20	19.6	10	3	60～70	120
Al_2O_3 陶瓷+无氧铜	7+0.4	1000	20	21.56	15	10	70	120
Al_2O_3 陶瓷+Cu	7+0.5	1000	20	21.56	10	3	70	120
Al_2O_3 陶瓷+Cu	7+0.5	1000	20	19.6	10	10	60	120

陶瓷与金属扩散连接的接头强度，除了与材料本身的性能有关外，连接工艺对陶瓷/金属扩散焊接头的力学性能起决定性作用。扩散连接的工艺参数直接影响结合界面的物相结构和强度性能，另一组陶瓷与金属扩散连接的工艺参数和接头强度见表 2.26。

表 2.26　陶瓷与金属扩散连接的工艺参数和接头强度

材料组合		中间层厚度/μm	截面尺寸/mm	温度/K	时间/min	压力/MPa	气氛/MPa	接头强度/MPa
SiC 组合	SiC/Ta/SiC	20	$\phi6$	1773	480	7.3	1.33	72(剪切)
	SiC/Nb/SiC	12	$\phi6$	1790	600	7.3	1.33	187(剪切)
	SiC/V/SiC	25	$\phi6$	1373～1673	30～180	30	1.33	130(剪切)

续表

材料组合		中间层厚度/μm	截面尺寸/mm	温度/K	时间/min	压力/MPa	气氛/MPa	接头强度/MPa
SiC组合	SiC/Ti/SiC	20	$\phi 6$	1773	60	7.3	1.33	250(剪切)
	SiC/Cr/SiC	25	$\phi 6$	1473	30	7.3	1.33	89(剪切)
	SiC/Al-Si/Kovar	600	8×8	873	30	4.9	30	113(弯曲)
	SiC/Ni/SiC	—	—	1200	—	15	—	90(—)
	SiC/Cu/SiC	—	—	1020	—	20	—	80(—)
	SiC/Co-50Ti/SiC	100	$\phi 6$	1723	30	20	1.33	60(剪切)
	SiC/Fe-50Ti/SiC	100	$\phi 6$	1623	45	20	1.33	133(剪切)
Si_3N_4组合	Si_3N_4/Ni-20Cr/Si_3N_4	125	15×15	1473	60	100	0.14	100(弯曲)
		125	15×15	1423	60	100	Ar	300(弯曲)
	Si_3N_4/V/Mo	25	$\phi 10$	1328	90	20	5	118(剪切)
	Si_3N_4/Invar/AISI316	250	$\phi 10$	1323	90	7	2	95(剪切)
	Si_3N_4/AISI316	—	$\phi 10$	1373	180	7	1	37(剪切)
	Si_3N_4/Fe-36Ni+Ni/MA6000	2000+1000	3.5×2.5	1473	120	100	—	75(弯曲)
	Si_3N_4/Ni	—	$\phi 10$	1273	60	5	6.65	32(拉伸)
	Si_3N_4/Ni-Cr/Si_3N_4	200	15×15	1423	60	22	Ar	160(弯曲)
	Si_3N_4/Ni+Ni-Cr+Ni+Ni-Cr+Ni/Si_3N_4	10+60+60+60+10	15×15	1423	60	22	Ar	391(弯曲)
	Si_3N_4/Cu-Ti-B+Mo+Ni/40Cr	50+100+1000	$\phi 14$	1173	40	30	6	180(剪切)
Al_2O_3组合	Al_2O_3/Ti/1Cr18Ni9Ti	200	$\phi 10$	1143	30	15	1.33	32(拉伸)
	Al_2O_3/1Cr18Ni9Ti	—	$\phi 10$	1273	60	7	1.33	18(拉伸)
	Al_2O_3/Cu/Al	200	20×20	773	20	6	1.33	108(拉伸) 55(剪切)
	Al_2O_3/Cu/AISI1015	100	$\phi 10$	1273	30	3	O_2	100(弯曲)
	Al_2O_3/Al-Si/低碳钢	2200	$\phi 32$	873	30	5	30	23(拉伸)
	Al_2O_3/Ti-5Ta/Al_2O_3	700	$\phi 16$	1423	20	0.2	0.13	56(拉伸)
	Al_2O_3/Ag	—	$\phi 8$	1173	0	3	Ar	70(拉伸)
	Al_2O_3/SUS321	—	$\phi 13$	1300	10	25	1.33	60(拉伸)
	Al_2O_3/AA7075	—	$\phi 10$	633	600	6	665	60(剪切)
ZrO_2组合	ZrO_2/Ni-Cr/ZrO_2	125	$\phi 15$	1373	120	10	100	574(弯曲)
	ZrO_2/Ni-Cr-(O)/ZrO_2	126	$\phi 15$	1373	120	10	100	620(弯曲)
	ZrO_2/AISI316/ZrO_2	100	$\phi 15$	1473	60	10	100	720(弯曲)

2.4.3 Al$_2$O$_3$ 复合陶瓷/金属扩散界面特征

(1) 界面结合特点

加热温度为 1130℃、连接时间为 45min、连接压力为 20MPa 时，Al$_2$O$_3$-TiC 复合陶瓷与 W18Cr4V 钢扩散连接界面结合紧密，未出现结合不良、显微空洞等缺陷。用线切割切取 Al$_2$O$_3$-TiC 复合陶瓷与 W18Cr4V 钢扩散连接接头试样，制备成金相试样进行分析。

扫描电镜观察 Al$_2$O$_3$-TiC/W18Cr4V 扩散界面附近的组织（图 2.26）可见，Al$_2$O$_3$-TiC/W18Cr4V 扩散界面中间反应层上弥散分布有白色的块状组织和黑色颗粒。通过对图中灰色基体组织①、白色块状组织②、黑色颗粒③和白色点状物④进行能谱分析（表 2.27）表明，灰色基体①主要成分是 Cu 和少量的 Ti，白色块状组织②的主要成分为 Cu 和 Ti，而黑色颗粒③主要是 Ti，白色点状物④含有 W。判定灰色基体是 Cu-Ti 固溶体、白色块状组织是 CuTi，黑色颗粒为 TiC，白色点状物为 WC。反应层中 Cu、Ti 来自 Ti-Cu-Ti 中间层连接过程中的溶解扩散。白色点状物中的 W 是 W18Cr4V 高速钢中 W 元素扩散的结果，这些扩散的 W 与 W18Cr4V 中的 C 在连接过程中形成 WC，弥散分布在反应层中。

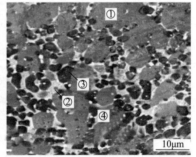

(a) 扩散连接界面　　　　　　　(b) 界面过渡区

图 2.26　Al$_2$O$_3$-TiC/W18Cr4V 扩散接头的组织特征（SEM）

表 2.27　反应层内不同形态组织的能谱分析（质量分数）　　　％

测试位置	Al	O	Ti	W	Cr	Fe	Cu
①	3.16	4.63	14.56	1.11	3.88	2.04	70.62
②	1.24	0.66	34.66	3.27	1.87	2.74	55.56
③	1.55	0.12	87.81	5.08	2.75	1.08	1.61
④	0.68	0.07	2.15	92.22	2.12	1.55	1.21

(2) 界面过渡区的划分

Al$_2$O$_3$-TiC 与 W18Cr4V 扩散连接时，由于 Ti-Cu-Ti 中间层界面处存在浓

度梯度，Ti 和 Cu 之间发生扩散，加热温度高于 Cu-Ti 共晶温度时，Cu-Ti 液相向两侧的 Al_2O_3-TiC 陶瓷与 W18Cr4V 钢中扩散并发生反应。母材中的元素也向中间层扩散，在 Al_2O_3-TiC 陶瓷与 W18Cr4V 界面附近形成不同组织结构的扩散反应层（或称为界面过渡区）。

图 2.27 所示是 Al_2O_3-TiC/W18Cr4V 扩散界面附近的背散射电子像和元素线扫描结果。

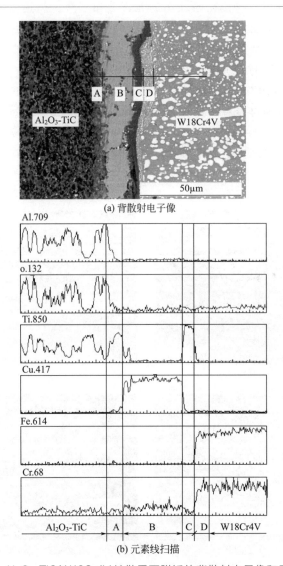

(a) 背散射电子像

(b) 元素线扫描

图 2.27　Al_2O_3-TiC/W18Cr4V 扩散界面附近的背散射电子像和元素线扫描

由图 2.27(a) 可见，Al_2O_3-TiC 陶瓷与 W18Cr4V 钢之间存在明显的界面过渡区，根据其位置可分为四个反应层，分别为 Al_2O_3-TiC/Ti 界面反应层 A、Cu-Ti 固溶体层 B、Ti/W18Cr4V 界面 Ti 侧反应层 C 和 W18Cr4V 钢侧反应层 D。

由图 2.27(b) 所示元素线扫描可见，A 层含有 Ti、Al 和 O，主要来自 Al_2O_3-TiC 陶瓷和中间层中的 Ti；B 层含有 Cu 和少量的 Ti，来自 Ti-Cu-Ti 中间层；C 层主要含 Ti，来自 Ti-Cu-Ti 中间层；D 层为 Fe 和 Cr，来自 W18Cr4V 钢。各层中元素分布与连接初始状态的元素分布一致。加热温度为 1100℃、连接时间为 30min 时，元素扩散不充分，扩散距离较短。随着加热温度提高和保温时间延长，元素扩散进一步加剧，界面反应更充分。改变扩散连接工艺参数，界面过渡区各反应层的组织也将发生变化。

Al_2O_3-TiC/W18Cr4V 界面过渡区中存在 Al、Ti、Cu、Fe、W、Cr、V 等多种元素，在扩散连接过程中，元素扩散和相互反应使界面过渡区的组织很复杂，形成 A、B、C、D 几个特征区。靠近 Al_2O_3-TiC 陶瓷侧反应层 A 的组织是深灰色基体内有大量的 TiC 黑色颗粒，TiC 颗粒在 Al_2O_3-TiC/反应层 A、B 界面聚集，如图 2.28(a)、(b) 所示。

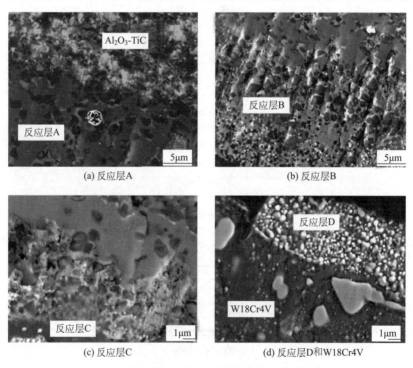

(a) 反应层A

(b) 反应层B

(c) 反应层C

(d) 反应层D和W18Cr4V

图 2.28　Al_2O_3-TiC/W18Cr4V 扩散界面过渡区的显微组织

中间层中的 Ti 与 Al_2O_3 反应，未参加反应的 TiC 颗粒聚集在界面附近。反应层 B 基体颜色呈浅灰色，在浅灰色基体内有比反应层 A 中小得多的黑色和白色颗粒，反应层 A 和反应层 B 的边界不很明显，相互交叉在一起。反应层 C 呈黑色带状，如图 2.28(c) 所示；反应层 D 中存在一些白色点状颗粒［图 2.28(d)］，可能是微区成分偏析的结果。

扩散连接温度决定着界面附近元素的扩散和界面反应的程度。

保温时间 t 是决定扩散连接界面附近元素扩散均匀性的主要因素。连接压力 p 的作用是使接触界面发生微观塑性变形，促进连接表面紧密接触。加热温度为 1130℃，不同保温时间和连接压力时，Al_2O_3-TiC/W18Cr4V 界面过渡区的组织见图 2.29。

由图 2.29 可见，保温时间为 30min、连接压力为 10MPa 时，Al_2O_3-TiC/W18Cr4V 界面过渡区的宽度只有约 25μm，组织不均匀，界面过渡区与 W18Cr4V 界面处有少量显微空洞，界面结合不紧密。保温时间为 60min、连接压力为 15MPa 时，界面过渡区组织形态基本一致，在灰色基体上分布着一些白色的块状组织和黑色颗粒。

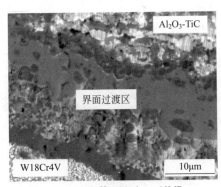 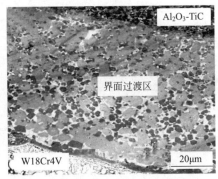

(a) 1130℃×30min, p=10MPa　　　　(b) 1130℃×60min, p=15MPa

图 2.29　不同保温时间和压力下 Al_2O_3-TiC/W18Cr4V 界面过渡区的显微组织

压力对陶瓷/金属扩散界面组织的影响，表现为促进界面间的紧密接触，为中间层与两侧母材的扩散反应提供必要条件。陶瓷/金属扩散焊过程中，加热温度、保温时间和连接压力相互作用，共同影响陶瓷/金属界面过渡区的组织性能。

（3）界面过渡区的显微硬度

陶瓷/金属界面过渡区的显微硬度反映了该区域组织的变化。用显微硬度计对 Al_2O_3-TiC/W18Cr4V 界面过渡区及附近两侧母材的显微硬度进行测定，试验载荷为 100g，加载时间为 10s。不同加热温度和保温时间下 Al_2O_3-TiC/

W18Cr4V 界面附近的显微硬度分布如图 2.30、图 2.31 所示。

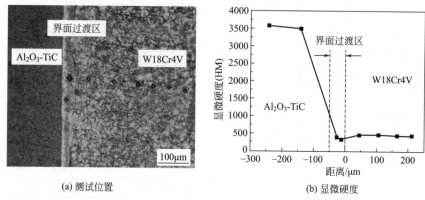

(a) 测试位置　　　　　　　　(b) 显微硬度

图 2.30　Al₂O₃-TiC/W18Cr4V 界面附近的显微硬度（1110℃×45min）

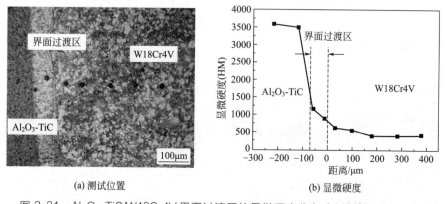

(a) 测试位置　　　　　　　　(b) 显微硬度

图 2.31　Al₂O₃-TiC/W18Cr4V 界面过渡区的显微硬度分布（1130℃×60min）

由图 2.30 可见，加热温度为 1110℃、保温时间为 45min 时，从 Al₂O₃-TiC 一侧经界面过渡区到 W18Cr4V 侧，界面过渡区的显微硬度约为 350HM，W18Cr4V 高速钢的显微硬度约为 470HM。Al₂O₃-TiC 陶瓷的显微硬度远远高于 W18Cr4V 钢，也进一步说明 Al₂O₃-TiC 与 W18Cr4V 的组织性能相差很大。界面过渡区的显微硬度低于两侧母材，这主要是因为加热温度低、保温时间短，Ti-Cu-Ti 中间层中的 Cu 和 Ti 扩散不充分，只有少量 Ti 扩散到 Cu 中。从图中可以看出，界面过渡区较窄，显微硬度点位于界面过渡区的中间部位，即 Cu 层所在的位置，所以显微硬度较低。

加热温度 1130℃×60min 条件下，Al₂O₃-TiC/W18Cr4V 界面过渡区显微硬度分布如图 2.31 所示，显微硬度从 Al₂O₃-TiC 侧到 W18Cr4V 侧逐渐降低。靠近 Al₂O₃-TiC 侧面过渡区的显微硬度约为 1200HM，高于靠近 W18Cr4V 侧界面过渡区的显微硬度约为 800HM。

工艺参数为 1130℃×60min 时界面过渡区的显微硬度高于工艺参数为 1110℃×45min 时界面过渡区的显微硬度。这是由于提高加热温度和延长保温时间使 Ti-Cu-Ti 中间层中的 Ti 可以扩散到 Cu 中提高了界面过渡区的硬度；Ti 是活性元素，与来自 Al_2O_3-TiC 和 W18Cr4V 中的元素发生反应形成化合物也提高了界面过渡区的显微硬度。

从图 2.30 和图 2.31 中可见，Al_2O_3-TiC/W18Cr4V 界面过渡区的显微硬度低于 Al_2O_3-TiC 陶瓷，表明在 Al_2O_3-TiC/W18Cr4V 扩散连接过程中没有硬度高于 Al_2O_3-TiC 陶瓷的高硬度脆性相生成。

（4）界面过渡区的相结构

用 Ti-Cu-Ti 中间层扩散连接 Al_2O_3-TiC 陶瓷和 W18Cr4V 钢时，中间层和两侧母材之间存在很大的元素浓度梯度。扩散连接高温下，中间层中的 Ti 和 Cu 发生相互扩散和化学反应，Ti 的活性使得 Ti 与 Al_2O_3-TiC 中的 Al、O、C 之间以及 W18Cr4V 钢中的 Fe、W、Cr、C 等之间发生反应形成新的化合物，Al_2O_3-TiC 陶瓷和 W18Cr4V 钢的各种元素之间也可能发生反应，在 Al_2O_3-TiC 与 W18Cr4V 的界面过渡区将产生多种生成相。

用线切割机从 Al_2O_3-TiC/W18Cr4V 扩散接头处切取试样，通过 D/MAX-RC 型 X 射线衍射仪（XRD）分析界面过渡区相组成。在试验前，通过施加剪切力从 Al_2O_3-TiC/W18Cr4V 扩散界面处将接头试样分成 Al_2O_3-TiC 侧和 W18Cr4V 侧两部分，见图 2.32(a)。试样尺寸为 10mm×10mm×7mm，X 射线衍射试验的分析面见图 2.32(b)。X 射线衍射试验采用 Cu-K_α 靶，工作电压为 60kV，工作电流为 40mA，扫描速度为 8°/min。Al_2O_3-TiC/W18Cr4V 扩散界面两侧的 X 射线衍射图见图 2.33。

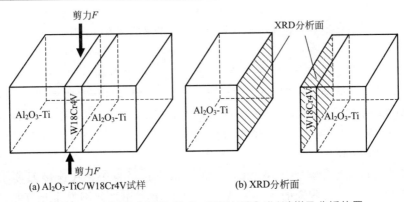

（a）Al_2O_3-TiC/W18Cr4V试样　　　　（b）XRD分析面

图 2.32　X 射线分析用 Al_2O_3-TiC/W18Cr4V 试样及分析位置

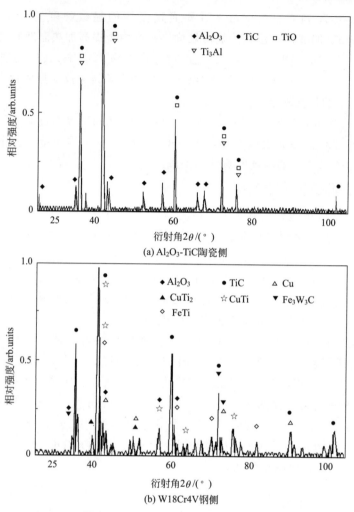

图 2.33 Al_2O_3-TiC/W18Cr4V 扩散界面的 X 射线衍射图

将 Al_2O_3-TiC 与 W18Cr4V 扩散界面 X 射线衍射分析（XRD）数据与粉末衍射标准联合委员会（JCPDS）公布的标准粉末衍射卡进行对比表明，在扩散连接的 Al_2O_3-TiC 陶瓷侧，主要存在 Al_2O_3、TiC、TiO 和 Ti_3Al 四种相。在 W18Cr4V 侧，相的种类比较复杂，有 Al_2O_3、TiC、Cu、CuTi、$CuTi_2$、Fe_3W_3C、FeTi 等。

Al_2O_3-TiC 复合陶瓷与 W18Cr4V 钢扩散连接过程中，在连接温度 1130℃下，Al_2O_3-TiC 复合陶瓷的 Al_2O_3 基体和 TiC 增强相之间不发生相互反应。在 Al_2O_3-TiC/Ti 界面处，由于 Ti 是活性元素且 Ti 箔的厚度较小，Ti 与 Al_2O_3 反

应生成 Ti_3Al 及 TiO。Ti_3Al 相的脆性较大，含较多 Ti_3Al 相的 Al_2O_3-TiC 陶瓷一侧界面是扩散接头性能较薄弱的部位。

X 射线衍射试验在 W18Cr4V 侧测到的 Al_2O_3 相和 TiC 相来自 Al_2O_3-TiC/W18Cr4V 扩散接头剪切断裂后残留在 W18Cr4V 表面的 Al_2O_3-TiC 陶瓷，表明剪切试样断裂在扩散界面靠近 Al_2O_3-TiC 陶瓷侧。Ti-Cu-Ti 中间层在扩散连接过程中生成 Cu-Ti 固溶体或 Cu-Ti 化合物如 $CuTi$、$CuTi_2$ 等。未发生反应的部分 Cu 以单质的形式残存下来。

在 W18Cr4V/Ti 界面处，Ti 是碳化物形成元素，极易与钢中的 C 形成 TiC，这会阻止 Ti 向 Fe 中的扩散。由于 Ti 在 Fe 中的溶解度极小，因此 Ti 向 Fe 中扩散除形成固溶体外，还将形成 $FeTi$ 或 Fe_2Ti 金属间化合物。W18Cr4V 高速钢中含有 Fe、W、Cr、V、C 等元素，在扩散连接温度 1130℃下，这些元素之间也可能发生反应形成新的化合物，XRD 分析发现了 Fe_3W_3C 相。

2.4.4　SiC/Ti/SiC 陶瓷的扩散连接

用 Ti 作为中间层，在扩散焊条件下可实现 SiC 陶瓷的可靠连接。在连接温度为 1373～1773K、保温时间为 5～600min 的范围内研究 SiC/Ti/SiC 界面反应。最佳连接参数 1773K×60min 时可获得最高的抗剪强度。

（1）SiC/Ti/SiC 界面反应

图 2.34 是 SiC/Ti/SiC 扩散界面的反应过程示意图。反应的前期阶段，SiC 与 Ti 发生反应生成 TiC 和 $Ti_5Si_3C_x$，因 C 的扩散速度快，TiC 在 Ti 侧有限成长，而 $Ti_5Si_3C_x$ 则在 SiC 侧形成。随着 SiC 侧的 Si 和 C 通过 $Ti_5Si_3C_x$ 层向中间扩散，中间部分的 Ti 也向 $Ti_5Si_3C_x$ 中扩散。由于 Si 的扩散较慢，$Ti_5Si_3C_x$ 中难以达到元素的平衡，因此 TiC 相以块状在 $Ti_5Si_3C_x$ 中析出。此时的界面结构如图 2.34(b) 所示，呈现出 SiC/$Ti_5Si_3C_x$＋TiC/TiC＋Ti/Ti 的层状排列。

连接时间延长到 0.9ks 时，层状的 $Ti_5Si_3C_x$ 相在 SiC/$Ti_5Si_3C_x$＋TiC 的界面上生成，界面结构成为 SiC/$Ti_5Si_3C_x$/$Ti_5Si_3C_x$＋TiC/TiC＋Ti/Ti，如图 2.34(c) 所示。该反应系的相形成顺序与 Ti 中间层的厚度无关，但各反应相出现的时间随连接温度的上升而缩短。关于 $Ti_5Si_3C_x$ 单相层的出现，分析发现主要是由于各元素的扩散速度不同而产生的，Ti 元素向陶瓷方向的扩散速度比 Si 和 C 元素向 Ti 金属中的扩散速度慢，使靠近陶瓷侧的界面 Ti 含量低，以至于不能形成 TiC。

反应的中期阶段，由于 Si 和 C 元素在 SiC/$Ti_5Si_3C_x$ 界面上聚集，反应无法平衡，界面上又形成了六方晶系的 Ti_3SiC_2 相，如图 2.34(d)、(e) 所示，界面层排列变为 SiC/Ti_3SiC_2/$Ti_5Si_3C_x$/$Ti_5Si_3C_x$＋TiC/TiC/Ti。

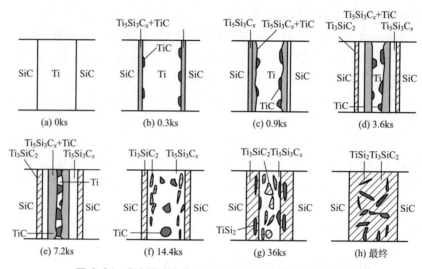

图 2.34　SiC/Ti/SiC 界面结构随扩散连接时间的变化

　　为了研究 SiC 和 Ti 的平衡过程，进一步延长连接时间，反应进入后期阶段，Ti 全部参与反应并在界面上消失掉。由于两侧的 Si 和 C 的扩散，$Ti_5Si_3C_x$ + TiC 混合相也全部消失，此时界面层的排列顺序变化为：$SiC/Ti_3SiC_2/Ti_5Si_3C_x + Ti_3SiC_2/Ti_3SiC_2/SiC$。

　　连接时间超过 36ks 以后，TiC 单相全部参加了反应，微细的 Ti_3SiC_2 相在 $Ti_5Si_3C_x$ 相中被观察到，同时 Ti_3SiC_2 层中及 $Ti_3SiC_2/Ti_5Si_3C_x$ 界面形成了斜方晶体的 $TiSi_2$ 化合物，如图 2.34(g) 所示。进一步延长连接时间到 108ks，界面组织如图 2.34(h) 所示，$Ti_5Si_3C_x$ 相也消失了，接合界面成为由 Ti_3SiC_2 和 $TiSi_2$ 组成的混合组织，基本达到了 Ti-Si-C 三元相图中的相平衡。

（2）界面反应相的形成条件

　　SiC/Ti 界面的反应生成物随连接温度和时间变化的关系如图 2.35 所示，图中各符号为试验数据点。该图给出了各反应物形成的条件（连接温度和时间），作用是根据连接条件可以预测界面产生化合物的种类，也可以根据想要获得的化合物种类确定连接条件。试验

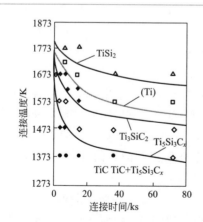

图 2.35　反应产物随温度及时间的变化

用 Ti 中间层的厚度为 $50\mu m$。

从低温侧开始的第一条线是单相 $Ti_5Si_3C_x$ 的产生曲线，在该曲线以下的区域，界面反应产物是 TiC 和 $Ti_5Si_3C_x$，形成块状的 TiC 和 $TiC+Ti_5Si_3C_x$ 的混合组织，达到该线所需的连接温度及时间时形成层状的 $Ti_5Si_3C_x$。

随着温度升高或连接时间的延长，界面出现了 Ti_3SiC_2 相，此时 SiC 和 Ti 界面反应的扩散路径完全形成，界面结构呈现为 $SiC/Ti_3SiC_2/Ti_5Si_3C_x/Ti_5Si_3C_x+TiC/TiC+Ti/Ti$。进一步增加连接温度或延长时间，比较稳定的硅化物 $TiSi_2$ 在界面出现。

(3) 扩散接头的力学性能

对 SiC/Ti/SiC 扩散焊接头的剪切试验结果表明，连接温度为 1100℃时扩散焊接头剪切强度约为 44MPa，连接温度为 1200℃时接头剪切强度上升到 153MPa。当连接温度进一步提高到 1500℃时接头剪切强度达到了最大值 250MPa。

从断裂发生的部位可知，1200℃以下的温度区间，断裂发生在 $SiC/Ti_5Si_3C_x+TiC$ 的界面上；1400℃以上的接头，断裂发生在靠近结合层的 SiC 陶瓷母材上，并在 SiC 内沿接合面方向发展。从断面组织分析可知，1100℃时的断面很平坦，1200℃时的断面凹凸较多，SiC 断面上有较多的块状反应相 $Ti_5Si_3C_x+TiC$。所有 Ti 的化合物中 TiC 硬度最高，而且 TiC 和 SiC 的线胀系数之差最小，两者在结晶学上也有很好的对应关系，故可推测出 SiC/TiC 的界面强度较高。

连接温度为 1500℃时接头具有最大的剪切强度，界面上 SiC 和 Ti_3SiC_2 直接相连，两者之间也有很好的结晶对应关系，虽然也有脆性相 $TiSi_2$ 存在，但弥散分布于 Ti_3SiC_2 中，故接头表现出高的结合强度。

选取最佳连接参数（1500℃×3.6ks）的扩散焊接头，测定 SiC/Ti/SiC 扩散接头的高温剪切强度。试验结果表明，接头的高温剪切强度可保持到 800℃左右，其剪切强度比室温时稍高，显示出良好的耐高温特性。高温破断位置和室温时相同，也是发生在扩散界面附近的 SiC 陶瓷母材上。

2.5 陶瓷与金属的电子束焊接

2.5.1 陶瓷与金属电子束焊的特点

20 世纪 60 年代以来，国外已开始将电子束焊应用到金属与陶瓷的焊接工艺中，这种方法扩大了工程材料的应用范围，也提高了陶瓷焊接件的气密性和力学性能，满足了多方面的需要。

电子束焊是一种用高能密度的电子束轰击焊件使其局部加热和熔化的焊接方法。陶瓷与金属的电子束焊是一种很有效的方法，由于是在真空条件下进行焊接，能防止空气中的氧、氮等污染，有利于陶瓷与金属的焊接，焊后的气密性良好。

电子束经聚焦能形成很细小的直径，可小到 $0.1\sim1.0$mm，其功率密度可提高到 $10^6\sim10^8$W/cm² 的程度。因而电子束穿透力很强，加热面积很小，焊缝熔宽小、熔深很大，熔宽与熔深之比可达到 $(1：10)\sim(1：50)$。这样不但焊接热影响区小，而且应力也很小。这对于陶瓷精加工件作为最后一道工序，可以保证焊后结构的精度。

这种方法的缺点是设备复杂，对焊接工艺要求较严，生产成本较高。陶瓷与金属的真空电子束焊接，焊件的接头形式有多种，比较合适的接头形式以平焊为最好。也可以采用搭接或套接，工件之间的装配间隙应控制在 $0.02\sim0.05$mm，不能过大，否则可能产生未焊透等缺陷。

陶瓷与金属真空电子束焊机，由电子光学系统（包括电子枪和磁聚焦、偏转系统）、真空系统（包括真空室、扩散泵、机械泵）、工作台及传动机构、电源及控制系统四部分组成。电子束焊机的主要部件是电子光学系统，它是获得高能量密度电子束的关键，在配以稳定、调节方便的电源系统后，能保证电子束焊接的工艺稳定性。电子束焊枪的加速电压有高压型（110kV 以上）、中压型（40～60kV）和低压型（15～30kV），对于陶瓷与金属的焊接，最合适的是采用高真空度低压型电子束焊枪。

2.5.2　陶瓷与金属电子束焊的工艺过程

① 把焊件表面处理干净，将装配好的工件放在预热炉内；

② 当真空室的真空度达到 1.33×10^{-2}Pa 之后，开始用钨丝热阻炉对工件进行预热；

③ 在预热恒温条件下，让电子束扫射被焊工件的金属一侧，开始焊接；

④ 焊后降温退火，预热炉要在 10min 之内使电压降到零值，然后使焊件在真空炉内自然冷却 1h，缓冷以后才能出炉。

电子束焊的焊接参数主要是：加速电压、电子束电流、工作距离（被焊工件至聚焦筒底的距离）、聚焦电流和焊接速度。陶瓷与金属真空电子束焊的工艺参数对接头质量影响很大，尤其对焊缝熔深和熔宽的影响更加敏感，这也是衡量电子束焊接质量的重要指标。选择合适的焊接参数可以使焊缝形状、强度、气密性等达到设计要求。

氧化铝陶瓷（85％、95％Al_2O_3）、高纯度Al_2O_3、半透明的Al_2O_3陶瓷之间的电子束焊接时，可选择如下工艺参数：功率为3kW，加速电压为150kV，最大的电子束电流为20mA，用电子束聚焦直径为0.25～0.27mm的高压电子束焊机进行直接焊接，可获得良好的焊接质量。

高纯度Al_2O_3陶瓷与难熔金属（W、Mo、Nb、Fe-Co-Ni合金）电子束焊接时，也可采用上述工艺参数用高压电子束焊机进行焊接。同时还可用厚度为0.5mm的Nb片作为中间过渡层，进行两个半透明的Al_2O_3陶瓷对接接头的电子束焊接。还可以用直径为1.0mm的金属钼针与氧化铝陶瓷实行电子束焊接。

真空电子束焊接目前多用于难熔金属（W、Mo、Ta、Nb等）与陶瓷的焊接，而且要使陶瓷的线胀系数与金属的线胀系数相近，达到匹配性的连接。由于电子束的加热斑点很小，可以集中在一个非常小的面积上加热，这时只要采取焊前预热、焊后缓慢冷却以及接头形式合理设计等措施，就可以获得合格的焊接接头。

2.5.3　陶瓷与金属电子束焊示例

在石油化工等部门使用的一些传感器需要在强烈浸蚀性的介质中工作。这些传感器常常选用氧化铝系列的陶瓷作为绝缘材料，而导体就选用18-8不锈钢。不锈钢与陶瓷之间应有可靠的连接，焊缝必须耐热、耐腐蚀、牢固可靠和致密不泄漏。

例如陶瓷件是一根长度为15mm、外径为10mm、壁厚为3mm的管子，陶瓷管与金属管之间采用动配合。陶瓷管两端各留一个0.3～1.0mm的加热膨胀间隙，以防止焊接加热时产生应力使陶瓷管爆裂。采用真空电子束焊方法焊接18-8不锈钢管与陶瓷管，接头为搭接焊缝，电子束焊的工艺参数见表2.28。

表2.28　18-8不锈钢与陶瓷真空电子束焊的工艺参数

材料	母材厚度 /mm	工艺参数				
		电子束电流 /mA	加速电压 /kV	焊接速度 /(m/min)	预热温度 /℃	冷却速度 /(℃/min)
18-8钢/陶瓷	4+4	8	10	62	1250	20
18-8钢/陶瓷	5+5	8	11	62	1200	22
18-8钢/陶瓷	6+6	8	12	60	1200	22
18-8钢/陶瓷	8+8	10	13	58	1200	23
18-8钢/陶瓷	10+10	12	14	55	1200	25

首先对陶瓷和金属焊件表面进行清理，采取酸洗法除去油脂及污垢。电子束

焊接前先以 40～50℃/min 的加热速度分级将工件加热到 1200℃，保温 4～5min，然后关掉预热电源，以使陶瓷件预热均匀。

当接头温度降低时，对工件的其中一端进行焊接，焊接时加热要均匀。第一道焊缝焊好后，要重新将工件加热到 1200℃，然后才能进行第二道焊缝的焊接。

接头焊完之后，以 20～25℃/min 的冷却速度随炉冷却，不可过快。焊后冷却过程中，由于收缩力的作用，陶瓷中首先产生轴向挤压力。所以工件要缓慢冷却到 300℃ 以下时才可以从加热炉中取出，以防挤压力过大，挤裂陶瓷。

相对于金属和塑料，陶瓷材料的硬度高，不易燃，不活泼。因此陶瓷可用在高温、腐蚀性强、高摩擦性的环境中，包括：高温条件下各种物理性质的持久稳定性、低的摩擦系数（尤其在重载荷、低润滑条件下）、低线胀系数、抗腐蚀性、热绝缘性、电绝缘性、低密度的场合。

很多工业部门应用工程陶瓷制造部件，包括电子装置的陶瓷基片，涡轮增压器的转子和汽车发动机中的挺杆头。现代陶瓷应用的其他例子有：食品加工设备中使用的无油润滑轴承、航空涡轮叶片、原子核燃料棒、轻质装甲板、切削工具、磨料、热隔板及熔炉和窑炉耐热部件等。

未来的发展很可能来自提高陶瓷-金属材料的加工制造技术，以降低元件成本和改善性能，对高性能材料提出更高标准的要求并需要使用更多的陶瓷-金属复合材料。陶瓷与金属材料的连接将是一个备受关注的发展领域。

参考文献

[1] 任家烈，吴爱萍. 先进材料的连接. 北京：机械工业出版社，2000.

[2] Sindo Kou. Welding Metallurgy. America: A Wiley-Interscience Publication, 2002.

[3] 吴爱萍，邹贵生，任家烈. 先进结构陶瓷的发展及其钎焊连接技术的进展. 材料科学与工程，2002，20（1）：104-106.

[4] 李志远，钱乙余，张九海，等. 先进连接方法. 北京：机械工业出版社，2000.

[5] 方洪渊，冯吉才. 材料连接过程中的界面行为，哈尔滨：哈尔滨工业大学出版社，2005.

[6] 中国机械工程学会焊接学会. 焊接手册：第 2 卷 材料的焊接. 第 3 版. 北京：机械工业出版社，2008.

[7] 张启运，庄鸿寿. 钎焊手册. 北京：机械工业出版社，1999.

[8] J. D. Cawley. Introduction to Ceramic-Metal Joining. The Minerals, Metals and Materials Society, 1991: 3-11.

[9] T. Tanaka, H. Morimoto, H. Homma. Joining of Ceramics to Metals. Nippon Steel Technical Report, 1988, 37: 31-38.

[10] 冯吉才，靖向盟，张丽霞，等. TiC 金属陶瓷/钢钎焊接头的界面结构和连接强度. 焊接学报，2006, 27（1）: 5-8.

[11] 王素梅，孙康宁，卢志华，等. Ti-Al/TiC 陶瓷基复合材料烧结过程的研究. 材料科学与工程学报，2003, 21（4）: 565-568.

[12] Wang Ying, Cao Jian, Feng Jicai, et al. TLP bonding of alumina ceramic and 5A05 aluminum alloy using Ag-Cu-Ti interlayer. China Welding, 2009, 18（4）: 39-42.

[13] 张勇，何志勇，冯涤. 金属与陶瓷连接用中间层材料. 钢铁研究学报，2007, 19（2）: 1-4, 34.

[14] Jose Lemus, Robin A. L. Drew. Joining of silicon nitride with a titanium foil interlayer. Materials Science and Engineering A, 2003, 352（1-2）: 169-178.

复合陶瓷与钢的扩散连接

复合陶瓷由于在基体（如 Al_2O_3）上添加了增强颗粒（如 TiC），使其具有更高的硬度、强度和断裂韧性，可被应用于切削刀具的制备。将 Al_2O_3-TiC 复合陶瓷与碳钢、不锈钢或工具钢（如 W18Cr4V 钢）用扩散焊方法连接起来制成复合构件，对于改善结构件在受力状态下内部的应力分布状态、拓宽 Al_2O_3-TiC 复合陶瓷的使用范围具有重要意义。复合陶瓷与钢的扩散连接也受到人们的关注。

3.1 复合陶瓷与钢的扩散连接工艺

3.1.1 Al_2O_3-TiC 复合陶瓷的基本性能

试验用 Al_2O_3-TiC 复合陶瓷是通过热压烧结工艺（hot press sintering，缩写为 HPS）制成的圆片状试样，试样尺寸为 $\phi52mm \times 3.5mm$。Al_2O_3-TiC 复合陶瓷的化学成分、热物理性能和力学性能见表 3.1。Al_2O_3-TiC 复合陶瓷是由 Al_2O_3 基体及分布在其中的 TiC 颗粒组成，TiC 增强颗粒尺寸约为 $2.0\mu m$，另有微量黏结相，可以增加陶瓷基体的结合强度，也有利于增加韧性。Al_2O_3-TiC 复合陶瓷的显微组织形貌如图 3.1(a) 所示，在扫描电镜下观察时，深灰色基体为 Al_2O_3，黑色颗粒为 TiC 增强相，见图 3.1(b)。

表 3.1 Al_2O_3-TiC 复合陶瓷的化学成分（质量分数） %

元素	C	O	Al	Ti	Cr	Fe	Ni	Mo	W	总计
含量	18.74	29.12	13.51	28.86	0.22	1.34	2.41	3.86	1.95	100

热物理性能和力学性能										
密度 /(g/cm³)	硬度(HV)		横向断裂强度 /MPa	断裂韧性 /MPa·m^{1/2}	抗弯强度 /MPa	剪切模量 /GPa	泊松比	线胀系数 /10⁻⁶K⁻¹	热导率 /[W(m·K)]	热震参数
	298K	1273K								
4.24	2130	770	760	4.3	638	373	0.219	7.6	22.1	11.5

(a) OM   (b) SEM

图 3.1 Al$_2$O$_3$-TiC 复合陶瓷的显微组织

3.1.2 复合陶瓷与钢扩散连接的工艺特点

（1）扩散连接设备

Al$_2$O$_3$-TiC 陶瓷和 W18Cr4V 钢进行真空扩散连接时，采用美国真空工业公司生产的 WorkhorseⅡ型真空扩散焊设备，其主要性能指标见表 3.2。

表 3.2 WorkhorseⅡ型真空扩散焊设备主要性能指标

型号	主要性能指标				
	真空室尺寸 /mm	最高加热温度 /℃	最大压力 /t	极限真空度 /Pa	加热功率 /kV·A
3033-1305-30T	304×304×457	1350	30	1.33×10^{-5}	45

试验用 WorkhorseⅡ型真空连接设备主要由全自动抽真空系统、真空炉体、加压系统、加热系统、水循环系统和控制系统等组成。由于整套设备采用了计算机控制，真空扩散连接过程实现了全部自动运行，并可对各工艺参数获得相当高的控制精度。真空扩散连接的加热温度、连接压力、保温时间、真空度等参数可以通过预先编制的程序控制整个连接过程，提高连接过程的可靠性。

（2）中间层材料

中间层在复合陶瓷和金属的扩散连接过程中和保证接头性能上都起着关键作用。这是因为陶瓷与金属扩散连接接头的最后组织主要取决于中间层，中间层合金元素的扩散性能和扩散方式是决定瞬间液相凝固和成分均匀化的关键条件。中间层材料的主要作用有：

① 减缓陶瓷与金属因热膨胀系数不同产生的残余应力，提高连接强度；

② 通过熔化或与陶瓷的反应促进界面润湿和扩散，形成牢固的冶金结合；

③ 控制界面反应，改变或抑制界面产物，使界面处于更稳定的热力学状态。中间层材料还有助于消除连接界面的孔洞，形成密封性更好的陶瓷/金属连接等。

Ti 是活性元素，对复合陶瓷具有良好的浸润能力，与陶瓷反应后能形成稳定的界面连接，可应用于陶瓷/陶瓷或陶瓷/金属的连接。Cu 材质较软，是良好的缓冲层材料，可以降低扩散界面的残余应力。Ti 与 Cu 在共晶温度以上会发生共晶反应形成 Cu-Ti 液态合金，起促进润湿的作用。连接过程中，Cu-Ti 液相合金与两侧的母材相互扩散，发生界面反应，形成界面连接。因此，在进行 Al_2O_3-TiC 复合陶瓷与钢的扩散连接时设计 Ti-Cu-Ti 复合中间层是合适的。

采用 Ti-Cu-Ti 复合中间层以促进 Al_2O_3-TiC 复合陶瓷与钢之间的扩散连接，可实现牢固的冶金结合。Ti、Cu 中间层的化学成分及热物理性能见表 3.3。

表 3.3　Ti、Cu 中间层的化学成分及热物理性能

化学成分(质量分数)/%										
材料	H	C	O	N	Bi	S	Fe	Sb	As	Pb	Ti 或 Cu
Ti	0.015	0.10	0.25	0.05	—	—	0.30	—	—	—	余量
Cu	—	—	—	—	0.001	0.005	0.005	0.002	0.002	0.005	余量

热物理性能					
材料	熔点/K	密度/(g/cm³)	晶体结构	线胀系数(20～100℃)/$10^{-6}K^{-1}$	弹性模量/GPa
Ti	1913～1943	4.5	密排六方	8.2	115
Cu	1338～1355	8.92	面心立方	16.92	125

扩散连接试样表面的清洁度和平整度是影响扩散连接接头质量的重要因素。扩散连接前，待连接试样（Al_2O_3-TiC 复合陶瓷、Q235 钢、18-8 钢或 W18Cr4V 钢）表面用金相砂纸打磨光滑，放入丙酮浸泡，然后用酒精擦洗干净，吹干后待用。将 Cu 箔和 Ti 粉按 Ti-Cu-Ti 的顺序制成复合中间层材料。

按 Al_2O_3-TiC/Ti-Cu-Ti/钢（Q235 钢、18-8 钢或 W18Cr4V 钢）/Ti-Cu-Ti/Al_2O_3-TiC 顺序将组装好的试样叠置放入真空室中，扩散连接试样叠放顺序如图 3.2 所示。

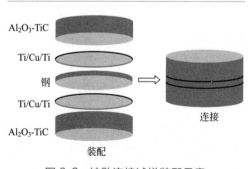

图 3.2　扩散连接试样装配示意

（3）加热和冷却温度的控制

扩散连接试样放入真空室后，先抽真空到 1.33×10^{-4}～1.33×10^{-5}Pa，然后启动运行程序，按照设定的程序开始升温。达到预定的扩散连接

温度后，保温到所设定的连接时间，使中间层材料与被连接材料充分反应。在整个连接过程中，保持炉膛的真空室处于高真空状态。为保证材料之间的良好接触，在扩散连接过程中需要施加压力。

连接过程中控制加热和冷却速度非常重要。由于 Al_2O_3-TiC 陶瓷是脆性材料，耐冷热冲击能力差，加热或冷却速度过快都可能在陶瓷内部诱发裂纹，影响接头的最终性能。如果扩散焊设备的真空室尺寸较大，要使温度均匀就需要一定的时间，因此在加热和冷却过程中应设置均温平台，以保证炉内温度均匀。

扩散焊设备的真空室抽真空至 $1.33×10^{-4}$Pa 后，开始升温，采用分级加热的方式，设置几个保温平台：

① 在室温 20℃时开始加热，以 15℃/min 的速度加热到 350℃后保温 10min；

② 以 15℃/min 的速度加热到 600～650℃，并保温 10min；

③ 以 15℃/min 的速度加热到 900～950℃，并保温 10min；

④ 以 10℃/min 的速度加热到 1100～1150℃并保温 45～60min。

在 1100～1150℃下保温 45～60min 后，试样以 10℃/min 的速度冷却到 950℃并保温 2min，之后采用循环水冷却至 100℃，然后随炉冷却至室温。

在加热至扩散焊温度（1100～1150℃）之前，液压系统加压至 10～15MPa 左右并保持 45～60min，冷却开始前撤除压力，进入冷却阶段。扩散连接过程的工艺曲线如图 3.3 所示。保护气体：氮气（N_2）、氩气（Ar）。

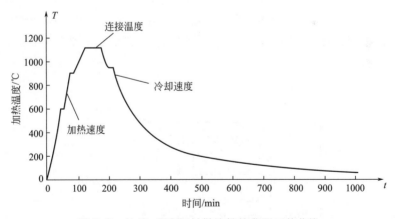

图 3.3 Al_2O_3-TiC/钢扩散连接的典型工艺曲线

Al_2O_3-TiC 复合陶瓷与钢添加中间层（Ti-Cu-Ti）进行扩散连接时，中间层元素与两侧基体（Al_2O_3-TiC 复合陶瓷、Q235、18-8 钢及 W18Cr4V）元素之间存在扩散反应，形成具有复杂组织结构的扩散焊界面过渡区，过渡区的组织结构决定着 Al_2O_3-TiC/钢扩散接头的性能。

3.1.3　扩散接头试样制备及测试方法

对 Al_2O_3-TiC 复合陶瓷与钢（Q235、18-8 钢或 W18Cr4V）扩散焊接头组织结构及性能进行分析，先切取试样。将 Al_2O_3-TiC/钢扩散焊接头切割成尺寸约为 10mm×10mm×10mm 的试样，采用线切割方法垂直于 Al_2O_3-TiC 复合陶瓷与钢扩散连接界面方向切取试样。

对于 Al_2O_3-TiC 复合陶瓷与钢扩散焊接头显微组织观察和显微硬度测试的试样，依次采用不同粒度的金相砂纸磨平后，采用颗粒直径为 2.5μm 的金刚石研磨抛光膏和呢料抛光布在抛光机上进行机械抛光处理，然后进行扩散焊接头区显微组织的显蚀。Al_2O_3-TiC/Q235 钢和 Al_2O_3-TiC/18-8 钢扩散接头所用的显蚀液及显蚀时间见表 3.4。

表 3.4　不同扩散焊接头显微组织显蚀所用显蚀液及显蚀时间

扩散接头	显蚀液	显蚀时间/s	环境温度/℃
Al_2O_3-TiC/Q235 钢	4％硝酸酒精溶液	10	20
Al_2O_3-TiC/18-8 钢	王水溶液,HCl：HNO_3＝3：1	8	20

陶瓷与金属扩散连接接头的力学性能一般采用拉伸强度、剪切强度和三点或四点弯曲强度来进行评价，目前没有统一的标准。采用室温剪切强度来评价 Al_2O_3-TiC 复合陶瓷与钢扩散连接接头的性能，具有试验方法简便和数据可靠的特点。测试过程中，将待测扩散接头放入特制夹具内，可采用 WEW-600t 微机屏显液压万能实验机进行剪切试验，剪切试验装置示意如图 3.4 所示。

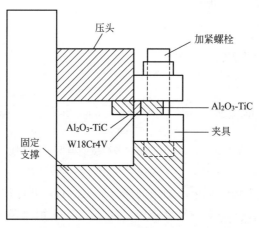

图 3.4　Al_2O_3-TiC/W18Cr4V 扩散连接接头剪切强度试验示意

剪切试验过程中记录下接头断裂时所施加的载荷，按公式(3.1)计算接头的剪切强度。

$$\tau = \frac{P}{S} \tag{3.1}$$

式中，τ 为剪切强度，MPa；P 为断裂载荷，N；S 为横截面积，mm^2。

对 Al_2O_3-TiC 复合陶瓷与 Q235 钢扩散焊接头组织结构及性能进行分析，首先是切取系列试样。将 Al_2O_3-TiC/Q235 钢扩散焊接头切割成尺寸为 10mm× 10mm×8.5mm（Al_2O_3-TiC/Fe）及 10mm×10mm×8.5mm（Al_2O_3-TiC/18-8）的试样，采用线切割方法垂直于 Al_2O_3-TiC 复合陶瓷与钢异种材料扩散焊连接界面方向切取试样。图 3.5 为试样切割示意图。

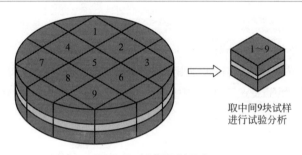

图 3.5　试样切割示意

对扩散焊接头显微组织观察分两种方式：一是观察接头横截面的显微组织，即垂直于界面方向磨制试样；二是观察纵截面的显微组织，即平行于界面方向磨制试样。采用线切割方法将 Al_2O_3-TiC 复合陶瓷/钢扩散焊接头试样从钢（Q235、18-8 钢或 W18Cr4V）中心部位纵向切开，如图 3.6 所示，沿平行于界面方向磨制试样。

为判定 Al_2O_3-TiC 复合陶瓷与钢扩散接头组织性能的变化，采用显微硬度计沿垂直于界面方向对扩散连接界面附近的显微硬度进行测定，试验载荷为 100gf（$1gf = 9.80665 \times 10^{-3}N$），载荷时间为 10s。对用于电子探针（EPMA）

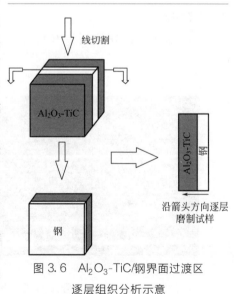

图 3.6　Al_2O_3-TiC/钢界面过渡区逐层组织分析示意

成分分析的试样，不需对试样进行显微组织的显蚀，试样表面经金相砂纸磨平后抛光处理即可。

对于扩散焊接头区物相结构分析的试样，为确定 Al_2O_3-TiC/钢扩散界面的生成相，选取典型的 Al_2O_3-TiC/钢扩散接头试样，对切割后的 Al_2O_3-TiC/钢试样沿界面平行方向进行逐层剥离，以利于分析各层面的组织结构。

对于断口形貌分析的试样，Al_2O_3-TiC/钢（Q235、18-8 钢或 W18Cr4V）扩散焊接头剪切破断后，用吹风机吹去断口表面的碎削，避免断口受到污染，在扫描电镜（SEM）下进行断口形貌观察。

3.2　Al_2O_3-TiC 复合陶瓷与 Q235 钢的扩散连接

Q235 钢试样尺寸为 $\phi52mm\times1.5mm$，复合陶瓷尺寸为 $\phi52mm\times3.0mm$。试验中采用添加中间合金的过渡液相扩散焊（TLP）进行复合陶瓷与 Q235 钢的连接，中间合金为 Ti-Cu-Ti 复合中间层，目的是促进 Al_2O_3-TiC 与 Q235 钢之间的扩散连接，实现牢固的冶金结合，Ti-Cu-Ti 中间层结构为 $10\mu m$ Ti/$40\mu m$ Cu/$10\mu m$ Ti。

Al_2O_3-TiC 复合陶瓷与 Q235 钢扩散连接的工艺参数为：加热温度为 1130～1160℃，保温时间为 40～60min，压力为 10～15MPa，真空度为 1.33×10^{-4}～1.33×10^{-5}Pa。整个加热、加压和冷却过程采用美国 Honeywell DCP-550 仪表数字程序控制。

Q235 钢具有良好的塑性和韧性，基体显微组织主要为铁素体，如图 3.7 所示。

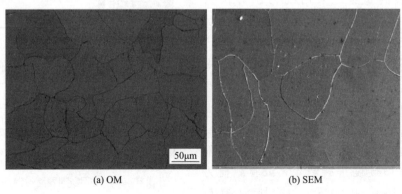

(a) OM　　　　　　　　　　　　　　(b) SEM

图 3.7　Q235 钢的显微组织

3.2.1 Al₂O₃-TiC/Q235 钢扩散连接的界面特征和显微硬度

用线切割机切取 Al_2O_3-TiC/Q235 钢扩散焊接头试样，制备成系列金相试样。采用 4％的硝酸酒精溶液进行腐蚀。Al_2O_3-TiC 陶瓷与 Q235 钢进行过渡液相扩散焊（TLP）时，采用 Al_2O_3-TiC/Ti-Cu-Ti/Q235 钢/Ti-Cu-Ti/Al_2O_3-TiC 叠置方式，Al_2O_3-TiC/Q235 钢扩散焊接头组织如图 3.8 所示。

Al_2O_3-TiC 复合陶瓷与 Q235 钢这两种材料性能差异很大，在扩散连接工艺条件下，采用添加中间层（Ti-Cu-Ti）的方式进行 Al_2O_3-TiC/Q235 钢的扩散焊接，中间层中的元素与两侧基体（Al_2O_3-TiC 复合陶瓷、Q235 钢）中的元素发生扩散反应，形成组织特征不同于两侧基体的扩散焊界面过渡区。

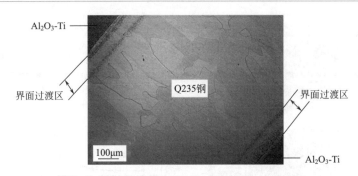

图 3.8 Al_2O_3-TiC/Q235 钢扩散焊接头显微组织

对保温时间为 45min、不同加热温度（1130℃、1140℃、1160℃）下获得的 Al_2O_3-TiC/Q235 钢扩散连接接头进行显微硬度测试，显微硬度测定点位置和显微硬度测试结果如图 3.9～图 3.11 所示。

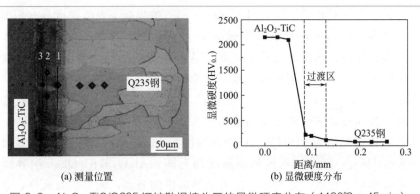

(a) 测量位置   (b) 显微硬度分布

图 3.9 Al_2O_3-TiC/Q235 钢扩散焊接头区的显微硬度分布（1130℃ × 45min）

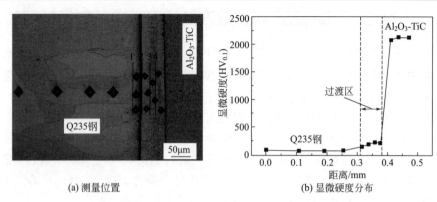

(a) 测量位置   (b) 显微硬度分布

图 3.10 Al_2O_3-TiC/Q235 钢扩散焊接头区的显微硬度分布（1140℃ × 45min）

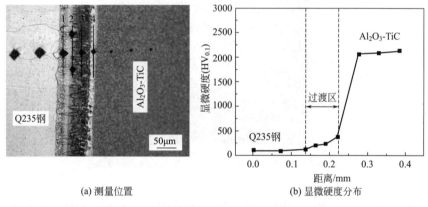

(a) 测量位置   (b) 显微硬度分布

图 3.11 Al_2O_3-TiC/Q235 钢扩散焊接头区的显微硬度分布（1160℃ × 45min）

　　显微硬度测试结果表明，在相同保温时间（45min），不同加热温度 1130℃、1140℃、1160℃下获得的 Al_2O_3-TiC/Q235 钢扩散焊接头显微硬度具有相似的变化规律，即界面过渡区的显微硬度远低于 Al_2O_3-TiC 陶瓷，略高于 Q235 钢母材，表明界面过渡区内没有高硬度（高于 Al_2O_3-TiC 陶瓷的硬度）脆性相生成，有利于 Al_2O_3-TiC/Q235 钢扩散焊接头性能的改善。

　　表 3.5 示出 Al_2O_3-TiC/Q235 钢扩散界面附近的显微硬度，加热温度为 1130℃时，界面过渡区显微硬度均值为 $188HV_{0.1}$；加热温度为 1140℃时，界面过渡区显微硬度均值为 $214HV_{0.1}$；加热温度为 1160℃时，界面过渡区显微硬度均值为 $245HV_{0.1}$；随着扩散焊加热温度的升高，Al_2O_3-TiC/Q235 钢界面过渡区显微硬度也随之增大。这是由于随着加热温度的升高，元素扩散充分，界面反应程度加剧，Al_2O_3-TiC/Q235 钢界面过渡区内反应产物硬度值升高。

表3.5 Al₂O₃-TiC/Q235钢扩散焊界面过渡区在不同加热温度下的显微硬度

反应层	不同加热温度下的显微硬度（HV$_{0.1}$）		
	1130℃	1140℃	1160℃
1层	120	165	127
2层	209	210	213
3层	236	249	243
4层	—	233	398
显微硬度均值	188	214	245

不同加热温度下，界面过渡区靠 Q235 钢侧 1 层的显微硬度低于其他反应层；Al₂O₃-TiC 陶瓷侧反应层硬度较高。在 Al₂O₃-TiC/Q235 钢扩散焊过程中，扩散反应层向 Q235 钢侧生长较深，向 Al₂O₃-TiC 陶瓷侧生长较浅。Q235 钢侧 1 层离原始界面（Ti/Cu/Ti 中间层界面）较远，扩散至 1 层的原子数目少，界面反应较弱，反应产物硬度不高；Al₂O₃-TiC 陶瓷侧反应层（3 层、4 层）离原始界面较近，扩散来的原子数目较多，界面反应程度加剧，反应产物硬度值较高。从而形成由 Q235 钢侧到 Al₂O₃-TiC 陶瓷侧界面过渡区内显微硬度升高的结果，形成由软到硬的良好过渡。

3.2.2 Al₂O₃-TiC/Q235 钢扩散连接界面的剪切强度

不同工艺参数下获得的 Al₂O₃-TiC/Q235 钢扩散焊接头，采用线切割方法从扩散焊接头位置切取 10mm×10mm×8.5mm 的试样（每个工艺参数取 2 个试样），试样表面经磨制后在微机屏显液压万能试验机上进行界面剪切强度试验，剪切试验过程中载荷-位移关系曲线如图 3.12 所示。Al₂O₃-TiC/Q235 钢接头剪切强度的测试和计算结果见表 3.6。

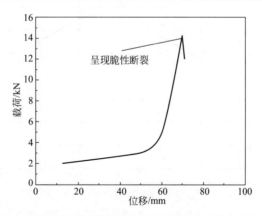

图 3.12 Al₂O₃-TiC/Q235 钢接头剪切过程中载荷与位移的关系

表 3.6　Al_2O_3-TiC/Q235 钢扩散焊界面剪切强度的试验和计算结果

编号	工艺参数 ($T×t,p$)	剪切面尺寸 /mm	最大载荷 F_{max}/kN	剪切强度 $σ_τ$/MPa	平均剪切强度 $\overline{σ_τ}$/MPa	断裂位置
1	1100℃×60min,15MPa	10×10	9.0	90	94	界面断裂
2	1100℃×60min,15MPa	10×10	9.8	98		
3	1120℃×60min,15MPa	10×10	11.2	112	116	Ⅰ型混合断裂
4	1120℃×60min,15MPa	10×10	12.0	120		
5	1140℃×60min,15MPa	10×10	13.7	137	143	Ⅱ型混合断裂
6	1140℃×60min,15MPa	10×10	14.9	149		
7	1160℃×45min,15MPa	10×10	12.7	127	131	Ⅰ型混合断裂
8	1160℃×45min,15MPa	10×10	13.5	135		
9	1180℃×45min,15MPa	10×10	11.4	114	111	陶瓷断裂
10	1180℃×45min,15MPa	10×10	10.8	108		

由图 3.12 可以看出，Al_2O_3-TiC/Q235 钢扩散焊接头剪切过程中仅发生弹性形变，看不到屈服点，无塑性变形，载荷-位移曲线为典型的陶瓷体脆性断裂的载荷-位移曲线。断裂前载荷与位移保持良好的线性关系，断裂后载荷曲线突然下降。

剪切试验结果表明（表 3.6），压力为 15MPa 时，加热温度由 1100℃升高至 1140℃，Al_2O_3-TiC/Q235 钢接头剪切强度由 94MPa 升高至 143MPa（图 3.13）。这是由于随加热温度的升高，界面扩散反应更充分，Al_2O_3-TiC 与 Q235 钢界面之间的冶金结合更紧密，Al_2O_3-TiC/Q235 钢界面结合强度升高。当加热温度升高至 1180℃ 时，Al_2O_3-TiC/Q235 钢界面剪切强度反而降低至 111MPa，这是由于加热温度过高时，Al_2O_3-TiC/Q235 钢界面附近组织粗化使结合强度降低，界面附近生成脆性化合物（如 Fe-Ti 相），也使接头脆性增大。

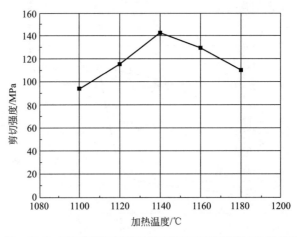

图 3.13　Al_2O_3-TiC/Q235 钢扩散焊界面剪切强度随加热温度的变化

Al_2O_3-TiC/Q235 钢扩散连接界面剪切强度试验结果表明，加热温度控制在 1140～1160℃，保温时间为 45～60min，焊接压力为 12MPa～15MPa，对于 Al_2O_3-TiC/Q235 钢扩散连接能够获得剪切强度较高的接头。

3.2.3 Al_2O_3-TiC/Q235 钢扩散连接的显微组织

（1）界面组织特征

采用光学显微镜（OM）和 JXA-840 扫描电镜（SEM）对 Al_2O_3-TiC/Q235 钢扩散焊接头试样的显微组织进行观察。光学显微镜和扫描电镜下拍摄的 Al_2O_3-TiC/Q235 钢扩散焊接头区域的组织特征如图 3.14 和图 3.15 所示。

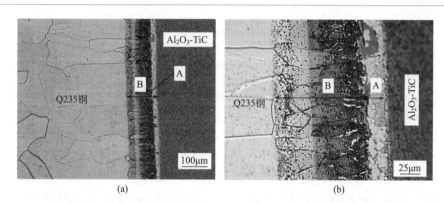

图 3.14　光学显微镜下 Al_2O_3-TiC/Q235 钢扩散焊接头的组织特征

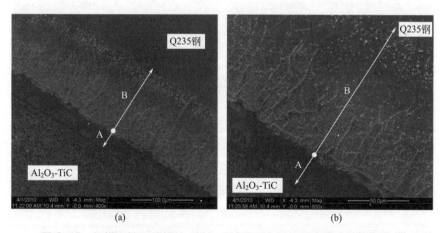

图 3.15　扫描电镜下拍摄的 Al_2O_3-TiC/Q235 钢扩散焊接头的组织特征

可以看到，Al_2O_3-TiC 复合陶瓷与 Q235 钢扩散连接界面存在明显的扩散特征，界面过渡区的组织特征不同于两侧基体。Al_2O_3-TiC 复合陶瓷与 Q235 钢扩散界面结合紧密，没有显微孔洞、裂纹及未连接区域。在 Al_2O_3-TiC 复合陶瓷侧，界面过渡区与 Al_2O_3-TiC 复合陶瓷基体之间形成的界面较平直、连续；在 Q235 钢侧，界面过渡区与 Q235 钢基体之间形成的界面不明显，主要由细小、不连续分布的颗粒状析出相构成。

扩散反应层向 Q235 钢内生长较深，而向 Al_2O_3-TiC 复合陶瓷内生长较浅，因为原子在金属中比在陶瓷中更容易扩散。中间层扩散反应区 A 较窄，但其对 Al_2O_3-TiC 与 Q235 钢之间的可靠连接起到重要的作用，中间层扩散反应区 A 与 Al_2O_3-TiC 陶瓷及 Q235 钢侧扩散反应区 B 之间存在明显的边界。Q235 钢侧扩散反应区 B 与 Q235 钢基体之间存在明显的共同晶粒，界面表现出连生长大与界面互锁特征，如图 3.14 所示。

与熔化焊接不同，在扩散连接的过程中，由于母材不熔化，连接界面处一般不易形成共同的晶粒，只是在中间层（钎料）与母材之间形成有相互原子渗透的冶金扩散结合。Al_2O_3-TiC/Q235 钢扩散过渡区具有明显的共同晶粒（与 Q235 钢），并且过渡区内晶粒形态呈柱状，贯穿于整个界面过渡区，如图 3.16 所示。在扩散连接过程中，界面过渡区附近 Q235 钢基体组织由原来的等轴晶生长为柱状晶，界面附近的组织结构发生变化，晶粒的生长方向也有所改变。由于扩散连接界面过渡区窄小，冷却速度缓慢，在连接母材的界面处，晶粒最适宜作为扩散连接界面结晶的现成表面，对晶粒生长最为有利。扩散连接界面组织容易在母相的基础上形成，即组织的外延生长，并且沿热传导方向择优生长成柱状晶。

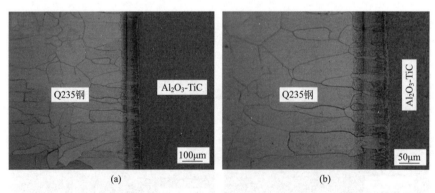

图 3.16　Al_2O_3-TiC/Q235 钢扩散过渡区附近的柱状晶组织

（2）纵截面显微组织

将 Al_2O_3-TiC/Q235 钢扩散焊接头试样从 Q235 钢中心部位纵向切开（图 3.6），沿平行于界面方向磨制试样，对 Al_2O_3-TiC/Q235 钢扩散接头进行逐层显微组织分析，用 4% 的硝酸酒精腐蚀的 Al_2O_3-TiC/Q235 钢扩散接头横截面显微组织如图 3.17 所示，其中：A 区为中间层反应区，B 区为 Q235 钢侧扩散反应区，a~d 层的显微组织如图 3.18 所示。纵截面显微组织的观察分析可以对 Al_2O_3-TiC/Q235 钢扩散焊界面过渡区的组织分布及特点有直观立体的认识，可以更好地分析和研究 Al_2O_3-TiC/Q235 钢扩散焊界面过渡区各层的显微组织特征。

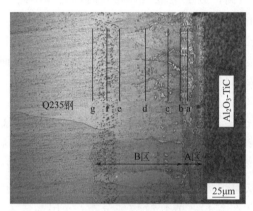

图 3.17　Al_2O_3-TiC/Q235 钢界面过渡区逐层组织分析

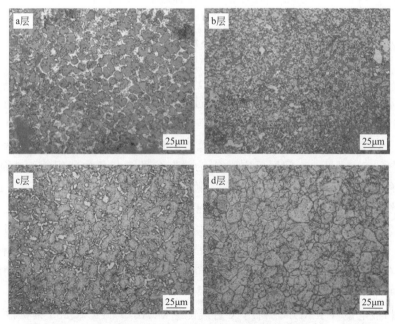

图 3.18　Al_2O_3-TiC/Q235 钢界面过渡区逐层组织分析（a~d 层）

a 层位于中间层反应区（A 区）内，边界圆滑的灰色块状组织分布于浅铜色组织上，主要为 Ti-Cu-Ti 中间层中的元素 Ti 与 Cu 扩散反应形成的区域。电子探针（EPMA）分析表明，Q235 钢中的 Fe 元素扩散进入中间层反应区（A 区）内。

b 层为中间层反应区（A 区）与 Q235 钢侧反应区（B 区）的交界面上，组织形貌主要为 Ti、Cu、Fe 扩散反应的结果。

c 层位于 Q235 钢侧扩散反应区（B 区）内，紧邻中间层反应区，组织特征为亮白色块状组织沿晶界分布。

d 层也位于 B 区内，呈现均匀细小的等轴晶组织，晶界上分布着细小颗粒状组织。分析认为 d 层细小的等轴晶组织为元素发生了晶格内面扩散（也称网格状扩散）的结果，元素的扩散结果是将 Q235 钢基体晶粒分割，产生与晶界扩散类似的现象。

e～g 层均位于 Q235 钢侧扩散反应区内，远离中间层反应区，与未发生元素扩散反应的 Q235 钢原始组织相邻，是中间层中的 Ti 元素向 Q235 钢侧扩散的末梢。受扩散焊参数影响，e～g 层仍具有与 d 层相似的等轴晶组织，不同的是：e 层上黑色细小的点状组织均匀弥散分布于整个反应层内；f 层上黑色点状组织析出量增多，或发生团簇聚集，或弥散均匀分布；g 层与未发生元素扩散反应的 Q235 钢原始组织紧邻，基体组织形貌与 Q235 钢相似，析出相的形貌及分布特征与 e 层相似。

3.2.4 界面过渡区析出相分析

通过扫描电镜（SEM）观察到，Al_2O_3-TiC/Q235 钢扩散焊界面过渡区内存在一些形态各异的析出相。通过对界面过渡区微区成分及析出相进行分析，可以得到 Al_2O_3-TiC/Q235 钢扩散焊界面过渡区的组织组成及其对接头性能的影响。Al_2O_3-TiC/Q235 钢扩散焊界面过渡区及析出相的形貌特征如图 3.19 所示。

由图 3.19 可见，中间层反应区 A 为浅灰色及深灰色块状组织组成的区域，在浅灰色及深灰色基体上分布着黑色的颗粒状组织。Q235 钢侧扩散反应区 B 的显微组织形貌与 A 区不同，可见明显的晶界特征，Q235 钢侧扩散反应区 B 进一步细分为 B_1、B_2、B_3 三个小区域［图 3.19(a)］，A 区与 B_1 区间存在明显的边界，B_1 区晶粒以 A 区起伏不平的现成表面为基础生长。紧邻 Q235 钢一侧的 B_3 区分布有细小、弥散的颗粒状析出相，位于 B_1 区与 B_3 区之间的 B_2 的组织形貌为这两个区域的自然过渡。

在扫描电镜（SEM）下利用 X 射线能谱对 Al_2O_3-TiC/Q235 钢扩散焊界面过渡区各区域的微区成分及析出相进行了分析，相应的取点位置如图 3.19 所示。Al_2O_3-TiC/Q235 钢界面过渡区成分测试结果见表 3.7。

第 3 章　复合陶瓷与钢的扩散连接

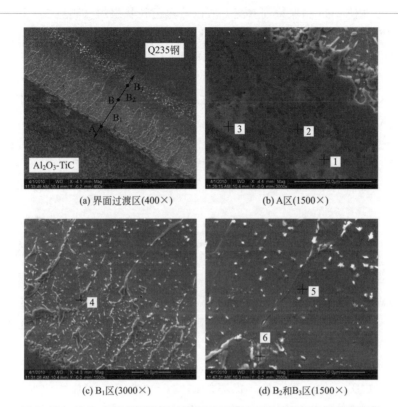

(a) 界面过渡区(400×)　　　　　(b) A区(1500×)

(c) B₁区(3000×)　　　　　(d) B₂和B₃区(1500×)

图 3.19　Al₂O₃-TiC/Q235 钢扩散焊界面过渡区显微组织及析出相形貌

表 3.7　测定各点的元素百分含量（质量分数）　　　　　　　　　%

测点	Al	Si	W	Mo	Ti	Fe	Cu	总计
1	0.49	0.60	—	—	27.07	69.04	2.80	100
2	0.43	0.65	—	—	27.49	68.94	2.49	100
3	1.15	—	5.97	8.30	55.03	1.05	28.50	100
4	0.47	0.42	—	—	26.02	67.88	5.21	100
5	0.53	—	—	—	3.81	90.69	4.98	100
6	—	—	—	—	29.83	66.82	3.36	100

　　由表 3.7 可看出，中间层反应区 A 的浅灰色基体（测点 1）及灰黑色基体（测点 2）主要含有 Fe 和 Ti 及少量的 Cu，并且在两种形貌不同的组织中 Fe、Ti、Cu 的含量几乎相同，这两种组织的相组成主要为 α-Fe、Fe-Ti 及少量的 Cu-Ti 化合物相。

　　中间层反应区 A 的黑色粒状组织（测点 3）主要含有 Ti、Cu、Mo、W（来自于 Al₂O₃-TiC 陶瓷）及少量的 Al、Fe，Ti、Cu，易结合成化合物。根据 Ti-Mo、Ti-W 相图，液态时 Mo、W 与 Ti 无限互溶，固态时 Mo、W 在 β-Ti 中也可以溶解，并使 β-Ti 相保持到室温。所以，黑色粒状组织（测点 3）主要组成相为 Mo、W 在 β-Ti 中的固溶体、Ti-Cu 化合物。

Q235 侧扩散反应区 B_1 的析出物（测点 4）主要含有 Fe、Ti 及少量的 Cu，并且 Fe、Ti 的含量与中间层反应区 A 的浅灰色基体及灰黑色基体 Fe、Ti 的含量几乎相同，Cu 的含量略有增加。B_1 区的析出物（测点 4）主要为 α-Fe、Fe-Ti 及少量的 Cu-Ti 化合物相。

Q235 钢侧扩散反应区 B_2（测点 5）微区分析结果表明，除了 Fe 元素外，含有少量的 Cu、Ti，主要为 α-Fe 组织结构。Q235 钢侧扩散反应区 B_3 粒状组织（测点 6）主要含有 Fe 和 Ti 及少量的 Cu。其主要为 α-Fe、Fe-Ti 及少量的 Cu-Ti 化合物相。

3.2.5　工艺参数对 Al_2O_3-TiC/Q235 钢扩散界面组织的影响

(1) 加热温度的影响

扩散焊的工艺参数最主要的是加热温度、保温时间和焊接压力，这些因素之间相互影响、相互制约。加热温度 T 是影响 Al_2O_3-TiC/钢扩散焊界面过渡区组织性能的重要参数之一。

不同加热温度时的 Al_2O_3-TiC/Q235 钢扩散焊界面过渡区的显微组织特征如图 3.20 所示。由图可见，保温时间（$t = 60\text{min}$）和压力（$p = 15\text{MPa}$）相同，加热温度由 1120℃升高至 1180℃，Al_2O_3-TiC/Q235 钢扩散焊界面过渡区宽度逐渐增加，其中中间层反应区的宽度也逐渐增加，且中间层反应区组织形貌变化较大，由于随着扩散焊温度升高，反应程度加剧。1120℃和 1140℃时，中间层反应区内明显可见类似金属铜的颜色，表明中间层中的 Cu 有剩余。温度升高至 1160℃时，中间层反应区内 Ti、Cu 与两侧基体扩散来的元素反应充分，仅析出相周围可见少量剩余 Cu，中间层反应区内的反应产物分布较均匀。当温度升高至 1180℃时，由于过分反应，反应层加厚。需指出的是，中间层反应区内高塑性残余 Cu 的存在对减缓接头残余应力是有益的。

加热温度为 1100℃时，Al_2O_3-TiC/Q235 钢扩散焊界面过渡区宽度为 94μm，随着加热温度的升高，原子扩散速度增大，界面反应加剧，界面过渡区宽度增加，当加热温度升高至 1180℃时，Al_2O_3-TiC/Q235 钢扩散焊界面过渡区宽度增加至 134μm，如图 3.21 所示。根据实测结果可以推断，继续升高加热温度，Al_2O_3-TiC/Q235 钢及 Al_2O_3-TiC/18-8 钢扩散焊界面过渡区宽度将继续增加。

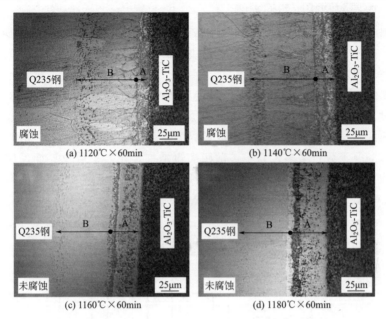

图 3.20 不同加热温度时 Al_2O_3-TiC/Q235 钢扩散焊界面过渡区的显微组织

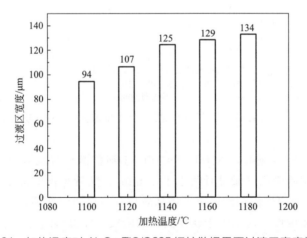

图 3.21 加热温度对 Al_2O_3-TiC/Q235 钢扩散焊界面过渡区宽度的影响

　　但加热温度过高，将导致扩散焊界面过渡区附近组织粗化；随着加热温度的升高，界面反应将进一步加剧，扩散焊界面附近易生成脆性的金属间化合物。而且，加热温度直接影响 Al_2O_3-TiC 复合陶瓷与钢扩散焊接头的残余应力，即较高的加热温度会产生较大的残余应力。因此，在保证获得较好的 Al_2O_3-TiC/Q235 钢扩散焊接头组织和性能的前提下，对加热温度应加以控制。

（2）保温时间和压力的影响

保温时间主要决定扩散焊界面附近元素扩散的均匀性和界面反应的程度。压力也是扩散连接的重要参数，保证连接表面微观凸起部分产生塑性变形、破碎表面氧化膜和促使元素扩散。

保温时间较短（45min），加热温度为 1140℃ 时，Al_2O_3-TiC/Q235 钢扩散焊界面过渡区元素扩散不充分，在中间层反应区内可见大的黑色块状组织。随着保温时间的延长及压力的增大，扩散焊界面微观接触面积增大，界面附近处于热激活状态的原子数目增多，原子扩散距离也增加，元素扩散及界面反应更充分，从而形成组织均匀的扩散焊界面过渡区。实测结果汇总得到的保温时间对 Al_2O_3-TiC/Q235 钢扩散焊界面过渡区宽度的影响如图 3.22 所示。

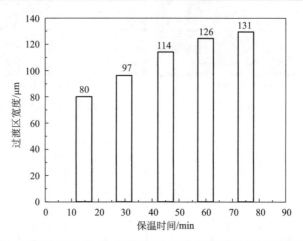

图 3.22　保温时间对 Al_2O_3-TiC/Q235 钢扩散焊界面过渡区宽度的影响

随着保温时间的延长，Al_2O_3-TiC/Q235 钢扩散焊界面过渡区宽度逐渐增加。在保温的初始阶段（保温时间小于 30min），随着保温时间的增加，Al_2O_3-TiC/Q235 钢扩散焊界面过渡区宽度增加较快；当保温时间超过 30min 时，界面过渡区宽度增加缓慢。这是由于在保温初始阶段，保温时间对元素的扩散迁移影响较大，保温时间越长，元素的扩散迁移越充分。当达到一定时间后，保温时间对元素的扩散迁移影响减小，元素扩散逐渐达到准平衡状态，具有稳定组织结构的 Al_2O_3-TiC/Q235 钢扩散焊界面过渡区逐渐形成。

扩散焊加热温度、保温时间及压力之间相互作用，共同影响 Al_2O_3-TiC/钢扩散焊接头的组织及性能。为了获得扩散充分、界面结合良好，组织性能优良的 Al_2O_3-TiC/Q235 钢（或 18-8 钢）扩散焊接头，必须协调选择合适的加热温度、保温时间及压力。试验结果表明，Al_2O_3-TiC/Q235 钢扩散焊合适的工艺参数为：加

热温度 $T=1140\sim1160℃$，保温时间 $t=45\sim60min$，压力 $p=12\sim15MPa$。

3.3 Al_2O_3-TiC 复合陶瓷与 18-8 奥氏体钢的扩散连接

试验用 18-8 钢是奥氏体不锈钢（1Cr18Ni9Ti），试样尺寸为直径 $\phi52mm\times1.2mm$，18-8 奥氏体钢的化学成分及热物理性能见表 3.8。18-8 钢的显微组织是 γ 奥氏体＋少量 δ-铁素体，如图 3.23 所示。

表 3.8　18-8 钢的化学成分及热物理性能

化学成分(质量分数)/%								
元素	C	Mn	Si	Cr	Ni	Ti	S	P
实测值	0.11	2.0	0.8	18	9.5	0.6	0.03	0.03
GB/T 4237—2007	≤0.12	≤2.0	≤1.0	17.0~19.0	8.0~11.0	5(C-0.02)~0.8	≤0.03	≤0.035

热物理性能							
密度/(g/cm³)	比热容/[J/(g·K)]	热导率/[W/(m·K)]	线胀系数/10⁻⁶K⁻¹	电阻率/10⁻⁶Ω·cm	抗拉强度 σ_b/MPa	伸长率 δ_5/%	硬度(HRB)
8030	0.50	16.0	16.7	74	520	40	70

图 3.23　18-8 奥氏体钢的显微组织

Al_2O_3-TiC 复合陶瓷与 18-8 钢扩散连接的工艺参数为：加热温度为 $1090\sim1170℃$，保温时间为 $45\sim60min$，压力为 $10\sim20MPa$，真空度为 $1.33\times10^{-4}\sim1.33\times10^{-5}Pa$。

3.3.1 Al_2O_3-TiC/18-8 钢扩散连接的界面特征和显微硬度

从 Al_2O_3-TiC 复合陶瓷与 18-8 钢扩散连接接头的组织形貌可以看出，界面

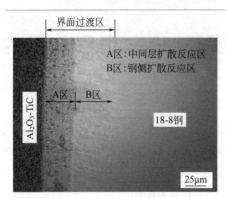

图 3.24 Al_2O_3-TiC/钢扩散焊界面
过渡区示意

两侧基体 Al_2O_3-TiC 和 18-8 钢之间存在扩散界面过渡区，如图 3.24 所示。很明显的是，Al_2O_3-TiC/18-8 钢扩散连接接头存在两个明显的界面过渡区，界面过渡区可划分为 2 个区域：中间层扩散反应区和 18-8 钢侧扩散反应区。

① 中间层扩散反应区：由 Ti-Cu-Ti 中间层中的元素与扩散进入该区的两侧基体元素扩散反应形成（A 区）。

② 18-8 钢侧扩散反应区：位于 18-8 钢基体内，为中间层中的 Ti 元素扩散进入 18-8 钢基体内一定距离并与钢中的元素扩散反应形成的区域（B 区）。

为了判定 Al_2O_3-TiC/18-8 钢扩散焊接头的组织与性能，对相同保温时间（60min），不同加热温度 1140℃、1150℃下获得的 Al_2O_3-TiC/18-8 钢扩散焊界面附近进行显微硬度测试，显微硬度测定点位置和显微硬度分布如图 3.25 和图 3.26 所示，其中横坐标为垂直于界面方向。

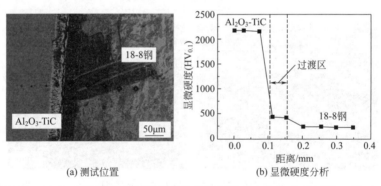

(a) 测试位置　　　　　　　(b) 显微硬度分析

图 3.25 Al_2O_3-TiC/18-8 钢扩散焊接头区的显微硬度分布（1140℃×60min）

显微硬度测定结果表明，在相同保温时间（60min），不同加热温度 1140℃、1150℃下获得的 Al_2O_3-TiC/18-8 钢扩散界面附近区域的显微硬度具有相似的变化规律，即界面过渡区的显微硬度远远低于 Al_2O_3-TiC 陶瓷，略高于 18-8 不锈钢的显微硬度。

表 3.9 示出 Al_2O_3-TiC/18-8 钢扩散焊界面过渡区在不同加热温度下的显微硬度变化。可见，加热温度为 1150℃时，中间层反应区及 18-8 钢侧反应区的显

微硬度值均高于 1140℃时的显微硬度值。随着扩散焊加热温度的升高，界面扩散反应加剧，脆性金属间化合物易于生成。

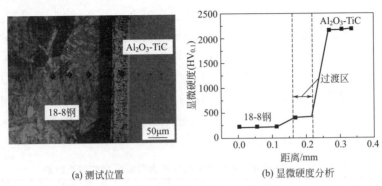

(a) 测试位置　　　　　　　(b) 显微硬度分析

图 3.26　Al_2O_3-TiC/18-8 钢扩散焊接头区的显微硬度分布（1150℃×60min）

表 3.9　Al_2O_3-TiC/18-8 钢扩散焊界面过渡区的显微硬度

反应层	不同加热温度下的显微硬度（$HV_{0.1}$）	
	1140℃	1150℃
中间层反应区	441	452
18-8 钢侧反应区	421	428
显微硬度均值	431	440

3.3.2　Al_2O_3-TiC/18-8 钢扩散连接界面的剪切强度

采用线切割方法从 Al_2O_3-TiC/18-8 钢扩散焊接头位置切取 10mm×10mm×8.2mm 的试样（每个工艺参数下切取 2 个试样），切取下的试样表面经磨制后在微机屏显液压万能试验机上进行剪切试验，剪切试验过程中载荷-位移关系曲线如图 3.27 所示。Al_2O_3-TiC/18-8 钢接头剪切强度的测试和计算结果见表 3.10。

与 Al_2O_3-TiC/Q235 钢扩散焊接头剪切试验过程中的载荷-位移曲线图相似，Al_2O_3-TiC/18-8 钢扩散焊接头剪切过程中的载荷-位移曲线图也表现为典型的陶瓷体脆性断裂特征，断裂

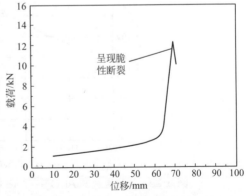

图 3.27　Al_2O_3-TiC/18-8 钢接头剪切过程中载荷与位移的关系

前载荷与位移保持良好的线性关系，断裂后载荷曲线突然下降。

Al_2O_3-TiC/18-8 钢扩散焊界面剪切试验结果表明（表 3.10），加热温度由 1090℃升高至 1130℃，Al_2O_3-TiC/18-8 钢扩散焊接头剪切强度由 85MPa 升高至 125MPa，如图 3.28 所示。这是由于随着加热温度的升高，Al_2O_3-TiC/18-8 钢扩散焊界面元素的扩散反应更为充分，Al_2O_3-TiC 与 18-8 钢界面之间的冶金扩散结合更紧密，Al_2O_3-TiC/18-8 钢接头结合强度升高。而后当加热温度由 1130℃继续升高至 1170℃时，Al_2O_3-TiC/18-8 钢扩散焊接头剪切强度反而降低至 88MPa。这是由于加热温度过高，Al_2O_3-TiC/18-8 钢界面过渡区内组织粗化使界面结合强度降低，Al_2O_3-TiC/18-8 钢扩散界面过渡区内生成脆性化合物（如 Fe-Ti 相）使接头塑性降低。

表 3.10　Al_2O_3-TiC/18-8 钢扩散焊界面剪切强度的试验结果

编号	工艺参数 （$T \times t, p$）	剪切面尺寸 /mm	最大载荷 F_{max}/kN	剪切强度 σ_τ/MPa	平均剪切强度 $\bar{\sigma}_\tau$/MPa	断裂位置
1	1090℃×60min,15MPa	10×10	8.2	82	85	界面断裂
2	1090℃×60min,15MPa	10×10	8.8	88		
3	1110℃×60min,15MPa	10×10	9.7	97	101	Ⅰ型混合断裂
4	1110℃×60min,15MPa	10×10	10.5	105		
5	1130℃×60min,15MPa	10×10	12.2	122	125	Ⅱ型混合断裂
6	1130℃×60min,15MPa	10×10	12.8	128		
7	1150℃×45min,15MPa	10×10	11.3	113	116	Ⅰ型混合断裂
8	1150℃×45min,15MPa	10×10	11.9	119		
9	1170℃×45min,15MPa	10×10	8.2	82	88	陶瓷断裂
10	1170℃×45min,15MPa	10×10	9.4	94		

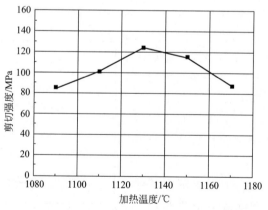

图 3.28　加热温度对 Al_2O_3-TiC/18-8 钢扩散焊界面剪切强度的影响

Al_2O_3-TiC/18-8 钢扩散焊接头剪切强度分析结果表明，加热温度控制在

1130～1150℃，保温时间为 45～60min，焊接压力为 12～15MPa，Al_2O_3-TiC 复合陶瓷与 18-8 钢扩散焊能够获得剪切强度较高的连接接头。

3.3.3 Al_2O_3-TiC/18-8 钢扩散连接的显微组织

(1) 显微组织特征

采用光学显微镜（OM）对 Al_2O_3-TiC/18-8 钢扩散焊接头的显微组织进行观察。图 3.29 示出 Al_2O_3-TiC/18-8 钢扩散焊界面过渡区的显微组织特征，图 3.29(a) 所示是腐蚀前 Al_2O_3-TiC/18-8 钢扩散焊接头区的组织特征。采用王水溶液（HCl：HNO_3＝3：1）对 Al_2O_3-TiC/18-8 钢扩散焊接头金相试样进行腐蚀，腐蚀后的 Al_2O_3-TiC/18-8 钢扩散焊界面及过渡区的组织形态如图 3.29(b) 所示。

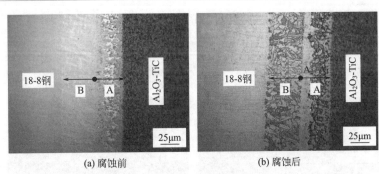

(a) 腐蚀前　　　　　　　　　　(b) 腐蚀后

图 3.29　Al_2O_3-TiC/18-8 钢扩散焊界面过渡区的显微组织特征

分析表明，Al_2O_3-TiC/18-8 钢扩散焊过程中，基体中的元素不断向界面扩散，Ti-Cu-Ti 中间层中的元素一边相互扩散，一边向两侧基体中扩散。达到一定条件时，元素间发生扩散反应，形成组织特征不同于两侧基体的界面过渡区。Al_2O_3-TiC 复合陶瓷与 18-8 钢之间的界面过渡区由两个区域组成：中间层扩散反应区 A（可进一步划分为 A_1、A_2 两小区）和 18-8 钢侧扩散反应区 B，见图 3.29。可以看出，A 区与 B 区之间存在明显界限，并且与两侧基体之间的界面同样也平直、连续，未见显微孔洞、裂纹等缺陷，界面结合良好。

A 区为 Ti-Cu-Ti 中间层中的元素与扩散而来的两侧基体元素扩散反应形成的。A 区腐蚀前 [图 3.29(a)] 的组织中明显可见类似金属铜的颜色，可能为反应剩余的 Cu（以 α-Cu 的形式存在）或是 Cu 与其他元素形成的化合物。由 A 区腐蚀后 [图 3.29(b)] 的显微组织可以看出，A_1 区的大部分区域（类似铜色区域）在王水的腐蚀下颜色发生了变化，而 A_1 区其他区域（除类似铜色以外的区域）及 A_2 区在腐蚀前后变化不大。

B区为 Ti-Cu-Ti 中间层中的 Ti 元素扩散进入 18-8 钢基体中，与 18-8 钢基体元素扩散反应形成的区域。腐蚀前［图 3.29(a)］的显微组织中可见析出相的形貌。腐蚀后的组织可见细小均匀的粒状组织分布在基体组织中，而不规则的块状组织分布在基体组织上。

（2）纵截面显微组织

为进一步观察和分析 Al_2O_3-TiC/18-8 钢扩散焊界面过渡区的显微组织特征，采用图 3.6 所示的方法对试样进行切割和打磨，对 Al_2O_3-TiC/18-8 钢接头沿平行于界面方向从 18-8 钢侧向 Al_2O_3-TiC 陶瓷侧逐层打磨，逐层观察 Al_2O_3-TiC/18-8 钢界面过渡区的显微组织，如图 3.30 所示（A区为中间层反应区，B区为钢侧反应区），a层紧邻 Al_2O_3-TiC 陶瓷，f层紧邻 18-8 钢，显微组织如图 3.31 所示，其中标注"腐蚀"的为采用王水溶液腐蚀，标注"$HCl+HNO_3+CH_3COOH$ 腐蚀"为采用盐酸、硝酸和冰醋酸的混合溶液（$HCl：HNO_3：CH_3COOH=1：3：4$）腐蚀的形貌、未标注这些文字的为经抛光处理后的组织形貌。

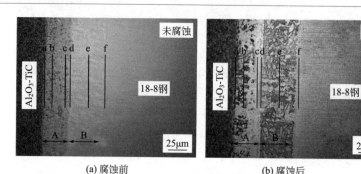

(a) 腐蚀前　　　　　　　　　　(b) 腐蚀后

图 3.30　Al_2O_3-TiC/18-8 钢界面过渡区逐层组织分析

a层紧邻 Al_2O_3-TiC 陶瓷，浅灰色基体上分布着细小弥散的颗粒状组织，可能为 Ti 扩散至 Al_2O_3-TiC 表面与 Al_2O_3 反应生成的 Ti 的氧化物，反应产生的 Al 离子溶解在 Cu-Ti 液相中。可见少量点状浅铜色，表明 Cu 扩散至 Al_2O_3-TiC 陶瓷界面附近。

b层位于中间层反应区（A区），b层显微组织由形态不同的组织组成：边界圆滑的灰色组织分布于浅铜色基体组织上，小球状紫铜色组织分布于灰色及浅铜色组织上。腐蚀后各种组织的周界更清晰。b层组织的形成主要是中间层中的元素 Ti、Cu 与来自两侧基体的元素（Al_2O_3-TiC 中的少量 Al、O 及 18-8 钢中的 Fe、Cr、Ni）扩散反应的结果。

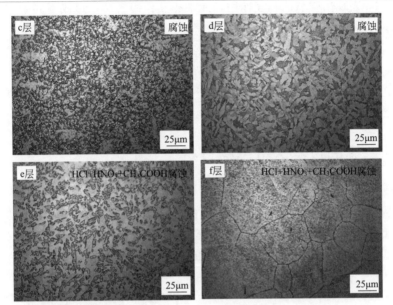

图 3.31 Al$_2$O$_3$-TiC/18-8 钢界面过渡区逐层组织分析（c～f层）

c 层也位于中间层反应区，与 b 层的组织形态明显不同，为灰色基体上弥散分布着颗粒状组织。c 层的灰色基体与 b 层边界圆滑的灰色组织相似，结果表明，两者的耐蚀性均优于 a 层的其他组织及 18-8 钢侧过渡区（B 区），经王水腐蚀后边界更清晰。电子探针（EPMA）分析表明，c 层主要是中间层中的元素 Ti 与来自 18-8 钢的元素 Cr、Ni、Fe 扩散反应的结果。

d 层位于中间层反应区（A 区）与 18-8 钢侧反应区（B 区）的交界面上，即 d 层为 18-8 钢的原始表面。d 层的细小弥散颗粒状组织与 c 层相同，但其灰色基体上分布有白色块状组织，白色块状组织与 B 区相同。也就是说 d 层呈现了 Ti-Cu-Ti 中间层与 18-8 钢扩散连接的界面特征。

e 层代表 18-8 钢侧反应区（B 区）的组织形貌，白色小块状组织均匀分布于灰色基体中（未腐蚀），经王水腐蚀后，原来的白色小块状组织变为黑灰色，同时，原来的灰色基体变为白色，表现为如图 3.31 中 e 层所示的组织形貌。经王水腐蚀过的 e 层组织再进行一次王水腐蚀（二次腐蚀），隐约可见晶粒边界，且有少量晶界析出相。采用盐酸、硝酸和冰醋酸的混合溶液对 e 层组织进行腐蚀发现，e 层还存在另一种组织呈条状或块状均匀分布于基体中，原来的灰色基体变为浅灰色，白色小块状组织变为亮白色，即 e 层的组织形貌为白色小块状组织与条块状组织均匀分布于基体中。电子探针（EPMA）分析表明，e 层即 18-8 钢侧反应区主要是中间层元素 Ti 扩散至 18-8 钢中，Ti 作为活性元素与 18-8 钢中的

Fe、Cr、Ni 表现出强烈的相互作用，元素相互作用的结果形成不同于 18-8 钢基体的组织形貌。

f 层位于 18-8 钢侧反应区（B 区）前沿与未发生变化的 18-8 钢组织紧邻。f 层隐约可见细小点状组织，并在晶粒边界聚集。f 层是 Ti 向 18-8 钢扩散的末梢，由于扩散至 f 层的 Ti 量较少，少量的 Ti 主要在晶粒边界聚集，因为晶界是快速扩散的通道。

3.3.4 界面过渡区析出相分析

Al_2O_3-TiC/18-8 钢扩散焊界面过渡区的背散射电子像如图 3.32 和图 3.33 所示。界面过渡区与两侧基体具有不同的背散射电子像。对中间层反应区（A 区）进行了点成分分析，波谱（图 3.32 的测点 1、2、3、4）及能谱（图 3.33 的 a、b、c、d、e 点）点成分分析位置如图所示。

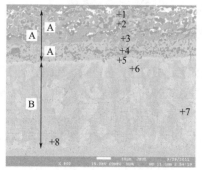

图 3.32 Al_2O_3-TiC/18-8 钢扩散焊界面过渡区的背散射电子像（一）

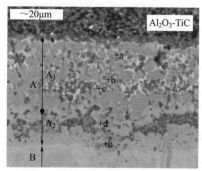

图 3.33 Al_2O_3-TiC/18-8 钢扩散焊界面过渡区的背散射电子像（二）

紧邻 Al_2O_3-TiC 陶瓷的 A_1 区，根据背散射电子像形貌的不同，共由四种组织组成：大面积深灰色组织（图 3.32 的测点 1），黑色颗粒状组织（图 3.32 的测点 2），白色组织（图 3.33 的 b 点），灰色组织（图 3.32 的测点 3）。界面相成分的能谱分析结果见表 3.11。

大面积深灰色组织（图 3.32 的测点 1）主要含有 Ti、Fe、Ni 及少量的 Cr、Cu 等，能谱分析表明，该深灰色组织中含有一定量的 O 元素。其中，Ti 来自于 Ti-Cu-Ti 中间层，Fe、Ni、Cr 来自于 18-8 钢基体，表明扩散焊过程中 18-8 钢基体元素发生溶解并扩散进入中间层中的 Cu-Ti 液相内，随液相扩散至陶瓷基体附近。O 来自于 Al_2O_3-TiC 陶瓷，表明活性元素 Ti "夺取"了 Al_2O_3-TiC 陶瓷中的 O 并与 O 结合形成相应的反应产物保留在中间层反应区内。经分析，A 区内深灰色组织为 Ti 的氧化物、Fe-Ti-O 化合物、Ni-Ti-O 化合物、Ti 与 Ni、Cr、Cu 等的化合物。

表 3.11　界面相成分的能谱分析（原子分数）　　　　　　％

位置	C	O	Al	Ti	Cu	Ni	Cr	Fe	总计
a	—	60.82	0.59	27.90	2.71	4.40	2.91	余量	100
b	—	14.34	4.95	8.09	68.46	2.34	1.03	余量	100
c	42.40	—	—	54.88	2.35	—	—	0.37	100
d	46.58	—	—	48.70	1.30	0.40	0.45	2.57	100
e	—	—	0.98	34.31	—	—	7.83	56.88	100

黑色颗粒状组织（图 3.32 的测点 2）主要含有 Ti、C，黑色粒状组织为 TiC。白色组织（图 3.33 的 b 点）主要含有 Cu、O、Ti 及少量的 Al、Ni、Cr，很可能是以 α-Cu 形式存在的残余的 Cu、Cu-Ti 及 Cu-Ti-O 化合物等。灰色组织（图 3.32 的测点 3）主要含有 Fe、Ti、Cr、Ni 及少量其他元素。可能形成 Cr、Ni 在 Fe 中的 γ 固溶体以及 Ti-Cr、Ti-Ni 等的化合物。

A_2 区与 18-8 钢表面相邻，灰色基体组织上分布着黑色颗粒状组织，A_2 区的大多数黑色粒状组织比 A_1 区的颗粒小，也可见少数块状黑色组织分布其中。能谱分析表明，该细小黑色粒状组织（图 3.33 的 d 点）与 A_1 区的黑色粒状组织相同也主要含有 Ti 和 C，Ti 和 C 的原子含量比值接近为 1∶1，因此黑色粒状组织为 TiC 相。A_2 区的黑色颗粒状组织呈带状聚集在 A_2 区的灰色基体组织上。分析认为，A_1 区及 A_2 区析出的 TiC 相与 Al_2O_3-TiC 陶瓷中的增强相 TiC 无关，中间层反应区析出的 TiC 相为中间层中的元素 Ti 与 18-8 钢基体中的 C 扩散进入中间层反应区结合而成，Ti 为强碳化物形成元素，扩散焊加热条件下，Ti 易于与 C 结合形成 TiC。

A_2 区的灰色基体组织（图 3.32 的测点 4）与 A_1 区的灰色组织（图 3.32 的测点 3）的背散射电子像形貌相似。测点 4 与测点 3 比较，其主要元素 Ti、Ni 含量略低，Fe、Cr 含量略高，可能为 Cr、Ni 在 Fe 中的 γ 固溶体以及 Ti-Cr、Ti-Ni 等的化合物，只是各组成相含量略有不同。

可见，中间层反应区内，除 TiC 相外，其他析出相中 Ni 含量较高，接近、甚至超过 18-8 钢母材的 Ni 含量，而中间层反应区内析出相的 Cr 含量远低于 18-8 钢母材。由 Cu-Ni 相图可知，Cu、Ni 间无论在液态还是在固态中均无限互溶。扩散焊过程中，一旦出现 Cu-Ti 液相，Ni 便易于溶解在 Cu-Ti 液相中，并随液相扩散至整个中间层反应区。

18-8 钢侧扩散反应区（B 区）实际上是 18-8 钢基体元素扩散"流失"进入中间层反应区的，中间层中的 Ti 元素扩散进入 18-8 钢基体内形成的区域。根据背散射电子像形貌的不同（成分像灰度不同），主要含有四种组织（图 3.32 的测点5、6、7、8）。测点5组织与中间层反应区紧邻，测点6代表18-8钢侧反应区中灰度较暗的组织，测点7代表18-8钢侧反应区中成分像灰度最暗的组织，测点8代表18-8钢侧反应区中亮白色的组织。

测点5、测点7所含元素种类相同，主要含有Fe、Cr、Ti、Ni，各元素含量相差不大。测点6主要含有Fe、Cr、Ni，与18-8钢母材成分接近。测点8主要含有Fe、Cr，其Ni含量低于母材。测点5和7的Ti含量高于测点6和8。18-8钢侧反应区背散射电子像不同的各种组织，其Fe含量均较高，接近18-8钢母材的Fe含量，各种析出相（Fe-Ti、Cr-Ti、Ni-Ti）分布在γ-Fe基体上。

3.3.5　工艺参数对 Al_2O_3-TiC/18-8 钢扩散界面组织的影响

（1）加热温度的影响

加热温度对扩散过程的影响显著，加热温度的微小变化会使扩散速度产生较大的变化。在 Al_2O_3-TiC/钢扩散焊加热过程中，伴随着一系列物理、化学、力学和冶金方面的变化，这些变化直接或间接地影响 Al_2O_3-TiC/钢扩散焊过程及接头质量。

不同加热温度时的 Al_2O_3-TiC/18-8 钢扩散焊界面过渡区的显微组织特征如图 3.34 所示。由图可见，对于 Al_2O_3-TiC/18-8 钢扩散焊接头，保温时间（45min）

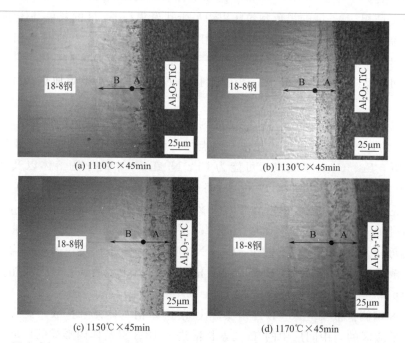

(a) 1110℃×45min

(b) 1130℃×45min

(c) 1150℃×45min

(d) 1170℃×45min

图 3.34　不同加热温度时 Al_2O_3-TiC/18-8 钢扩散焊界面过渡区的显微组织

和连接压力（$p=12\text{MPa}$）相同时，随着加热温度的升高，Al_2O_3-TiC/18-8 钢扩散焊界面过渡区宽度逐渐增加。加热温度为 1110℃时，中间层反应区内明显可见元素扩散不均匀、界面反应不充分，界面过渡区较窄。随着加热温度的升高，元素扩散均匀且反应充分，界面过渡区的宽度增加，特别是中间层反应区的宽度增加较明显。当加热温度升高至 1170℃时，由于温度较高，元素的扩散速度及反应程度都加剧，使界面过渡区进一步增宽。

根据实测结果得到的加热温度对 Al_2O_3-TiC/18-8 钢扩散连接界面过渡区宽度的影响，如图 3.35 所示。当加热温度为 1090℃时，Al_2O_3-TiC/18-8 钢扩散连接界面过渡区宽度为 73μm；当加热温度升高至 1170℃时，Al_2O_3-TiC/18-8 钢扩散连接界面过渡区宽度增加至 109μm。

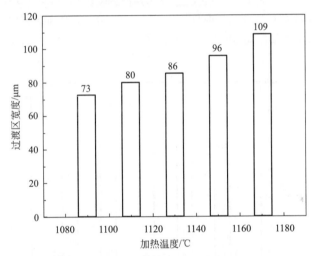

图 3.35　加热温度对 Al_2O_3-TiC/18-8 钢扩散焊界面过渡区宽度的影响

（2）保温时间和压力的影响

加热温度为 1150℃时，在不同保温时间和焊接压力下，Al_2O_3-TiC/18-8 钢扩散焊界面过渡区组织特征见图 3.36。加热温度为 1150℃，保温时间较短（30min）时，Al_2O_3-TiC/18-8 钢中间层反应区内明显可见元素扩散不均匀，见图 3.36(a)。这是由于保温时间较短、压力较小时，Al_2O_3-TiC/18-8 钢扩散焊界面微观接触面积较小，处于热激活状态的原子数目少，元素扩散的距离较短，界面反应不充分。

实测结果得到的保温时间对 Al_2O_3-TiC/18-8 钢扩散焊界面过渡区宽度的影响如图 3.37 所示。试验表明，保温时间不宜过长，若保温时间太长，则 Al_2O_3-TiC/18-8 钢扩散焊界面附近组织容易粗化；且界面反应程度加剧，易生成大量的脆性析出物或化合物，导致接头脆化。因此，Al_2O_3-TiC/18-8 钢扩散焊应控制保温时间，既保证能够获得具有一定宽度的扩散焊界面过渡区，又不能使界面过渡区组织析出脆化。

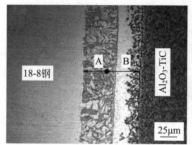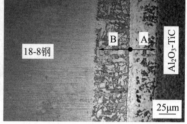

(a) 1150℃×30min，p=10MPa　　　　　　(b) 1150℃×45min，p=12MPa

图 3.36　不同保温时间和压力下 Al_2O_3-TiC/18-8 钢扩散焊界面过渡区的显微组织

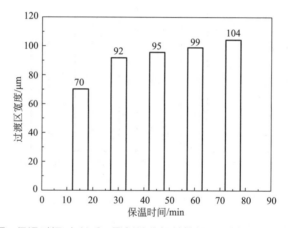

图 3.37　保温时间对 Al_2O_3-TiC/18-8 钢扩散焊界面过渡区宽度的影响

3.4　Al_2O_3-TiC 复合陶瓷与 W18Cr4V 高速钢的扩散连接

3.4.1　扩散工艺特点及试样制备

W18Cr4V 属钨系通用高速钢，具有很高的抗弯强度、热硬性和耐磨性，可用于制造各种切削刀具，例如车刀、刨刀、铣刀等，不适宜制造大截面和热塑成型刀具。W18Cr4V 高速钢的化学成分、热物理性能及力学性能见表 3.12。W18Cr4V 钢显微组织由回火马氏体、少量残余奥氏体和白色碳化物颗粒等组成，如图 3.38 所示。

表 3.12 W18Cr4V 高速钢的化学成分、热物理性能及力学性能

化学成分(质量分数)/%								
C	W	Mo	Cr	V	Si	Mn	S	P
0.70~0.80	17.5~19.0	≤0.30	3.80~4.40	1.00~1.40	0.20~0.40	0.10~0.40	≤0.030	≤0.030

热物理性能和力学性能							
密度 /(g/cm³)	热导率 /[W/(m·K)]	线胀系数 /10^{-6}K^{-1}	硬度 HRC	冲击韧性 /(J/cm²)	泊松比	抗弯强度 /MPa	弹性模量 /GPa
8.70	27.21	10.4	63~66	30~35	0.3	2500~3500	225~230

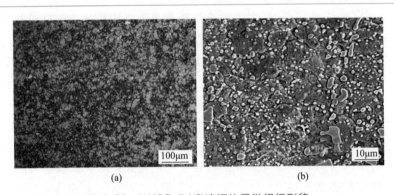

(a)　　　　　　　　　　(b)

图 3.38　W18Cr4V 高速钢的显微组织形貌

Al$_2$O$_3$-TiC 复合陶瓷与 W18Cr4V 钢的扩散连接中，一个重要的工艺措施就是使用活性中间层，一来润湿陶瓷、控制界面反应，二来减缓因陶瓷与钢的物理、力学性能差异而引起的应力。Al$_2$O$_3$-TiC/W18Cr4V 扩散连接时，选用 Ti-Cu-Ti 中间层。其中的 Ti 是活性金属，可以很好地润湿 Al$_2$O$_3$-TiC 陶瓷和 W18Cr4V 钢，在连接过程中与母材反应形成反应层。中间层中的 Cu 是软金属，塑性好，屈服强度较低，可以通过塑性变形和蠕变变形来缓解接头中的应力。

Ti-Cu-Ti 中间层中 Ti 层和 Cu 层的厚度对扩散焊接头的性能有很大影响。Ti 层太薄，不能与 Al$_2$O$_3$-TiC 陶瓷和 W18Cr4V 钢充分反应，形成连续的反应层，接头容易从界面处断开；Ti 层太厚，会在连接过程中形成过厚的包含 TiC、Ti$_3$Al、TiO 等反应产物的反应层，硬度高、脆性大，使连接过程界面的应力增大，也会降低接头的强度。

使用加 Cu 的中间层与单纯使用 Ti 中间层相比可以降低接头的应力。Cu 层厚度越大，应力下降越明显。但 Cu 层过大时，形成的界面过渡区主要是 Cu 的固溶体组织，强度较低，也会使 Al_2O_3-TiC/W18Cr4V 扩散连接接头强度降低。

加热温度为 1130℃、连接时间为 45min、连接压力为 15MPa 时，使用 Ti-Cu-Ti 中间层，可获得剪切强度为 154MPa 的 Al_2O_3-TiC/W18Cr4V 扩散连接接头，剪切断裂呈混合断裂。

采用 Ti-Cu-Ti 中间层进行 Al_2O_3-TiC/W18Cr4V 钢的扩散连接。中间层材料是 Cu 箔和 Ti 粉，纯度均在 99.9% 以上，其中 Cu 箔厚 $60\sim100\mu m$，Ti 粉粒度为 $200\sim250$ 目。根据 Cu-Ti 二元合金相图，Cu-Ti 二元合金的最低共晶温度为 875℃，根据扩散连接的特性及 Al_2O_3-TiC 陶瓷和 W18Cr4V 钢的性质，选择 1130℃ 作为基准连接温度。扩散连接工艺参数范围：加热温度为 $1080\sim1160$℃，保温时间为 $30\sim60$min，压力为 $10\sim20$MPa，真空度为 $1.33\times10^{-4}\sim1.33\times10^{-5}$Pa。

对 Al_2O_3-TiC/W18Cr4V 扩散接头性能和界面组织结构进行试验分析，先切取和制备试样。将线切割切取的扩散连接试样用金刚石砂轮打磨掉尖角和毛刺，从粗到细用不同粒度的金相砂纸打磨。由于 Al_2O_3-TiC 复合陶瓷的硬度远大于 W18Cr4V 钢的硬度，试样磨制过程中易导致试样两侧高度不平，影响金相组织的观察。试样磨平过程中，注意采用合适的力度，垂直界面方向磨制。

试样在金相砂纸上磨完之后，放到抛光机上用 Cr_2O_3 抛光粉溶液进行抛光处理，直到表面光洁、无划痕为止。Al_2O_3-TiC/W18Cr4V 钢扩散连接界面组织的特征，与中间层材料所含元素及扩散连接工艺有关，影响扩散接头的性能。用 Ti-Cu-Ti 中间层扩散连接 Al_2O_3-TiC 复合陶瓷与 W18Cr4V 高速钢时，Ti-Cu-Ti 中间层将熔化形成液相与两侧母材反应，形成组织性能不同于被连接材料的界面结构。

3.4.2　Al_2O_3-TiC/W18Cr4V 钢扩散连接的界面特征

用光学显微镜和扫描电镜（SEM）观察 Al_2O_3-TiC/W18Cr4V 扩散界面附近的显微组织特征。图 3.39 示出金相显微镜下观察到的 Al_2O_3-TiC 与 W18Cr4V 扩散连接接头组织结构特征。由图可见，加热温度为 1130℃、连接时间为 45min、连接压力为 20MPa 时，Al_2O_3-TiC 复合陶瓷与 W18Cr4V 钢扩散连接界面处结合紧密，未出现结合不良、空洞等缺陷。Al_2O_3-TiC 与 W18Cr4V 之间的 Ti-Cu-Ti 中间层已完全熔化，并形成了组织明显不同于两侧母材的反应层。靠近 Al_2O_3-TiC 陶瓷侧的反应层边缘比较平直，而靠近 W18Cr4V 钢侧的界面略有起伏，这可能是 W18Cr4V 钢表面不平整或连接前中间层 Ti 粉铺得不均匀引起的。

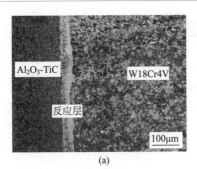 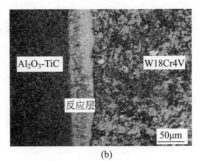

(a)　　　　　　　　　　　　(b)

图 3.39　Al_2O_3-TiC/W18Cr4V 扩散连接界面附近的组织特征

（1130℃ × 45min，　p= 20MPa）

3.4.3　Al_2O_3-TiC/W18Cr4V 扩散连接界面的剪切强度

对不同工艺参数下获得的 Al_2O_3-TiC/W18Cr4V 扩散接头，采用线切割方法从扩散界面位置切取剪切试样。试样表面经磨制后用专用夹具夹持在 WEW-600t 微机屏显液压万能实验机上进行剪切试验。剪切试验过程的开始阶段，随着载荷的增大位移呈线性增加，当载荷达到最大值后迅速降低，接头迅速发生断裂，表明接头的塑性变形很小，接头发生了脆性断裂。

Al_2O_3-TiC/W18Cr4V 扩散连接界面剪切强度测试结果见表 3.13。加热温度从 1080℃ 上升到 1130℃，连接压力从 10MPa 提高到 15MPa，Al_2O_3-TiC/W18Cr4V 扩散连接界面剪切强度从 95MPa 增加到 154MPa。这是由于随着加热温度的提高，中间层与两侧母材的反应更充分，界面附近形成了良好的冶金结合。压力增大可以使界面接触更紧密，为元素扩散提供更多通道。但是当加热温度升高到 1160℃ 时，Al_2O_3-TiC/W18Cr4V 扩散连接界面剪切强度反而开始降低，剪切强度为 141MPa。这是由于温度过高时，界面反应形成了较厚的 TiC 反应层，从而降低了接头的强度。

表 3.13　Al_2O_3-TiC/W18Cr4V 扩散连接界面剪切强度

连接工艺参数 （$T \times t, p$）	剪切面尺寸 /mm	最大平均载荷 /kN	剪切强度 /MPa
1080℃×45min,10MPa	10×10	9.53	95
1100℃×45min,10MPa	12×10	14.57	121
1130℃×45min,15MPa	10×10	15.40	154
1160℃×45min,15MPa	10×10	14.10	141

3.4.4　工艺参数对界面过渡区组织的影响

扩散连接过程中，工艺参数（连接温度、保温时间、连接压力等）是决定 Al_2O_3-TiC/W18Cr4V 界面过渡区组织性能的关键因素。为获得界面结合良好的 Al_2O_3-TiC/W18Cr4V 扩散连接接头，采用不同工艺参数对 Al_2O_3-TiC 陶瓷与 W18Cr4V 钢进行了扩散连接工艺性试验，用金相显微镜和扫描电镜（SEM）观察和分析界面组织特征。

（1）连接温度的影响

连接温度 T 是扩散连接最主要的工艺参数，决定了元素的扩散和界面反应的程度。图 3.40 示出不同加热温度时 Al_2O_3-TiC/W18Cr4V 扩散界面过渡区的显微组织特征。由图可见，加热温度越高，界面反应越充分，Al_2O_3-TiC/W18Cr4V 界面过渡区的宽度逐渐增加，界面过渡区组织逐渐粗化。

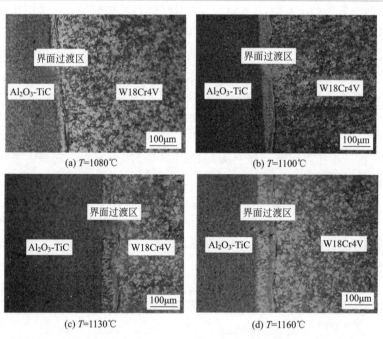

图 3.40　不同加热温度时 Al_2O_3-TiC/W18Cr4V 界面过渡区的显微组织

保温时间相同（$t=45min$），不同加热温度时 Al_2O_3-TiC/W18Cr4V 界面过渡区宽度的实测值列于表 3.14。由表可见，加热温度为 1080℃时，Al_2O_3-TiC/W18Cr4V 扩散连接界面过渡区的宽度约为 $32\mu m$，加热温度升高到 1160℃时，界面过渡区宽度增加到 $72\mu m$。根据实测结果得到的加热温度对 Al_2O_3-TiC/W18Cr4V 界面过渡区宽度的影响如图 3.41 所示。

表 3.14 不同加热温度时 Al_2O_3-TiC/W18Cr4V 界面过渡区的宽度 $(t=45min)$

加热温度/℃	1080	1100	1130	1160
宽度/μm	32	42	57	72

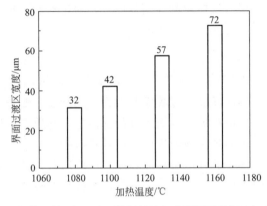

图 3.41 加热温度对 Al_2O_3-TiC/W18Cr4V 界面过渡区宽度的影响

根据实测结果可以预见，继续提高加热温度，Al_2O_3-TiC/W18Cr4V 扩散连接界面过渡区的宽度还会增加（图 3.41）。但是，加热温度过高将导致扩散连接界面附近的组织粗化，对扩散连接接头的组织和力学性能有不利的影响。因此，对加热温度应加以限制。

（2）保温时间和连接压力的影响

元素扩散距离与扩散时间的平方根成正比，即符合抛物线规律。因此，保温时间越长，元素扩散距离越大。保温时间为 30min、连接压力为 10MPa 时，元素的扩散距离很短，扩散反应也不充分，Ti 主要在两侧母材与中间层的界面处发生聚集，在界面过渡区内分布不均匀。保温时间为 60min、连接压力为 15MPa 时，元素的扩散距离大大提高，元素反应更充分，在 Al_2O_3-TiC/W18Cr4V 扩散连接界面处形成了组织均匀的界面过渡区，Ti 在母材和界面过渡区界面处的聚集已不明显。

连接压力对 Al_2O_3-TiC/W18Cr4V 界面过渡区组织的影响，在扩散连接的初期，主要表现为促进界面间的紧密接触；在扩散连接 Ti-Cu-Ti 中间层熔化形成液相后，主要是提高 Cu-Ti 液相对 Al_2O_3-TiC 陶瓷和 W18Cr4V 母材的润湿性和促进界面扩散，使中间层与两侧母材达到原子级接触，形成大量的扩散通道。因此，为了促进界面扩散应适当增加连接压力。

3.4.5　Al_2O_3-TiC/W18Cr4V 扩散界面裂纹扩展及断裂特征

Al_2O_3-TiC 复合陶瓷与 W18Cr4V 高速钢之间存在本质上的差别，Al_2O_3-TiC/W18Cr4V 界面附近存在较大的应力，会影响扩散接头的结合强度，严重时会导致接头产生裂纹或断裂。接头的断裂可能发生在母材与反应层的界面、反应层中、母材中或反应层与反应层的界面等位置。通过对裂纹扩展路径及断裂的分析可判明扩散接头各区之间的结合性能。

（1）扩散界面的裂纹扩展

通过对 Al_2O_3-TiC/钢扩散焊接头剪切断裂断口分析发现，Al_2O_3-TiC/钢扩散连接结构的断裂以界面断裂和近界面断裂为主，断裂一般是从界面开始萌生裂纹，裂纹沿着界面扩展或扩展到界面附近的基体中而导致结构破坏；或裂纹在近界面部位萌生，沿近界面扩展或向界面扩展导致破断。

陶瓷与金属连接接头的强度由界面强度（反应层对陶瓷的附着强度）和冷却过程中产生的残余应力共同决定。研究发现，扩散焊接头的剪切强度和剪切断裂位置与裂纹扩展的路径有关。按裂纹扩展路径，Al_2O_3-TiC/W18Cr4V 接头的断裂形式大致可分为四类：

① 界面断裂：接头断裂于 Al_2O_3-TiC/W18Cr4V 界面，见图 3.42(a)。

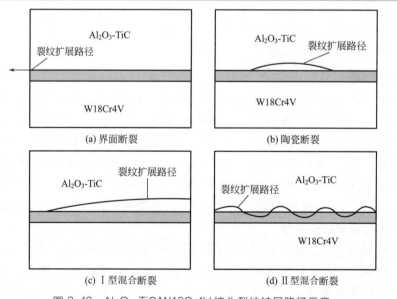

图 3.42　Al_2O_3-TiC/W18Cr4V 接头裂纹扩展路径示意

② 陶瓷（基体）断裂：断裂从界面处开始，呈弧线状向 Al_2O_3-TiC 陶瓷侧断裂，然后又回到 Al_2O_3-TiC/W18Cr4V 界面，见图 3.42(b)。

③ Ⅰ型混合断裂（近界面）：断裂从界面处开始，然后向 Al_2O_3-TiC 侧扩展，在 Al_2O_3-TiC 陶瓷中发生断裂，见图 3.42(c)。

④ Ⅱ型混合断裂（近界面）：裂纹在扩展过程中多次发生从界面→Al_2O_3-TiC→界面→Al_2O_3-TiC 的转折，见图 3.42(d)。

界面断裂主要是指 Al_2O_3-TiC 陶瓷与钢扩散连接接头沿着反应层与 Al_2O_3-TiC 陶瓷的界面平行断裂，断裂面平齐，与其对应的接头连接强度很低。从断口形貌可看出 Al_2O_3-TiC 陶瓷与界面反应层间的弱连接特点。当 Al_2O_3-TiC 陶瓷与界面反应层界面结合不良、存在未焊合及弱接合时呈现这种断裂模式，界面强度低于近界面区域的 Al_2O_3-TiC 陶瓷的强度。

连接温度低或时间短时发生界面断裂。因为连接温度低或时间短时，Ti-Cu-Ti 中间层与 Al_2O_3-TiC 陶瓷反应不充分，反应层很薄，没有形成很好的结合。连接温度为 1080℃、时间为 30min 时，Al_2O_3-TiC/W18Cr4V 扩散连接界面断裂的断口形貌如图 3.43(a) 所示，断裂完全发生于 Al_2O_3-TiC/W18Cr4V 扩散连接界面上，在 Al_2O_3-TiC 复合陶瓷侧表面有 Cu 的金属光泽。

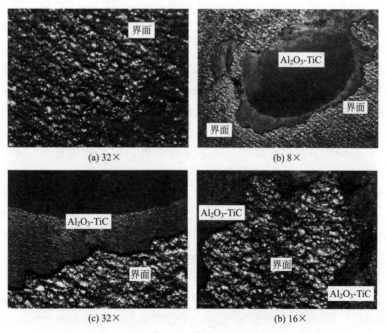

(a) 32×

(b) 8×

(c) 32×

(b) 16×

图 3.43 Al_2O_3-TiC/W18Cr4V 界面宏观断口形貌

陶瓷（基体）断裂是指断裂发生于界面附近的 Al_2O_3-TiC 陶瓷而非接头处。这种形式的断裂表明 Al_2O_3-TiC 陶瓷与界面反应层间形成了强连接，界面强度高于由于应力的作用而弱化的 Al_2O_3-TiC 陶瓷的强度。

陶瓷（基体）断裂发生时，裂纹从界面端部（界面与试样外表面的交线）与界面呈一夹角起裂，然后在近界面 Al_2O_3-TiC 陶瓷中扩展，最后又回到 Al_2O_3-TiC/反应层界面，整个断裂路径呈弧线状。这种断裂大部分出现在 Al_2O_3-TiC 陶瓷中，裂纹扩展路径与 Al_2O_3-TiC/W18Cr4V 扩散连接接头的应力分布基本一致。这种现象主要出现在保温时间过长的情况下。

Al_2O_3-TiC/W18Cr4V 连接温度为 1160℃、保温时间为 60min 时，界面断口形貌如图 3.43（b）所示，断裂从界面处开始，沿界面扩展一段又扩展到 Al_2O_3-TiC 陶瓷中，部分陶瓷发生剥离，最后又回到界面上。这种断裂虽然部分断裂于陶瓷中，但接头强度远低于陶瓷的强度。

通过对 Al_2O_3-TiC/W18Cr4V 接头陶瓷断裂界面剪切断口微区成分分析可知，剪切断口上主要含有 Al 和 Ti 元素，这表明 Al_2O_3-TiC/W18Cr4V 接头界面断裂主要发生在靠近 Al_2O_3-TiC 陶瓷一侧的界面处。这是由于 Al_2O_3-TiC 陶瓷的韧性较差，在剪切力的作用下裂纹从 Al_2O_3-TiC/W18Cr4V 界面开裂后，裂纹极易沿断裂韧性较差的 Al_2O_3-TiC 陶瓷扩展。

混合断裂是指断裂发生在界面上及界面附近的 Al_2O_3-TiC 陶瓷内，混合断裂接头的强度高于界面断裂及陶瓷断裂，这是由于断裂路径曲折，裂纹扩展需要消耗更多的能量。

Ⅰ型混合断裂是从界面起裂，然后以一定的角度向 Al_2O_3-TiC 陶瓷中扩展，并最终断裂在 Al_2O_3-TiC 陶瓷中，见图 3.43(c)。连接工艺接近最佳工艺参数时易发生这种断裂，接头的连接强度也较高。当连接温度 $T=1130$℃、连接时间 $t=30$min 时，Al_2O_3-TiC/W18Cr4V 接头发生这种断裂。接头断裂后，接头的 Al_2O_3-TiC 陶瓷碎成很多小块，表明这种接头界面反应比较充分，界面形成了较好的连接。

Ⅱ型混合断裂的裂纹在扩展过程中多次发生从界面→Al_2O_3-TiC→界面→Al_2O_3-TiC 的转折，即裂纹的扩展路径是条折线，这时在断口金属侧表面呈金黄色的基体上黏附着若干分散分布的 Al_2O_3-TiC 小块。Ⅱ型混合断裂对应的 Al_2O_3-TiC/W18Cr4V 接头强度最高，接头剪切发生断裂后，部分 Al_2O_3-TiC 陶瓷碎成很多小块，表明此时 Al_2O_3-TiC/W18Cr4V 界面结合强度较高。连接温度为 1130℃、连接时间为 45min 时，Al_2O_3-TiC/W18Cr4V 扩散界面断裂的断口形貌如图 3.43(d) 所示，断裂在 Al_2O_3-TiC 陶瓷和界面间交替发生。

上述四种断裂类型，除了第一种是界面断裂外，其他都是混合断裂，即部分断于界面，部分断于陶瓷。界面断裂的接头强度小于混合断裂的接头强度。

对于 Al_2O_3-TiC/Q235 钢以及 Al_2O_3-TiC/18-8 钢扩散焊接头，当加热温度较低时（Al_2O_3-TiC/Q235 钢为 1100℃，Al_2O_3-TiC/18-8 钢为 1090℃）为界面断裂；当加热温度较高时（Al_2O_3-TiC/Q235 钢为 1180℃，Al_2O_3-TiC/18-8 钢为 1170℃），剪切断裂在 Al_2O_3-TiC 陶瓷内，为陶瓷断裂；当加热温度适中时，Al_2O_3-TiC/钢接头剪切断裂呈现混合断裂模式。

（2）接头剪切断口形貌

采用扫描电镜（SEM）对 Al_2O_3-TiC/W18Cr4V 扩散界面的剪切断口进行观察，其断口形貌特征如图 3.44 所示。Al_2O_3-TiC/W18Cr4V 扩散界面的剪切断口在扫描电镜低倍下观察时，断口平齐，没有明显的塑性变形，有明显的断裂台阶，见图 3.44(a)；扫描电镜高倍下观察断口可见，在断口中有少量发生塑性变形的撕裂棱存在，见图 3.44(b)。

(a) 断裂台阶　　　　　　　　　(b) 撕裂形态

图 3.44　Al_2O_3-TiC/W18Cr4V 扩散连接界面的剪切断口形貌

通过对 Al_2O_3-TiC/W18Cr4V 扩散界面的剪切断口形貌分析可见，Al_2O_3-TiC/W18Cr4V 扩散界面断裂主要发生在靠近 Al_2O_3-TiC 复合陶瓷一侧的界面处。由于扩散连接过程中，Ti-Cu-Ti 中间层与 Al_2O_3-TiC 陶瓷反应生成 TiC、Ti_3Al 等脆性较大的化合物，因此断裂容易在 Al_2O_3-TiC/Ti 界面反应层发生，向 Al_2O_3-TiC 陶瓷扩展。

Al_2O_3-TiC 陶瓷中的 TiC 颗粒增强相可以阻止裂纹的扩展，提高材料的断裂韧性，Al_2O_3-TiC 陶瓷的断裂主要是穿晶断裂，也有少量的沿晶断裂。Al_2O_3-TiC/W18Cr4V 扩散界面断口形貌，总体上呈现脆性解理断裂的特征（图 3.44），有明显的解理台阶。

解理断裂是沿晶体中解理面断开原子键引起晶体材料的断裂。解理面非常平坦，因此，晶粒内裂纹具有平直性。当解理裂纹扩展从一晶粒穿过晶界进入相邻晶粒时，裂纹扩展方向改变，如图 3.45(a) 所示。一个晶粒内的一条解理裂纹可同时在两个平行的解理面上扩展，如图 3.45(b) 所示。两条平行的解理裂纹通过两次解理或切应力的作用重叠并形成一个解理台阶，如图 3.45(c) 所示。当解理裂纹扩展与裂纹面垂直方向的螺形位错相遇时，解理裂纹分别沿着相距一个原子间距的两平行解理面上继续扩展并形成一个解理台阶，如图 3.45(d) 所示。

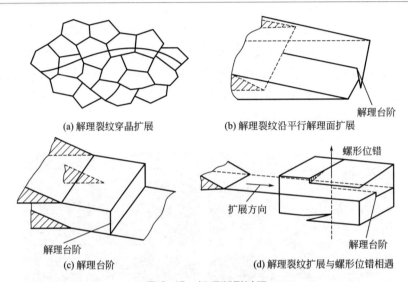

(a) 解理裂纹穿晶扩展　　　　　(b) 解理裂纹沿平行解理面扩展

(c) 解理台阶　　　　　(d) 解理裂纹扩展与螺形位错相遇

图 3.45　解理断裂过程

对 Al_2O_3-TiC/W18Cr4V 扩散界面剪切断口分析发现，在界面剪切断口上存在一些颗粒状的夹杂物。这些颗粒状的夹杂物，很容易在界面附近引起应力集中。当应力值超过界面断裂应力的极限值时，就会引起界面处裂纹。

Al_2O_3-TiC 陶瓷与钢扩散焊接头剪切测试发生陶瓷断裂时，呈现镜面区-雾状区-锯齿区的断口形貌。加热温度为 1180℃、保温时间为 45min、压力为 15MPa 时的 Al_2O_3-TiC/Q235 钢扩散焊接头断在界面附近的 Al_2O_3-TiC 陶瓷内，剪切强度为 111MPa，为陶瓷断裂模式，具有典型的脆性材料断口的特点。

陶瓷断裂始于缺陷，裂纹形核后进行扩展，刚开始时扩展缓慢，随着裂纹扩展加速，能量释放率增大，当达到临界速度时，产生裂纹分叉，分叉过程继续重复进行，裂纹族形成。裂纹扩展过程与材料的组织结构、应力及所产生的弹性波相互作用，这样的相互作用在断口表面形成独特的断口形貌。这些形貌特征可提供裂纹初始位置，即裂纹源的重要信息。

(3) 接头断裂的微观机制

Al_2O_3-TiC/W18Cr4V 扩散连接接头断裂为脆性解理断裂，解理断裂过程可分为起裂及失稳扩展两个阶段，且在满足 Griffith 能量条件下才能发生。Griffith 针对脆性材料的脆断问题，从能量观点出发提出裂纹失稳扩展条件，指出裂纹扩展释放的弹性应变能克服材料阻力所做的功，则裂纹失稳扩展。平面应力状态下裂纹扩展的条件为：

$$\sigma \geqslant \sigma_c \tag{3.2}$$

$$\sigma_c = \left(\frac{2\gamma E}{\pi a}\right)^{1/2} \tag{3.3}$$

式中　γ——材料的表面能；

　　a——裂纹半长度；

　　E——材料的弹性模量；

　　σ_c——临界应力。

Al_2O_3-TiC/W18Cr4V 接头发生解理断裂时，并不是完全脆性的，还伴有少量的韧性断裂，因而还必须克服裂纹尖端的塑性变形功 γ_p。Orowan 对 Griffth 能量条件进行了修正，得到平面状态时解理裂纹扩展的条件为：

平面应力状态　　　　　$$\sigma_c = \left(\frac{2\gamma_p E}{\pi a}\right)^{1/2} \tag{3.4}$$

平面应变状态　　　　　$$\sigma_c = \left(\frac{2\gamma_p E}{\pi a(1-\upsilon^2)}\right)^{1/2} \tag{3.5}$$

式中　γ_p——材料塑性变形功；

　　υ——泊松比。

在满足能量条件的基础上，一般解理断裂的引发过程可分成两步：第一步是微裂纹形核，第二步是微裂纹的扩展，从而引发解理断裂。

Al_2O_3-TiC/W18Cr4V 扩散连接时，接触界面处容易形成应力集中，使得扩散连接界面在冷却阶段产生较大的收缩，易引发微裂纹。这些微裂纹在外部载荷的作用下继续扩展，最终导致 Al_2O_3-TiC/W18Cr4V 扩散界面的断裂。

图 3.46(a) 所示为 Al_2O_3-TiC/W18Cr4V 扩散界面 Al_2O_3-TiC 陶瓷侧的微裂纹；图 3.46(b) 所示为反应层中的微裂纹。此外，界面上还有一些杂质，也容易造成应力集中，成为微裂纹源。

微裂纹的形成并不一定能够引发解理断裂，只有加于其上的局部应力超过临界应力时，微裂纹才能再扩展。因为解理是沿着一定晶面发生的原子键断裂，所以引发解理断裂的微裂纹尖端应当有原子间距量级的尖锐度，如果微裂纹顶端因某种原因钝化将不能引发解理。在剪切试验中，剪切应力作用下使 Al_2O_3-TiC 界面微裂纹扩展形成长度足够大的裂纹时，才能造成 Al_2O_3-TiC 接头的解理断裂。

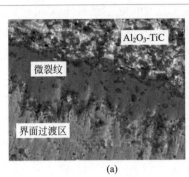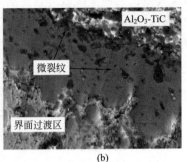

(a)　　　　　　　　　　　(b)

图 3.46　Al$_2$O$_3$-TiC/W18Cr4V 界面附近的微裂纹

（4）接头断裂的影响因素

Al$_2$O$_3$-TiC/W18Cr4V 扩散接头断裂的影响因素十分复杂，如 Al$_2$O$_3$-TiC 陶瓷和 W18Cr4V 钢之间界面反应形成多种化合物、界面存在很大的应力等。这些影响因素都与母材性质、连接工艺参数和中间层材料有关。在母材一定的情况下，扩散连接工艺参数和中间层材料是影响界面反应和接头应力分布最重要的因素，从而影响接头的断裂性能。

① 加热温度　加热温度是 Al$_2$O$_3$-TiC/W18Cr4V 扩散连接最重要的参数。在热激活过程中，温度对过程的动力学影响显著。扩散连接过程中的加热温度有一个最佳范围，温度过低，Ti-Cu-Ti 中间层不能充分地熔化，活性元素 Ti 与 Al$_2$O$_3$-TiC 陶瓷和 W18Cr4V 之间界面反应不充分，界面反应层过窄，界面之间不能形成良好的结合；温度过高，界面反应层组织和母材组织都将粗化，同样会降低接头的强度。

用 Ti-Cu-Ti 中间层扩散连接 Al$_2$O$_3$-TiC/W18Cr4V 时，温度为 1080℃ 和 1100℃ 时，界面过渡区偏窄。加热温度为 1080℃、保温时间为 45min 时，界面过渡区只有 32μm，界面剪切断裂强度较低，接头易从 Al$_2$O$_3$-TiC/W18Cr4V 连接界面处断开，发生界面断裂。温度升高到 1130℃ 时，界面反应更加充分，界面过渡区宽度达到 57μm，剪切强度达到 154MPa，接头断裂时在界面和 Al$_2$O$_3$-TiC 陶瓷之间交替进行。温度升高到 1160℃ 时，界面过渡区宽度增大到了 72μm，但剪切强度反而降低到 141MPa，低于加热温度为 1130℃ 时的剪切强度，接头容易从界面处开裂向陶瓷侧扩展，最后断在陶瓷侧。

温度过高，还会使接头轴向拉应力增大，也会降低接头的强度，引起断裂。

② 连接时间　连接时间主要决定元素扩散和界面反应的程度，连接时间不同，所形成的界面产物和界面结构也不同。连接时间的选择必须考虑加热温度的高低。在加热温度一定的情况下，反应层的厚度随连接时间的增加呈抛物线性增

大。同时，连接时间对接头性能的影响也存在最佳值，反应相的强度随连接时间的增加逐渐降低，而界面强度随时间的增加在最初时刻呈现上升趋势，当超过某一连接时间后强度不再增加，接头呈现出的宏观强度是两者的组合。

Al_2O_3-TiC/W18Cr4V 扩散连接时，若保温时间太短，则界面反应层太薄，不能形成良好的连接。连接时间小于 30min 时，界面很容易发生界面断裂。随着保温时间的延长，界面过渡区的宽度增大，当保温时间延长到 45min 时，Al_2O_3-TiC/W18Cr4V 扩散连接界面过渡区达到较合适的宽度，界面强度最高。当加热温度为 1130℃时，连接时间为 45min，接头的剪切强度达到 154MPa，接头断裂呈混合断裂。

当继续延长连接时间到 60min 时，界面过渡区继续增宽，但接头强度开始下降。因为连接时间过长，界面过渡区中 TiC、Ti_3Al 等反应层的厚度增加，反而会使界面应力增大，从而降低接头的强度。

③ 连接压力 连接压力在 Al_2O_3-TiC/W18Cr4V 扩散连接过程中起重要的作用。连接压力主要有四方面的作用：一是可以促使连接表面紧密接触，增大接触面积，减少气孔缺陷，增加元素的扩散通道，改善接头的组织；二是可以促进Cu-Ti 液态合金在 Al_2O_3-TiC 陶瓷表面的铺展，从而促进界面反应的发生，形成连续致密的反应层；三是可以排除连接过程中多余的 Cu-Ti 液相，减小连接温度下液相区的最大宽度，从而降低等温凝固所需的时间，提高连接效率，液态Cu 的减少也有利于提高接头的耐高温性能；四是压力增大使连接区的 Cu-Ti 液态金属量减少，可以减小液态金属凝固时的收缩量，降低凝固过程中产生缺陷的概率，防止由于应力集中的作用而开裂。

连接压力较小时（小于 10MPa），Al_2O_3-TiC/W18Cr4V 扩散界面存在空洞缺陷，接头的残余应力较大，容易产生界面断裂，接头强度较低。随着连接压力的增大，Al_2O_3-TiC/W18Cr4V 扩散连接界面缺陷逐渐消失，形成厚度合适的反应层，接头中残余应力减小，接头强度逐渐增大。但是并不是连接压力越大越好，过大的压力会使连接面间液态金属挤出过多，反而使 Al_2O_3-TiC/W18Cr4V界面不能形成合适的反应层，也容易使 Al_2O_3-TiC 陶瓷中产生微裂纹。所以当压力超过最佳值后，继续增大连接压力，接头强度反而降低。

Al_2O_3-TiC/钢扩散接头发生 Ⅱ 型混合断裂时，不论是 Al_2O_3-TiC/Q235 钢接头还是 Al_2O_3-TiC/18-8 钢接头，与其他断裂类型比较，扩散焊接头的剪切强度都是最高的。Al_2O_3-TiC/Q235 钢扩散焊接头发生 Ⅱ 型混合断裂时其剪切强度达 143MPa，Al_2O_3-TiC/18-8 钢扩散焊接头发生 Ⅱ 型混合断裂时剪切强度达 125MPa。

不论发生哪种类型的断裂时，Al_2O_3-TiC/18-8 钢扩散焊接头的剪切强度均低于 Al_2O_3-TiC/Q235 钢扩散焊接头，因为 Al_2O_3-TiC 陶瓷与 18-8 钢扩散焊时接头区存在较大的残余应力，并且界面反应产物的脆性较大。

对 Al_2O_3-TiC/钢扩散焊接头剪切断口形貌的分析表明，Al_2O_3-TiC/钢扩散焊接头的薄弱部位：一是界面附近的 Al_2O_3-TiC 陶瓷；二是紧邻 Al_2O_3-TiC 陶瓷的中间层反应区内 Cu-Ti、Fe-Ti 金属间化合物层。

参考文献

[1]　Huang Wanqun, Li Yajiang, Wang Juan, et al. Element distribution and phase constitution of Al_2O_3-TiC/W18Cr4V vacuum diffusion bonded joint. Vacuum, 2010, 85（2）: 327-331.

[2]　黄万群, 李亚江, 王娟, 等. Al_2O_3-TiC 复合陶瓷与 Q235 钢扩散连接界面组织结构. 焊接学报, 2010, 31（8）: 101-104.

[3]　M. I. Barrena, L. Matesanz, J. M. Gómez de Salazar. Al_2O_3/Ti6Al4V diffusion bonding joints using Ag-Cu interlayer. Materials Characterization, 2009, 60（11）: 1263-1267.

[4]　宋世学, 艾兴, 赵军, 等. Al_2O_3/TiC 纳米复合刀具材料的力学性能与增韧强化机理. 机械工程材料, 2003, 27（12）: 35-37, 41.

[5]　Shen Xiaoqin, Li Yajiang, U. A. Putchkov, et al. Finite-element analysis of residual stresses in Al_2O_3-TiC/W18Cr4V diffusion bonded joints. Computational Materials Science, 2009, 45（2）: 407-410.

[6]　She Xiaoqin, Li Yajiang, Wang Juan, et al. Diffusion bonding of Al_2O_3-TiC composite ceramic and W18Cr4V high speed steel in vacuum. Vacuum, 2009, 84（3）: 378-381.

[7]　沈孝芹, 李亚江, U. A. Puehkov, 等. Al_2O_3-TiC/1Crl8Ni9Ti 扩散焊接头应力分布. 焊接学报, 2008, 29（10）: 41-44.

[8]　王娟, 李亚江, 马海军, 等. Ti/Cu/Ti 复合中间层扩散连接 TiC-Al_2O_3/W18Cr4V 接头组织分析. 焊接学报, 2006, 27（7）: 9-12.

[9]　Shen Xiaoqin, Li Yajiang, Wang Juan, et al. Numerical simulation of stress distribution in Al_2O_3-TiC/Q235 diffusion bonded joints. China Welding, 2008, 17（4）: 47-51.

第4章

镍铝及钛铝金属间化合物的连接

金属间化合物是指由两种或多种金属组元按比例组成的、具有不同于其组成元素的长程有序晶体结构和金属基本特性的化合物。金属元素之间通过共价键和金属键共存的混合键结合，性能介于陶瓷与金属之间。20 世纪 80 年代以来，Ni_3Al 韧化研究、Ti_3Al 和 TiAl 基合金韧性的改善以及 Fe_3Al 性能的提高，使金属间化合物高温结构材料的研究和开发应用取得重大进展。同时 Ni-Al 和 Ti-Al 金属间化合物的焊接也日益引起众多研究者的关注。

4.1 金属间化合物的发展及特性

4.1.1 结构用金属间化合物的发展

金属间化合物具有长程有序的超点阵结构，原子间保持金属键及共价键的共存性，使它们能够同时兼顾金属的塑性和陶瓷的高温强度，含有 Al、Si 元素的金属间化合物还具有良好的抗氧化性能和低密度。金属间化合物的成分可以在一定范围内偏离化学计量而仍保持其结构的稳定性，在合金状态图上表现为有序固溶体。金属间化合物的长程有序超点阵结构保持很强的金属键及共价键结合，使其具有特殊的物理、化学性能和力学性能，如特殊的电学性能、磁学性能和高温性能等，是一种很有发展前景的新型高温结构材料。

金属间化合物的研究始于 20 世纪 30 年代，目前用于结构材料的金属间化合物主要集中于 Ni-Al、Ti-Al 和 Fe-Al 三大合金系。Ni-Al 和 Ti-Al 系金属间化合物高温性能优异，但价格昂贵，主要用于航空航天等领域。与 Ni-Al 和 Ti-Al 系金属间化合物相比，Fe-Al 系金属间化合物除具有高强度、耐腐蚀等优点外，还具有成本低和密度小等优势，具有广阔的应用前景。

钢铁材料加热后会逐渐变红、变软（直至熔化成钢液）。高温是大多数金属的大敌，金属在高温下会失去原有的强度，变得"不堪一击"。金属间化合物却不存在这样的问题。在 700℃以上的高温下，一些金属间化合物会更硬，强度甚至会升高。可以说在高温下方显出金属间化合物的"英雄本色"。

金属间化合物具有这种特殊的性能，与其内部原子结构有关。所谓金属间化合物，是指金属和金属之间，类金属和金属之间以共价键形式结合生成的化合物，其原子的排列具有高度有序化的规律。当它以微小颗粒形式存在于合金的组织中时，会使合金的整体强度得到提高。特别是在一定温度范围内，合金的强度随温度升高而增强，这就使 Ni-Al 系和 Ti-Al 系金属间化合物在高温结构应用方面具有极大的潜在优势。

但是，伴随着金属间化合物的高温强度而来的，是其较大的室温脆性。20世纪30年代金属间化合物刚被发现时，它们的室温延性大多数为零，也就是说，一折就会断。因此，许多人预言，金属间化合物作为一种大块材料是没有实用价值的。

20世纪80年代中期，美国科学家们在金属间化合物室温脆性研究上取得了突破性进展。他们往 Ni-Al 系金属间化合物中加入少量硼（B），可使它的室温伸长率提高到50%，与纯铝的延性相当。这一重要发现及其所蕴含的发展前景，吸引了各国材料科学家展开了对金属间化合物的深入研究，使其开始以一种崭新的面貌在新材料领域登台亮相。

近20年来，人们开始重视对金属间化合物的开发应用，这是材料领域一个重要的转变，也是今后材料发展的重要方向之一。金属间化合物由于它的特殊晶体结构，使其具有其他固溶体材料所没有的性能。特别是固溶体材料通常随着温度的升高而强度降低，但某些金属间化合物的强度在一定范围内反而随着温度的上升而升高，这就是它有可能作为新型高温结构材料的基础。另外，金属间化合物还有一些性能是固溶体材料的数倍乃至二三十倍。

目前，除了作为高温结构材料外，金属间化合物的其他功能也被相继开发，稀土化合物永磁材料、储氢材料、超磁致伸缩材料、功能敏感材料等相继问世。金属间化合物的应用，极大地促进了高新技术的进步与发展，促进了结构与元器件的微小型化、轻量化、集成化与智能化，导致新一代元器件的不断出现。

金属间化合物这一"高温材料"最大的用武之地是在航空航天领域，例如密度小、熔点高、高温性能好的钛铝金属间化合物等具有极诱人的应用前景。

4.1.2　金属间化合物的基本特性

金属间化合物是指金属与金属或类金属之间形成的化合物相，具有长程有序的超点阵晶体结构，原子结合力强，高温下弹性模量高，抗氧化性好，因此形成一系列新型结构材料，如具有应用前景的钛、镍、铁的铝化物材料。

金属间化合物不遵循传统的化合价规律，具有金属的特性，但晶体结构与组成它的两个金属组元的结构不同，两个组元的原子各占据一定的点阵位置，呈有序排列。典型的长程有序结构主要形成于金属的面心立方、体心立方和密排六方三种主要晶体结构的基础上。例如 Ni_3Al 为面心立方有序超点阵结构，Ti_3Al 为密排六方有序超点阵结构，Fe_3Al 为体心立方有序超点阵结构。许多金属间化合物可以在一定范围内保持结构的稳定性，在相图上表现为有序固溶体。

决定金属间化合物相结构的主要因素有电负性、尺寸因素和电子浓度。金属间化合物的晶体结构虽然较复杂或有序，但从原子结合上看仍具有金属特性，有金属光泽、导电性及导热性等。然而其电子云分布并非完全均匀，存在一定的方向性，具有某种程度的共价键特征，导致熔点升高及原子间键出现方向性。

金属间化合物可以分为结构用和功能用两类，前者是作为承载结构使用的材料，具有良好的室温和高温力学性能，如高温有序金属间化合物 Ni_3Al、$NiAl$、Fe_3Al、$FeAl$、Ti_3Al、$TiAl$ 等。后者具有某种特殊的物理或化学性能，如磁性材料 YCo_5、形状记忆合金 $NiTi$、超导材料 Nb_3Sn、储氢材料 Mg_2Ni 等。

与无序合金相比，金属间化合物的长程有序超点阵结构保持很强的金属键结合，具有许多特殊的物理、化学性能，如电学性能、磁学性能和高温力学性能等。含 Al、Si 的金属间化合物还具有很高的抗氧化和抗腐蚀的能力。由轻金属组成的金属间化合物密度小、比强度高，适合于航空航天工业的应用要求。

金属间化合物的研究和开发应用一直很受重视。在 A_3B 型金属间化合物中，Ti_3Al、Ni_3Al 和 Fe_3Al 基合金的研究已日趋成熟，脆性问题已解决，正进入工业应用阶段。在 AB 型金属间化合物中，TiAl 基合金的室温脆性已有改善，铸造 TiAl 合金初步进入工业应用，变形 TiAl 合金正在深入研发。由于 NiAl 合金的室温脆性问题仍有待解决，在 500℃ 以上的强度也偏低，对其的工程应用还需开展大量的研究工作。FeAl 合金的研究已日趋深入，正在探索对其的工业应用。

4.1.3 三种有发展前景的金属间化合物

以铝化物为基的金属间化合物是有应用前景的新型高温结构材料。近年来在国内外重点研究并取得重大进展的金属间化合物主要为 Ti-Al、Ni-Al 和 Fe-Al 三个体系的 A_3B 和 AB 型金属间化合物，其中 A_3B 型金属间化合物主要为 Ti_3Al、Ni_3Al 和 Fe_3Al；AB 型金属间化合物主要为 TiAl、NiAl 和 FeAl。特别是 Ni-Al 和 Ti-Al 系金属间化合物，由于具有比镍基合金更高的高温强度、优异的抗氧化性和抗腐蚀能力、较低的密度和较高的熔点，可以在更高的温度和恶劣的环境下工作，在航空航天、能源等高科技领域有着广阔的应用前景。

几种重要金属间化合物的物理性能见表 4.1。

表 4.1　几种重要金属间化合物的物理性能

金属间化合物		结构	密度 /(g/cm³)	熔点 /℃	杨氏模量 /GPa	线胀系数 /10⁻⁶℃⁻¹	有序临界温度 /℃
Ni-Al 系	Ni₃Al	Ll₂	7.40	1397	178	16.0	1390
	NiAl	B₂	5.90	1638	293	14.0	1640
Ti-Al 系	Ti₃Al	DO₁₉	4.50	1680	110~145	12.0	1100
	TiAl	Ll₀	3.80	1480	176	11.0	1460
Fe-Al 系	Fe₃Al	DO₃	6.72	1540	140	—	540
	FeAl	B₂	5.56	1250~1400	259	—	1250~1400

　　Ni-Al、Ti-Al 金属间化合物适合用于航空航天材料，具有很好的应用潜力，已受到欧、美等发达国家的普遍重视。一些 Ni-Al 系合金已获得应用或试用，如用于柴油机部件、电热元器件、航空航天飞机紧固件等。Ti-Al 系合金可替代镍基合金制成航空发动机高压涡轮定子支承环、高压压气机匣、发动机燃烧室扩张喷管喷口等；我国宇航工业正试用这类合金制造发动机热端部件，前景广阔。

　　作为结构材料，最具应用前景的是 Ni-Al、Ti-Al、Fe-Al 系金属间化合物，如 Ni₃Al、NiAl、Ti₃Al、TiAl、Fe₃Al、FeAl 等。世界各国的研究者针对 Ni-Al、Ti-Al、Fe-Al 系金属间化合物开展了焊接性研究并取得了可喜的进展。

　　Fe₃Al 金属间化合物由于具有高的抗氧化性和耐磨性，可以在许多场合代替不锈钢、耐热钢或高温合金，用于制造耐腐蚀件、耐热件和耐磨件，其良好的抗硫化性能，适合于恶劣条件下（如高温腐蚀环境）的应用。例如，火力发电厂结构件、渗碳炉气氛工作的结构件、化工器件、汽车尾气排气管、石化催化裂化装置、加热炉导轨、高温炉箅等。此外，由于 Fe₃Al 金属间化合物具有优异的高温抗氧化性和很高的电阻率，有可能开发成新型电热材料。Fe₃Al 还可以和 WC、TiC、TiB、ZrB 等陶瓷材料制成复合结构，具有更加广泛的应用前景。

　　（1）Ni-Al 系金属间化合物

　　Ni-Al 系金属间化合物主要包括 Ni₃Al 和 NiAl。Ni₃Al 的熔点为 1395℃，在熔点以下具有面心立方有序 Ll₂ 超点阵结构。

　　Ni-Al 二元合金相图如图 4.1 所示。在 Ni-Al 二元系中，除了 Ni、Al 的固溶体外，还存在 5 种稳定的二元化合物，即 Ni₃Al、NiAl、Ni₅Al₃、Al₃Ni₂、Al₃Ni。其中 Ni₃Al、Al₃Ni₂、Al₃Ni 通过包晶反应形成，Ni₅Al₃ 通过包析反应形成，而 NiAl 通过匀晶转变形成。除了 NiAl 单相区存在一个较宽的成分范围 45%~60%Ni（摩尔分数）外，其他化合物成分范围较窄，例如低温 Ni₃Al 相的成分范围为 73%~75%Ni（摩尔分数）。

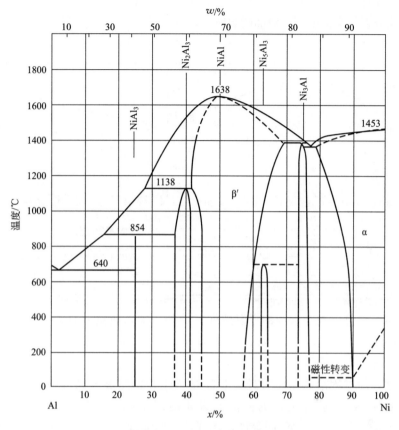

图 4.1　Ni-Al 二元合金相图

研究表明，在 Ni-Al 系合金中，只有 Ni_3Al 和 NiAl 基合金有作为结构材料应用的潜力，其他 3 种化合物因熔点很低，难以与高温合金竞争。

① Ni_3Al 金属间化合物　Ni_3Al 是在化学成分固定比例两侧 4.5% 固溶范围内的金属间化合物。Ni_3Al 的熔点为 1397℃，晶格常数为 $0.3565 \sim 0.3580nm$，密度为 $7.4g/cm^3$，在熔点以下具有面心立方有序 $L1_2$ 型结构。

Ni_3Al 具有独特的高温性能，在 800℃ 以下其屈服强度随着温度的升高而增加，但是在室温下则脆性很大，有明显的沿晶断裂倾向。试验表明，Ni_3Al 的室温塑性可以通过微合金化得到改善。微量元素 B 对多晶体 Ni_3Al 室温塑性的提高作用与 Al 含量密切相关。只有在 Al 含量小于摩尔分数 25% 时，微量元素 B 才能有效地改善 Ni_3Al 的室温塑性，抑制沿晶断裂倾向。

硼（B）含量对 Ni_3Al 的伸长率（δ）和屈服强度（σ_s）的影响如图 4.2 所示。在 Ni_3Al 中添加 $0.02\% \sim 0.05\%$ 的 B 元素后，室温伸长率由 0 提高到 $40\% \sim 50\%$。

但当 Ni_3Al 基体中 Al 的摩尔分数高于 25％后，随着 Al 含量的增加，塑性急剧下降，并使断裂由穿晶断裂向沿晶断裂转变。

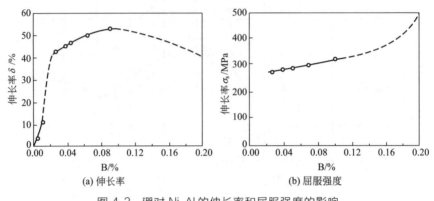

图 4.2　硼对 Ni_3Al 的伸长率和屈服强度的影响

在 Ni_3Al 基体中加入 Fe 和 Mn，通过置换 Ni 和 Al，改变原子间键合状态和电荷分布，也可以提高合金的室温塑性。例如，加入质量分数为 15％的 Fe（或 9％的 Mn）效果较好，其室温断裂后的伸长率可分别达到 8％和 15％。但是，宏观合金化后的比强度下降。

此外，通过固溶强化还可进一步提高 Ni_3Al 的室温和高温强度，但通常只有那些置换 Al 亚点阵位置的固溶元素才能产生强化效果。加入合金元素铪（Hf）也可显著提高 Ni_3Al 的强度，特别是高温强度。美国的 5 种 Ni_3Al 合金的化学成分见表 4.2，这些材料已有应用，例如 IC-396 用于柴油机零件，IC-50 已用于电热元件和航空航天的紧固件。

表 4.2　美国的 5 种 Ni_3Al 合金的化学成分

序号	材料名称	化学成分（摩尔分数）
1	IC-50	Ni-Al23％±0.5％-Hf(Zr)±0.3％-B0.1％±0.05％
2	IC-218	Ni-Al16.7％±0.3％-Cr8％-Zr0.5％±0.3％-B0.1％±0.05％
3	IC-328	Ni-Al17.0％±0.3％-Cr8％-Zr0.2％±0.1％-Ti0.3％±0.1％-B0.1％±0.05％
4	IC-396	Ni-Al16.1％±0.3％-Cr8％-Zr0.25％±0.15％-Mo1.7％±0.3％-B0.1％±0.07％
5	IC-405	Ni-Al18％±0.5％-Cr8％-Zr0.2％±0.1％-Fe12.2％±0.5％-B0.1％±0.05％

② NiAl 金属间化合物　NiAl 金属间化合物熔点较高（1600℃），密度为 $5.9g/cm^3$，呈体心立方有序 B2 超点阵结构，具有较高的抗氧化性，是一种有应用前景的高温金属间化合物。影响 NiAl 金属间化合物实用化的主要问题是室温

时独立的滑移系少，塑性低，脆性大，并且在 500℃以上强度低。

由于 NiAl 金属间化合物能够在很宽的成分范围保持稳定，因此有可能通过合金化来改善其力学性能。例如，在 NiAl 中加入 Fe，可以通过形成两相组织（Ni，Fe）（Fe，Ni）和（Ni，Fe）$_3$（Fe，Ni）来提高强度和改善伸长率，加入 Ta 或 Nb 通过析出第二相粒子强化，提高蠕变强度。此外，还可以通过机械合金化加入 Al_2O_3、Y_2O_3 和 ThO_2 弥散质点，改善其蠕变强度和高温强度，但室温强度下降。还可以通过细化晶粒来改善塑性，但明显改善室温塑性需要的临界晶粒尺寸很小（直径小于 $3\mu m$），虽然可以通过快速凝固和粉末冶金等新工艺得到细晶粒组织，但会影响其抗蠕变性能。

（2）Ti-Al 系金属间化合物

在 Ti-Al 系中有 2 个金属间化合物（Ti_3Al、TiAl）的研发受到重视。以 Ti_3Al 金属间化合物为基的合金称为 Ti_3Al 基合金，以 TiAl 金属间化合物为基的合金称为 γ-TiAl 基合金（简称 TiAl 合金）。Ti-Al 系二元相图见图 4.3。

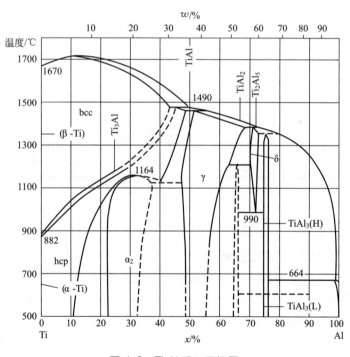

图 4.3　Ti-Al 系二元相图

20 世纪 50 年代初，美国学者对 Ti-50Al 合金的性能进行了研究，结果因为合金塑性太差而放弃。15 年后，美国 M. Blackburn 教授又对约 100 种不同成分的 TiAl 合金进行研究，发现了具有最佳性能的合金 Ti-48Al-1V-0.3C，即第一代 TiAl 合金，室温塑性可达 2%，但 TiAl 基合金并未作为工程合金而得到发展。直至 80 年代末，美国 GE 公司才发展了第二代 TiAl 合金（Ti-48Al-2Cr-2Nb）并证明了其良好的综合性能，才引起人们对 TiAl 合金的兴趣。又经过大量的研究，现已发展出第三代 TiAl 合金。

Ti_3Al、TiAl 合金与 Ti 基合金、Ni 基合金性能的比较见表 4.3。由表可见，Ti_3Al、TiAl 基合金具有与 Ti 基合金相近的密度；与 Ni 基合金相近的优良的高温性能，但密度仅为 Ni 基高温合金的一半，是一种极具应用前景的替代 Ni 基合金的高温结构材料，可应用于航空发动机的高温部件（如涡轮盘、叶片和气门阀等）。

表 4.3　Ti_3Al、TiAl 合金与 Ti 基合金、Ni 基合金性能的比较

性能	Ti 基合金	Ti_3Al 基合金	TiAl 基合金	Ni 基高温合金
密度/(g/cm^3)	4.5	4.1~4.7	3.7~3.9	7.9~9.5
弹性模量/GPa	95~115	100~145	160~180	206
屈服强度/MPa	380~1150	700~990	350~600	800~1200
抗拉强度/MPa	480~1200	800~1140	440~700	1250~1450
蠕变极限/℃	600	750	750[1]~950[2]	800~1090
抗氧化极限/℃	600	650	800[3]~950[4]	870~1090
线胀系数/$10^{-6}℃^{-1}$	9.1	12.0	11.0	13.3
室温塑性/%	10~25	2~10	1~4	3~25
高温塑性/%	12~50	10~40	10~20	20~80
室温断裂韧度/$MPa \cdot m^{1/2}$	12~80	13~35	10~30	30~100
晶体结构	hcp/bcc	DO_{19}	$L1_0$	$Fcc/L1_2$

① 双态组织。
② 全层片组织。
③ 无涂层。
④ 涂层/控制冷却。

TiAl 基合金的主要应用优势在于：

① TiAl 基合金较之航空发动机其他常用结构材料的比刚度高约 50%，有利于要求低间隙的部件，如箱体、构件及支撑件等，可将噪声震动移至较高频率而延长叶片等部件的寿命；

② TiAl 基金合金在 600~700℃ 时良好的抗蠕变性能，使其可能替代某些 Ni 基高温合金部件（重量减轻一半）；

③ 具有良好的阻燃能力，可替换一些昂贵的阻燃设计 Ti 合金。

TiAl 合金部件的缺点是较低的抗损伤能力，其较低的室温塑性、断裂韧性和高温裂纹扩展率增加了失效的可能性。

Ti_3Al 属于密排六方有序 $D0_{19}$ 超点阵结构，密度较小（$4.1\sim4.7g/cm^3$）、弹性模量较高（$100\sim145GPa$）。与镍基高温合金相比质量可减轻 40%，高温下（$800\sim850℃$）具有良好的高温性能，但室温塑性很低，加工成形困难。解决这些问题的办法是加入 β 相稳定元素，如 Nb、V、Mo 等进行合金化，其中以 Nb 的作用最为显著。主要是通过降低马氏体转变点（M_s），细化 $α_2$ 相，减小滑移长度，另外还能促使形成塑性和强度较好的 $α_2+β$ 的两相组织。

TiAl 具有面心四方有序 $L1_0$ 超点阵结构。除了具有很好的高温强度和抗蠕变性能外，TiAl 还具有密度小（$3.7\sim3.9g/cm^3$）、弹性模量高（$160\sim180GPa$）和抗氧化性能好等特点，是一种很有吸引力的航空与航天用高温结构材料。

我国研发的 Ti_3Al 基合金、Ti_2AlNb 基合金的成分见表 4.4。其中，用 TAC-1B 合金制造的零件成功地参加了"神舟号"飞船的飞行，研制的多种航空航天用发动机重要结构件也完成了飞行试验。用 TD2 合金制作的航空发动机涡轮导风板也经受了发动机试车考验。一些典型 Ti_3Al 合金的力学性能和高温持久寿命见表 4.5。我国宇航工业正在试用这类合金部分替代镍基高温合金制造发动机热端部件。

表 4.4 我国研发的 Ti_3Al 基合金、Ti_2AlNb 基合金的成分

牌号	合金类别	合金成分（摩尔分数）/%	相组成
24-11 25-11 8-2-2	Ti_3Al 基合金 （属第一类）	Ti-24Al-11Nb Ti-25Al-11Nb Ti-25Al-8Nb-2Mo-2Ta	$α_2$ 和 $B_2/β$ 两相组织
TAC-1 TAC-1B TD2 TD3	Ti_3Al 基合金 （属第二类）	Ti-24Al-14Nb-3V-(0~0.5)Mo Ti-23Al-17Nb Ti-24.5Al-10Nb-3V-1Mo Ti-24Al-15Nb-1.5Mo	固溶态 $α_2+B_2$ 两相组织 或稳态 $α_2+B_2+O$ 三相组织
TAC-3A TAC-3B TAC-3C TAC-3D	Ti_2AlNb 合金 （属第三类）	Ti-22Al-25Nb Ti-22Al-27Nb Ti-22Al-24Nb-3Ta Ti-22Al-20Ni-7Ta	O 相合金（正交相） 含少量 $B_2/β$ 相

表 4.5 典型 Ti_3Al 合金的力学性能和高温持久寿命

合金	屈服强度 /MPa	抗拉强度 /MPa	伸长率 /%	高温持久寿命[①] /h
Ti-24Al-11Nb	761	967	4.8	—
Ti-24Al-14Nb	790~831	977	2.1~3.3	59.5~60
Ti-25Al-10Nb-3V-1Mo	825	1042	2.2	
Ti-24.5Al-17Nb	952	1010	5.8	>360
Ti-24.5Al-17Nb-1Mo	980	1133	3.4	476

①650℃，380MPa。

TiAl 的室温塑性可以通过合金化和控制微观组织得到改善。含有双相（α_2 + γ）层片状组织的合金，塑性和强度优于单相（γ）组织的合金。对合金元素 V、Cr、Mn、Nb、Ta、W、Mo 等进行试验表明：在 Ti-Al48 合金中加入 1%~3% 的 V、Mn 或 Cr 时，塑性可以得到改善（伸长率≥3%）。提高合金的纯度也有助于提高其塑性，例如当含氧量由 0.08% 降低至 0.03% 时，Ti-Al48 合金拉伸时的伸长率由 1.9% 提高到 2.7%。

合金化是塑化和韧化 Ti_3Al 合金的基本途径。添加 Nb 可以提高 Ti_3Al 合金的强度、塑性和韧性；V 也可使合金的塑性得到改善，但对合金的强度和抗氧化性能不利；增加 Al、Mo、Ta 的含量有利于提高合金的高温强度和抗蠕变性能等。

（3）Fe-Al 系金属间化合物

主要包括 Fe_3Al 和 FeAl。Fe_3Al 具有 DO_3 型有序超点阵结构，弹性模量较大，熔点较高，密度小。在室温下是铁磁性的，有序 DO_3 超点阵结构的饱和磁化强度比无序 α 相低 10%。由于在很低的氧分压下，Fe_3Al 能形成致密的氧化铝保护膜，因此显示了优良的抗高温氧化的能力。Fe-Al 二元合金相图如图 4.4 所示。

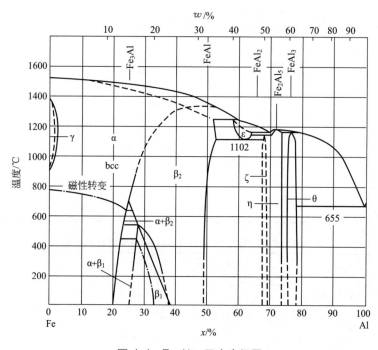

图 4.4　Fe-Al 二元合金相图

铝稳定 α-Fe 相中 Al 原子百分含量在 18%~20% 以下，室温和高温下为无

序 α-Fe（Al）固溶体相。Al 原子百分含量为 25%～35% 时，Fe-Al 金属间化合物具有 DO_3 型有序结构，点阵常数为 0.578nm，随着温度和 Al 含量变化，逐渐向部分有序 B2 结构及无序 α-Fe（Al）结构转变。DO_3 向 B2 型结构转变的有序化温度约为 550℃；B2 与 α-Fe(Al) 结构的转变温度约为 750℃。Al 原子百分含量为 36.5%～50% 时，室温下稳定的 FeAl 合金具有 B2 型有序结构，随 Al 含量及热处理工艺的不同，点阵常数为 0.289～0.291nm。

在 Fe-Al 二元合金状态图中，$FeAl_2$（Al 的质量分数为 49.2%～50%）、Fe_2Al_5（Al 的质量分数为 54.9%～56.2%）、$FeAl_3$（Al 的质量分数为 59.2%～59.6%）这三种脆性金属间化合物的成分范围很窄，而 Fe_3Al 以及附近的 α-Fe（Al）固溶体的成分范围较宽，有利于 Fe_3Al 基合金性能的稳定。

几种典型 Fe_3Al 基合金的成分及高温力学性能见表 4.6。

表 4.6 典型 Fe_3Al 基合金的成分及性能

合金	成分（原子分数）/%	207MPa 持久强度[①]		室温拉伸性能		600℃拉伸性能	
		时间 /h	伸长率 δ/%	屈服强度 $\sigma_{0.2}$/MPa	伸长率 δ/%	屈服强度 $\sigma_{0.2}$/MPa	伸长率 δ/%
FA-61	Fe-28Al	2	34	393	4.3	345	33.4
FA-122	Fe-28Al-5Cr-0.1Zr-0.05B	13	49	480	16.4	474	31.9
FA-91	Fe-28Al-2Mo-0.1Zr	208	55	698	5.7	567	20.9
FA-130	Fe-28Al-5Cr-0.5 Mo-0.1Zr-0.05B	202	61	554	12.6	527	31.2

① 试验温度 593℃。

4.1.4 Ni-Al、Ti-Al 系金属间化合物的超塑性

Ni-Al、Ti-Al 系金属间化合物是具有广阔应用前景的一类高温结构材料，包括 Ni_3Al、NiAl、Ti_3Al、TiAl。由于这类材料具备陶瓷材料（共价键）的特征，又具备金属材料（金属键）的特征，因此成为联系金属与无机非金属（陶瓷）的桥梁。

金属间化合物的超塑性是由晶界滑动机制及伴有动态再结晶和位错滑移的协调过程。对于细晶粒组织的塑性的影响与一般合金类似；而对于大晶粒金属间化合物的超塑性具有一定的普遍性，其超塑性是连续的动态回复与再结晶过程。超塑性变形前原始大晶粒中不存在亚晶，在变形过程中位错通过滑移或攀移形成不稳定的亚晶界，这些亚晶界通过吸收晶界内滑移位错在原界内形成，从而发生原位再结晶。这一过程的不断进行导致材料在宏观上的超塑性行为。

（1）Ni-Al 系金属间化合物的超塑性

① Ni_3Al 金属间化合物的超塑性　单晶 Ni_3Al 具有良好的韧性，但是多晶

Ni_3Al 的韧性较差，表现为沿晶断裂。试验中发现，采用硼（B）合金化，可以有效地阻止 Ni_3Al 沿晶断裂和大大地改善塑性。

粉末冶金得到的 IC-218 金属间化合物 Ni-8.5Al-7.8Cr-0.8Zr-0.02B（质量分数，%），在有序 γ' 相中含有体积分数 10%～15% 的无序 γ 相时，晶粒直径为 $6\mu m$，在 950～1100℃ 及变形速度为 10^{-5}～10^{-2}/s 时就显示出超塑性；在 1100℃ 及变形速度为 8.94×10^{-4}/s 时就获得了 640% 的断后伸长率，其变形机理为晶界滑移。超塑性变形区发现大量空洞，而且为沿晶断裂。

纳米级（晶粒直径为 50nm）的 Ni_3Al 金属间化合物（IC-218）在 650～750℃ 条件下也具有超塑性，在 650℃ 和 725℃ 及变形速度为 10^{-3}/s 时就显示出超塑性，断后伸长率分别为 380% 和 750%。稍大晶粒（晶粒直径为 10～$30\mu m$）的 Ni_3Al 金属间化合物也能表现出超塑性。

② NiAl 金属间化合物的超塑性　虽然 NiAl 金属间化合物具有许多优异的性能，但是严重的室温脆性阻碍了它的应用。采用向 NiAl 金属间化合物中加入大量 Fe 元素，以引入塑性的 γ 相，可以改善其塑性和韧性。例如铸造挤压状态的 NiAl-20Fe-YCe 合金质量分数（%）为 Ni-28.5Al-20.4Fe-0.003Y-0.003Ce，在 850～980℃ 及变形速度为 1.04×10^{-4}～10^{-2}/s 时就显示出超塑性。

Ni-50Al（摩尔分数，%）的金属间化合物（晶粒直径为 $200\mu m$）在 900～1100℃ 及变形速度为 1.67×10^{-4}～10^{-2}/s 时，断后伸长率可达 210%。NiAl-25Cr（摩尔分数，%）的金属间化合物（晶粒直径为 3～$5\mu m$）在 850～950℃ 及变形速度为 2.2×10^{-4}～3.3×10^{-2}/s 时，断后伸长率可达 480%，显示出超塑性。

NiAl-9Mo 类型的共晶合金在 1050～1100℃ 及变形速度为 5.55×10^{-5}～1.11×10^{-4}/s 时也显示出超塑性。

（2）Ti-Al 系金属间化合物的超塑性

1）Ti_3Al 金属间化合物的超塑性

Ti_3Al 金属间化合物是 $\alpha_2+\beta$ 组织，Ti-24Al-11Nb 合金（质量分数，%）在 980℃ 时可以获得 810% 断后伸长率的超塑性；Ti-25Al-10Nb-3V-1Mo 合金（质量分数，%）在 980℃ 时可以获得 570% 断后伸长率的超塑性；Ti-24Al-14Nb-3V-0.5Mo 合金（质量分数，%）具有较好的低温塑性和高温强度，在 980℃ 及变形速度为 3.5×10^{-4}/s 时可以获得 818% 断后伸长率的超塑性。

2）TiAl 金属间化合物的超塑性

① 试验温度对 TiAl 金属间化合物超塑性的影响　晶粒直径为 $20\mu m$、组织 $\gamma+\alpha_2$ 的 Ti-47.3Al-1.9Nb-1.6Cr-0.5Si-0.4Mn 合金（质量分数，%）在应变速度为 8.0×10^{-5}/s 时，试验温度对粗晶 TiAl 金属间化合物超塑性的影响如

图 4.5(a) 所示。可以看到，虽然断裂强度随着试验温度的提高，断裂应力较低，塑性增大，但是真实应力-变形曲线也由软化型（随着变形的增大应力减小）变为硬化型（随着变形的增大应力也增大）。

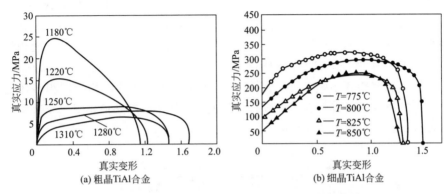

图 4.5　试验温度对 TiAl 金属间化合物超塑性的影响

② 晶粒尺寸对 TiAl 金属间化合物超塑性的影响　Ti-Al 系金属间化合物的超塑性在很大程度上受晶粒尺寸的影响。晶粒直径为 $0.3\mu m$、组织 $\gamma+\alpha_2$ 的 Ti-48Al-2Nb-2Cr 合金（质量分数，%）在应变速率为 $8.3\times10^{-4}s^{-1}$ 时，试验温度对细晶 TiAl 金属间化合物超塑性的影响如图 4.5(b) 所示。可以看到，晶粒细化以后，其真实应力-变形曲线硬化型温度降低了，而且随着试验温度的提高，硬化的程度加强了。

③ 合金元素的影响　V、Cr、Mn 元素能够提高 Ti-Al 系金属间化合物的塑性，而间隙元素 O、C、N、B 则能够降低 Ti-Al 系金属间化合物的塑性。

4.2 Ni-Al 金属间化合物的焊接

IC 是金属间化合物"intermetallic compounds"的英文缩写，美国把以 Ni_3Al 为基的合金称为 IC 合金。Ni-Al 金属间化合物焊接时的主要问题是焊接裂纹。Fe、Hf 元素有阻止热影响区热裂纹的作用，当合金中含有 10%Fe 和 5%Hf 时能改善焊接裂纹倾向。调整 Ni_3Al 基合金中晶界元素 B 的含量，也有利于消除合金的焊接热裂纹。

4.2.1 NiAl 合金的扩散连接

NiAl 合金的常温塑性和韧性差，熔化焊时易在表面形成连续的 Al_2O_3 膜而使其焊接性很差，因此 NiAl 合金常采用扩散钎焊或过渡液相扩散连接。

（1）NiAl 与 Ni 的扩散钎焊

很多情况下将 NiAl 用于以 Ni 基合金为主体的结构中，采用扩散钎焊可实现 NiAl 与 Ni 基合金的连接。Ni-48Al 合金与工业纯 Ni（质量分数为 Ni 99.5%）扩散钎焊时，可采用厚度为 $51\mu m$ 的非晶态钎料 BNi-3 为中间层。BNi-3 钎料的成分为 Ni-Si4.5%-B3.2%（摩尔分数），钎料的固相线温度为 984℃，液相线温度为 1054℃。扩散钎焊温度为 1065℃。

当加热温度达到 1065℃后，钎料熔化形成过渡液相，液相与固相基体之间没有发生扩散（或只有很少的扩散），钎焊接头中的元素分布如图 4.6 所示，此时钎焊接头组织全部由共晶组成。

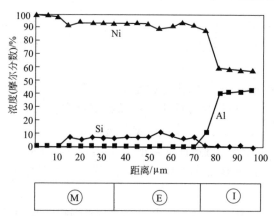

图 4.6 NiAl 与 Ni 钎焊接头的成分分布（在 1065℃保温 0min 后）

M—Ni 基体；E—共晶；I—NiAl 基体

随着保温时间的增加，基体 NiAl 开始不断地向液相中溶解，使原来不含 Al 的 Ni-Si-B 共晶液相中开始含 Al，并不断提高其 Al 含量。

当保温时间为 5min 时，NiAl/Ni-Si-B/Ni 钎焊接头中共晶组织的平均 Al 含量约为 2%（图 4.7），并由 Ni 基体开始向液相中外延生长，进行等温凝固。由于保温时间较短，所得接头中除部分为 Ni 外延生长的等温凝固组织外，主要仍是共晶组织。在界面附近的 Ni 基体中由于 B 的扩散形成了一个硼化物区，其宽度相当于 B 在 Ni 基体中的扩散深度。

从图 4.7 中还能看到，在界面附近 NiAl 中由于 Al 向液相扩散而形成了贫 Al 区。保温 2h 后 NiAl/Ni 扩散焊接头的成分分布如图 4.8 所示，此时接头中的共晶组织已完全消失（等温凝固阶段已经结束），但界面附近 Ni 基体中的硼化物仍然存在。试验结果表明，即使经过较长时间的保温，也很难得到没有硼化物的接头，这说明均匀化过程受 B 元素的扩散控制。

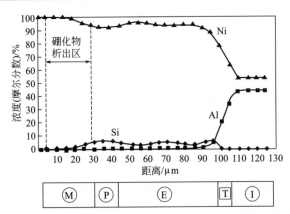

图 4.7　NiAl 与 Ni 钎焊接头的成分分布（在 1065℃ 保温 5min 后）

M—N 基体；P—外延生长的先共晶；E—共晶；I—NiAl 基体；T—贫 Al 的过渡区

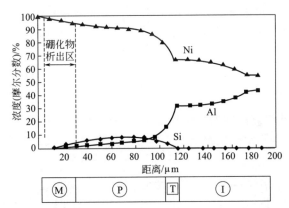

图 4.8　NiAl/Ni 扩散焊接头的成分分布（在 1065℃ 保温 2h 后）

M—Ni 基体；P—外延生长的先共晶；I—NiAl 基体；T—贫 Al 的过渡区

　　B 元素的扩散与基体成分有关，B 在 NiAl 金属间化合物中的扩散能力远比在 B 中慢得多，因此 NiAl 基体向液相的外延生长也比在 Ni 中困难很多，如图 4.9 所示。另外，由于共晶液相的原始成分中没有 Al，因此 NiAl 向液相中外延生长时，必须先有足够量的 Al 进入液相，才能产生 NiAl 向液相中的外延生长。而 Ni 向液相中的外延生长要容易得多，这是由于无需以 Al 进入液相为先决条件，因为液相中已有大量的 Ni 存在。所以用非晶态 BNi-3 钎料来扩散钎焊 NiAl/NiAl 比钎焊 Ni/NiAl 要难，而扩散钎焊 Ni/NiAl 比钎焊 Ni/Ni 要难。

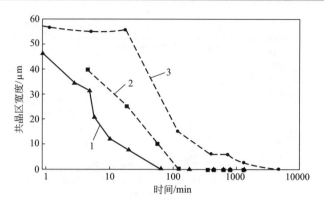

图 4.9 保温时间对不同扩散连接接头中共晶区宽度的影响

1—Ni/Ni-Si-B/Ni；2—NiAl/Ni-Si-B/Ni；3—NiAl/Ni-Si-B/NiAl

（2）NiAl 的过渡液相扩散焊

国产 NiAl 金属间化合物（如 IC-6 合金）过渡液相扩散焊时，中间层成分在母材的基础上进行了调整，将母材中的 Al 去掉，为提高抗氧化性加入约 7%Cr，还添加了 3.5%～4.5%B，做成 0.1mm 的粉末层。扩散加热温度为 1260℃，等温凝固及成分均匀化时间为 36h，所得到的扩散焊接头在 980℃、100MPa 拉力的作用下，持久时间可达到 100h。

过渡液相扩散焊方法的典型应用是美国 GE 公司 NiAl 单晶对开叶片的研制，制造过程如图 4.10 所示。先铸造实心叶片，用电火花线切割将叶片从中间切成

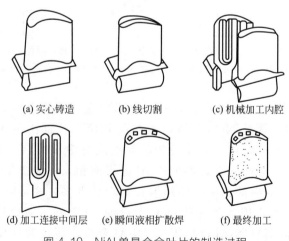

(a) 实心铸造　　(b) 线切割　　(c) 机械加工内腔

(d) 加工连接中间层　　(e) 瞬间液相扩散焊　　(f) 最终加工

图 4.10 NiAl 单晶合金叶片的制造过程

两半，然后加工叶片内部的空腔结构，最后一道工序是将两半叶片焊接在一起。采用的是过渡液相扩散焊技术，可获得与 NiAl 单晶力学性能相当的接头。

4.2.2　Ni₃Al 合金的熔焊

（1）Ni₃Al 的电子束焊

采用可对能量进行控制的电子束焊接 Ni₃Al 基合金时，焊接速度较小时可以获得没有裂纹的焊接接头。试验中采用的两种含 Fe 的 Ni₃Al 基合金的化学成分见表 4.7。

表 4.7　含 Fe 的 Ni₃Al 基合金的化学成分

合金	化学成分（摩尔分数）/%				
	Ni	Al	Fe	B	其他
IC-25	69.9	18.9	10.0	0.24（0.05%）	Ti0.5 + Mn0.5
IC-103	70.0	18.9	10.0	0.10（0.02%）	Ti0.5＋Mn0.5

注：括号内的数字为质量分数。

焊接裂纹的产生主要与焊接速度和 Ni₃Al 基合金中的 B 含量有关，随着焊接速度的增加，焊接裂纹率显著增加。电子束焊接速度对两种 Ni₃Al 基合金（IC-103、IC-25）裂纹率的影响如图 4.11 所示，当焊接速度超过 13mm/s 后，IC-25 合金对裂纹很敏感。B 元素对改善 Ni₃Al 的室温塑性起着有利的作用，加入 B 能改善晶界的结合，但当 B 含量超过一定的限量时会导致合金热裂纹倾向增大（图 4.12），焊接裂纹率最低时的 B 含量约为 0.02%。

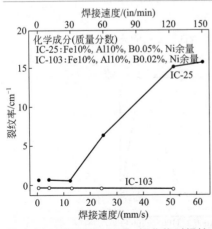

图 4.11　电子束焊 Ni-Fe 铝化物时焊接
速度对裂纹的影响

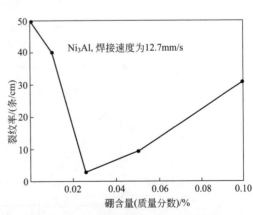

图 4.12　B 对 Ni₃Al 焊接热裂纹
倾向的影响

由图 4.11 可见，当 B 含量由 IC-25 合金中的 0.05％降低到 IC-103 合金中的 0.02％时，焊接裂纹完全消除，焊接速度一直达到 50mm/s 时，IC-103 合金始终没有出现焊接裂纹。

B 在 Ni 基高温合金中也有类似的作用。在 Ni 基高温合金中加入微量 B 可强化晶界、提高高温强度，但过量的 B 易在晶界形成脆性化合物，而且可能是低熔点的，会导致热影响区的局部熔化和热塑性降低，并引起热影响区的液化裂纹。但是，在 Ni_3Al 焊接热影响区中没有发现局部熔化现象，在裂纹表面也没有观察到有液相存在。因此，适量的降低 B 含量虽然对室温塑性有一定影响，但对改善 Ni_3Al 合金的焊接性是非常必要的。

根据从 Gleeble-1500 热模拟试验机上测得的 IC-25 和 IC-103 两种合金升温过程中的热塑性变化曲线（图 4.13 和图 4.14）可以看到，两者在 1200～1250℃之间有很大的差别。1200℃时 IC-25 和 IC-103 拉伸时的伸长率分别为 0.5％和 16.1％。IC-25 合金的断口形貌是脆性的晶间断裂，但 IC-103 合金的断口呈塑性断裂特征，表现出较高的拉伸延性。

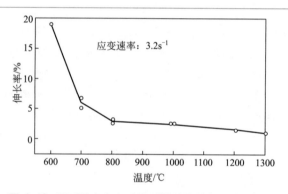

图 4.13　IC-25 合金在升温时拉伸塑性与温度的关系

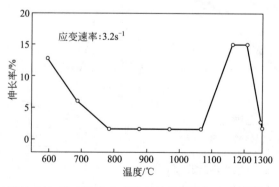

图 4.14　IC-103 合金升温时拉伸塑性与温度的关系

Ni_3Al 基合金的断裂形貌与晶界的结合强度密切相关。晶界结合强度低于材料的屈服强度时，断口形貌是无延性的晶间断裂，断裂应变随着晶界结合强度的增加而增大。1200℃时 IC-103 合金的断裂应变比 IC-25 合金高很多，此时 IC-103 合金的晶界结合强度比 IC-25 合金高很多。这也表明 B 对含 Fe 的 Ni_3Al 基合金高温塑性的影响与它对室温塑性的影响并不一致。

硼（B）虽然显著地提高 Ni_3Al 的室温塑性，但在高温时效果不明显，特别是在 600～800℃ 中温范围内，含硼 Ni_3Al 基合金存在一个脆性温度区，这是一种动态脆化现象，与试验环境气氛中的氧含量有关。因此，B 含量高的 IC-25 合金在焊接速度超过 13mm/s 的电子束焊接头中表现出来的较高的热影响区裂纹倾向，是由于其高温下的晶间脆化和热应力的作用造成的。

（2）Ni_3Al 合金的焊条电弧焊

Ni_3Al 合金采用焊条电弧焊时，焊材的选择很重要，选择合理的焊材可以弥补 Ni_3Al 合金焊接性差的劣势，减少或消除焊接裂纹。

Ni_3Al 母材不能用作焊接材料，因为焊接时极易出现裂纹。高温合金中 Ni818 是比较适宜用于 Ni_3Al 合金的焊接材料，可以实现 Ni_3Al 结构件的无裂纹焊接。这种焊材的主要成分是在 Ni 基的基础上，添加 0.04C-15Cr-7Fe-15Mo-3.5W-1Mn-0.25V。为了保证焊接工艺稳定性，防止出现焊接裂纹，焊前必须清除焊件表面的氧化物、油污等，以避免外来的非金属夹杂物混入焊接熔池。

在保证焊接冶金要求的前提下，应考虑采用小坡口焊接，尽量减小焊缝尺寸，控制焊接热影响区尽可能最小。焊接过程中采用小电流低速焊接，控制焊接热输入，加强散热，以防止焊接熔池过热及焊后接头区组织粗大。

采用 Ni818 焊材对 NiAl 基的 IC-218 合金进行焊接的工艺参数见表 4.8。焊缝表面成形良好，经化学腐蚀后从宏观上观察未发现表面裂纹，将焊缝解剖也未发现有焊接裂纹、内部气孔或夹渣等缺陷。焊缝的强度达到了 450MPa，拉断在熔合区处，属韧性断裂。由于熔合区的合金化很复杂，因此使得焊缝的强度（实质是熔合区的强度）比母材和焊材低。

表 4.8　Ni818 焊材焊接 IC-218 铸造合金的工艺参数

母材	坡口角度 /(°)	焊前清理	焊条直径 /mm	预热温度 /℃	焊接电流 /A	焊后处理	工艺特点
IC-218	45	机械打磨	3.2	200	130	750℃×2h 退火	多层堆高

4.2.3　Ni_3Al 与碳钢（或不锈钢）的扩散焊

（1）Ni_3Al 与碳钢的扩散焊

通过加入 B、Mn、Cr、Ti、V 等合金元素，Ni-Al 金属间化合物具有良好的室温塑性和高温强度。Ni_3Al 与钢进行异种材料焊接时，采用熔焊方法焊缝及热影响区容易产生裂纹，目前 Ni-Al 金属间化合物异种材料的焊接大多采用扩散焊和钎焊。

碳钢中合金元素含量较少，Ni_3Al 与碳钢可以不加中间层、直接进行真空扩散焊。焊接工艺参数见表 4.9。

表 4.9 Ni_3Al 与碳钢扩散焊的工艺参数

加热温度 /℃	保温时间 /min	加热速度 /(℃/min)	冷却速度 /(℃/min)	焊接压力 /MPa	真空度 /Pa
1200~1400	30~60	5	10	2	$3×10^{-3}$

Ni_3Al 与碳钢之间润湿性及相容性良好，在扩散界面处能够结合紧密，形成的扩散过渡区厚度约为 $20~40\mu m$。加热温度为 1400℃、保温 30min 与加热温度为 1200℃、保温 60min 时 Ni_3Al 与碳钢扩散焊接头的显微硬度分布如图 4.15 所示。

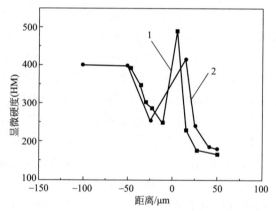

图 4.15 Ni_3Al 与碳钢扩散焊接头的显微硬度分布
1—1400℃×30min；2—1200℃×60min

Ni_3Al 金属间化合物显微硬度约为 400HM，越接近 Ni_3Al 与碳钢扩散焊界面，由于扩散显微空洞的存在以及扩散元素含量不同，导致 Ni_3Al 晶体结构发生了无序化转变，显微硬度下降至 230HM。而在 Ni_3Al 与碳钢扩散焊接头中间部位，由于扩散焊时经过一定的元素扩散，组织细小致密，显微硬度升高至500HM，随后显微硬度下降至扩散焊接后碳钢母材的显微硬度 200HM。

Ni_3Al 与碳钢扩散焊接头能否满足在工作条件下的使用性能，主要取决于扩散焊母材中的各种元素在界面附近的分布。在加热温度为 1200℃、保温时间为60min 与加热温度为 1000℃、保温时间为 60min、焊接压力为 2MPa 的条件下，

Ni_3Al 与碳钢扩散焊接头的元素分布如图 4.16 所示。

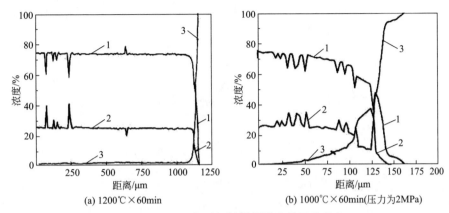

图 4.16 Ni_3Al 与碳钢扩散焊接头的元素分布

1—Ni; 2—Al; 3—Fe

加热温度为 1200℃、保温时间为 60min 时，Ni_3Al 与碳钢扩散焊接头的 Ni、Al、Fe 元素浓度变化主要体现在晶粒边界处，晶粒边界的扩散起主要作用。在扩散界面上，重结晶后的晶粒较大，元素浓度波动较小，只是在接头靠近碳钢一侧的微小区域内，Ni、Al、Fe 元素浓度骤然变化到碳钢母材中元素的初始浓度值。加热温度为 1000℃、保温时间为 60min、焊接压力为 2MPa 时，温度较低，重结晶现象较少发生、晶粒生长较慢，而压力的作用使 Ni_3Al 与碳钢晶粒之间的体积扩散占主导，元素浓度变化起伏较大。

（2）Ni_3Al 与不锈钢的扩散焊

Ni_3Al 金属间化合物具有比不锈钢更高的耐高温和抗腐蚀性能，在一些对零部件抗高温腐蚀性能要求较高的场合，有时要将 Ni_3Al 金属间化合物与不锈钢进行焊接。研究表明 Ni_3Al 与不锈钢可以不添加中间层而直接进行真空扩散焊，其工艺参数见表 4.10。

表 4.10 Ni_3Al 与不锈钢扩散焊的工艺参数

加热温度 /℃	保温时间 /min	加热速度 /(℃/min)	冷却速度 /(℃/min)	焊接压力 /MPa	真空度 /Pa
1200~1380	30~60	20	30	0~9	3.4×10^{-3}

加热温度为 1380℃、保温时间为 30min 与加热温度为 1200℃、保温时间为 60min 时 Ni_3Al 与不锈钢扩散焊接头的显微硬度分布见图 4.17。

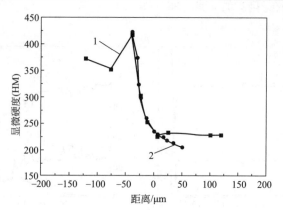

图 4.17　Ni₃Al 与不锈钢扩散焊接头的显微硬度分布

1—1380℃ × 30min；2—1200℃ × 60min

Ni₃Al 与不锈钢扩散焊接头的显微硬度最大升高至 450HM，靠近不锈钢母材一侧，显微硬度下降至不锈钢母材的显微硬度值 220HM。整个 Ni₃Al 与不锈钢扩散焊接头的显微硬度连续变化，这主要与接头处微观组织的连续性、晶粒的不断生长及元素浓度的变化有关。加热温度为 1200℃、保温时间为 60min 的条件下，Ni₃Al 与不锈钢扩散焊接头的元素分布如图 4.18 所示。

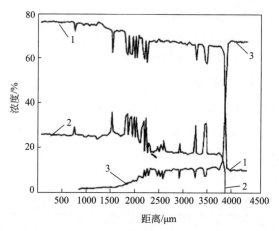

图 4.18　Ni₃Al 与不锈钢扩散焊接头的元素分布（1200℃ × 60min）

1—Ni；2—Al；3—Fe

不锈钢中合金元素含量较多，Ni₃Al 与不锈钢扩散焊接过程中，元素的扩散途径较为复杂，元素之间的相互影响大，因此 Ni₃Al 与不锈钢扩散焊接头元素浓度变化起伏较大，形成的中间化合物结构也较为复杂。

4.2.4 Ni₃Al 基 IC10 合金的扩散连接和真空钎焊

Ni₃Al 基 IC10 合金是我国研制的定向凝固多元复合强化高温合金，主要用于航空发动机的导向叶片，在其制造过程中需要焊接连接。Ni₃Al 基 IC10 合金的化学成分和高温力学性能见表 4.11。

表 4.11　Ni₃Al 基 IC10 合金的化学成分和高温力学性能

化学成分(质量分数)/%								
Co	Cr	Al	W	Mo	Ta	Hf	B	Ni
11.5~12.5	6.5~7.5	5.6~6.2	4.8~5.2	1.5~5.0	6.5~7.5	1.3~1.7	≤0.02	余量

高温力学性能				
状态	980℃持久强度 R_{100}/MPa		1100℃持久强度 R_{100}/MPa	
	纵向	横向	纵向	横向
固溶	160	80	70	40

（1）Ni₃Al 基 IC10 合金的 TLP 扩散连接

该 IC10 合金采用定向凝固方法铸造，组织为 γ＋γ′ 双相，γ′ 相呈块状分布，γ 相在 γ′ 相周围呈网状分布。在 (1260±10)℃下保温 4h 然后油冷，或者空冷处理后的组织均匀化处理之后，仍然是 γ 相在 γ′ 相周围的网状组织。γ 相约为 20%～30%，γ′ 相约为 65%～75%，还有少量的硼化物和碳化物。

扩散连接中采用 KNi-3、YL 合金作为中间层。

1）采用 KNi-3 作为中间层

扩散连接工艺参数：连接温度为 1230～1250℃，保温时间分别为 4h 和 10h。

① 接头组织　保温时间为 4h 时，扩散焊接头由 γ 相基体、大块 γ′ 相、块状硼化物和少量碳化物组成。保温时间为 10h 时的接头组织则是大块 γ′ 相、块状硼化物和少量变得细小的碳化物，均匀分布在 γ 相基体中，接头组织与母材基本相似，连接形态良好。

② 接头力学性能　室温接头强度为 705～894MPa（平均值为 772MPa）；980℃的接头强度为 530～584MPa（平均值为 561MPa），断后伸长率为 1.2%～2.8%（平均值为 2.23%）。980℃、100h 的高温持久强度为 120MPa，达到母材的 80%。

室温断口形貌以细小韧窝为主，韧窝中分布有解理面，宏观上断口起伏不大，解理面上存在较多的 W、Mo、Co、Hf 元素，韧窝中 W、Mo、Co、Hf 元素较少；高温断口形貌以细小韧窝为主，宏观上断口起伏较大。

2）采用 YL 合金作为中间层

YL 合金作为 Ni_3Al 基 IC10 合金的过渡液相扩散焊（TLP）专用中间层材料，其化学成分与 IC10 合金相似，去除了 Hf、C，加入了 B，加入 B 是为了降低其熔点。

① 扩散连接工艺　扩散连接工艺参数：连接温度为 1270℃（母材的固溶温度），保温时间分别为 5min、2h、8h 和 24h。

② 接头组织特征

a.扩散焊过程中接头组织的变化。采用 YL 合金作中间层，在保温时间很短的条件下就可以形成良好的扩散焊接头，焊缝较宽，在与 IC10 母材接触的界面上形成花团状 $\gamma + \gamma'$ 共晶（焊缝中央的黑色组织），还有鱼骨状化合物（硼化物）和大块网状组织（Ni-Hf 共晶）。保温 2h 后，除了在 $\gamma + \gamma'$ 共晶边缘还有一些硼化物之外，焊缝组织已经基本与母材一致，焊缝宽度也变窄。保温 8h 之后，焊缝宽度进一步变窄。保温 24h 之后，接头组织已经均匀化，看不出焊缝与母材的交界。

Ni_3Al 基 IC10 合金过渡液相扩散焊接头的形成过程如下：首先中间层合金熔化，由于中间层合金中含有 Al、Ta 等 γ' 相形成元素，而且 Hf、B 等降低熔点的元素能够促进共晶的形成，因此在中间层与母材靠近的两侧界面上形成了大量的连续花絮状 $\gamma + \gamma'$ 共晶，从而排出 Cr、Mo、W 等元素，在共晶的周围形成了 Cr、Ta 的硼化物。这个过程的时间很短，焊缝宽度已经超过中间层厚度，说明已有部分母材溶解。同时，中间层与母材之间发生元素的相互扩散，中间层中的 B 向母材扩散，使得母材的熔点降低而熔化，冷却过程中形成大量硼化物。随着保温时间的增加，由于 B 原子的直径小，容易扩散，因此近缝区的 B 含量逐渐减少，组织趋于均匀化。

b.γ' 相形态的变化。在保温时间较短时，γ' 相形貌近似为球形；保温时间增加之后逐渐变为四方形，还有一些田字形，而且晶粒也会长大。这是因为 γ' 相的析出受到界面能和共格变形能的控制，保温时间短还来不及长大，所以呈现为球状。随着保温时间的延长，γ' 相长大，会破坏共格，而形成部分共格界面，形状趋于方形以减少共格弹性能。

在高温合金中，Al、Ti、Nb、Ta、V、Zr、Hf 等是 γ' 相形成元素，而 Co、Cr、Mo 是 γ 相形成元素，W 大致分配在 γ' 相和 γ 相中，所以可以用（Al + Ti + Nb + Ta + V + Zr + Hf + 1/2W）的质量分数作为 γ' 相的形成因子。γ' 相的形成因子越大，γ' 相就越多。由于中间层中去除了 Hf，因此 γ' 相的形成因子只有 Al、Ta、W，故 γ' 相的形成因子不大。在保温 5min 时，焊缝中形成大量硼化物，母材中的 Hf 扩散进入焊缝，形成 Ni-Hf 共晶，所以焊缝中 γ' 相的形成因子较小，γ' 相含量较少，尺寸也小，容易成为球状。保温时间增加之后，焊缝成分趋于均匀，基本与母材一致，γ' 相的形成因子增大，γ' 相含量也增加，尺寸变大，成为四方形。

（2）Ni_3Al 基 IC10 合金与镍基合金的真空钎焊

Ni_3Al 基 IC10 合金与 GH3039 镍基合金通过真空钎焊进行连接，该 GH3039 镍基合金的化学成分和高温力学性能见表 4.12。由于 Ni_3Al 基 IC10 合金采用铸造法生产，表面不平整，因此要将其大间隙填平，就需要采用 Rene'95 高温合金粉末，该合金粉末的化学成分见表 4.13。钎料采用 Co50CrNiWB。

表 4.12 GH3039 镍基合金的化学成分和高温力学性能

化学成分（质量分数）/%									
Cr	Mo	Al	Ti	Nb	C	Fe	Mn	Si	Ni
19～22	1.80～2.30	0.35～0.75	0.35～0.75	0.90～1.30	≤0.08	≤3.0	≤0.40	≤0.80	余量

高温力学性能			
状态	900℃拉伸性能		900℃持久强度 R_{100}/MPa
	抗拉强度/MPa	伸长率/%	
固溶 1080℃，空冷	161	68	34
固溶 1170℃	—	—	39

表 4.13 Rene'95 高温合金粉末的化学成分

C	Cr	Co	W	Al	Ti	Mo	Nb	Zr	B	Ni
0.15	14.0	8.0	3.5	3.5	2.5	3.5	3.5	0.15	0.01	余量

1）钎焊工艺

Ni_3Al 基 IC10 合金与 GH3039 镍基合金的钎焊工艺参数为：加热温度为 1180℃，保温时间为 30min，间隙为 0.1mm 和 0.5mm，真空度为 $5×10^{-2}Pa$。

2）钎焊接头组织

① 窄间隙（0.1mm）钎焊　钎缝的固溶体基体与 GH3039 合金母材之间已经没有明显的界限了，在钎缝的固溶体基体上连续分布着骨骼状硼化物。呈连续分布的骨骼状灰色相为富 Cr 的硼化物相，黑色块状相可能是 TiN。

② 大间隙（0.5mm）钎焊　钎缝与 GH3039 合金母材之间已经看不到界线。Rene'95 高温合金粉末之间的钎缝为固溶体基体上分布着大量的骨骼状硼化物相，这种骨骼状硼化物相分为白色和灰色骨骼状硼化物相，白色骨骼状硼化物相为富 W 的硼化物相，灰色骨骼状硼化物相为富 Cr 的硼化物相。Rene'95 高温合金粉末之间的钎缝为 Ni-Cr 固溶体基体。Ni_3Al 与 GH3039 镍基合金大间隙钎焊接头的组织更为复杂些。

3）钎焊接头的力学性能

采用 50CoCrNiWB 钎料、预填 Rene'95 高温合金粉末、在 1180℃×30min

参数条件下钎焊 Ni_3Al 基 IC10 合金与 GH3039 镍基合金正常间隙（0.1mm）和大间隙（0.5mm）钎焊接头的拉伸性能和 900℃高温持久性能见表 4.14 和表 4.15。

表 4.14 Ni_3Al 基 IC10 合金与 GH3039 镍基合金钎焊接头的拉伸性能

试样号	间隙 /mm	抗拉强度 /MPa	伸长率 /%	备注
901	0.1	185	31	断于 GH3039,IC10 伸长极小
902	0.1	173	21	主要是 GH3039 伸长
903	0.1	180	4.7	断于钎焊焊缝
907	0.5	169	58	断于 GH3039,IC10 伸长极小
908	0.5	178	55	主要是 GH3039 伸长

表 4.15 Ni_3Al 基 IC10 合金与 GH3039 镍基合金钎焊接头的 900℃高温持久性

试样号	间隙 /mm	试验应力 /MPa	持久寿命 /h	断裂部位
904	0.1	40	178.4	GH3039
905	0.1	40	159.8	GH3039
906	0.1	40	199.8	GH3039
909	0.5	40	214.2	GH3039
910	0.5	40	215.5	GH3039

试验结果表明，正常间隙（0.1mm）和大间隙（0.5mm）的 Ni_3Al 基 IC10 合金与 GH3039 镍基合金钎焊接头的拉伸性能中，钎焊接头的抗拉强度均超过了 GH3039 镍基合金母材的抗拉强度（161MPa），只有 903 号试样断在钎缝上，其余都断在 GH3039 镍基合金母材上。钎焊接头在 900℃时的高温持久寿命远远超过 100h，也都是断在 GH3039 镍基合金母材上，表明钎焊接头具有良好的高温持久性能。

4.3 Ti-Al 金属间化合物的焊接

Ti-Al 系金属间化合物由于其密度低、比强度高受到人们的重视，特别是对航空航天飞行器有重要的意义，该系列的三种金属间化合物 Ti_3Al、TiAl 和 $TiAl_3$ 都有发展和应用前景。TiAl 金属间化合物的密度为 $3.9g/cm^3$，使用温度可达 900℃，用于航空航天领域很有吸引力。Al_3Ti 金属间化合物是 Ti-Al 系中密度最低（$3.45g/cm^3$）的一种材料，在较高温度时有较高的强度和良好的抗氧化性，因此引起人们的关注。

Ti-Al 系金属间化合物可以采用氩弧焊、电子束焊、扩散焊、钎焊等方法进行连接。

4.3.1　Ti-Al 金属间化合物的焊接特点

TiAl 和 Ti_3Al 的焊接性和室温塑性比钛合金差，为了获得良好的无缺陷焊接接头，这类合金焊接应注意以下几个问题：

① TiAl 和 Ti_3Al 极易吸附氧、氮等间隙元素，导致合金性能明显下降。因此焊接熔化、凝固结晶和固态冷却过程须在惰性气氛或真空中进行；与氩弧焊、激光焊的局部保护相比，电子束焊、扩散焊的高真空室提供了良好的保护环境。

② 为了防止焊接部位的污染，焊接件表面清洗和洁净化非常重要。

③ 根据焊接件的尺寸和结构的复杂性，采取相应的焊接工艺。例如薄件或中等厚度的零件可采用氩弧焊、激光焊；大截面部件应采用电子束焊、扩散焊，以确保焊接质量。

④ 考虑到焊后残余应力，应采用具有高能密度的焊接工艺，达到全穿透、一次焊接完成，避免多道次的氩弧焊工艺。

⑤ 须对影响焊接接头微观组织结构和性能的焊接冶金过程有全面了解。例如焊缝合金的熔化、凝固结晶、相变的连续冷却规律、析出物以及焊后热处理的影响等。适当的焊接工艺及焊后热处理是获得牢固焊接部件的关键。

（1）加热和冷却过程中 Ti-Al 金属间化合物的组织转变

TiAl 金属间化合物是一种室温塑性很差的材料，但是通过加入 Cr、Mn、V、Mo 等元素进行合金化和组织调整，使其形成一定比例和形态的（$\gamma+\alpha_2$）两相组织，可以使其室温伸长率提高到 2%～4%。因此，一些 TiAl 金属间化合物的合金成分被设计成室温下具有（$\gamma+\alpha_2$）两相的层片状双相组织，α_2 相呈薄片状，穿越 γ 相晶粒。这种双相组织是在冷却过程中通过 α 相→（$\alpha_2+\gamma$）两相的共析反应获得的。

在 Ti-48Al（摩尔分数，%）金属间化合物中，在 1130～1375℃ 的高温温度范围内 γ 相转变为 α 相，但是在冷却过程中 α 相转变为 γ 相非常快。例如，在加入了 Cr 和 Nb 的 Ti-48Al-2Cr-2Nb（摩尔分数,%）金属间化合物，由 1400℃ 的 α 相区淬火，导致向 γ 相转变，得到的是 γ 相的块状组织，只有在缓冷时才能获得层片状组织。因此，焊接条件下较快的冷却速度将使 TiAl 金属间化合物的理想组织状态受到破坏，使其转变为脆性组织容易形成固相（冷）裂纹。

在 Ti_3Al 金属间化合物中，除了有序的 α_2 相外，还有少量的无序体心立方的 β 相，从而改善了 Ti_3Al 金属间化合物的室温塑性。分析其断口的微观形貌，可以看到穿越 α_2 相晶粒的解理断裂，但是由于在晶界上有 β 相存在而显示出塑性撕裂形貌。所以，为了改善 Ti_3Al 金属间化合物的室温塑性，在晶界上应该保有一定的 β 相。但是，焊接热循环往往破坏了这种有利的 $(\alpha_2+\beta)$ 两相结构，使其焊接后接头的塑性变坏。

也就是说，Ti_3Al 金属间化合物在高温下得到的 β 相，在冷却到低温时会发生转变。图 4.19 为 Ti_3Al 金属间化合物 CCT（连续冷却）曲线图，图 4.20 为一种简略的 α_2 相和超级 α_2 相的 CCT（连续冷却）曲线图。利用这些连续冷却曲线可以预测 Ti_3Al 金属间化合物冷却之后的组织。

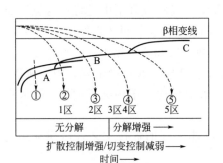

图 4.19　Ti_3Al 金属间化合物 CCT
（连续冷却）曲线图

①—$\beta \rightarrow B_2^P$；②—$\beta \rightarrow \alpha_2' + B_2^P$；③—$\beta \rightarrow \alpha_2' + \alpha_2^P$；
④—$\beta \rightarrow \alpha_2' + \alpha_2 + \beta/B2$；⑤—$\beta \rightarrow (\alpha_2+\beta) + \alpha_2' + \alpha_2 + \beta$

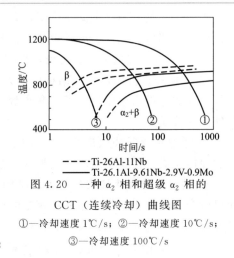

图 4.20　一种 α_2 相和超级 α_2 相的
CCT（连续冷却）曲线图

①—冷却速度 1℃/s；②—冷却速度 10℃/s；
③—冷却速度 100℃/s

Ti_3Al 金属间化合物平衡状态下的室温组织应该是 $(\alpha_2+\beta)$ 两相组织，加热到高温成为 β 相组织。在随后的冷却过程中，β 相的分解过程是非常缓慢的，来不及进行 β 相 $\rightarrow \alpha_2$ 相的转变，所得到的组织为亚稳定的体心立方 β 相有序化 B2 结构。这种组织较软，韧性也较好，但是由于 B2 结构的不稳定性，在一般电弧焊的冷却速度下可能转变成硬脆的 α_2 相的马氏体 α_2' 相，而这种细针状组织的塑性几乎为 0。冷却速度为 100℃/s 时 Ti_3Al 金属间化合物（Ti-14Al-21Nb）的 TEM 形貌如图 4.21 所示。

显然，要想得到较理想的 $(\alpha_2+\beta)$ 两相组织，焊接中必须较缓慢地冷却，这就需要对工件进行预热。例如，对于厚度为 3mm 的薄板需要预热到 600℃，冷却速度低于 25℃/s 或进行焊后热处理。因此，焊后连续冷却时冷却速度对 Ti_3Al 金属间化合物接头区的组织性能有决定性的影响。

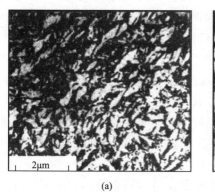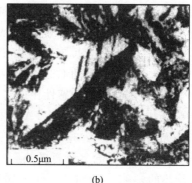

(a)　　　　　　　　　　　(b)

图 4.21　冷却速度为 100℃/s 时 Ti₃Al 金属间化合物（Ti-14Al-21Nb）的 TEM 形貌

（2）Ti₃Al 金属间化合物的裂纹倾向

1）Ti₃Al 金属间化合物的冷裂纹

Ti₃Al 金属间化合物与 Ni₃Al 金属间化合物不同，Ti₃Al 金属间化合物产生热裂纹的临界应力范围很窄，因此热裂纹倾向很小。而且，Ti₃Al 金属间化合物在高温下塑性较好，也不会产生热影响区液化裂纹。Ti₃Al 金属间化合物焊接中的主要问题是室温下塑性较低以及由此引起的冷裂纹。

2）影响 Ti₃Al 金属间化合物冷裂纹敏感性的因素

① 母材状态和焊接方法　母材为 Ti-24Al-14Nb-1Mo（TD3 合金），其固溶温度为 950℃，三种状态分别为：

a. 锻造后 980℃＋1h，空冷处理；

b. 热轧后 980℃＋1h，空冷处理；

c. 热轧后 950℃＋1h，空冷处理。

它们的室温力学性能见表 4.16。

表 4.16　三种状态 Ti₃Al 基 TD3 合金的室温力学性能

材料状态	锻造后 980℃＋1h,空冷处理	热轧后 980℃＋1h,空冷处理		热轧后 950℃＋1h,空冷处理	
方向	—	轧向	垂直轧向	轧向	垂直轧向
抗拉强度/MPa	1052	975	921	984	1064
伸长率/%	5.8	10.1	2.3	9.7	3.8

采用 Nb 含量较高的 Ti-Al-Nb 合金焊丝，分别进行充氩箱中的手工填丝 GTAW 焊接和大气环境中的自动 GTAW 焊接。

a. 冷裂纹敏感性。手工 GTAW 焊接时，a 状态没有出现裂纹，而 c 状态有时出现伴有响声的冷裂纹。自动 GTAW 焊接时 a 状态和 c 状态都产生了冷裂纹。裂纹起源于熔合区，并且垂直于焊缝向两侧母材扩展，这显然与母材的塑性有关，a 状态比 c 状态的塑性好（母材断后伸长率分别为 5.8% 和 3.8%）。焊接方法的影响与焊后的冷却速度有关，由于手工 GTAW 焊接是在充氩箱中进行的，冷却速度比大气中的自动 GTAW 焊接的冷却速度慢，焊接区残余应力也比后者小，因此前者的冷裂纹敏感性比后者小。

b. 接头力学性能。手工 GTAW 接头的力学性能为：a 状态抗拉强度为 919MPa，断后伸长率为 3.1%；c 状态抗拉强度为 817MPa，断后伸长率为 1.2%，都是断裂在熔合区附近的热影响区。

② 预热的影响 采用 Ti_3Al 金属间化合物（Ti-24Al-14Nb-4V）进行手工 GTAW 焊接，经过预热的焊接接头没有出现冷裂纹，而未经过预热的焊接接头有冷裂纹产生。经过预热的焊接接头的硬度比未经过预热的焊接接头的硬度低。氢对 Ti_3Al 金属间化合物焊接接头的冷裂纹敏感性有促进作用，预热将促使氢的逸出。因此预热也是防止 Ti_3Al 金属间化合物产生冷裂纹的有效措施。试验表明，未经过预热的焊接接头断口的解理面较大，河流花样更加密集和明显，表明其脆性更大。

(3) 预热和焊后热处理对接头性能的影响

焊前预热能够明显降低 Ti_3Al 金属间化合物焊接接头区的裂纹敏感性，预热焊接后的热影响区的硬度峰值也得到缓和，接头强度系数从不预热的约 30% 提高到 78%。母材抗拉强度为 820MPa，屈服强度为 584MPa，断后伸长率为 17%。不预热 GTAW 焊接接头的抗拉强度只有 246MPa，预热后 GTAW 焊接接头的抗拉强度可达 638MPa。

对大多数金属的焊接接头来说，焊后热处理能够降低残余应力，提高断裂韧度。同样，焊后热处理也能够使 Ti_3Al 金属间化合物焊缝和热影响区的显微组织和力学性能得到改善。具体的焊后热处理参数需根据焊件厚度和焊接结构形状尺寸确定。

4.3.2 Ti-Al 金属间化合物的电弧焊

Ti-Al 金属间化合物可以进行熔焊，但是 Ti-Al 金属间化合物的电弧焊接头容易产生结晶裂纹，这种材料淬硬倾向很大，所以电弧焊接头的力学性能一般较差。

Ti-Al 金属间化合物电弧焊（常用的是 GTAW 方法）的有利之处是成本低、操作简便、生产效率高，在工程结构件修复中有应用前景，焊接中的问题主要是避免产生裂纹。采用钨极氩弧焊（GTAW）方法焊接 Ti-48Al-2Cr-2Nb（摩尔分数,%）金属间化合物时，焊缝的显微组织由柱状和等轴状组织所组成，还有少量 γ 相。采用较大的热输入焊接时，可以避免产生裂纹；但是采用小电流或较小热输入焊接时，极易产生裂纹。

GTAW 焊缝金属的硬度比母材高，其室温塑性和强度性能比母材低。采用预热焊工艺可以避免产生裂纹。若不进行预热，焊接参数不当时会产生大量的裂纹。

采用 GTAW 方法焊接铸态 Ti-48Al-2Cr-2Nb（摩尔分数,%）和压制 Ti-48Al-2Cr-2Nb-0.9Mo（摩尔分数,%）时，通过调整焊接电流的大小（调节焊接热输入）控制焊接接头区的冷却速度，焊缝中的裂纹倾向可以随着热输入的增大而减少。控制焊接热输入也使焊缝的组织更加理想，α_2 脆性组织减少，枝晶偏析倾向也减小，有利于优化接头的组织性能。

4.3.3 Ti-Al 金属间化合物的电子束焊

（1）焊接接头的裂纹问题

Ti-Al 金属间化合物电子束焊的主要问题是焊接热裂纹和接头力学性能的降低。电子束焊具有熔深大、氛围好的特点，采用电子束焊接 TiAl 合金时，冷却速度较快时对焊接裂纹倾向影响很大。对 TiAl 合金电子束焊的焊接裂纹敏感性进行了研究，所用材料为 TiB_2 颗粒强化的 Ti-48Al 合金，所含强化相 TiB_2 的体积分数为 6.5%，组织为层片状 $\alpha_2 + \gamma$ 的晶团、等轴 α_2 和 γ 晶粒以及短而粗的 TiB_2 颗粒。TiAl 合金薄板电子束焊所用的工艺参数和热影响区冷却速度见表 4.17。

表 4.17 电子束焊所用的焊接参数及 HAZ 冷却速度

预热温度/℃	加速电压/kV	电子束流/mA	焊接速度/(mm/s)	HAZ 冷却速度/(K/s)
27	150	2.2	2	90
27	150	2.5	6	650
27	150	3.5	12	1320
27	150	4.0	12	1015
27	150	6.0	24	1800
170	150	2.5	6	400
300	150	2.2	2	35
335	150	2.5	6	200
335	150	4.0	12	310
470	150	2.0	6	325

电子束焊热影响区冷却速度对 TiAl 合金裂纹倾向的影响见表 4.18 和图 4.22。为了得到没有裂纹的焊接接头，与合适的焊接参数所对应的平均冷却速度（1400~800℃）是很重要的。当热影响区冷却速度低于 300K/s 时裂纹不敏感；冷却速度超过 300K/s 后，裂纹敏感性随冷却速度的增加明显增大。冷却

速度超过 400K/s 时焊缝中产生横向裂纹,并可能向两侧母材中扩展。从这类裂纹开裂的断口形貌看属固态裂纹,没有热裂纹的迹象,属于冷裂纹。

表 4.18　冷却速度对热影响区裂纹倾向的影响

HAZ 冷却速度/(K/s)	0	300	700	1000	1800	2700
裂纹率/(条/mm)	0	0	0.14	0.23	0.45	0.57

因此,用电子束焊焊接 TiAl 合金时,冷却速度是影响焊接裂纹的主要因素。当焊接参数选择合适时,用电子束焊接 TiAl 合金可以获得无裂纹的接头。有关研究表明,当焊接速度为 6mm/s 时,电子束焊防止裂纹产生所需的预热温度为 250℃(图 4.23)。

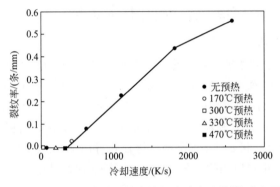

图 4.22　热影响区冷却速度对裂纹率的影响（由 1400℃ 冷却至 800℃ ）

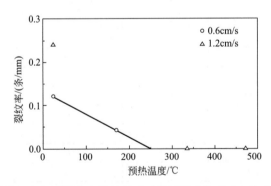

图 4.23　预热温度与裂纹率之间的关系（焊接速度为 0.6cm/s 和 1.2cm/s ）

(2) 电子束焊接头的组织转变

TiAl 合金电子束焊接头的组织性能与热输入(冷却速度)有很重要的相关性。冷却速度较慢时,将按照 Ti-Al 二元合金相图发生转变:高温时首先发生 β

相→α相的转变，然后从α相中析出γ相，形成层状组织；最后得到（α₂＋γ）双相层状组织和等轴γ相的双相组织。从Ti-Al二元合金相图可知，共析反应α相→（α₂＋γ）两相是在1125℃温度下发生的。

冷却速度较快时，会转变为粒状的γ_m组织。粒状转变是从α相转变为成分相同而晶体结构不同的γ相，这种粒状的γ_m组织形状不规则。冷却速度极快时，焊接熔池中结晶的大部分β相会保留下来，转变成有序的β₂相保留到室温。β₂相在光镜下以浅色为主，这是由于冷却速度太快，使杂质和低熔点共晶来不及向晶界迁移，因此晶界不明显。

采用电子束焊焊接厚度为10mm的Ti-48Al-2Cr-2Nb合金时，预热750℃可使焊缝转变为层片状组织，但在没有预热的快速冷却过程中，焊缝主要是块状转变组织。在这种高冷却速度的条件下，焊缝极易开裂，因此必须严格控制焊接热过程。TiAl合金同样存在氢脆问题，由于目前所用的焊接方法都是低氢的，因此氢并没有成为影响焊接裂纹的主要问题。

针对Ti₃Al-Nb（Ti-14Al-21Nb）金属间化合物的电子束焊，不同焊接参数（不同的冷却速度）对焊接接头硬度的影响如图4.24所示。

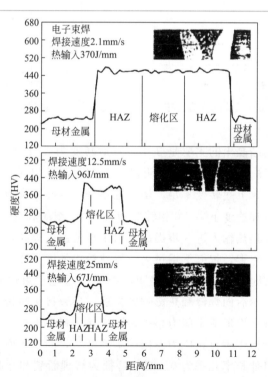

图4.24　电子束焊接参数（不同的冷却速度）对Ti₃Al-Nb（Ti-14Al-21Nb）金属间化合物焊接接头硬度的影响

（3）TiAl 合金的真空电子束焊示例

① 焊缝成形　针对厚度为 3mm 的 Ti-26.5Al-12.4V-0.63Y（质量分数，%）的 TiAl 合金，真空电子束焊的热输入为 $1.15 \sim 2.48$kJ/cm。可获得电子束焊熔透焊缝，焊缝的表面熔宽均匀一致，弧纹均匀细致，焊缝略微下塌，局部存在宏观横向微裂纹，特别是收尾弧坑处易出现裂纹。焊缝宽度随着电子束焊束流的增大而增大，随着焊接速度的增大而减小。

② 焊接接头力学性能　电子束焊接头的硬度分布和热输入对接头强度的影响如图 4.25 和图 4.26 所示。当加速电压为 55kV、电子束流为 24mA、焊接速度为 400mm/min 时（焊接热输入为 1.98kJ/cm）电子束焊接头的强度最高，为 221MPa，达到 TiAl 合金母材强度（438MPa）的 50.5%。

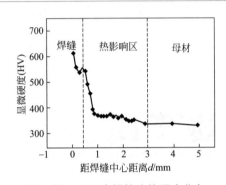

图 4.25　电子束焊接头的硬度分布

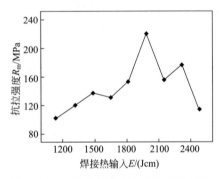

图 4.26　焊接热输入对接头强度的影响

在熔池中金属结晶出的主要是 β 相，然后转变为 $β_2$ 相和韧性良好的（$α_2$ + γ）组织。焊接热输入对焊缝组织有明显的影响，因此也对接头强度产生影响。焊接热输入减小时，上述转变不足，塑韧性不好，因此接头强度不高。随着焊接热输入的提高，冷却速度下降，β 相转变为粒状 $γ_m$ 组织和（$α_2$ + γ）双相层状组织，强度提高。焊接热输入进一步提高，由于熔池温度提高，合金元素烧损和挥发严重，造成组织粗大，焊缝下塌过大，导致接头强度下降。

③ 接头的断裂途径　试验结果表明，TiAl 合金电子束焊时的微裂纹大多是起始于焊缝表面，然后向焊缝和热影响区扩展，导致接头断裂。焊缝表面出现的微裂纹，加上焊缝下塌形成了应力集中，致使接头强度不高。

接头断口为近似于垂直拉应力方向的脆性断裂，断口表面具有金属光泽，断裂处无收缩，断口伸长率几乎为 0。断口特征为解理断裂和穿晶断裂。随着焊后冷却速度的降低，接头组织中（$α_2$ + γ）双相层状组织增加，断口可能出现分层、穿层现象，与单相组织相比断裂韧度有所提高。

4.3.4 TiAl 和 Ti₃Al 合金的扩散焊

(1) TiAl 合金扩散焊的特点

① 直接扩散焊 工艺参数（温度、时间、压力等）对 TiAl 合金扩散焊接头的性能有很大影响。表 4.19 给出了直接扩散焊的工艺参数和接头性能。在 Ti-48Al 双相铸造合金的扩散连接过程中，随着加热温度、保温时间和压力的增加，扩散焊接头的抗拉强度逐渐增加。在 1200℃、64min 和 15MPa 压力条件下，得到了没有界面显微孔洞和界面结合良好的扩散焊接头，接头的室温抗拉强度达到 225MPa，断于母材。

表 4.19 Ti-Al 扩散焊的工艺参数、界面反应产物及接头抗拉强度

被焊材料	工艺参数				界面产物	抗拉强度 /MPa
	加热温度 /℃	保温时间 /min	压力 /MPa	气氛		
Ti-52Al	1000	60	10	真空	$\gamma, \gamma + \alpha_2$	—
Ti-48Al-2Cr-2Nb	1000	60	10	真空	α_2	—
Ti-48Al	1000	35	10	Ar	TiO_2, Al_2TiO_5, γ	—
Ti-48Al	1200	64	15	Ar	$\gamma + \alpha_2$	225
Ti-47Al	1100	60	30	Ar	$\gamma, \gamma + \alpha_2$	400
Ti-47Al-2Cr	1250	60	30	真空	α_2/γ	530
Ti-48Al-2Mn-Nb	1200~1350	15~45	15	真空	γ, α_2	250

高温拉伸试验表明（图 4.27），扩散焊接头在 800℃ 和 1000℃ 高温下的抗拉强度有所下降，断于结合面，抗拉强度约为 180MPa，比母材降低约 40%。原因在于界面扩散迁移较少，断面平坦。

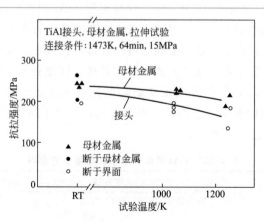

图 4.27 不同温度下 Ti-Al 扩散焊接头的抗拉强度

扩散接合界面的显微组织对接头性能影响很大，一般情况下，扩散焊接头经过真空加热处理后，晶粒发生长大。例如，在1200℃、64min和10MPa条件下进行TiAl的扩散焊，然后将接头在1300℃、120min和1.3MPa条件下进行真空热处理。金相观察表明，晶粒直径由扩散焊态的65μm增加到约130μm，接头抗拉强度也有所下降。

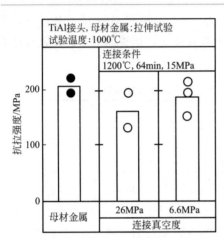

图4.28　真空度对TiAl合金在1000℃时的接头抗拉强度的影响

为了促进界面扩散迁移，以改善1000℃的高温抗拉强度，可以对接头进行再结晶热处理。将上述真空扩散焊得到的焊接接头进行1300℃×120min和1.3×10^{-3}Pa真空度条件下的再结晶热处理，晶粒直径可由焊态的65μm提高到130μm。这时1000℃的接头抗拉强度为210MPa，断于母材。真空扩散焊时真空度对TiAl合金在1000℃的接头抗拉强度的影响如图4.28所示，可以看出提高真空度有利于改善扩散焊接头的高温强度性能。

利用超塑性扩散连接TiAl金属间化合物，可以大大降低扩散焊所需的温度和时间。对于Ti-47Al-Cr-Mn-Nb-Si-B合金，在加热温度为923～1100℃、压力为20～40MPa和真空度为4.5×10^{-4}Pa的条件下进行超塑性扩散连接，可以获得性能良好的扩散焊接头，拉伸试验断于母材基体。试验表明，TiAl金属间化合物晶粒尺寸在4μm以下、加热温度在880℃以上、变形率为10%时，容易实现TiAl的超塑性扩散焊。

②　加中间层的扩散焊　为了提高TiAl扩散焊接头的性能，可采用加入中间过渡层的方法进行扩散焊。采用中间层可以改善表面接触、促进塑性流动和扩散过程。中间层的化学成分、添加方式和厚度对接头性能有重要的影响。中间层可以是纯金属，也可以是含有活性元素或降低熔点元素的合金。表4.20给出了TiAl扩散焊常用中间层及工艺参数。由表可见，采用中间层可以使TiAl在相对低的温度和压力下进行扩散焊。

表4.20　TiAl扩散焊用中间层及工艺参数

被焊材料 (包括中间层)	工艺参数				界面产物	接头强度 /MPa
	加热温度 /℃	保温时间 /min	压力 /MPa	气氛		
Ti-52Al/V/Ti-52Al	1000	30	15	真空	Al_3V	200

被焊材料	工艺参数				界面产物	接头强度 /MPa
（包括中间层）	加热温度 /℃	保温时间 /min	压力 /MPa	气氛		
Ti-48Al-2Cr-2Nb/Ti-15Cu-15Ni/ Ti-48Al-2Cr-2Nb	1150	5～10	—	真空	β-Ti+α₂	—
Ti-52Al/Al/Ti-52Al	900	64	10～30	真空	TiAl₃,TiAl₂	200

采用 Ti-18Al 合金和 Ti-45Al 合金作为中间层，在扩散焊接过程中将发生元素的扩散，但是接头强度不高。若在焊后进行 1150～1350℃的热处理，进行充分地扩散，连接界面的组织与母材趋于一致，接头的强度和塑性都得到改善，可达到母材的水平。

此外，采用较低熔点的 Ti-15Cu-15Ni 作中间层，对 Ti-48Al-2Cr-2Nb 合金进行了过渡液相连接，可以很好地改善界面接触，提高扩散焊接头的性能。

TiAl 金属间化合物显微组织对力学性能非常敏感，含有较多合金元素时，线胀系数较低；与异种材料焊接时，易产生较大的应力；采用熔焊方法时接头成分复杂，极易生成脆性金属间化合物，热裂纹倾向严重。因此，TiAl 金属间化合物异种材料的连接较多采用夹中间层的扩散焊。

（2）Ti₃Al 合金的扩散焊

Ti₃Al 合金可采用扩散焊实现其连接。图 4.29(a) 所示是在焊接压力为 9MPa、保温时间为 30min 的条件下，连接温度对 Ti₃Al 合金扩散焊接头剪切强度的影响。在 800～840℃的加热温度范围内，接头的剪切强度较低而且变化缓慢；连接温度超过 840℃时，扩散焊接头的剪切强度迅速提高，在 940℃时达到 751MPa。

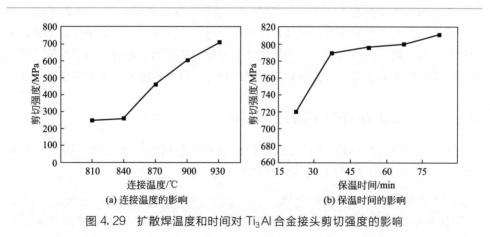

(a) 连接温度的影响   (b) 保温时间的影响

图 4.29 扩散焊温度和时间对 Ti₃Al 合金接头剪切强度的影响

图 4.29(b) 所示是在连接温度为 990℃、压力为 12MPa 的条件下保温时间

对 Ti_3Al 合金扩散焊接头剪切强度的影响。可见，随着保温时间从 15min 延长到 30min，扩散焊接头的剪切强度迅速提高；当保温时间超过 30min 之后，接头剪切强度上升的速度变慢；当保温时间为 70min 时，接头的剪切强度接近于母材；保温时间继续增加时，由于晶粒粗化和长大，接头的剪切强度下降。

Ti_3Al 合金扩散焊的加热温度通常在 1000℃左右，所需的保温时间根据加热温度和压力而定。图 4.30 所示是 Ti_3Al 合金扩散连接温度与保温时间的关系曲线，可以看出，在压力不变的情况下，随着连接温度的升高可缩短扩散焊的保温时间。图 4.31 所示是 Ti_3Al 合金扩散连接压力和保温时间的关系曲线，其连接温度为 980℃。

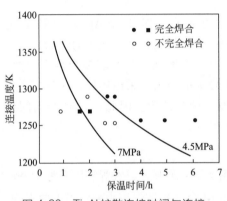

图 4.30　Ti_3Al 扩散连接时间与连接
温度的关系

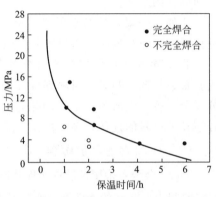

图 4.31　Ti_3Al 扩散连接时间与
压力的关系

图中所示曲线的右上方为完全焊合区，左下方区间内的扩散焊参数不能获得完全焊合的接头。由图中所示曲线可以看出，提高扩散焊压力能加速界面扩散，缩短扩散连接时间。但压力太大对扩散焊带来另外一些不利的影响，如变形等，因此在实际应用中应综合考虑工艺参数的合理配合，一般不采用压力很大的连接参数。

4.3.5　TiAl 异种材料的扩散焊

TiAl 与结构钢或陶瓷材料可以进行加中间合金层的扩散连接。接头的室温抗拉强度可达 TiAl 金属间化合物母材的 60% 以上。

（1）TiAl 与 40Cr 钢的扩散焊

① 焊接工艺及参数　TiAl 金属间化合物与 40Cr 钢化学成分差别较大，相容性较差，扩散焊时可选用纯 Ti 箔、V 箔和 Cu 箔作为中间层。

焊前将 TiAl 金属间化合物与 40Cr 钢的待焊面油污、锈蚀采用机械方法或化学方法去除，然后按 TiAl/Ti/V/Cu/40Cr 的顺序装配后立即放入真空炉中。中间层纯 Ti 箔、V 箔和 Cu 箔的厚度分别为 $30\mu m$、$100\mu m$、$20\mu m$。

扩散焊工艺参数为：加热温度为 950～1000℃，焊接压力为 20MPa，保温时间为 20min。

② 扩散焊接头力学性能 加热温度和合金层成分对 TiAl 与 40Cr 钢扩散焊接头抗拉强度的影响见图 4.32。

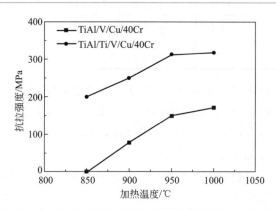

图 4.32 加热温度对 TiAl/40Cr 扩散焊接头抗拉强度的影响

在相同的扩散焊工艺参数条件下，选用 Ti/V/Cu 中间层获得的 TiAl/40Cr 钢扩散焊接头抗拉强度高于以 V/Cu 作为中间层时接头的抗拉强度。并且随着加热温度的升高，扩散焊接头的抗拉强度逐渐升高。因为当温度较低时，被焊材料基体的强度仍很高，在同等压力条件下，接触面塑性变形不足，被焊界面的物理接触不够充分，在扩散焊界面处可能存在大量的缺陷，没有形成很好的冶金结合。随着温度的升高，被焊材料的屈服强度急剧下降，被焊表面之间物理接触的面积迅速增加，焊合率提高。

通过对 TiAl/40Cr 钢扩散焊接头的断口成分分析（表 4.21）可见，以 Ti、V、Cu 作为中间层的 TiAl/40Cr 钢扩散焊接头的断裂位置发生在 TiAl 与中间层 Ti 箔界面处。而以 V、Cu 作为中间层的 TiAl/40Cr 钢扩散焊接头的断裂发生在 TiAl 与中间层 V 箔界面位置。

表 4.21 TiAl/40Cr 钢扩散焊接头断口的成分分析   %

接头	Ti	Al	Cr	Nb	V	Cu	Fe
Ti、V、Cu 为中间层	50.19	45.96	2.02	1.83	—	—	余量
	67.90	25.31	3.19	3.60	—	—	
V、Cu 为中间层	39.25	38.97	—	2.07	19.71	余量	—

③ 扩散界面附近的微观组织　以 Ti、V、Cu 作为中间层的 TiAl/40Cr 钢扩散焊接头的能谱分析见表 4.22。

表 4.22　TiAl 与 40Cr 钢扩散焊接头的能谱分析　　　　%

接头	位置	Ti	Al	Cr	Nb	V
Ti、V、Cu 为中间层	近 TiAl 侧	74.3	25.3	0.33	0.10	—
	近 Ti 侧	95.5	0.21	0.09	0.17	—
V、Cu 为中间层	近 TiAl 侧	60.94	21.34	0.54	—	17.18
	近 V 侧	16.62	68.89	—	—	14.49

X 射线衍射分析表明，采用 Ti、V、Cu 作为中间层进行扩散焊接后，接头靠近 TiAl 一侧生成 Ti_3Al 金属间化合物，在富 Ti 一侧生成 α-Ti 固溶体，这些生成物不随温度的变化而发生改变，但随加热温度的升高，元素扩散比较充分，扩散反应层的厚度逐渐增加。

在 Cu 箔与 40Cr 钢的接触界面上，没有明显的金属间化合物形成过渡层，元素浓度没有出现稳定的过渡平台。这也是以 Ti、V、Cu 作为中间层的 TiAl/40Cr 钢扩散焊接头断裂发生在 TiAl 与 Ti 箔界面上的主要原因。而用 V、Cu 作为中间层时，TiAl/40Cr 钢扩散焊接头的能谱分析发现在接头靠近 TiAl 一侧生成 Ti_3Al，在 V 一侧生成 Al_3V，增加了 TiAl 与 V 箔界面处的脆性，容易引起 TiAl/40Cr 钢扩散焊接头的脆性断裂。

（2）TiAl 与 SiC 陶瓷的扩散焊

① 焊接工艺及参数　TiAl 与 SiC 陶瓷扩散焊前，将 Al 含量为 53% 的 TiAl 合金与含有 2%～3% Al_2O_3 的烧结 SiC 陶瓷的待焊表面用丙酮擦洗干净，再用清水＋酒精冲洗并进行风干。然后由下至上按照 SiC/TiAl/SiC 的顺序将焊接件组装好，同时在上下两个 SiC 的不连接表面各放置一片云母，以防止 SiC 与加压压头连接在一起。

扩散焊接过程中采用电阻辐射加热方式进行加热。TiAl 与 SiC 陶瓷扩散焊的工艺参数为：加热温度为 1300℃，保温时间为 30～45min，焊接压力为 35MPa，真空度为 6.6×10^{-3} Pa。

② 扩散焊接头的力学性能　扩散焊接后 TiAl/SiC 扩散焊接头区三个反应层内的化学成分见表 4.23。在反应层内元素的化学成分差别较大，使得 TiAl 与 SiC 扩散焊接头形成的组织结构有所不同，并且随着保温时间的延长，扩散焊接头中反应层厚度增加，在一定时间内能够达到稳定状态，使接头具有一定的强度。不同保温时间下 TiAl 与 SiC 扩散焊接头的剪切强度如图 4.33 所示。

表 4.23 TiAl 与 SiC 扩散焊接头反应层的化学成分   %

反应层	Ti	Al	Si	C	Cr
1	33.5	62.4	0.8	2.1	1.2
2	54.2	4.4	28.8	12.3	0.3
3	44.3	10.2	5.3	40.1	0.1

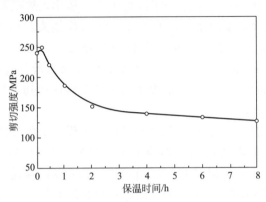

图 4.33 不同保温时间下 TiAl 与 SiC 扩散焊接头的剪切强度

TiAl 与 SiC 扩散焊接头的剪切强度试验结果表明,加热温度为 1300℃ 时,随着保温时间的增加,TiAl 与 SiC 接头的剪切强度开始迅速降低,而后缓减,并在 4h 后趋于稳定;保温时间为 30min 时,接头强度达到 240MPa。通过电子探针分析 TiAl 与 SiC 扩散焊接头剪切断口的化学成分见表 4.24。

表 4.24 TiAl 与 SiC 扩散焊接头剪切断口的电子探针分析结果   %

保温时间/h	Ti	Al	C	Si	表面相
0.5	53.6	5.4	11.1	29.9	$Ti_5Si_3C_x$
	53.1	5.8	10.8	30.3	$Ti_5Si_3C_x$
	46.2	47.8	5.6	0.4	TiAl
	54.1	6.2	10.2	29.5	$Ti_5Si_3C_x$
8	43.1	8.2	44.2	4.5	TiC
	43.8	8.7	43.4	4.1	TiC
	44.1	7.9	45.6	2.4	TiC
	44.5	8.1	44.8	2.6	TiC

TiAl 与 SiC 扩散焊接头的剪切断裂位置随着保温时间的变化而发生改变。保温时间为 30min 时,形成的 TiC 层很薄 (0.58μm),接头的剪切强度取决于

$TiC + Ti_5 Si_3 C_x$ 层，断裂发生在（$TiAl_2 + TiAl$）与（$TiC + Ti_5 Si_3 C_x$）层的界面上。

TiC 虽然属于高强度相，与 SiC 晶格相容性好，但当 TiC 层厚度较大且溶解了一定数量的 Al 原子后，其强度会降低，并成为容易断裂层。保温时间为 8h 时，TiC 层增加到一定的厚度（$2.75\mu m$），并且溶解了较多的 Al 原子。接头的断裂强度取决于 TiC 层的厚度，因而断裂发生在相应的 TiC 单相层内。

TiAl 与 SiC 扩散焊接头如果处于高温工作环境中，要求接头须具有一定的高温强度。随着试验温度的增加，TiAl/SiC 扩散焊接头剪切强度稍有降低，在 700℃的试验温度下，接头剪切强度仍能够维持在 230MPa。当试验温度高于 700℃时，TiAl 与 SiC 扩散焊接头的高温剪切强度对试验温度的敏感性会降低。因此，只要 700℃时 TiAl/SiC 扩散焊接头具有足够的剪切强度，即能满足保证强度性能的使用要求。

③ 扩散焊接头的微观组织　TiAl 与 SiC 扩散焊接头的强度以及在使用过程中的破坏取决于扩散焊后接头区形成的组织结构。TiAl/SiC 扩散焊接头靠近 TiAl 一侧的反应层主要形成（$TiAl_2 + TiAl$），靠近 SiC 陶瓷一侧反应层形成单相 TiC，中间反应层形成（$TiC + Ti_5 Si_3 C_x$）的混合相。因此 TiAl/SiC 扩散焊接头的组织结构从 TiAl 到 SiC 陶瓷依次为（$TiAl_2 + TiAl$）、（$TiC + Ti_5 Si_3 C_x$）然后过渡到 TiC。控制工艺参数获得上述组织结构，即可满足 TiAl/SiC 扩散焊接头的使用要求。

参考文献

[1] 任家烈, 吴爱萍. 先进材料的连接. 北京: 机械工业出版社, 2000.

[2] 冯吉才, 李卓然, 何鹏, 等. TiAl/40Cr 扩散连接接头的界面结构及相成长. 中国有色金属学报, 2003, 13 (1): 162-166.

[3] 于启湛, 史春元. 金属间化合物的焊接, 北京: 机械工业出版社, 2016.

[4] 张永刚, 韩雅芳, 陈国良, 等. 金属间化合物结构材料. 北京: 国防工业出版社, 2001.

[5] 仲增墉, 叶恒强. 金属间化合物（全国首届高温结构金属间化合物学术讨论会文集）. 北京: 机械工业出版社, 1992.

[6] 高德春, 杨王刖, 董敏, 等. Fe-Al 基金属间化合物的焊接性. 金属学报, 2000, 36 (1): 87~92.

[7] C. G. Mckamey, J. H. Devan, P. F. Tortorelli, et al. A review of recent development in Fe_3Al-based alloy. Journal of Materials Research, 1991, 6 (8):

1779~1805.

[8] 郭建亭, 孙超, 谭明晖, 等. 合金元素对 Fe_3Al 和 FeAl 合金力学性能的影响. 金属学报, 1990, 26A (1): 20-25.

[9] 孙祖庆. Fe_3Al 基金属间化合物合金的焊接研究进展. 材料导报, 2001, 15 (2): 10.

[10] S. A. David, J. A. Horton, C. G. Mckamey. Welding of iron aluminides. Welding Journal, 1989, 68 (9): 372-381.

[11] S. A. David, T. Zacharia. Weldability of Fe_3Al-Type Aluminide. Welding Journal, 1993, 72 (5): 201-207.

[12] Li Yajiang, Wang Juan, Yin Yansheng, et al. Phase constitution near the interface zone of diffusion bonding for Fe_3Al/Q235 dissimilar materials. Scripta Materials, 2002, 47 (12): 851-856.

[13] 尹衍升, 施忠良, 刘俊友. 铁铝金属间化合物-合金化与成分设计. 上海: 上海交通大学出版社, 1996.

[14] 汪才良, 朱定一, 卢铃. 金属间化合物 Fe_3Al 的研究进展. 材料导报, 2007, 21 (3): 67-69.

[15] 余兴泉, 孙扬善, 黄海波. 轧制加工对 Fe_3Al 基合金组织及性能的影响. 金属学报, 1995, 31B (8): 368-373.

[16] Ma Haijun, Li Yajiang, U. A. Puchkov, et al. Microstructural Characterization of Welded Zone for Fe_3Al/Q235 Fusion-Bonded Joint, Materials Chemistry and Physics, 2008 (112): 810-815.

第5章

铁铝金属间化合物的连接

铁铝金属间化合物独特的性能使其具有很好的应用前景，焊接是制约铁铝金属间化合物工程应用的主要障碍之一。由于铁铝金属间化合物属脆硬材料，焊接有很大难度。实现铁铝金属间化合物的焊接，获得界面结合牢固的焊接接头，将会推进铁铝金属间化合物在抗氧化、耐磨、耐腐蚀等工程结构中的应用。目前针对铁铝金属间化合物采用的焊接方法主要有熔焊（如电子束焊、钨极氩弧焊、焊条电弧焊）、固相焊（如扩散焊、摩擦焊）和钎焊等。

5.1 铁铝金属间化合物及焊接性

5.1.1 铁铝金属间化合物的特点

常用的铁铝金属间化合物主要是指以 Fe_3Al 为基的金属间化合物。Fe_3Al 的力学性能主要受 Al 含量的影响，Al 的原子百分数为 $23\%\sim29\%$ 的 DO_3 结构 Fe_3Al 的室温力学性能见图 5.1。Fe-23.7Al 和 Fe-28.7Al 周期性疲劳性能如图 5.2 所示。

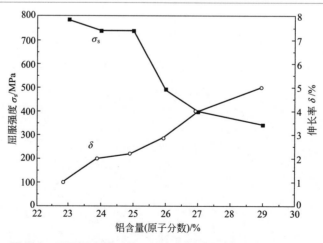

图 5.1 不同铝含量对 Fe_3Al 合金屈服强度和伸长率的影响

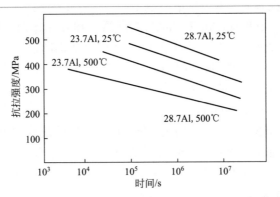

图 5.2 Fe-23.7Al 和 Fe-28.7Al 在 25℃ 和 500℃ 时疲劳强度的比较

Fe$_3$Al 的屈服强度在 Al 的原子百分数为 24%～26% 时最高（750MPa），然后迅速下降到 350MPa，此时 Al 含量高达 30%（原子分数）。Al 的原子百分数为 24%～26% 时，Fe$_3$Al 合金由于从有序 DO$_3$ 相中沉淀出无序 α 相而产生时效强化，因此屈服强度高。更高 Al 含量的合金由于 500℃ 时的成分在 α+DO$_3$ 相区之外，因此没有时效强化。而 Fe$_3$Al 合金的伸长率随 Al 含量的增加而增加，由图 5.1 可以看出 Al 原子百分含量由 23% 增加到 29% 时，Fe$_3$Al 的伸长率由 1% 提高到 5%。

不同热处理制度（500～1100℃）对 Fe$_3$Al 合金室温力学性能的影响如图 5.3 所示。在 700～750℃ 时消除应力退火可显著提高室温塑性，也即在一定程度上抑制了环境氢脆。图 5.3 还表明，随着热处理温度的提高，Fe$_3$Al 合金的塑性及强度连续下降，退火温度 1000℃ 以上的完全再结晶组织的塑性和强度最低。

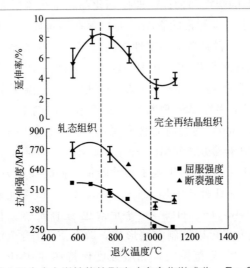

图 5.3 热处理温度对 Fe$_3$Al 合金力学性能的影响（合金化学成分：Fe-28Al-5Cr-0.1Zr-0.05B）

在室温同一应力下，由于位错类型不同，Fe-23.7Al 比 Fe-28.7Al 的疲劳寿命长；而 500℃时则相反，由于 Fe-23.7Al 第二相强化作用，Fe-23.7Al 比 Fe-28.7Al 的疲劳性能好。金属和合金的屈服强度通常都随温度的升高而降低，但 Fe_3Al 的屈服强度从 300℃开始则随温度升高而增大，在 550℃左右达到峰值，以后随温度升高而急剧下降。Fe_3Al 屈服强度的这种反常温度关系发生在 Al 的原子百分数为 23%～32%的 Fe_3Al 合金中。

改善 Fe_3Al 室温塑性的元素有 Cr 和 Nb。Cr 的质量分数为 2%～6%的 Fe-28Al 合金的室温屈服强度由 279MPa 降低到 230MPa 左右，而伸长率由 4%上升到 8%～10%；600℃时的屈服强度略有上升，塑性稍有改善。断裂类型从穿晶解理断裂变为混晶断裂。

Nb 在 Fe_3Al 中的溶解度低，1300℃时仅为 2%（质量分数）；随着温度的降低，溶解度迅速下降，700℃的溶解度为 0.5%（质量分数）。Fe-25Al-2Nb 合金经 1300℃淬火后，在 700℃时效处理 8h，空冷，获得 L21 结构共晶相。延长时效时间，则获得固溶 Al 的 C_{14} 结构的 Fe_2Nb 相。从室温到 600℃，沉淀强化使屈服强度提高了 50%。上述合金再加入 2%（质量分数）的 Ti，明显改善热稳定性。B 对 Fe_3Al 晶粒细化很有效，其他元素如 Ce、S、Si、Zr 和稀土也有细化作用，Mo 元素在高温有阻碍晶粒长大的作用。加入 0.5%（质量分数）的 TiB_2 可以控制晶粒尺寸，提高力学性能。Si、Ta 和 Mo 也可以明显提高 Fe_3Al 的屈服强度，但会使 Fe_3Al 塑性大大降低。

FeAl 合金的弹性模量较大，熔点高，比强度较大。Al 含量低的 FeAl 合金有严重的环境脆性，而 Al 含量较高的 FeAl 合金由于晶界本质弱，在各种试验条件下都表现出极低的塑性和韧性。即使细化晶粒也很难增加其塑性。

FeAl 力学性能受合金元素的影响较大，含有不同合金元素的 FeAl 合金的力学性能见图 5.4。FeAl 屈服强度和塑性与温度有一定的关系。Fe-40Al 合金从室温升高到 650℃，强度可保持在 270MPa 以上，温度高于 650℃时强度迅速下降，伸长率由室温时的 8%提高到 868℃时的 40%以上。室温下 FeAl 合金的断裂形式为沿晶断裂，高温下为穿晶解理断裂。粉末冶金压制 Fe-35Al、Fe-40Al 合金的屈服强度由室温到 600℃的升高而缓慢降低，其中 Fe-40Al 合金从 650MPa 降至 400MPa，Fe-35Al 合金从 500MPa 降至 400MPa，而伸长率由室温的 7%上升到 500℃的 25%，但在 600℃时出现了塑性降低，同时又变为沿晶断裂。

在 B2 结构有序 FeAl 合金中加入 Cr、Mn、Co、Ti 等元素能够使 FeAl 合金产生固溶强化，而 Nb、Ta、Hf、Zr 等元素也易形成第二相强化。并且，Y、Hf、Ce、La 等亲氧元素可以抑制空洞形成，改善 FeAl 合金的致密性。Hf 的强化作用较大，在 27～427℃范围内，屈服强度保持在 800MPa，室温塑性略有降低，高温塑性大大增加，827℃时 FeAl 合金伸长率高达 50%。

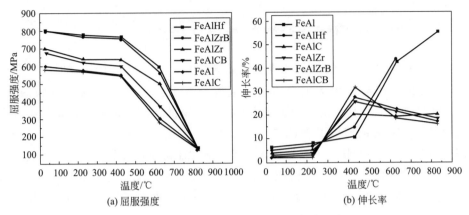

图 5.4　合金元素对 FeAl 力学性能的影响

采用适当的热加工工艺（包括锻造、挤压、热轧、温轧等）也能提高 Fe-Al 金属间化合物的性能。在热轧和控温轧制前采用锻造和挤压的中间加工工艺，可达到改善铸锭中的柱状晶、细化晶粒的目的，改变后续轧制工艺的加工性能。再结晶温度以上的热轧使 Fe_3Al 金属间化合物的晶粒进一步细化，再结晶温度以下的温轧可以使晶粒成为条状形态，有利于降低氢原子的扩散通道，提高 Fe_3Al 的室温塑性。不同热加工和热处理工艺获得的 Fe_3Al 的力学性能见表 5.1。

表 5.1　不同热加工和热处理获得的 Fe_3Al 的力学性能

合金系	热加工工艺	热处理	抗拉强度 /MPa	屈服强度 /MPa	伸长率 /%
Fe_3Al (5.1%Cr,0.01%Zr,0.05%B)	经锻造再轧制	再结晶温度以上退火	461	260	6.3
	经锻造再轧制	再结晶温度以下退火	590	310	10.1
	经挤压再轧制	再结晶温度以下退火	639	340	12.3
Fe_3Al (4.5%Cr,0.05%Zr)	铸锭直接轧制	再结晶温度以下退火	671	380	7.1
	经锻造再轧制	再结晶温度以下退火	690	420	12.5
Fe_3Al (2.35%Cr,0.01%Ce)	经锻造再轧制	再结晶温度以下退火	705	470	10.3

热处理工艺对 Fe_3Al 的力学性能有显著的影响。通过多道控温轧制后再经过低于再结晶温度条件下退火，然后进行淬火的热处理工艺，可使 Fe_3Al 的力学性能有显著的提高，屈服强度达到 700MPa 左右，室温伸长率由 2%~3% 提高到 12%。

机械合金化是制备 Fe_3Al 的一种新工艺，它是在高能球磨机中进行球磨，形成细微组织的合金，在固相状态下达到合金化的目的。利用机械合金化技术合

成的 Fe_3Al 基合金，抗拉强度达到 690MPa，室温伸长率达到 10%。

5.1.2 铁铝金属间化合物的焊接性特点

采用熔焊方法（如钨极氩弧焊、电弧焊等）对 Fe_3Al 进行焊接时，焊缝的快速凝固和冷却造成很大的应力，合金成分及工艺参数对焊接裂纹很敏感。Fe_3Al 中添加 Zr 和 B 元素尽管能细化 Fe_3Al 母材的组织，但难以阻止焊接冷裂纹。板厚 0.5mm 的薄板用含 Cr 5.45%、Nb 0.97%、C 0.05% 的 Fe_3Al 基合金焊丝，在严格控制焊接速度及热输入的条件下才能避免焊接裂纹产生。厚度超过 1mm 的 Fe_3Al 板材，更需严格控制热输入，或采用焊前预热和焊后缓冷工艺，才能避免延迟裂纹。预热温度通常为 300～350℃，焊后 600～700℃×1h 后热处理。

可采用 Fe_3AlCr 合金、中低碳 CrMo 钢、Cr25Ni13 不锈钢以及 Ni 基合金作为钨极氩弧焊（GTAW）的填充材料，进行 Fe_3Al 同种及异种材料的焊接。用中低碳 CrMo 钢焊丝作填充材料，焊缝成分连续变化，性能比较稳定，Fe_3Al 表现出较好的焊接性。虽然 Ni 基合金本身具有较高的韧性，但焊后 Fe_3Al 接头区的裂纹倾向仍较严重，这是由于 Ni 基焊丝的热膨胀系数大，凝固时收缩量大，产生较大的应力所致。此外，Ni 的加入使得熔合区成分、组织和相结构复杂化，熔池金属凝固时不能依附母材的半熔化晶粒形成联生结晶，而在熔合交界处形成组织分离区。同种材料、异种焊丝，在保证焊透的情况下，控制焊接电流和热输入，有利于提高 Fe_3Al 的抗裂性能。

Fe_3Al 合金是经过真空熔炼成铸锭后，采用热轧-控温轧制工艺轧制成的板材，熔炼过程中真空度达到 $1.33×10^{-2}Pa$。试验用 Fe_3Al 基合金的主要化学成分为：Al 16.0～17.0%，Cr 2.40～2.55%，Nb 0.95～0.98%，Zr 0.05～0.15%，Fe 81.0～82.5%。

Fe_3Al 基合金由于脆性大、熔焊焊接性差，出现微裂纹是其焊接时的主要问题。要求填充合金含有能提高 Fe_3Al 塑、韧性的合金元素，在焊接过程中通过合金过渡提高 Fe_3Al 熔合区的抗裂能力，避免焊接裂纹的产生。Cr 是提高 Fe_3Al 塑性最有效的合金元素，Ni 是常用的合金增韧元素。因此可采用 Fe-Cr-Ni 合金系作为 Fe_3Al 焊接的填充材料，填丝直径为 2.5～3.0mm。

Fe_3Al 金属间化合物良好的高温性能及性价比，使其作为高温结构材料的应用前景相当广阔，但由于较高的室温脆性，焊接性问题是制约其工程应用的主要障碍。焊接区显微组织决定接头的性能，通过分析 Fe_3Al 填丝钨极氩弧焊接头区的显微组织及合金元素分布，建立显微组织与接头性能的内在联系，可为确定最佳焊接参数及应用提供试验依据。

5.1.3　Fe$_3$Al 焊接接头区的裂纹问题

（1）裂纹起源及扩展

焊接热输入过小或过大都易使 Fe$_3$Al 接头产生裂纹。在焊接接头两端易产生纵向裂纹，在接头内部易产生横向裂纹，这与焊接应力的分布有关。Fe$_3$Al/18-8 钢焊接接头的裂纹都起源于 Fe$_3$Al 侧熔合区的部分熔化区，这主要是由以下原因造成的：

① 部分熔化区是 Al、Fe、Cr、Ni 等合金元素相互作用最复杂的区域，易导致脆性相生成；

② 原子氢向反相畴界等缺陷处扩散聚集并有可能结合成氢分子，使缺陷处微应力增大，为裂纹的起源提供条件；

③ 部分熔化区是焊接应力最大的区域，有利于裂纹的起裂与扩展。裂纹在部分熔化区起源后，既可沿部分熔化区纵向扩展，也可向 Fe$_3$Al 热影响区中横向扩展。由于不均匀混合区的组织是 γ+δ，裂纹很难通过该区域扩展，少量向焊缝方向扩展的裂纹在不均匀混合区处即得到控制。

焊接热输入较小时，焊缝的冷却速度较快，导致接头的应力较大，裂纹在 Fe$_3$Al 热影响区中可以扩展较远的距离，裂纹数量及扩展距离都大于焊接热输入较大的情况；甚至在热影响区中形成新的裂纹源，扩展方向较杂乱，导致 Fe$_3$Al 热影响区成为接头的薄弱区域。

焊接热输入较大时，接头冷却速度较慢，有利于 Cr 元素向 Fe$_3$Al 中过渡，提高 Fe$_3$Al 熔合区的塑、韧性。此外，Al、Fe、Cr、Ni 等合金元素能充分熔合、扩散，减少了元素偏析和脆性相的生成。焊缝冷却速度较慢，Al 元素的高温扩散时间增长，Fe$_3$Al 热影响区中 A2 无序结构增加，Fe$_3$Al 热影响区的脆、硬性降低，有利于阻止裂纹的扩展。焊接热输入 $E=10.8\text{kJ/cm}$ 时，Fe$_3$Al/18-8 接头裂纹扩展距离较小，裂纹长度在 $50\sim150\mu\text{m}$ 之间。

（2）产生裂纹的影响因素

采用熔焊方法进行 Fe$_3$Al 焊接，在焊接热循环作用下，接头产生较大的应力，易导致焊接裂纹的产生。Fe$_3$Al 金属间化合物的熔焊焊接性较差，主要表现在以下两个方面：

一是 Fe$_3$Al 金属间化合物由于交滑移困难导致高的应力集中，造成室温脆性大，塑性低，焊接时容易产生冷裂纹；

二是 Fe$_3$Al 热导率低，导致焊接热影响区、熔合区和焊缝之间的温度梯度大，加之线胀系数较大，冷却时易产生较大的残余应力，导致产生热裂纹。

Fe$_3$Al 焊接裂纹起源于 Fe$_3$Al 侧熔合区的部分熔化区，并在部分熔化区及

Fe_3Al 热影响区中扩展，只有少量裂纹扩展到焊缝中。Fe_3Al 裂纹的产生主要是由 Fe_3Al 的脆性本质、熔合区脆性相以及焊接应力引起的，主要包括以下几点：

① Fe_3Al 母材的晶粒状态。Fe_3Al 的晶粒越细，越有利于防止裂纹的产生。

② 焊接热输入。焊接热输入过小或较大，都容易导致焊接裂纹的产生。

③ 部分熔化区中合金元素的偏析程度和脆性相数量。

④ Fe_3Al 热影响区的微观组织结构。Fe_3Al 热影响区中 A2 无序结构及 B2 部分有序结构越多，越有利于防止裂纹的产生和扩展。

⑤ 接头中扩散氢的含量。接头中扩散氢的含量越低，其抗裂能力越强。

采取以下措施可防止或减少 Fe_3Al 焊接裂纹的产生：

① 采用细晶粒的 Fe_3Al 母材。

② 适当增加焊接热输入。

③ 采用合适的填充材料。

④ 加强对焊接过程的气体保护。

5.2 Fe_3A 与钢（Q235、18-8 钢）的填丝钨极氩弧焊

5.2.1 Fe_3Al 与钢的钨极氩弧焊工艺特点

（1）焊接方法

在 Fe_3Al 与钢的钨极氩弧焊（GTAW）中，热影响区组织受焊接热循环的影响晶粒粗大，其高温抗氧化性也由于焊接过程中 Al 元素的烧损而略低于 Fe_3Al 母材。焊接接头区的抗拉强度低于母材，且断在热影响区过热区。过热区在焊接热循环的作用下，经历了焊接加热和随后冷却过程，原本较高的有序化程度明显降低。即使经过焊后热处理，过热区的有序度也难以恢复。所以过热区的强度和硬度有所降低而成为接头的薄弱环节。与 Fe_3Al 母材相比，热影响区过热区的抗拉强度和伸长率有所下降。

试验母材为 Fe_3Al 金属间化合物、Q235 钢和 1Cr18Ni9Ti 奥氏体不锈钢（18-8 钢）。其中 Fe_3Al 金属间化合物是经过真空熔炼成铸锭后，采用热轧-控温轧制工艺轧成的板材，并经过 1000℃ 均匀化退火。为了获得组织致密、性能良好的 Fe_3Al 金属间化合物，熔炼前将原料 Fe 用球磨机滚料除锈，原料 Al 用 NaOH 溶液清洗并进行烘干。

采用线切割和机械加工方法将 Fe_3Al、Q235 钢和 18-8 钢分别加工成厚度为 8mm、5mm 和 2.5mm 的板材。试验用 Fe_3Al 金属间化合物的化学成分及热物理性能见表 5.2。

表 5.2　Fe_3Al 金属间化合物的化学成分及热物理性能

化学成分(质量分数)/%						
Fe	Al	Cr	Nb	Zr	B	Ce
81.0～82.5	16.0～17.0	2.40～2.55	0.95～0.98	0.05～0.15	0.01～0.05	0.05～0.15

热物理性能								
结构	有序临界温度/℃	弹性模量/GPa	熔点/℃	线胀系数/$10^{-6}K^{-1}$	密度/(kg/m³)	抗拉强度/MPa	伸长率/%	硬度(HRC)
DO_3	480～570	140	1540	11.5	6720	455	3	≥29

试验用 Fe_3Al 金属间化合物母材含有 Cr、Nb、Zr 等合金元素，显微组织由粗大的块状晶粒组成，在晶粒内部和边界分布有富含 Cr、Nb 的第二相粒子，如图 5.5(a) 所示。这些第二相粒子阻碍位错沿晶界的运动，提高 Fe_3Al 的压缩变形速率，改善 Fe_3Al 金属间化合物的强度和塑、韧性。试验用 18-8 钢的显微组织是 γ 奥氏体＋少量 δ-铁素体，如图 5.5(b) 所示。

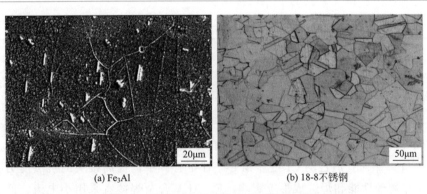

(a) Fe_3Al　　　　　　　　　　(b) 18-8不锈钢

图 5.5　Fe_3Al 金属间化合物和 18-8 钢的显微组织

在不预热和焊后热处理条件下，采用填丝钨极氩弧焊（GTAW）进行 Fe_3Al 与 Q235 钢（或 18-8 钢）的焊接。钨极氩弧焊（GTAW）采用 ZX69-150 型交-直流硅整流氩弧焊机。

(2) 焊接材料的选择

采用 Fe-Cr-Ni 合金系作为研究 Fe_3Al 焊接行为的填充材料。GTAW 填充合金分别为 Cr19-Ni10、Cr18-Ni12Mo2、Cr23-Ni13 及 Cr26-Ni21，填丝直径

为 2.5mm。

焊前将待焊试样（Fe_3Al 金属间化合物、Q235 钢和 18-8 不锈钢）表面经过机械加工，以保证试样上、下表面平行，表面光洁度为 5 级。用化学方法去除试板和填充材料表面的氧化膜、油污和锈蚀等。试板表面机械和化学处理步骤为：砂纸打磨→丙酮清洗→清水冲洗→酒精清洗→吹干。

（3）工艺参数

在不预热条件下，采用填丝钨极氩弧焊（GTAW）进行系列 Fe_3Al/Fe_3Al、Fe_3Al/Q235 钢和 Fe_3Al/18-8 钢的对接焊试验。填丝钨极氩弧焊（GTAW）采用的工艺参数见表 5.3。试验表明，填丝钨极氩弧焊（GTAW）热输入过大或过小易引起焊接裂纹的产生，焊接热输入对 Fe_3Al 接头裂纹敏感性的影响超过填充材料的影响。

焊接热输入过小时，焊缝冷却速度快，焊后产生明显的表面裂纹。钨极氩弧焊（GTAW）时，在流动的氩气作用下，焊缝的冷却速度快于焊条电弧焊（SMAW），因此裂纹倾向更为严重。焊接热输入过大，熔池过热时间长，导致焊缝组织粗化进而诱发裂纹。不论采用哪种填充材料，Fe_3Al 接头都易产生开裂。试验表明，采用合适的焊接热输入，钨极氩弧焊（GTAW）采用 Cr23-Ni13 填充合金，可获得无裂纹的 Fe_3Al 接头。

表 5.3　Fe_3Al 填丝 GTAW 采用的工艺参数

焊接方法	工艺参数				
	焊接电流 I /A	焊接电压 U /V	焊接速度 v /(cm/s)	氩气流量 L /min	焊接热输入 E /(kJ/cm)
钨极氩弧焊（GTAW）	100～115	11～12	0.15～0.26	8～12	4.5～8.5

Cr 含量对 Fe_3Al 的裂纹敏感性具有重要影响，焊材中 Cr 含量以 23%～26% 为宜，保证有适量的 Cr 过渡到 Fe_3Al 熔合区中，提高接头的抗裂能力。受 Fe_3Al 热物理性能和焊缝成形等影响，Fe_3Al 基合金焊接宜采用小电流、低速焊的焊接工艺。根据板厚不同，控制合适的焊接热输入。填丝钨极氩弧焊（GTAW）时，在流动的氩气作用下，焊缝的冷却速度快于焊条电弧焊，可适当调整热输入。

（4）Fe_3Al 对接接头试样的制备

为了满足 Fe_3Al 熔焊接头组织和力学性能分析要求，采用线切割方法切取系列 Fe_3Al/Fe_3Al、Fe_3Al/Q235 钢以及 Fe_3Al/18-8 钢接头试样。Fe_3Al 对接接头试样的示意如图 5.6 所示。

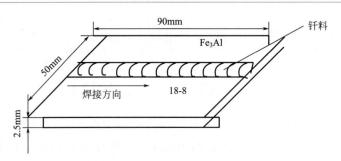

图 5.6　Fe_3Al 对接接头试样示意

对切割好的试样进行砂纸磨制、机械抛光和腐蚀，采用 Cr_2O_3 水溶液为抛光剂。对于 Fe_3Al/Q235 接头，由于 Fe_3Al 与 Q235 钢的耐腐蚀性差别较大，试样显蚀时，先在 Q235 钢一侧用 3% 的硝酸酒精溶液进行腐蚀，然后用石蜡密封；再对 Fe_3Al 一侧用王水溶液（HNO_3：HCl=1：3）进行腐蚀，最后将 Q235 钢一侧的石蜡抛光去除。由于 Fe_3Al 一侧热影响区组织不易显蚀，采用王水和盐酸＋乙酸＋硝酸（HCl：HNO_3：CH_3COOH=1：3：4）的混合溶液对 Fe_3Al/Fe_3Al 接头进行腐蚀。Fe_3Al/18-8 接头直接用王水溶液进行腐蚀。

采用线切割方法分别从 Fe_3Al/Fe_3Al、Fe_3Al/Q235 及 Fe_3Al/18-8 接头的焊缝、Fe_3Al 侧熔合区和 Fe_3Al 热影响区切取用于透射电镜（TEM）分析的薄片试样，将薄片试样采用机械方法分别磨至 $50\mu m$ 左右的厚度，再用化学方法和电解双喷方法减薄成适于透射电镜试验的薄膜试样。然后对一系列薄膜试样进行透射电镜和选区电子衍射分析。

5.2.2　Fe_3Al/钢填丝 GTAW 接头区的组织特征

（1）填丝 GTAW 焊缝结晶过程

影响元素间相互作用的因素与元素的固溶度有关，包括无限固溶和有限固溶两种情况。无限固溶的金属之间焊接性良好；能有限固溶的金属之间，焊接性较差。Fe_3Al 填丝 GTAW，主要涉及 Fe、Al、Cr、Ni 元素的相互作用，表 5.4 所示为 Fe、Al、Cr、Ni 四种元素的相互作用特征。

表 5.4　Fe、Al、Cr、Ni 元素的相互作用特征

合金元素	熔点/℃	晶型转变温度/℃	晶格类型	原子半径/nm	形成固溶体		形成化合物
					无限	有限	
Fe	1536	910	α-Fe 体心立方 γ-Fe 面心立方	0.1241	α-Cr，γ-Ni	Al，γ-Cr，α-Ni	Cr，Ni，Al
Al	660	—	面心立方	0.1431	—	Ni，Cr，Fe	Cr，Fe，Ni

续表

合金元素	熔点 /℃	晶型转变 温度/℃	晶格类型	原子半径/nm	形成固溶体		形成化 合物
					无限	有限	
Cr	1875	—	体心立方	0.1249	α-Fe	γ-Fe,Ni,Al	Fe,Ni,Al
Ni	1453	—	面心立方	0.1245	γ-Fe	Cr,Al,α-Fe	Cr,Fe,Al

在熔池凝固结晶过程中，Fe、Al、Cr、Ni 元素的扩散迁移及相互作用将生成固溶体或化合物。Fe_3Al/18-8 钢填丝 GTAW 焊接过程中，在热源作用下 Fe_3Al 及 18-8 钢瞬时发生局部熔化，与熔融的 Cr23-Ni13 填充金属混合而形成熔池，焊接温度下 Fe_3Al 可以机械混合方式、金属团方式和扩散混合方式进入焊接熔池。

进入熔池的少量 Al 元素可以提高 Cr-Ni 焊缝的抗氧化性和抗腐蚀性。Al 是素体化元素，限制 γ 奥氏体形成并促进 δ 铁素体形成，将扩大 δ 和 δ+γ 相区，减小 γ 相区。含 Al 较高的 Cr-Ni 焊缝中需要更多的 Ni 才能形成奥氏体组织。Al 还能提高钢中碳的活性，促进碳化物的析出。

Cr、Ni 含量对焊缝组织具有重要影响。采用 Cr23-Ni13 合金，Fe_3Al/18-8 钢焊缝中 Cr 和 Ni 的含量比约为 2∶1。熔池凝固时首先从液相 L 中析出一次 δ 铁素体，随着温度的降低，除了从（L+δ+γ）三相区中继续析出 δ 相外，γ 相也开始析出。熔池完全凝固后，δ 相转变为 γ 相（δ→γ 转变），部分 δ 相残留在焊缝中。由于 Al 是铁素体化元素，γ 相区的范围将有所减小，且促使 γ→α 转变向较低温度转移，转变的 α 相与碳化物结合形成铁素体、贝氏体及马氏体等组织。

（2）GTAW 接头特征区划分

焊接接头由焊缝、熔合区和热影响区三个区域构成。为了分析 Fe_3Al 填丝钨极氩弧焊接头不同区域的组织特征，可将 Fe_3Al 侧焊接区划分为四个特征区：均匀混合区（homogeneous mixture zone-HMZ）、不均匀混合区（partial mixture zone-PMZ）、部分熔化区（partially fused zone-PFZ）和热影响区（heat-affected zone-HAZ）。

均匀混合区和不均匀混合区共同组成焊缝；部分熔化区和紧邻部分熔化区的不均匀混合区统称为熔合区。不均匀混合区是焊缝和熔合区的过渡区域，是 Fe_3Al 接头区组织性能最复杂的区域。

在熔池金属的对流和搅拌冲刷作用下，少量未熔化的母材颗粒进入到熔池中，被高温过热的熔池所熔化，进而实现均匀混合，在熔池中上部形成了成分均匀的液态金属，凝固相变后形成了 Fe_3Al 接头的均匀混合区。Fe_3Al 填丝 GTAW 接头均匀混合区的组织形貌如图 5.7 所示。

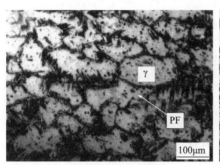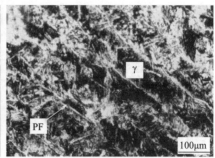

(a) 均匀混合区等轴晶　　　　　　　　(b) 均匀混合区柱状晶

图 5.7　Fe₃Al 填丝 GTAW 接头均匀混合区组织形貌

均匀混合区组织由柱状晶和等轴晶构成。Fe₃Al 接头均匀混合区中部，温度梯度较小，冷却时形成等轴的奥氏体晶粒，先共析铁素体由奥氏体晶界向晶内生长，如图 5.7(a) 所示。在均匀混合区底部，奥氏体柱状晶沿最大温度梯度方向生长，先共析铁素体沿奥氏体晶界平行生长，在奥氏体晶粒内部存在共晶组织，见图 5.7(b)。这是由于该区域靠近 Fe₃Al 母材，合金成分复杂。

液态金属在熔池底部各处对流和冲刷作用程度不同，少量未完全熔化的 Fe₃Al 来不及完全熔化散开，已完全熔化但未散开的 Fe₃Al 来不及扩散均匀化，快速凝固后便形成了接头的不均匀混合区，加上合金元素的扩散，形成了不均匀混合区的不同形貌。

Fe₃Al 母材晶粒粗大，在焊接热作用下，从晶界处开始熔化，并与焊缝金属发生元素扩散、凝固相变后形成部分熔化区。由于 Fe₃Al 和 Cr23-Ni13 填充材料的成分差别较大，部分熔化区易形成夹层结构。Fe₃Al 受到焊接热作用，冷却后形成热影响区，合适的热输入条件下 Fe₃Al 热影响区的晶粒尺寸变化不大。

（3）Fe₃Al/18-8 钢焊接区组织特征

Fe₃Al/18-8 钢填丝钨极氩弧焊焊缝的显微组织如图 5.8 所示。填充焊丝选用 Cr25-Ni13 系奥氏体钢焊丝，焊缝组织主要由奥氏体和少量板条马氏体构成，奥氏体晶界有少量铁素体和侧板条铁素体。

Fe₃Al/18-8 钢接头的均匀混合区组织以块状 γ 相为基体，在 γ 晶界上有片状先共析铁素体（PF）析出，构成先共析铁素体网。上贝氏体（B_u）在晶界处形核，并向晶内平行生长。在部分 γ 晶内分布有少量针状铁素体（AF）和板条马氏体（LM）。这种 γ+α 的焊缝组织，保证焊缝既具有一定的强度又具有一定的塑韧性，增强了接头的抗裂能力。Al 元素促使贝氏体转变，所以贝氏体易在含 Al 元素的合金中形成，Fe₃Al/18-8 焊缝中发现较多的贝氏体组织。

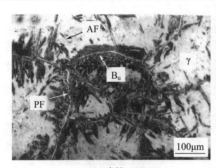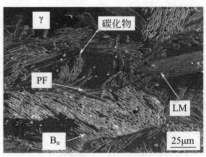

(a) 光镜, 100×   (b) 扫描电镜, 400×

图 5.8 $Fe_3Al/18\text{-}8$ 钢填丝 GTAW 焊缝均匀混合区的显微组织

贝氏体是 α-Fe 与碳化物的机械混合物，其组织形态与形成温度相关。$Fe_3Al/18\text{-}8$ 均匀混合区中上贝氏体形态如图 5.9(a) 所示；由于 Al 具有延缓渗碳体沉淀的作用，使铁素体板条之间的奥氏体富碳而趋于稳定，形成条状铁素体之间夹有残余奥氏体的上贝氏体组织，如图 5.9(b) 所示。

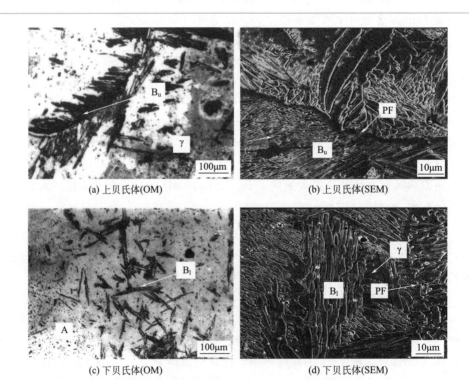

(a) 上贝氏体(OM)   (b) 上贝氏体(SEM)

(c) 下贝氏体(OM)   (d) 下贝氏体(SEM)

图 5.9 $Fe_3Al/18\text{-}8$ 钢接头均匀混合区中的贝氏体

下贝氏体中碳化物可以是渗碳体，也可以是 ε-碳化物，主要分布在铁素体板条内部。Fe_3Al/18-8 均匀混合区的下贝氏体在光镜下为黑色针状或片状，针或片之间有一定的交角，如图 5.9(c) 所示；在 SEM 下观察时，下贝氏体铁素体板条中分布着排列成行的细片状或粒状碳化物，并以 $55°\sim60°$ 的角度与铁素体长轴相交，但由于 Al 元素的影响，在下贝氏体铁素体中并无明显的碳化物析出，如图 5.9(d) 所示。随贝氏体形成温度的降低，贝氏体中铁素体的碳含量逐渐升高。Fe_3Al/18-8 钢接头不均匀混合区组织以 γ 奥氏体和少量 δ 铁素体为主，γ 奥氏体形态主要为粗大的胞状树枝晶，靠近部分熔化区的不均匀混合区过冷度大，熔池凝固时有较多晶核形成，进而形成细小的 γ 奥氏体。由于该处 Al 元素含量较高，δ 相区的范围被扩大，冷却过程中不经过（L+δ+γ）三相区，一次 δ 铁素体可以一直长到固相线，生长过程中不再受到（L+δ+γ）三相区中析出一次 γ 奥氏体的影响，随着冷却速度的增加，δ→γ 转变受到很大程度的抑制，残余 δ 铁素体数量明显增多。

与熔合区的距离不同，Fe_3Al/18-8 钢焊缝组织具有不同的形态。结晶过程中晶体的形核和长大须具有一定的过冷度，分为正温度梯度（G>0）和负温度梯度（G<0），如图 5.10 所示。正温度梯度条件下易形成等轴晶，负温度梯度下易形成树枝晶。

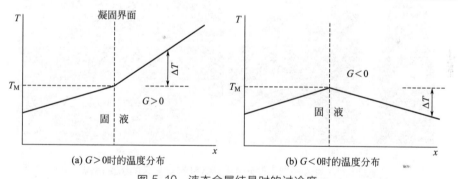

(a) G>0时的温度分布　　　　　　(b) G<0时的温度分布

图 5.10　液态金属结晶时的过冷度

T_M—金属凝固点；　ΔT—过冷度

焊缝金属凝固时，除了温度过冷外，还存在由于固-液界面成分起伏而造成的成分过冷。所以焊缝结晶时不必施加很大的过冷就可出现树枝晶。由于过冷度的不同，Fe_3Al/18-8 钢接头不同区域的焊缝组织出现不同的形态。

Fe_3Al/18-8 钢接头不均匀混合区两侧的液相成分差较大，一侧是富含 Al 的液相，另一侧是富含 Cr、Ni 的液相，导致成分过冷较大，结晶面上突起部分能深入液态焊缝内部较长距离，同时突起部分也向周围排放溶质，在横向上也产生了成分过冷，从主干向横向伸出短小的二次横枝，如图 5.11 所示。

图 5.11　Fe_3Al/18-8 钢接头不均匀混合区中的胞状树枝晶

Fe_3Al/18-8 钢焊接接头 Fe_3Al 侧部分熔化区由白亮及暗色的层状组织构成，并与 Fe_3Al 热影响区有明显的界线。靠近不均匀混合区的层状组织存在一些黑色相，这可能是焊接过程中合金元素的氧化造成的，如图 5.12(a) 所示。这种夹层结构对接头的性能有不利影响，但未发现裂纹。

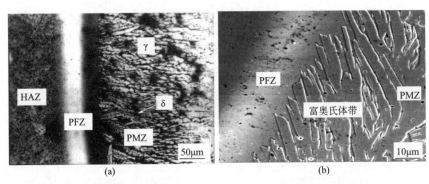

图 5.12　Fe_3Al/18-8 钢接头 Fe_3Al 侧熔合区的组织形貌

沿部分熔化区存在一条宽约 $30\mu m$ 且 δ 铁素体相对较少的"富奥氏体带"，奥氏体呈板条状平行排列，板条宽度为 $5\mu m$ 左右，与部分熔化区呈 $50°\sim70°$ 角，如图 5.12(b) 所示。"富奥氏体带"的存在有两个作用：一是降低了脆性相对不均匀混合区的危害；二是由于氢在奥氏体中溶解度较大，限制了焊缝中的氢向部分熔化区和热影响区扩散，防止氢致裂纹的产生。

（4）Fe_3Al/Q235 钢接头区组织特征

Fe_3Al/Q235 钢填丝 GTAW 接头均匀混合区组织仍以 γ 奥氏体为基体，在奥氏体晶界上有片状先共析铁素体（PF）析出，构成先共析铁素体网。上贝氏体（B_u）在 γ 晶界处形核，并向晶内平行生长。与 Fe_3Al/18-8 钢接头相比，先共析铁素体（PF）和上贝氏体（B_u）的数量有所减少，如图 5.13 所示。

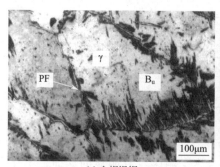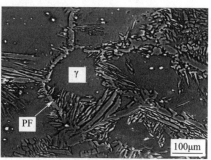

(a) 金相组织　　　　　　　　　　(b) 扫描电镜组织

图 5.13　Fe_3Al/Q235 钢接头均匀混合区的组织形貌

在 Fe_3Al/Q235 钢接头的不均匀混合区，由于冷却速度较快，沿最大温度梯度方向形成 γ 柱状晶，柱状晶生长方向基本与熔合线垂直，在奥氏体晶粒内部，沿与熔合区平行的方向有较多的上贝氏体（B_u）析出，如图 5.14(a) 所示，这可能是该处 Al 元素偏析造成的。

在靠近部分熔化区的不均匀混合区出现大量的胞状结晶，在一定的成分过冷条件下，结晶面处于不稳定的状态，凝固界面长出许多平行束状的芽孢伸入过冷的液态焊缝中，形成如图 5.14(b) 所示的胞状结晶。这些胞状奥氏体构成"富奥氏体带"，与 Fe_3Al/18-8 钢熔合区相比，奥氏体板条的宽度明显减小，为 $2\mu m$ 左右，且基本与部分熔化区垂直。

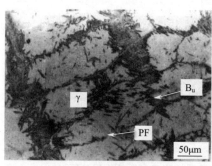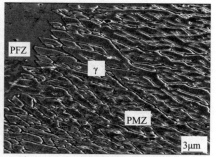

(a) 柱状晶　　　　　　　　　　(b) 胞状亚晶

图 5.14　Fe_3Al/Q235 钢接头不均匀混合区组织形貌

$Fe_3Al/Q235$ 钢接头均匀混合区和不均匀混合区的合金元素含量对比见表 5.5。与均匀混合区相比，不均匀混合区的 Cr 和 Ni 的含量下降明显，而 Al 元素的含量增加了一倍。Cr 和 Ni 含量比约为 3∶1，不均匀混合区凝固时首先从液相中析出一次 δ 铁素体，冷却过程中进一步发生 δ 铁素体向 γ 奥氏体，以及 γ 奥氏体向 α 铁素体的转变，最后形成 γ＋α 的混合组织。

表 5.5　$Fe_3Al/Q235$ 钢均匀混合区和不均匀混合区的成分对比

位置	化学成分(质量分数)/%					
	Al	Si	Cr	Mn	Fe	Ni
均匀混合区	1.65	0.43	16.77	1.22	70.01	9.92
不均匀混合区	3.66	0.77	13.00	1.57	75.23	3.77

$Fe_3Al/Q235$ 钢 GTAW 部分熔化区与热影响区没有明显的界面，不存在层状结构。靠近部分熔化区的不均匀混合的组织以 γ＋α 为主，受局部散热条件和合金元素分布的影响，奥氏体和铁素体呈现不同的形貌特征。在冷却速度相对较慢的区域，γ→α 转变较为充分，γ 相含量相对较少，多为蠕虫状。

(5) Fe_3Al/Fe_3Al 接头区组织特征

Fe_3Al 与 Fe_3Al 对接焊时，母材对焊缝合金元素的稀释作用较大，Al 元素的平均含量为 7.2%（质量分数），约为 Fe_3Al 母材中的一半。根据舍夫勒组织图，焊缝中合金元素的铬当量为 25.43%，镍当量为 6.85%，焊缝以 α-Fe(Al) 固溶体为基体。

均匀混合区的组织形态具有 Fe_3Al 母材的某些"遗传"特性，即整个均匀混合区的组织以粗大的 α-Fe（Al）为基体，晶粒尺寸与 Fe_3Al 母材相当。这些粗大的 α-Fe(Al) 是由许多尺寸较小的块状亚晶粒组成的，如图 5.15(a) 所示。

(a) 金相组织　　　　　　　　(b) 扫描电镜组织

图 5.15　Fe_3Al/Fe_3Al 接头均匀混合区的奥氏体组织特征

Fe_3Al 母材的晶粒较粗大，在 $Fe_3Al/18-8$ 钢及 $Fe_3Al/Q235$ 钢接头靠近

Fe_3Al 的不均匀混合区，其组织形貌也有粗化特征，如 Fe_3Al/18-8 接头不均匀混合区中粗大的奥氏体胞状树枝晶，以及 Fe_3Al/Q235 钢接头不均匀混合区中粗大的柱状晶等。对于 Fe_3Al/Fe_3Al 焊接接头，不均匀混合区受到联生结晶的影响而粗化，均匀混合区的组织也粗化，由碎小的亚晶粒组成，可以看作是联生结晶在焊缝中的延续。

在均匀混合区的局部区域还存在少量等轴树枝晶，如图 5.15(b) 所示。这与合金元素的偏析有关，造成该区域较大的成分过冷，导致在焊缝中除产生一个很长的主干之外，还向四周伸出二次横枝。为了确定发生偏析的元素种类，对树枝晶的成分进行判定，测定位置及结果如图 5.15(b) 和表 5.6 所示。

表 5.6 Fe_3Al/Fe_3Al 均匀混合区中等轴树枝晶的成分

位置	化学成分(质量分数)/%				
	Al	Cr	Mn	Ni	Fe
测点 1	1.55	20.61	1.48	13.23	其余
测点 2	1.84	20.67	1.53	12.53	其余
平均值	1.70	20.64	1.51	12.88	其余
焊缝	7.83	12.93	0.80	6.45	其余

与焊缝的平均成分相比，枝晶中 Cr、Ni 含量明显增加，分别提高 45% 和 102%；Al 含量不到焊缝基体的 1/4。等轴树枝晶的形成是 Cr、Ni 元素偏析造成的，根据成分特点判定，这些等轴树枝晶为奥氏体组织。

Fe_3Al/Fe_3Al 熔合区的组织形貌如图 5.16 所示。该区域 α-Fe(Al) 晶粒形态不规则，晶粒内部有第二相析出物，α-Fe(Al) 晶界顺着部分熔化区延伸，甚至可延伸到部分熔化区内部，由于受到 Fe_3Al 母材的限制而形成半晶粒形态。部分熔化区的宽度较小，与热影响区没有明显的边界。由于晶界是结合较薄弱的区域，因此晶界的延伸势必影响接头的结合强度。

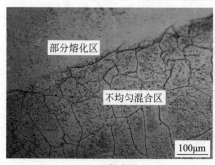

(a)熔合区

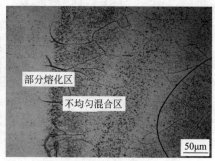

(b)熔合区和热影响区

图 5.16 Fe_3Al/Fe_3Al 接头熔合区和热影响区的组织形貌

Fe₃Al 属于窄结晶温度范围的合金，随着 Al 含量的增加，合金结晶温度范围增宽，使固-液两相区扩大，凝固过程中越容易形成枝晶，故 Fe₃Al 合金液的流动性变差。此外，随着 Al 含量的增加，氧化生成高熔点 Al₂O₃ 的趋势加剧。Al₂O₃ 呈固态，在电弧吹力等作用下被卷入熔池，恶化熔池的流动性。Cr 降低 Fe₃Al 合金液流动性的原因是其提高 Fe₃Al 液相线温度，这相当于增大了 Fe₃Al 的结晶温度范围，但其影响程度小于 Al 元素。

由于 Al 含量大于 28%（质量分数），且填充材料的 Cr 含量较高，导致液态 Fe₃Al 的流动性较差，即液态 Fe₃Al 的表面张力较大，较弱的冲刷作用力难以将部分熔化的 Fe₃Al 与基体分离，所以在 Fe₃Al 接头中易形成熔化滞留层。熔化滞留层中 Cr、Ni 含量较 Fe₃Al 母材明显提高。

5.2.3　Fe₃Al/钢填丝 GTAW 接头区的显微硬度

为了判定 Fe₃Al 焊接接头区组织性能的变化，用显微硬度计对熔合区附近的显微硬度进行测定，试验中加载载荷为 50g，加载时间为 10s。分别对 Fe₃Al/18-8 钢和 Fe₃Al/Q235 钢接头熔合区附近的显微硬度进行测定，并给出相应的测定位置。

（1）Fe₃Al/18-8 钢熔合区附近的显微硬度

Fe₃Al/18-8 钢 GTAW 接头区的显微硬度分布如图 5.17 和图 5.18 所示。Fe₃Al/18-8 钢焊接熔合区两侧显微硬度有很大差别，与 Fe₃Al 侧熔合区相比，18-8 钢侧熔合区的显微硬度有所降低，这是由于 Fe₃Al 侧熔合区附近 Al 含量较高，易形成高硬度的脆性 Fe-Al 相。

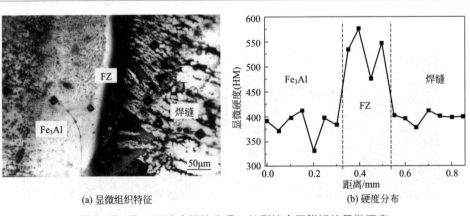

(a) 显微组织特征　　　　　　　　　　(b) 硬度分布

图 5.17　Fe₃Al/18-8 钢接头 Fe₃Al 侧熔合区附近的显微硬度

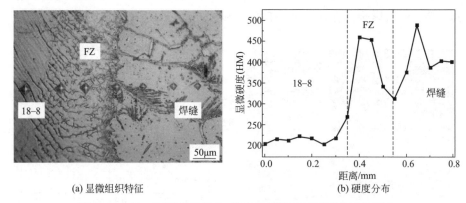

(a) 显微组织特征　　　　　　(b) 硬度分布

图 5.18　Fe₃Al/18-8 钢接头 18-8 钢侧熔合区附近的显微硬度

GTAW 焊接接头 Fe₃Al 侧熔合区附近的显微硬度高于热影响区及焊缝，最高硬度达 580HM；Fe₃Al 热影响区的显微硬度在 330～400HM。Fe₃Al 侧熔合区尽管显微硬度较高，但并未出现 FeAl₂、Fe₂Al₅ 等高硬度脆性相，焊接中生成的 Fe-Al 相可能是 Fe₃Al 和 FeAl 的混合组织。

（2）Fe₃Al/Q235 钢熔合区附近的显微硬度

Fe₃Al/Q235 钢焊接熔合区附近的显微硬度分布及测定位置如图 5.19 和图 5.20 所示。Fe₃Al 侧熔合区及焊缝的硬度稍高于 Q235 钢侧，这主要受 Fe-Al 合金相的影响。

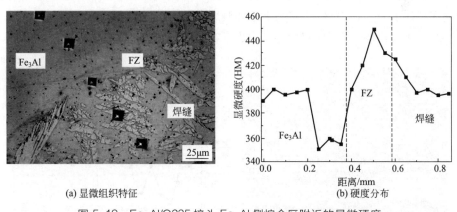

(a) 显微组织特征　　　　　　(b) 硬度分布

图 5.19　Fe₃Al/Q235 接头 Fe₃Al 侧熔合区附近的显微硬度

与 Fe₃Al/18-8 钢接头相比，Fe₃Al 侧熔合区的硬度有所降低，表明除了受 Fe-Al 相影响外，焊缝中 Cr、Ni 等合金元素也对熔合区的硬度有一定的影响。

Fe$_3$Al/18-8 钢焊缝中的 Cr、Ni 含量高于 Fe$_3$Al/Q235 焊缝，导致焊缝组织硬度偏高。Fe$_3$Al 热影响区存在硬度低值区，显微硬度在 350HM 左右。

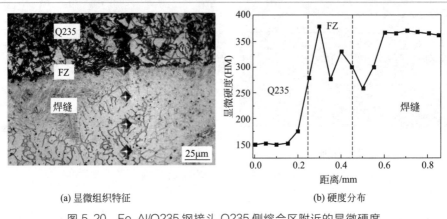

(a) 显微组织特征　　　　　　　　(b) 硬度分布

图 5.20　Fe$_3$Al/Q235 钢接头 Q235 侧熔合区附近的显微硬度

Fe$_3$Al 焊缝中 Al 含量高于 Fe$_3$Al/钢接头，较多的 Al 元素固溶在 α-Fe(Al) 相中，导致焊缝的硬度偏高，显微硬度可达 480HM 左右。熔合区的硬度稍高于 Fe$_3$Al/Q235 钢接头 Fe$_3$Al 侧熔合区，稍低于 Fe$_3$Al/18-8 钢接头。与 Fe$_3$Al/钢接头相似，Fe$_3$Al 热影响区中也存在低硬度区，显微硬度约为 325HM。

(3) Fe$_3$Al/Fe$_3$Al 接头的显微硬度

Fe$_3$Al/Fe$_3$Al 焊缝中 Al 含量高于 Fe$_3$Al/钢接头，较多的 Al 元素固溶在 α-Fe 相中，导致焊缝的硬度偏高，最高可达 480HM，见图 5.21。Fe$_3$Al/Fe$_3$Al 熔合区的硬度稍高于 Fe$_3$Al/Q235 钢接头 Fe$_3$Al 侧熔合区，稍低于 Fe$_3$Al/18-8 钢接头。与 Fe$_3$Al/钢接头相似，Fe$_3$Al 热影响区中也存在低硬度区，显微硬度约为 325HM。

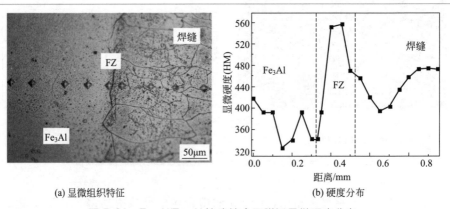

(a) 显微组织特征　　　　　　　　(b) 硬度分布

图 5.21　Fe$_3$Al/Fe$_3$Al 接头熔合区附近显微硬度分布

（4）Fe$_3$Al 热影响区软化及影响因素

Fe$_3$Al 热影响区存在一个硬度低值区，即局部软化区。在高温下 Al 从 Fe$_3$Al 侧扩散到焊缝，导致 Fe$_3$Al 热影响区组织结构发生变化。由于 Al 元素的缺失，使热影响区部分区域的组织不再是 D0$_3$ 有序结构，而是无序结构。与 D0$_3$ 结构相比，无序结构的塑性好，但强度和硬度较低。

焊接冷却过程中，Fe$_3$Al 热影响区会发生有序结构转变，即部分有序的 B2 结构向完全有序的 D0$_3$ 结构的转变。这一转变过程是一个放热过程，放出的相变潜热能消除 Fe$_3$Al 中多余的空位等缺陷，使 Fe$_3$Al 热影响区的硬度降低。

焊接热输入对 Fe$_3$Al 热影响区软化区的硬度有一定影响，随着焊接热输入的增大，硬度最低值逐渐降低，见表 5.7。随着焊接热输入的增大，热影响区高温停留时间增长，Al 元素的扩散量增大，热影响区中的无序结构增多；此外，焊接冷却过程中，Fe$_3$Al 热影响区会发生有序结构转变，即部分有序的 B2 结构向完全有序的 D0$_3$ 结构的转变。这一转变过程是一个放热过程，放出的相变潜热相应增大，能消除 Fe$_3$Al 中多余的空位等缺陷。在以上因素的共同影响下，使 Fe$_3$Al 热影响区的硬度降低。

表 5.7　焊接热输入对 Fe$_3$Al 热影响区显微硬度最低值的影响

接头	焊接电流 I/A	焊接电压 U/V	焊接速度 $v/(cm/s)$	热输入 $E/(kJ/cm)$	显微硬度最低值 HM
Fe$_3$Al/18-8	90	10	0.18	5.00	342
Fe$_3$Al/18-8	95	11	0.18	5.81	330
Fe$_3$Al/18-8	100	12	0.18	6.67	318

注：电弧有效加热系数 η 取 0.75。

5.2.4　Fe$_3$Al/钢 GTAW 接头的剪切强度及断口形态

（1）Fe$_3$Al/钢 GTAW 接头的剪切强度

工艺参数影响 Fe$_3$Al/钢填丝 GTAW 接头的组织结构，决定接头的结合强度和断口形态。为了研究 Fe$_3$Al 填丝 GTAW 接头的力学性能，采用 CMT5150 型微控电子万能试验机对不同焊接参数条件下获得的 Fe$_3$Al/钢接头的剪切强度进行测定，试验结果见表 5.8。在相同工艺参数及填充合金（Cr23-Ni13）的条件下，Fe$_3$Al/Q235 钢 GTAW 接头的剪切强度最大，达到 591MPa；Fe$_3$Al/18-8 钢 GTAW 接头次之，为 497MPa；Fe$_3$Al/Fe$_3$Al GTAW 接头的剪切强度最小，仅为 127MPa。

表 5.8　Fe₃Al 填丝 GTAW 接头剪切强度的试验结果

对接试样	焊接参数 /I×U	焊接热输入 E/(kJ/cm)	剪切面积 A/mm²	最大载荷 F_m/kN	平均剪切强度 σ_τ/MPa
Fe₃Al/Q235	105A×11V	5.78	26.5	15.5	591
			26.1	15.3	
Fe₃Al/18-8	105A×11V	5.78	26.4	14.1	497
			25.5	12.7	
Fe₃Al/Fe₃Al	105A×11V	5.78	25.4	4.1	127
			26.4	4.5	

　　显微组织分析表明，Fe₃Al/Q235 钢和 Fe₃Al/18-8 钢填丝 GTAW 焊缝的组织构成相似（填充 CR25-Ni13 焊丝），都以 γ 奥氏体为基体，含有一定含量的 δ 铁素体组织，但由于 γ 相所占的比例不同，导致焊接接头的剪切强度存在差别。对于 Fe₃Al/Fe₃Al 接头，焊缝中固溶有较高含量的 Al 元素，形成脆性相，导致接头的硬度高、脆性大，甚至在焊缝局部出现沿晶裂纹，造成其较低的剪切强度。

　　焊接热输入对 GTAW 接头的剪切强度有重要影响，表 5.9 所示是 Fe₃Al/18-8 钢 GTAW 接头的剪切强度随焊接热输入的变化情况。随焊接热输入的增加，Fe₃Al/18-8 钢接头的剪切强度逐渐增大，当焊接热输入约为 5.78kJ/cm 时，剪切强度达到最大值 497MPa，但当焊接热输入再增大时，剪切强度开始下降。

表 5.9　焊接热输入对 Fe₃Al/18-8 钢接头剪切强度的影响

焊接电流 /A	焊接电压 /V	焊接热输入 E/(kJ/cm)	剪切面积 A/mm²	最大载荷 F_m/kN	平均剪切强度 σ_τ/MPa
90	10	4.50	24.3	11.3	469
			24.5	11.6	
105	11	5.78	26.4	14.1	497
			25.5	12.7	
120	12	7.20	28.9	14.9	481
			29.5	14.2	

　　焊接热输入较小时，接头冷却速度较快，导致焊接应力增大，并易生成脆性相；随着焊接热输入的增大，接头冷却速度变缓，焊接应力得到释放，焊缝区组织趋于均匀，所以 Fe₃Al/18-8 钢 GTAW 接头的剪切强度逐渐增大。但焊接热输入过大时，接头过热时间长，焊接区组织粗化，导致接头的剪切强度下降。

　　(2) Fe₃Al/钢 GTAW 接头的断口形态

　　① Fe₃Al/18-8 钢接头的断口形貌　焊接接头的断口形貌反映了裂纹萌生、

扩展和断裂过程。Fe_3Al/18-8 钢接头断口不平整，接头部分熔化区的断口形貌如图 5.22 所示。部分熔化区以穿晶解理断裂为主 [图 5.22(a)]，解理面尺寸较大，表明 Fe_3Al 侧熔合区晶粒粗大，解理裂纹易于失稳扩展。解理面上有明显的河流花样，河流由许多解理台阶组成 [图 5.22(b)]。

(a) 解理断口　　　　　　　　　　　　　　(b) 河流花样

图 5.22　Fe_3Al/18-8 钢接头部分熔化区的剪切断口形貌

由于熔合区中存在位错、第二相粒子、夹杂物等晶体缺陷，导致在解理面上及晶粒之间引发微裂纹源，降低了接头的剪切强度，并成为萌生裂纹的起源。在 Fe_3Al/18-8 接头部分熔化区的脆性断口区也存在少量的撕裂棱。

Fe_3Al/18-8 钢 GTAW 焊缝区的断口呈韧性断裂。均匀混合区（HMZ）的韧窝撕裂特征明显，深度较大，表明该区的韧性较好，韧窝在剪切应力的作用下被拉长，有些韧窝甚至相互贯通，在韧窝中存在少量灰色第二相粒子。部分熔化区中的剪切韧窝具有明显的抛物线特征，韧窝撕裂现象不明显，表明该区的韧性低于均匀混合区。

断口中的韧窝可大致分为等轴形韧窝与抛物线形韧窝两类。在切应力作用下易形成抛物线形剪切韧窝，互相匹配的断口表面上抛物线的方向相反，其形成机理的示意如图 5.23 所示。可以发现，部分熔化区韧窝内部存在暗灰色的第二相粒子，粒子直径小于 $5\mu m$。

分析表明，剪切韧窝中的第二相粒子的 Al 含量达到 64.54%（质量分数），N、Fe 含量也较高，还含有少量 Cr、Mn、Ni。根据成分判定，这些灰色球状析出物可能是 AlN 及高 Al 含量的 Fe-Al 化合物。AlN 为共价键化合物，具有较好的化学稳定性，在空气中温度为 1000℃ 以及在真空中温度达到 1400℃ 时仍可保持稳定。

② Fe_3Al/Q235 钢接头的断口形貌　　Fe_3Al/Q235 钢 GTAW 焊接接头部分熔化区剪切断口呈撕裂状、不平整，断口上存在许多发亮的小平面，是明显的脆

性断裂，如图 5.24 所示。

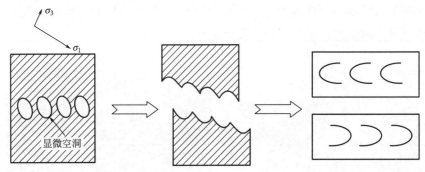

图 5.23　$Fe_3Al/18$-8 钢接头断口中的抛物线剪切韧窝形成示意

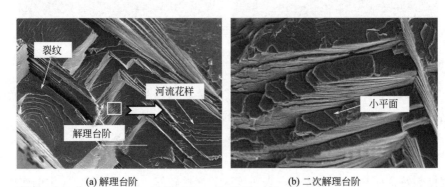

(a) 解理台阶　　　　　　　　　　(b) 二次解理台阶

图 5.24　$Fe_3Al/Q235$ 接头部分熔化区的断口形貌

该断口形貌与 Fe_3Al 母材晶粒粗大的特征相吻合，解理面粗大，解理面上存在明显的河流花样，解理面由一系列解理台阶组成，解理台阶连接处断口较平直，几乎与解理面垂直，在粗大的晶粒之间存在少量沿晶裂纹。

对图 5.24(a) 中白色方框所围区域做进一步分析发现，解理台阶实际上由一系列尺寸更小的微台阶构成 [图 5.24(b)]，使部分熔化区晶界滑移困难，导致其较高的脆性，这是 Fe_3Al 接头焊接裂纹由部分熔化区起源的原因。

解理面间通过二次解理相连形成解理台阶，两个平行的主解理面在剪切应力的作用下不断向前扩展，随着应力的增加，主解理面发生横向扩展，产生二次解理，并由二次解理面将主解理面连接起来，形成直角解理台阶。解理台阶一般平行于裂纹扩展方向而垂直于裂纹面，因为这样形成新的自由表面所需要的能量最小。

$Fe_3Al/Q235$ 接头焊缝区的剪切断口形貌如图 5.25 所示，断口呈现脆性断裂和韧性断裂的混合形貌，这种脆-韧组合可获得相对较高的剪切强度。部分熔化区中脆性断裂区所占比例较大，均匀混合区中韧性断裂区所占比例较大。穿晶解理断裂区既包含河流花样，也包括舌状花样，见图 5.25(a)。焊缝的韧性断裂区由剪切韧窝组成，韧窝区周围是解理区，韧窝区与解理区之间的过渡区由一些撕裂棱和解理小刻面组成，如图 5.25(b) 所示。

 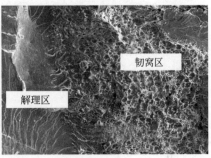

(a) 部分熔化区　　　　　　　　　　　(b) 均匀混合区

图 5.25　Fe$_3$Al/Q235 接头焊缝区的剪切断口形貌

　　韧窝中存在白色第二相粒子及少量显微孔洞，粒子中 Al、O 及 Fe 含量较高，因此这些粒子可能是 Al$_2$O$_3$ 及少量 Fe-Al 化合物的混合物。在剪切应力作用下，焊缝金属发生塑性变形，并以第二相粒子为核形成显微孔洞。随着应力的增大，孔洞不断长大、相互连接而发生塑性断裂，形成剪切韧窝区。

　　③ Fe$_3$Al/Fe$_3$Al 接头的断口形貌　　Fe$_3$Al/Fe$_3$Al 焊接接头断口比较平齐，稍呈撕裂状，有较亮的金属光泽。试验结果表明，Fe$_3$Al/Fe$_3$Al 焊接接头的剪切强度远低于 Fe$_3$Al 与钢的焊接接头，且在焊缝中有沿晶裂纹出现。Fe$_3$Al/Fe$_3$Al 焊缝基体为粗大的 α-Fe (Al) 固溶体，晶间强度相对较低，受外力作用时容易发生沿晶断裂。图 5.26 所示为 Fe$_3$Al/Fe$_3$Al 焊接接头的断口形貌特征。可以看到焊缝中亚晶粒之间的结合状态，一次晶粒之间存在微裂纹 [图 5.26(a)]，这与裂纹分析的结果相一致，亚晶粒之间很少出现微裂纹，表明亚晶之间的结合强度高于一次晶粒。Fe$_3$Al/Fe$_3$Al 焊接接头的剪切断口中仅存在少量穿晶解理断口，在晶面上存在河流花样及二次解理台阶，见图 5.26(b)。

　　Fe$_3$Al/Fe$_3$Al 焊接接头部分熔化区的断口呈明显粗化的沿晶断裂形态，晶面较平滑，很少有析出相及撕裂痕迹。剪切断口平面存在粗大晶粒及一些尺寸较小的亚晶粒，这也与其显微组织特征一致。不均匀混合区呈现柱状晶的断口形貌特征，晶粒较长并呈一定的方向性，晶界上有少量撕裂棱存在。

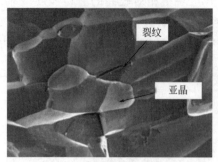

(a) 晶间裂纹和亚晶粒   (b) 解理断裂

图 5.26　Fe_3Al/Fe_3Al 接头的剪切断口形貌

（3）$Fe_3Al/$钢 GTAW 接头断裂的微观机制

Fe_3Al 填丝 GTAW 接头的断裂为脆性断裂，其中 $Fe_3Al/18$-8 钢及 $Fe_3Al/$ Q235 钢接头以穿晶解理断裂为主，Fe_3Al/Fe_3Al 焊接接头以沿晶断裂为主。 $Fe_3Al/18$-8 钢接头的解理断裂过程可分为起裂及失稳扩展两个阶段。

解理断裂的引发及失稳扩展均需满足一定条件，Griffith 针对脆性材料提出了脆性断裂的能量理论，指出解理裂纹扩展的条件是解理所释放的弹性能大于形成裂纹新表面所需的能量。平面应力状态下裂纹扩展的条件为：

$$\sigma \geqslant \sigma_c$$

$$\sigma_c = \left(\frac{2\gamma E}{\pi a}\right)^{\frac{1}{2}} \tag{5.1}$$

式中　γ——材料表面能；

　　　a——裂纹半长；

　　　E——弹性模量；

　　　σ_c——临界应力。

Fe_3Al 接头发生解理断裂时还伴随着一定程度的韧性断裂，因而还必须克服裂纹前端的塑性变形功 γ_P。Orowen 将 Griffith 能量条件进行了修正，得到平面应力状态及平面应变状态时解理裂纹扩展的表达式：

平面应力状态　　　　　$$\sigma_c = \left(\frac{2E\gamma_P}{\pi a}\right)^{\frac{1}{2}} \tag{5.2}$$

平面应变状态　　　　　$$\sigma_c = \left(\frac{2E\gamma_P}{\pi a(1-\upsilon^2)}\right)^{\frac{1}{2}} \tag{5.3}$$

式中　γ_P——塑性变形功；

　　　υ——泊松比。

在满足上述能量条件的基础上，解理断裂可分成两步，首先是微裂纹形核，其次是微裂纹在基体中扩展。Fe_3Al 接头微裂纹容易在以下部位形成：

① 脆性第二相粒子处。当 Fe_3Al 接头受剪切应力作用而发生变形时，脆性第二相粒子不易变形，在形变不协调造成的附加力及位错力的作用下，第二相粒子与基体脱开或本身开裂形成微裂纹。在 Fe_3Al/18-8 钢及 Fe_3Al/Q235 钢接头断口中都存在剪切韧窝区，以 AlN 或 Al_2O_3 第二相粒子为核心形成，这些脆性粒子成为剪切微裂纹的起源。

② 滑移带阻碍处。Fe_3Al 接头熔合区中存在大量位错塞积现象，容易成为微裂纹的形核区域。

③ 晶界弱化处。微量合金元素偏析于晶界引起晶界脆化也可能造成微裂纹沿晶界生成，再向晶内扩展。Fe_3Al/Fe_3Al 接头的剪切断裂就属于这种情况。

④ 孪晶交叉处。Fe_3Al 接头在剪切力作用下形成的形变孪晶与组织孪晶相交截可形成微裂纹，孪晶与母相的交界面处也可能形成微裂纹。

微裂纹形核后，当局部应力超过临界应力时，裂纹才能在基体中扩展，在剪切试验中意味着剪切力的持续加载。另外，由于解理是沿着一定晶面发生的原子键分离断裂，因此，引发解理断裂的裂纹核顶端应当有原子间距的尖锐度，在剪切应力的作用下，微裂纹与主裂纹相连，造成 Fe_3Al 接头的解理断裂。

Fe_3Al/18-8 钢接头剪切断裂过程：在施加剪切应力前，Fe_3Al 侧熔合区中存在孪晶、位错等晶体缺陷，缺陷周围存在高应力应变区，成为潜在裂纹源。剪切面附近受到的剪切应力最大，首先发生晶界及解理面滑移，形成滑移台阶，进而导致主裂纹的形成。随着剪切力的增大，Fe_3Al 侧熔合区中的孪晶亚结构及位错等缺陷处已经存在的微裂纹开始启动，并向 Fe_3Al 热影响区及剪切面扩展。

微裂纹向热影响区中扩展是由于 Fe_3Al 热影响区的脆性较大，裂纹扩展所需能量小，扩展阻力小；向剪切面处扩展，是由于剪切应力越大，为微裂纹扩展提供的能量越大，裂纹扩展速度越快。随着剪切力的进一步增大，这些微裂纹不断扩展、长大，当与剪切直接造成的主裂纹汇合后，Fe_3Al/18-8 钢接头的剪切断裂发生。由于微裂纹向 Fe_3Al 热影响区中扩展，导致 Fe_3Al 熔合区和热影响区发生部分断裂。

5.3 Fe_3Al 与钢（Q235、18-8 钢）的真空扩散连接

Fe_3Al 金属间化合物脆硬性较大，塑、韧性低，采用常规的熔焊方法焊接 Fe_3Al 金属间化合物时，接头成分复杂，有裂纹倾向且易生成脆性相，难以得到

满足使用要求的焊接接头。采用先进的真空扩散焊工艺可以抑制 Fe_3Al/钢接头附近脆性相的生成。

5.3.1　Fe_3Al/钢真空扩散连接的工艺特点

（1）试验材料

试验母材为 Fe_3Al 金属间化合物、Q235 钢和 18-8 奥氏体钢。Fe_3Al 金属间化合物是采用真空感应熔炼方法制备而成的，并经过 1000℃ 均匀化退火。熔炼前将原料 Fe 用球磨机滚料除锈，原料 Al 用 NaOH 溶液清洗并进行烘干。熔炼过程中抽真空达到 $10^{-2}Pa$。

采用线切割方法将 Fe_3Al 金属间化合物加工成厚度为 20mm 的板材。试验用 18-8 钢是 1Cr18Ni9Ti 奥氏体不锈钢，厚度为 8mm，显微组织是奥氏体＋少量 δ-铁素体。

Fe_3Al 金属间化合物具有较强的氢脆敏感性，熔焊过程中在接头处产生很大的热应力，易导致产生焊接裂纹，这是 Fe_3Al 作为结构材料应用的主要障碍，也是耐磨、耐蚀脆性材料焊接应用中需解决的难题。

（2）扩散焊设备

Fe_3Al 金属间化合物与钢进行熔焊时，由于热物理性能和化学性能的差异，接头处易形成含铝量较高的脆性金属间化合物，使焊接接头的韧性下降。采用扩散焊技术，通过控制工艺参数对 Fe_3Al/钢扩散焊界面组织性能的影响，可以实现 Fe_3Al/Q235 钢以及 Fe_3Al/18-8 钢的焊接。

试验采用从美国 C/VI 公司引进的 WorkhorseⅡ 型真空扩散焊设备，加热功率 45kW，30T 双作用液压加压。真空扩散焊设备的主要性能参数如表 5.10 所示。

表 5.10　WorkhorseⅡ型真空扩散焊设备的主要性能参数

生产厂家	型号	主要性能参数						
美国 C/VI 公司	3033-1350 -30T	极限真空度 $/10^{-5}Pa$	最高温度 /K	最大压力 /T	炉膛尺寸 /mm	功率 /kW	电压/V	保护气体
		1.33	1623	30	304.5×304.5×457	45	380	N_2,Ar

（3）扩散焊工艺及参数

① 焊前准备　先对待焊试样（Fe_3Al 金属间化合物、Q235 钢和 18-8 钢）表面进行磨床机械加工，以保证试样上、下表面平行，表面光洁度为 6 级。焊前采用化学方法去除待焊试板表面的氧化膜、油污和锈蚀等。试样表面机械和化学处理步骤为：砂纸打磨→丙酮清洗→清水冲洗→酒精清洗→吹干。

将表面清理过的待焊试样（Fe_3Al 金属间化合物与 Q235 以及 Fe_3Al 与 18-8 钢）叠合在一起放入扩散焊真空室中，在待焊试样表面与压头接触部位放置云母片，以防止试样表面与压头之间扩散连接。扩散焊试样的尺寸为：Fe_3Al 材料 $100mm \times 20mm \times 20mm$；Q235 钢 $100mm \times 20mm \times 20mm$；18-8 钢 $100mm \times 20mm \times 8mm$。

② 工艺路线及参数　为了提高焊件在扩散焊过程中受热的均匀性，采用分级加热并设置了几个保温时间平台；冷却过程采用循环水冷却至 100℃ 后，随炉冷却。扩散焊过程的工艺参数曲线如图 5.27 所示。

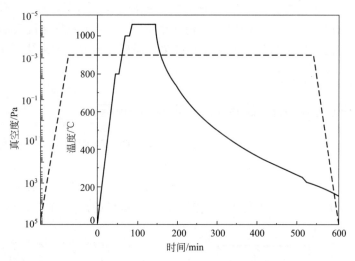

图 5.27　Fe_3Al/钢扩散焊的工艺参数曲线

Fe_3Al 与 Q235 钢扩散焊的工艺参数见表 5.11。

表 5.11　Fe_3Al 与 Q235 钢扩散焊的工艺参数

加热温度 /℃	保温时间 /min	加热速度 /(℃/min)	冷却速度 /(℃/min)	焊接压力 /MPa	真空度 /Pa
980～1080	30～60	15	30	12～18.5	1.33×10^{-4}

Fe_3Al/Q235 钢扩散焊接头的结合强度、断裂位置和断口形态取决于扩散焊过程中的加热温度、保温时间、焊接压力和冷却速度等。其中加热温度决定元素的扩散活性；保温时间决定 Fe_3Al/Q235 钢扩散焊接头处元素扩散的均匀化程度；压力的作用是使 Fe_3Al/Q235 接触界面发生微观塑性变形、促进材料间的紧密接触，防止界面空洞并控制焊接件的变形；冷却速度的主要作用是维持扩散焊界面附近组织性能的稳定性。

③ 测试试样制备　在 Fe_3Al/Q235 钢及 Fe_3Al/18-8 钢扩散焊界面结构及性能分析时，要切取试样和进行腐蚀以满足不同的试验要求。Fe_3Al 金属间化合物硬度较高，采用线切割方法对焊件进行切割，加工成扩散焊接头试样。

对于 Fe_3Al/Q235 钢扩散焊接头，由于 Fe_3Al 金属间化合物与 Q235 钢的耐腐蚀性差别较大，进行显微组织显蚀时，首先在扩散焊接头 Q235 钢一侧用 3％的硝酸酒精溶液进行腐蚀，然后用石蜡密封；再对扩散焊接头 Fe_3Al 一侧用王水溶液（HNO_3：HCl＝1：3）进行腐蚀，最后将 Q235 钢一侧的石蜡抛光去除。Fe_3Al/18-8 扩散焊接头显微组织显蚀时，直接用王水溶液进行腐蚀。

Fe_3Al 与钢扩散焊时，由于材料的化学成分和热物理性能差别很大，元素在 Fe_3Al/钢接触界面发生扩散，当达到一定浓度时会产生扩散反应，形成组织性能不同于被焊材料的一系列中间相结构，影响 Fe_3Al/钢扩散焊接头的组织和性能。这些相结构的形成与母材所含元素有关，而形成条件主要取决于扩散焊工艺参数。

5.3.2　Fe_3Al/钢扩散焊界面的剪切强度

焊接工艺参数直接影响扩散焊界面的结合特征，进而决定着扩散焊界面的结合强度、接头断裂位置和断口形态。为了研究 Fe_3Al/钢扩散焊界面的力学性能，采用数显式压力试验机对不同工艺参数下获得的 Fe_3Al/Q235 钢及 Fe_3Al/18-8 钢扩散焊界面的剪切强度进行了试验测定，剪切试样的尺寸如图 5.28 所示。

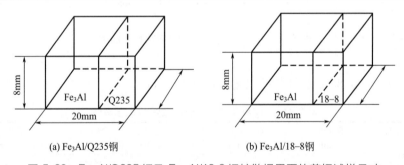

(a) Fe_3Al/Q235钢　　　　　　　　　(b) Fe_3Al/18–8钢

图 5.28　Fe_3Al/Q235 钢及 Fe_3Al/18-8 钢扩散焊界面的剪切试样尺寸

（1）Fe_3Al/Q235 钢扩散焊界面的剪切强度

对不同工艺参数下获得的 Fe_3Al/Q235 钢扩散焊接头，采用线切割方法从扩散焊接头位置切取 $20mm \times 8mm \times 8mm$ 的试样（每个工艺参数取 2 个试样）。试样表面经磨制后在数显式压力试验机上进行剪切试验，Fe_3Al/Q235 钢扩散焊界面剪切强度的试验和计算结果见表 5.12。

表 5.12 Fe₃Al/Q235 钢扩散焊界面剪切强度的试验和计算结果

编号	工艺参数 ($T \times t, p$)	剪切面尺寸 /mm	最大载荷 F_m/N	剪切强度 σ_τ/MPa	平均剪切强度 σ_τ/MPa
01	1000℃×60min,17.5MPa	9.98×8.02	3346	40.8	39.9
02	1000℃×60min,17.5MPa	9.97×7.99	3115	39.1	
03	1020℃×60min,17.5MPa	9.97×7.98	5370	67.5	67.5
04	1020℃×60min,17.5MPa	9.98×8.00	5395	67.6	
05	1040℃×60min,15.0MPa	9.95×7.96	7072	89.2	90.8
06	1040℃×60min,15.0MPa	9.98×8.02	7408	92.5	
07	1060℃×30min,15.0MPa	9.98×8.00	3377	42.3	43.4
08	1060℃×30min,15.0MPa	10.00×7.98	3551	44.5	
09	1060℃×45min,15.0MPa	9.97×7.96	7901	96.8	97.0
10	1060℃×45min,15.0MPa	9.96×7.98	7941	97.2	
11	1060℃×60min,12.0MPa	9.93×7.96	8960	113.3	112.3
12	1060℃×60min,12.0MPa	10.00×7.93	8834	101.4	
13	1080℃×60min,12.0MPa	9.95×7.98	6392	80.5	82.1
14	1080℃×60min,12.0MPa	10.02×7.96	6668	83.6	

　　试验结果表明，保温时间为 60min，焊接压力从 17.5MPa 降低到 12MPa（保持接头不发生宏观变形）时，加热温度从 1000℃ 升高到 1060℃，Fe₃Al/Q235 钢扩散焊界面的剪切强度从 39.9MPa 增加到 112.3MPa（图 5.29）。

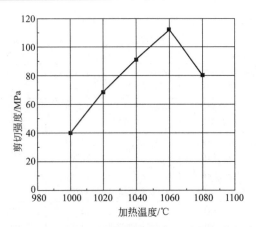

图 5.29 Fe₃Al/Q235 钢扩散焊界面剪切强度随加热温度的变化

　　这是由于随着加热温度的升高，Fe₃Al/Q235 界面附近原子扩散获得的能量较高，在界面处扩散较充分，界面附近形成了良好的冶金结合。但是当加热温度升高到 1080℃ 时，Fe₃Al/Q235 钢扩散焊界面的剪切强度降低到 82.1MPa。这是由于在保持扩散焊接头不发生宏观变形的条件下，加热温度过高，Fe₃Al/Q235 钢扩散焊界面附近的显微组织逐渐粗化，导致扩散焊界面的剪切强度有所降低。

加热温度1060℃时，随着保温时间的增加，扩散界面附近的原子得到充分的相互扩散，发生界面反应，形成致密的中间扩散反应层，因此 $Fe_3Al/Q235$ 钢扩散界面的剪切强度明显提高。因为延长保温时间能够促使扩散焊界面附近的原子得到充分的相互扩散，并且发生一定的扩散反应，形成致密的扩散焊界面过渡区。但在加热温度为1080℃、焊接压力为12MPa的情况下，将保温时间增加到80min时，扩散焊试验中发现 $Fe_3Al/Q235$ 接头发生了明显的宏观塑性变形。

因此，在保持扩散焊接头不变形的条件下，加热温度不宜过高，因为温度过高时，$Fe_3Al/Q235$ 钢扩散焊接头的组织会长大，不利于保证接头的剪切强度。

$Fe_3Al/Q235$ 钢扩散焊界面剪切强度的分析结果表明，加热温度控制在1060℃左右，保温时间45～60min并保持扩散焊接头不发生宏观变形的情况下（$p=12$～15MPa），$Fe_3Al/Q235$ 钢真空扩散焊能够获得无显微空洞、结合紧密、剪切强度较高的扩散焊接头。

（2）$Fe_3Al/18$-8扩散焊界面的剪切强度

采用线切割方法从 $Fe_3Al/18$-8钢扩散焊接头部位切取 $20mm\times8mm\times8mm$ 的试样（每个工艺参数取2个试样）。试样表面经磨制后采用数显式压力试验机对 $Fe_3Al/18$-8钢扩散焊界面的剪切强度进行了试验测定，试验和计算结果见表5.13。加热温度和保温时间对 $Fe_3Al/18$-8界面剪切强度的影响如图5.30所示。

表 5.13　$Fe_3Al/18$-8 钢扩散焊界面剪切强度的试验和计算结果

编号	工艺参数 $(T\times t,p)$	剪切面尺寸 /mm	最大载荷 F_m/N	剪切强度 σ_τ/MPa	平均剪切强度 σ_τ/MPa
01	980℃×60min,17.5MPa	9.98×8.01	11951	149.5	
02	980℃×60min,17.5MPa	9.97×7.99	11987	150.4	149.9
03	1000℃×60min,17.5MPa	9.98×8.02	17023	201.7	
04	1000℃×60min,17.5MPa	9.97×7.99	18834	196.4	198.6
05	1020℃×60min,17.5MPa	9.97×7.98	18956	218.8	
06	1020℃×60min,17.5MPa	9.98×8.00	16302	194.4	211.5
07	1040℃×60min,15.0MPa	9.95×7.96	19977	229.9	
08	1040℃×60min,15.0MPa	9.98×8.02	19296	222.5	226.2
09	1040℃×45min,15.0MPa	9.98×8.00	14115	176.8	
10	1040℃×45min,15.0MPa	10.00×7.98	14380	180.2	178.5
11	1040℃×30min,15.0MPa	9.98×7.96	13636	170.8	
12	1040℃×30min,15.0MPa	10.08×7.98	11407	143.0	156.9
13	1040℃×15min,15.0MPa	9.99×7.99	4853	60.8	
14	1040℃×15min,15.0MPa	10.00×8.08	4298	53.8	57.0
15	1040℃×80min,15.0MPa	9.99×7.99	13426	168.2	
16	1040℃×80min,15.0MPa	10.00×8.08	14269	176.6	172.4
17	1060℃×60min,12.0MPa	9.98×7.99	15804	198.2	
18	1060℃×60min,12.0MPa	9.90×7.96	14420	182.9	190.6

加热温度从 980℃ 升高到 1040℃ 时，Fe₃Al/18-8 钢扩散焊界面的剪切强度从 149.9MPa 增加到 226.2MPa，见图 5.30(a)。但是加热温度低于 1000℃ 时，Fe₃Al/18-8 钢扩散焊界面的剪切强度随加热温度的增加升高很快；在 1000～1040℃ 范围内，随着加热温度的升高，界面剪切强度的增加较为缓慢。加热温度超过 1040℃ 并不断升高时，Fe₃Al/18-8 钢扩散焊界面的剪切强度逐渐下降。这是由于加热温度过高时，扩散焊界面过渡区的显微组织粗化，导致剪切强度降低。

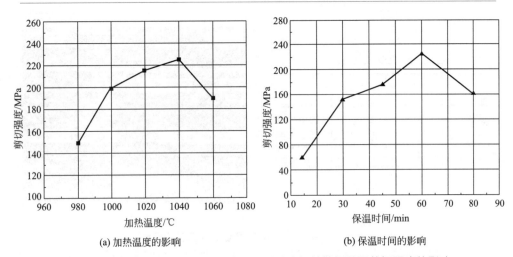

(a) 加热温度的影响　　　　　　　　　(b) 保温时间的影响

图 5.30　加热温度和保温时间对 Fe₃Al/18-8 钢扩散焊界面剪切强度的影响

加热温度为 1040℃、焊接压力为 15MPa 时，随着保温时间从 15min 增加至 60min，Fe₃Al/18-8 钢扩散焊界面附近的原子得到充分的相互扩散，并且发生扩散反应，界面过渡区组织致密使其剪切强度明显提高，从 57MPa 增加到 226MPa，见图 5.25(b)。保温时间超过 60min 并继续增加时，Fe₃Al/18-8 钢扩散焊界面的剪切强度逐渐降低。这是由于过长的保温时间使界面附近形成的过渡区宽度增加、组织粗化所致。

试验结果表明，Fe₃Al 与 18-8 钢扩散焊时，为获得界面结合良好、剪切强度较高的 Fe₃Al/18-8 钢扩散焊接头，合适的扩散焊工艺参数为：加热温度控制在 1040℃ 左右，保温时间为 45～60min、焊接压力为 12～15MPa。

5.3.3　Fe₃Al/钢扩散焊界面的显微组织特征

（1）Fe₃Al/钢扩散焊界面过渡区的划分

Fe₃Al 与钢进行扩散焊时，在工艺参数（T，t，p）和浓度梯度的综合作用下，母材中的元素不断向接触界面扩散，当达到一定浓度时，元素之间发生扩散反应，在母材之间的接触界面附近形成具有不同于母材组织结构的扩散反应层。这些组织结构不同于两种被焊材料的区域称为扩散焊界面过渡区，Fe_3Al 和 Q235 界面之间存在明显的扩散过渡。

Fe_3Al/钢扩散焊界面过渡区由混合过渡区与靠近被焊材料两侧的过渡区构成。Fe_3Al 与钢扩散焊后，原来的接触界面附近形成的微观区域为混合过渡区；混合过渡区与 Fe_3Al 和 Q235 钢（或 18-8 钢）之间的特征区域为靠近被焊材料两侧的过渡区。Fe_3Al/钢扩散焊界面过渡区的划分示意见图 5.31(a)。

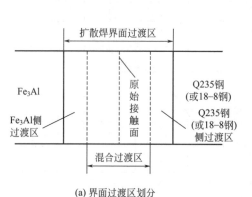

(a) 界面过渡区划分

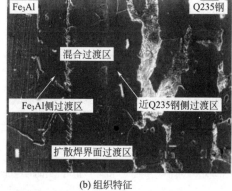

(b) 组织特征

图 5.31　Fe_3Al/钢扩散焊界面过渡区划分示意

扩散焊界面过渡区的宽度取决于 Fe_3Al 与钢的原始接触界面状态及扩散焊工艺参数，原始接触界面之间距离越小，扩散焊时的加热温度越高、保温时间越长、压力越大，扩散焊界面过渡区就会越宽。

扫描电镜观察 Fe_3Al/Q235 扩散焊界面过渡区的组织特征见图 5.31(b)。Fe_3Al/Q235 钢扩散焊后，由于元素的相互扩散，原来的接触界面已经消失，而是在 Fe_3Al 与 Q235 钢之间形成了一个富集白色粒子较多的区域，也就是扩散焊界面过渡区。靠近 Fe_3Al 与 Q235 钢两侧的区域，由于元素的扩散，显微组织和结构形态也会发生了一定程度的变化，形成了靠近母材的两个过渡区。

（2）Fe_3Al/Q235 钢扩散焊界面过渡区的显微组织

将 Fe_3Al/Q235 钢扩散焊接头试样制备成系列金相试样。由于 Fe_3Al 金属间化合物与 Q235 钢的耐腐蚀性差异很大，Fe_3Al 金属间化合物一侧用王水溶液（HNO_3：$HCl=1:3$）腐蚀，Q235 钢一侧用 3% 硝酸酒精溶液腐蚀。采用金相显微镜和 JXA-840 扫描电镜（SEM）对 Fe_3Al/Q235 钢扩散焊接头试样的显微组织进行观察。Fe_3Al/Q235 钢扩散焊接头区的组织特征如

图 5.32 所示。

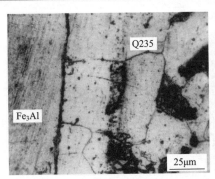 

(a) 光镜组织, 100×　　　　　　　　(b) 扫描电镜组织, 1000×

图 5.32　Fe₃Al/Q235 钢扩散焊接头区的组织特征

由图可见，Fe₃Al/Q235 钢扩散焊界面具有明显的扩散特征，扩散焊界面与靠近两侧母材的过渡区相互交错。界面过渡区靠近 Fe₃Al 一侧的显微组织越过扩散焊界面向 Q235 钢一侧连续延展，界面呈镶嵌状互相咬合。Fe₃Al/Q235 钢扩散焊界面过渡区靠近 Fe₃Al 一侧的显微组织粗大，在晶界处有不连续分布的析出相；扩散焊界面附近由于 Al、Cr 等元素的扩散，显微组织细小，并且大多呈等轴晶分布。

在扩散焊过程中，Fe₃Al 一侧由于晶粒生长导致组织粗大，见图 5.32(a)。Fe₃Al 和 Q235 钢中元素的相互扩散，使扩散焊界面附近的组织结构发生变化，晶粒的生长方向也有所改变。由于扩散焊界面过渡区窄小，冷却速度缓慢，在连接母材的界面处，晶粒最适宜作为扩散焊界面结晶的现成表面，对结晶最为有利。扩散焊界面组织容易在母材的基础上形成，并且沿热传导方向择优外延生长。

为研究 Fe₃Al/Q235 钢扩散焊界面附近组织性能的变化，采用 XQF-2000 型显微图像分析仪对一系列 Fe₃Al/Q235 钢扩散焊界面附近组织的晶粒度进行评级。根据公式 $D^2 = 1/2^{N+3}$（D 为晶粒直径，N 为晶粒度等级）进行晶粒直径的计算，Fe₃Al/Q235 钢扩散焊界面过渡区的晶粒尺寸和析出相的相对含量测试和计算结果见表 5.14。

由表 5.14 可见，从 Fe₃Al 基体越过界面过渡到 Q235 钢一侧时，显微组织逐渐细化，晶粒直径由 $250\mu m$ 降低到 $112\mu m$。因此在 Fe₃Al/Q235 钢扩散焊界面过渡区的组织比 Fe₃Al 基体细小，界面附近元素的扩散较为均匀，有利于提高 Fe₃Al/Q235 钢扩散焊接头的强度性能。

表 5.14　Fe₃Al/Q235 钢扩散焊界面过渡区的晶粒尺寸和析出相的相对含量

位置	Fe₃Al	靠近 Fe₃Al 侧过渡区	混合过渡区	靠近 Q235 侧过渡区
晶粒度等级	1.02	1.50	2.05	3.30
晶粒直径/μm	250	210	173	112
析出相相对含量 /%	14.6,12.8,13.0 (13.5)	11.8,13.0,12.1 (12.3)	21.3,26.5,27.8 (25.3)	5.4,5.6,7.0 (6.0)

注：括号内数据为测试平均值。

　　Fe₃Al/Q235 钢扩散焊界面过渡区不同部位的组织粗细程度与扩散焊加热温度和保温时间有关。不同加热温度和保温时间时 Fe₃Al/Q235 钢扩散焊界面过渡区的组织特征如图 5.33 所示。

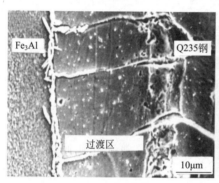

(a) 过渡区特征　　　　　　　　　　　(b) 析出相

图 5.33　Fe₃Al/Q235 钢扩散焊界面过渡区特征及析出相

　　随着加热温度的升高和保温时间的延长，由于界面附近元素的充分扩散，Fe₃Al/Q235 钢扩散焊界面过渡区宽度逐渐增加，组织也逐渐粗化。温度升高至 1060℃、保温时间为 60min 时，Fe₃Al/Q235 扩散焊界面过渡区宽度增加到 38μm，显微组织的晶粒直径达到 180μm。

　　在扫描电镜（SEM）下观察，Fe₃Al/Q235 钢扩散焊界面过渡区存在着一些白色析出相，这些析出相聚集在混合过渡区与靠近 Fe₃Al 一侧的扩散过渡区交界处，大多沿晶界呈不连续状分布，析出相的微观形貌特征如图 5.33(b) 所示。

　　通过电子探针（EPMA）对一些析出相进行成分分析表明，Fe₃Al/Q235 钢扩散焊界面过渡区中析出相粒子中 C、Cr 含量较高，Fe、Al 含量低于基体（表 5.15）。这是由于 Fe₃Al/Q235 钢在扩散焊过程中，过渡区组织结构中的 C、Cr 元素来不及充分扩散，在晶体内部发生偏聚的结果所致。

表 5.15 Fe_3Al/Q235 钢扩散焊界面过渡区电子探针（EPMA）分析

位置	测试点	化学成分/%					
		Fe	Al	C	Cr	Nb	Zr
Fe_3Al	1	82.60	16.62	0.14	0.52	0.05	0.07
	2	82.80	16.40	0.13	0.49	0.03	0.05
	3	81.91	17.10	0.13	0.51	0.03	0.02
	4	82.21	16.90	0.13	0.54	0.01	0.01
析出相	5	81.69	16.35	0.55	1.18	0.01	0.02
	6	81.94	15.90	0.51	1.28	0.03	0.04
	7	82.54	15.47	0.40	1.32	0.04	0.03
	8	81.89	16.23	0.22	1.26	0.04	0.06

聚集在扩散焊界面与靠近 Fe_3Al 一侧的扩散过渡区交界处的析出相粒子是由于扩散元素的原子分布在界面附近所引起点阵畸变能之差引起的。因为，在扩散焊过程中，元素原子的半径差越大，点阵畸变能差值越大。Cr 原子半径（$R_{Cr}=$ 0.185nm）大于 Fe 原子半径（$R_{Fe}=0.125$nm），C 原子半径（$R_C=0.077$nm）又远小于 Fe 原子半径。在扩散焊界面与靠近 Fe_3Al 一侧的扩散过渡区交界处造成的点阵畸变能之差较大，导致 C、Cr 原子偏聚在晶界及其界面附近区域。同时，溶质原子（C、Cr）的固溶度越小，在 Fe_3Al 基体中产生晶界吸附的倾向越大。因此，在 Fe 元素中固溶度很小的 C、Cr 将偏聚在晶界或界面附近，以析出相的形式存在于 Fe_3Al/Q235 钢扩散焊界面过渡区中。

（3）Fe_3Al/18-8 扩散焊界面过渡区的显微组织

18-8 钢中 Cr、Ni 元素较多，扩散焊过程中元素扩散途径比较复杂，在 Fe_3Al/18-8 钢扩散焊界面附近形成了具有多种形态结构的显微组织。图 5.34 示出 Fe_3Al/18-8 钢扩散焊界面过渡区的显微组织特征。可以看出，在 Fe_3Al 金属间化合物与 18-8 钢接触界面处具有明显的扩散特征，Fe_3Al/18-8 钢扩散焊界面过渡区中形成了三个扩散反应层 A、B、C，各反应层之间相互交错。

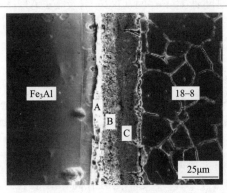

图 5.34　Fe_3Al/18-8 钢扩散焊界面过渡区的显微组织特征

由于 Fe_3Al/18-8 界面过渡区中 Al、Fe、Cr、Ni 元素的扩散，扩散反应层内组织结构较复杂。在靠近 Fe_3Al 一侧扩散反应层 A 内的组织特征是在基体上分布有一些白色点状物，靠近 18-8 钢一侧的扩散反应层 C 却分布有形状不规则的析出相，中间扩散反应层 B 的组织较为细小，既分布有白色点状物，又有不规则析出相存在。

为了研究扩散焊界面过渡区中反应层 A、B、C 的组织结构特征对 Fe_3Al/18-8 钢扩散焊接头性能的影响，采用电子探针（EPMA）对每一扩散反应层 A、B、C 的成分进行分析，实际测定结果见表 5.16。

表 5.16　Fe_3Al/18-8 钢扩散焊界面过渡区中反应层的电子探针分析　　%

扩散反应层	Al	Cr	Ni	Fe	Ti
A	12.5	8.9	4.4	73.9	0.3
B	9.5	13.2	4.5	72.3	0.5
C	2.5	17.2	8.0	71.8	0.5

从表 5.16 可见，三个扩散反应层 A、B、C 内 Fe、Ti 元素含量变化不大，而 Al、Cr、Ni 元素含量差别较大。从扩散反应层 A 过渡到扩散反应层 C，Al元素含量有所降低，而 Cr、Ni 元素含量不断增加。可以判定扩散反应层 A 的基体组织结构仍然为 Fe_3Al 相，扩散反应层 C 的组织结构为 α-Fe（Al）固溶体。基体上的析出物是富含 Cr、Ni 元素的析出相或反应相，这是由于 Fe_3Al与 18-8 钢之间元素的浓度梯度促使 Cr、Ni 元素相互扩散和发生扩散反应的缘故。

5.3.4　Fe_3Al/钢扩散焊接头的显微硬度

为了判定 Fe_3Al/Q235 钢及 Fe_3Al/18-8 钢扩散焊接头组织性能的变化，采用 SHIMADZU 显微硬度计对 Fe_3Al/Q235 钢及 Fe_3Al/18-8 钢扩散焊界面附近不同区域进行显微硬度测定，试验中的加载载荷为 25g，加载时间为 10s。

（1）Fe_3Al/Q235 钢扩散焊接头的显微硬度

Fe_3Al/Q235 钢扩散界面附近的显微硬度测定结果如图 5.35 所示，可见：Fe_3Al 母材扩散焊后的显微硬度约为 490MH，Q235 钢显微硬度为 340MH，Fe_3Al/Q235 钢扩散焊界面过渡区的显微硬度随工艺参数的变化有所不同。

加热温度为 1020℃、保温时间为 60min 时，扩散焊界面过渡区由 Fe_3Al 一侧越过界面到 Q235 钢的显微硬度先降低后升高，在混合过渡区出现显微硬度峰值（550HM）。这是由于在靠近 Fe_3Al 一侧 Al 元素的扩散反应使 Fe_3Al 相结构发生无序化转变，使靠近 Fe$_3$Al 一侧的界面过渡区显微硬度有所降低；在 Fe$_3$Al/Q235 钢扩散焊界面附近，元素在较低的加热温度下（$T = 1020$℃）没有进行充分的扩散而是有所聚集，形成的物相结构具有较高的显微硬度，在混合过渡区出现较高的显微硬度峰值。

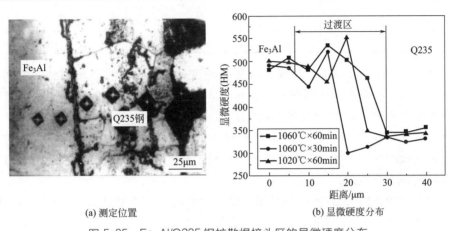

(a) 测定位置　　　　　　　　　(b) 显微硬度分布

图 5.35　Fe$_3$Al/Q235 钢扩散焊接头区的显微硬度分布

加热温度 1060℃，保温时间较短时（$t = 30$min），在 Fe$_3$Al/Q235 钢扩散焊界面两侧的过渡区都出现了显微硬度下降的现象。这是由于较短的保温时间使元素不充分扩散与科肯达尔（Kirkendall）效应形成的扩散显微空洞没有完全消失的原因。加热温度较高时（$T = 1060$℃），扩散焊界面的显微硬度峰值为 520HM，稍低于加热温度 1020℃时的显微硬度峰值（550HM）。这是由于较高温度下元素扩散充分，发生扩散反应形成不同物相结构的原因。

Fe-Al 合金状态图按成分区分为富 Fe 和富 Al 两个相区，每个相区又按温度大致分为高温区和低温区两个区域。富 Fe 区 Fe-Al 合金在高温凝固时，出现 γ、α 和 B2（即 FeAl 有序相）三个相；冷却到低温时，主要存在 B2、α 和 D0$_3$（即 Fe$_3$Al 有序相）三个相。

Fe、Al 元素之间既能形成固溶体、金属间化合物，也可以形成共晶体。Fe 在固态铝中的溶解度极小，在 225～600℃时，Fe 在 Al 中的溶解度为 0.01%～0.022%；在 655℃的共晶温度下，Fe 在 Al 中的溶解度为 0.53%。在室温下 Fe 几乎完全不溶于 Al，所以含微量 Fe 的铝合金在冷却过程中会出现金属间化合物 FeAl$_3$。

室温下 Al 含量为 13.9%～20%时形成超点阵结构的 Fe$_3$Al，Al 含量为 20%～36%时形成 FeAl。随着 Al 含量的增加，相继出现 FeAl$_2$、Fe$_2$Al$_5$、FeAl$_3$ 等脆性相。Fe-Al 合金可能形成的金属间化合物的显微硬度见表 5.17。

表 5.17　Fe-Al 合金可能形成金属间化合物的显微硬度

| 化合物 | Al 含量/% | | 显微硬度 |
	根据状态图	化学分析	(HM)
Fe₃Al	13.87	14.04	350
FeAl	32.57	33.64	640
FeAl₂	49.13	49.32	1030
Fe₂Al₅	54.71	54.92	820
FeAl₃	59.18	59.40	990
Fe₂Al₇	62.93	63.32	1080

从 Fe_3Al/Q235 钢扩散焊接头区显微硬度的测定结果看，加热温度控制在 1060℃左右，保温时间控制在 45～60min 时，Fe_3Al/Q235 钢扩散焊接头区域未出现明显的高硬度脆性相（如 $FeAl_2$、Fe_2Al_5、$FeAl_3$、Fe_2Al_7 等）。这种显微硬度特性决定了 Fe_3Al/Q235 钢扩散焊接头具有较好的组织性能，可以提高扩散焊界面区域的韧性，防止微裂纹产生，有利于改善 Fe_3Al/Q235 钢扩散焊界面过渡区的宏观力学性能。

综上所述，Fe_3Al/Q235 钢扩散焊接头主要由 Fe_3Al 相和 α-Fe（Al）固溶体构成，存在少量的 FeAl 相，但不存在含铝更高的 Fe-Al 脆性相，有利于提高接头的韧性和抗裂能力，保证焊接接头的质量。

（2）Fe_3Al/18-8 钢扩散焊接头的显微硬度

为了判定 Fe_3Al/18-8 钢扩散焊接头的性能，采用显微硬度计对 Fe_3Al/18-8 钢扩散焊接头区进行显微硬度测定。在保温时间为 60min、加热温度分别为 1000℃、1040℃和 1060℃的条件下，Fe_3Al/18-8 钢扩散焊接头区的显微硬度实测点位置及显微硬度分布见图 5.36 和图 5.37。

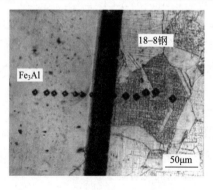

(a) 测试位置

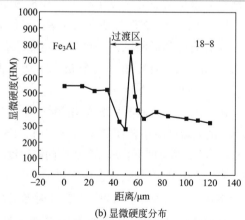

(b) 显微硬度分布

图 5.36　Fe_3Al/18-8 钢扩散焊接头区的显微硬度分布（1000℃×60min）

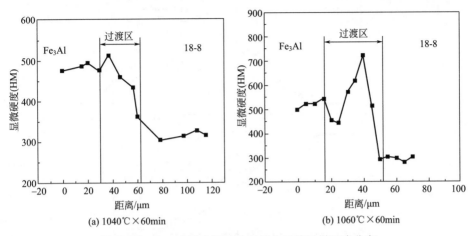

图 5.37 Fe_3Al/18-8 钢扩散焊接头区的显微硬度分布

加热温度为 1000℃时，从 Fe_3Al 一侧经过扩散焊界面过渡区到 18-8 钢，靠近 Fe_3Al 一侧的界面过渡区显微硬度值降低，这是由于存在大量的显微空洞和 Fe_3Al 的无序化转变引起的。在扩散焊界面过渡区的狭窄区域内，显微硬度突然升高到峰值 720HM。加热温度为 1040℃时，从 Fe_3Al 一侧过渡到 18-8 钢，显微硬度几乎是连续变化，Fe_3Al 一侧的界面过渡区显微硬度值为 500HM，在扩散焊界面过渡区略有增加至 520HM，然后过渡到 18-8 钢一侧，显微硬度一直降低到 300HM。

加热温度为 1060℃时，Fe_3Al/18-8 钢扩散焊界面过渡区的显微硬度峰值为 700HM，而 18-8 钢一侧的显微硬度值比加热温度较低时（$T=1000℃$）有所降低，显微硬度只有 280HM 左右，这是由于 18-8 钢中的奥氏体组织在较高温度下逐渐长大、粗化的缘故。

总之，加热温度越低，元素扩散越不充分，使中间扩散反应层内元素聚集，浓度升高，导致形成显微硬度高于 Fe_3Al 基体硬度的相结构，在 Fe_3Al/18-8 钢扩散焊接头过渡区中存在显微硬度较高的峰值点。

5.3.5 界面附近的元素扩散及过渡区宽度

(1) Fe_3Al/18-8 界面附近的元素扩散

Fe_3Al 金属间化合物的抗氧化和耐腐蚀性能优于 18-8 钢，并且价格便宜，因此 Fe_3Al 与 18-8 钢的扩散焊在生产中有应用前景。Fe_3Al/Q235 钢扩散焊接头的元素分布如图 5.38 所示。

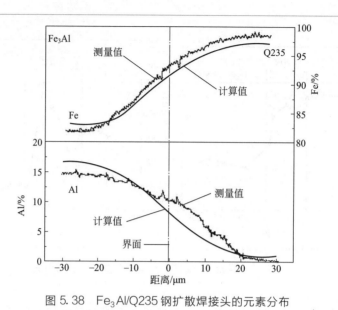

图 5.38　Fe₃Al/Q235 钢扩散焊接头的元素分布

　　Fe₃Al/18-8 钢扩散焊界面附近元素的电子探针实测值如图 5.39 所示。18-8 钢一侧距离界面 10~25μm 处，Cr 元素浓度有所波动，这是由于在扩散过程中受 Al、Ni 元素的影响，导致界面附近 Cr 元素偏析所致。

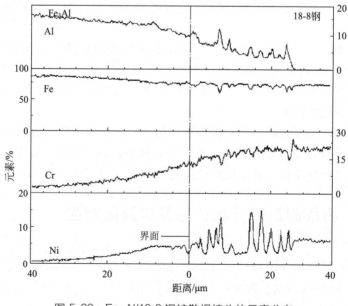

图 5.39　Fe₃Al/18-8 钢扩散焊接头的元素分布

Al、Ni 元素在 Fe_3Al 一侧扩散过渡区距离界面 $-20\sim-5\mu m$ 区间范围，分布曲线斜率较小，浓度梯度变化较缓。实测值中 Al、Ni 元素浓度在界面靠近18-8 钢一侧距离界面 $5\sim25\mu m$ 区间起伏较大；Al 元素浓度逐渐降低至 0，Ni 元素分布逐渐上升至 18-8 钢 Ni 浓度的稳定值 9%。

在 Fe_3Al/18-8 钢扩散反应层近 Fe_3Al 一侧，Al 元素含量较高，主要存在Fe_3Al 中 Al 的扩散，并与 Fe 元素发生反应，能够形成不同类型的 Fe-Al 金属间化合物。X 射线衍射（XRD）分析表明，随着加热温度由 1020℃升高到 1060℃时，Fe_3Al/18-8 钢扩散反应层近 Fe_3Al 一侧形成的化合物逐渐从（$FeAl_2$ + Fe_2Al_5）→（Fe_3Al+FeAl+Fe_2Al_5）变化到（Fe_3Al+FeAl）。

加热温度较低时，Al 元素获得的能量低，扩散活性差，只是聚集在近Fe_3Al 界面的边缘区，还没有来得及向 18-8 钢中扩散。因此在 Fe_3Al 一侧 Al 元素浓度较高，与 Fe_3Al 基体中的 Fe 元素化合形成 $FeAl_2$ 和 Fe_2Al_5 新相。$FeAl_2$和 Fe_2Al_5 中由于 Al 含量较高，脆性大，显微硬度值高达 1000HM，并且这两种新相在加热过程中容易引起热空位，导致点缺陷，具有较低的室温塑韧性，容易发生解理断裂。提高扩散焊温度可促使 $FeAl_2$ 和 Fe_2Al_5 中的 Al 原子扩散，使之形成 Fe_3Al+FeAl 混合相。

18-8 钢中含有 Ni、Cr 和 Ti 等合金元素，在扩散焊过程中获得一定的能量而向 Fe_3Al/18-8 钢接触界面扩散，与 Fe_3Al 中的 Fe、Al 元素形成各种化合物。

当加热温度为 1020℃时，Fe_3Al/18-8 钢扩散焊接头形成的化合物主要有 α-Fe（Al）固溶体；而当温度升高至 1040℃时，不仅包括 α-Fe（Al）固溶体，还包括 Ni_3Al 金属间化合物；当温度高达 1060℃时，扩散层中出现少量的 Cr_2Al相，影响 Fe_3Al/18-8 钢扩散焊接头的韧性。

（2）扩散焊界面过渡区宽度

Fe_3Al 与钢扩散焊时，元素从一侧越过界面向另一侧扩散，服从一维扩散规律。界面附近元素的浓度随距离、时间的变化服从 Fick 第二定律一维无限大介质非稳态条件下的扩散方程，扩散焊界面过渡区宽度与保温时间符合抛物线规律：

$$x^2 = K_p(t - t_0), \quad K_p = K_0 \exp\left(-\frac{Q}{RT}\right) \tag{5-4}$$

式中　x——界面过渡区宽度，μm；

　　　K_p——元素的扩散速率，$\mu m^2/s$；

　　　t——保温时间，s；

　　　t_0——潜伏期时间，s；

　　　K_0——与温度有关的系数；

　　　Q——扩散激活能，J/mol；

T——加热温度，K；

R——气体常数。

Fe$_3$Al 与钢扩散焊界面过渡区的宽度和元素在过渡区中的扩散速率相关。计算 Fe$_3$Al/Q235 钢及 Fe$_3$Al/18-8 钢扩散焊界面过渡区复杂相结构体系中元素的扩散速率时，将扩散焊界面过渡区视为相结构体积含量较多反应层的叠加，过渡区中其他元素的影响很小；并且界面附近的扩散反应达到准平衡状态。不同加热温度时元素在 Fe$_3$Al/钢扩散焊界面的扩散速率见表 5.18。

表 5.18　不同加热温度时元素在 Fe$_3$Al/钢扩散焊界面的扩散速率

接头		Fe$_3$Al/Q235			Fe$_3$Al/18-8			
加热温度/℃		1040	1060	1080	1000	1020	1040	1060
扩散速率(K_p) /(μm²/s)	Al	1.2	7.7	17.1	0.98	1.0	3.9	9.1
	Fe	1.9	4.9	14.5	0.08	0.44	2	2.4
	Cr	—	—	—	0.34	0.85	0.98	2.5
	Ni				0.78	1.0	1.6	2.1

随着扩散焊加热温度的升高，由于元素获得的扩散驱动力较大，发生扩散迁移的原子数增多，Fe$_3$Al 界面过渡区中元素的扩散速率快速增大。根据不同温度下元素的扩散速率计算得到 Fe$_3$Al/Q235 钢扩散焊界面过渡区宽度的表达式为：

$$x^2 = 4.8 \times 10^4 \exp\left(-\frac{133020}{RT}\right)(t - t_0) \tag{5.5}$$

Fe$_3$Al/18-8 钢扩散焊界面过渡区宽度的表达式为：

$$x^2 = 7.5 \times 10^2 \exp\left(-\frac{75200}{RT}\right)(t - t_0) \tag{5.6}$$

Fe$_3$Al/Q235 钢及 Fe$_3$Al/18-8 钢扩散焊界面过渡区的宽度主要与加热温度 T 和保温时间 t 有关。随着加热温度的增加和保温时间的延长，界面过渡区的宽度 x 逐渐增大，有利于促进扩散焊界面的结合。Fe$_3$Al/18-8 钢界面过渡区的宽度的计算值与实测值见图 5.40。可见，在给定的试验条件下，可以根据 Fe$_3$Al/Q235 钢及 Fe$_3$Al/18-8 钢扩散焊界面过渡区宽度与加热温度和保温时间的关系，确定加热温度和保温时间，获得具有一定宽度的扩散焊界面过渡区，提高 Fe$_3$Al/钢扩散焊界面的结合性能。

Fe$_3$Al/钢扩散焊界面过渡区中反应层的形成有一定的潜伏时间 t_0。界面过渡区宽度一定时，随着加热温度 T 的升高，潜伏时间 t_0 缩短。因此，确定 Fe$_3$Al/钢扩散焊工艺参数时，在保证获得具有合适宽度的界面过渡区条件下，提高加热温度 T 的同时可适当缩短保温时间 t，以提高焊接效率。

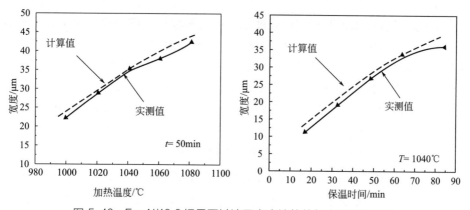

图 5.40 Fe₃Al/18-8 钢界面过渡区宽度计算值与实测值的比较

5.3.6 工艺参数对扩散焊界面特征的影响

（1）三个重要参数

扩散焊工艺参数（加热温度 T、保温时间 t 和连接压力 p）对 Fe₃Al/Q235 钢扩散焊界面的结合状况有重要的影响。

① 加热温度 加热温度越高，界面附近元素的原子获得的能量越高，扩散速率越快。借助浓度梯度的驱动力，母材中的元素会迅速向界面处扩散。根据不同工艺条件下得到的 Fe₃Al/Q235 钢及 Fe₃Al/18-8 钢扩散焊界面的结合特征和接头的变形程度分析，随着加热温度的升高，Fe₃Al/Q235 钢及 Fe₃Al/18-8 钢扩散焊界面结合逐渐紧密。当加热到一定温度时，在 Fe₃Al/Q235 钢及 Fe₃Al/18-8 钢扩散焊界面附近形成过渡区。

② 保温时间 保温时间决定 Fe₃Al/Q235 钢及 Fe₃Al/18-8 钢扩散焊界面附近原子扩散的均匀化程度。随着保温时间的增加，扩散焊界面附近的元素不断向界面扩散，元素的分布越来越均匀，形成的界面过渡区宽度逐渐增加和均匀化。

③ 连接压力 连接压力是保证 Fe₃Al/Q235 钢及 Fe₃Al/18-8 钢扩散焊界面显微空洞是否消失以及扩散焊接头变形程度的主要因素。在加热温度和保温时间恒定条件下，压力越大，扩散界面处紧密接触的面积也越大，界面显微空洞容易消失并逐渐形成致密的扩散焊界面。压力减小时，扩散界面接触面积较小，界面显微空洞阻碍两侧元素的原子穿越界面进行扩散迁移，形成不致密的扩散焊界面甚至界面结合不充分。但是压力过大时，会导致扩散焊接头发生明显的塑性变形。压力一般根据焊件的接触面积确定，以保证扩散焊接头不发生宏观变形为宜。

Fe₃Al 与 Q235 钢（或 18-8 钢）扩散焊时，由于母材物理化学性能的差异，不同元素的扩散速率各不相同，通过界面向两侧母材扩散迁移的原子数量不等，产生科肯达尔（Kirkendall）效应并在扩散界面处形成显微空洞。在一定的加热温度和保温时间下，这些显微空洞逐渐消失，形成致密的扩散焊界面，因此是否存在显微空洞可作为评价扩散焊界面结合性能的重要指标之一。在压力作用下，扩散焊接头由于受高温性能变化的影响，也会产生一定的宏观变形，影响接头的组织性能。

（2）工艺参数对界面结合和接头变形的影响

① Fe₃Al/Q235 钢扩散焊　试验表明，在保温时间和连接压力不变的条件下（$t=60\text{min}$，$p=17.5\text{MPa}$），加热温度为 1000℃时，Fe₃Al/Q235 钢界面没有形成充分的扩散结合，显微镜下可以观察到大量的显微空洞，见图 5.41（a）；加热温度升高至 1020℃时，Fe₃Al/Q235 钢接触界面部分结合，显微镜下仍能观察到界面局部存在显微空洞。当加热温度为 1040℃时，Fe₃Al/Q235 界面显微空洞完全消失、界面结合良好，在 Fe₃Al/Q235 钢界面附近形成扩散过渡区，见图 5.41（b）。加热温度继续升高到 1060℃时，Fe₃Al/Q235 钢界面未观察到显微空洞，界面过渡区宽度增加，但是扩散焊接头发生轻微的塑性变形。加热温度升高到 1080℃时，扩散焊接头的宏观变形程度逐渐增大。

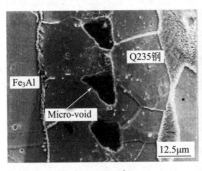

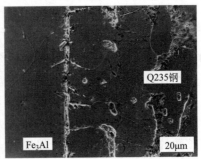

(a) $T=1000℃$　　　　　　　　　(b) $T=1040℃$

图 5.41　不同加热温度时 Fe₃Al/Q235 钢扩散焊界面的结合形态

（$t=60\text{min}$，　$p=17.5\text{MPa}$）

加热温度 $T=1040℃$、压力 $p=17.5\text{MPa}$ 时，保温时间在 $t=15\sim60\text{min}$ 范围内，Fe₃Al/Q235 钢扩散焊接头没有发生宏观变形。并且随着保温时间 t 的增加，Fe₃Al/Q235 接触界面结合逐渐紧密。

在加热温度和保温时间不变的条件下（$T=1060℃$，$t=45\text{min}$），焊接压力为 10MPa 时，显微镜下观察 Fe₃Al/Q235 接触界面局部存在显微空洞。随着焊接压力从 12MPa 增加到 17.5MPa，$Fe_3Al/Q235$ 接触界面结合逐渐紧密。但是焊接压力 $p=17.5MPa$ 时，$Fe_3Al/Q235$ 钢扩散焊接头发生轻微的宏观变形。因此，$Fe_3Al/Q235$ 钢扩散焊时，在一定的加热温度和保温时间下，应该控制焊接压力不宜过大，避免扩散焊接头发生宏观变形。

② $Fe_3Al/18\text{-}8$ 钢扩散焊　为获得界面结合良好的 $Fe_3Al/18\text{-}8$ 钢扩散焊接头，采用不同的加热温度 T、保温时间 t 和压力 p 对 $Fe_3Al/18\text{-}8$ 钢进行系列扩散焊工艺性试验。试验结果表明，在保温时间和接压力不变的条件下（$t=60min$，$p=17.5MPa$），加热温度较低（980℃）时，$Fe_3Al/18\text{-}8$ 界面存在连续分布的显微空洞，界面处未形成良好的扩散结合，见图 5.42(a)。

(a) $T=980$℃　　　　　　　　(b) $T=1020$℃

图 5.42　不同加热温度时 $Fe_3Al/18\text{-}8$ 钢扩散焊界面的结合形态

（$t=60min$，　$p=17.5MPa$）

加热温度升高至 1000℃时，$Fe_3Al/18\text{-}8$ 钢界面处部分结合，显微镜下仍能观察到局部存在显微空洞。加热温度为 1020℃时，$Fe_3Al/18\text{-}8$ 钢界面扩散结合良好，界面附近形成扩散过渡区，见图 5.42(b)。加热温度继续升高，$Fe_3Al/18\text{-}8$ 界面扩散结合更加充分，但是加热温度为 1060℃时，扩散焊接头发生轻微的塑性变形。加热温度为 1080℃时，扩散焊接头发生较明显的塑性变形。

在加热温度和压力保持不变的条件下（$T=1040$℃，$p=17.5MPa$），随着保温时间的延长，$Fe_3Al/18\text{-}8$ 扩散焊界面结合逐渐紧密。当加热温度和保温时间不变（$T=1060$℃，$t=45min$）时，压力越大，$Fe_3Al/18\text{-}8$ 钢扩散焊界面结合越紧密，界面过渡区的显微空洞逐渐减少。但是压力 p 大于 17.5MPa 时，$Fe_3Al/18\text{-}8$ 钢扩散焊接头发生明显的塑性变形。

$Fe_3Al/Q235$ 钢及 $Fe_3Al/18\text{-}8$ 钢扩散焊时，加热温度、保温时间和连接压力决定着扩散焊接头的质量。提高加热温度时，可以相应地缩短保温时间、降低焊接压力；在保证扩散焊接头不发生宏观变形的条件下（压力控制在一定范围内），延长保温时间时，可以相应地降低加热温度。因此，Fe₃Al/Q235 钢及 Fe₃Al/18-8 钢扩散焊时应综合考虑工艺参数对扩散焊界面组织性能的影响。为获得结合良好的 Fe₃Al/钢扩散焊接头，应通过试验决定加热温度、保温时间和压力的最佳匹配。

（3）工艺参数对 Fe₃Al/钢界面过渡区宽度的影响

① 加热温度的影响　随着加热温度的升高，元素的扩散越充分，Fe₃Al/Q235 钢及 Fe₃Al/18-8 钢扩散焊界面过渡区宽度逐渐增大，扩散过渡区组织逐渐粗化。相同保温时间（$t = 60\text{min}$）、不同加热温度时 Fe₃Al/Q235 钢及 Fe₃Al/18-8 钢扩散焊界面过渡区宽度的实测值列于表 5.19。

表 5.19　不同加热温度时 Fe₃Al/Q235 钢及 Fe₃Al/18-8 钢界面过渡区的宽度（$t = 60\text{min}$）

加热温度/℃		1000	1020	1040	1060	1080
宽度/μm	Fe₃Al/Q235 钢	—	22.1	24.5	28.6	32.5
	Fe₃Al/18-8 钢	22.6	26.3	35.4	38.2	42.6

由表 5.19 可见，加热温度为 1020℃时 Fe₃Al/Q235 钢扩散焊界面过渡区宽度为 22.1μm，Fe₃Al/18-8 钢界面过渡区宽度为 26.3μm。加热温度升高至 1080℃时，Fe₃Al/Q235 钢扩散焊界面过渡区宽度增加至 32.5μm，Fe₃Al/18-8 界面过渡区宽度增加至 42.6μm。根据实测结果得到的加热温度对扩散焊界面过渡区宽度的影响如图 5.43 所示。

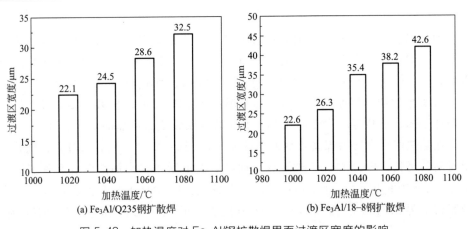

(a) Fe₃Al/Q235钢扩散焊　　(b) Fe₃Al/18-8钢扩散焊

图 5.43　加热温度对 Fe₃Al/钢扩散焊界面过渡区宽度的影响

根据实测结果可以预见，继续提高加热温度，Fe₃Al/Q235 钢及 Fe₃Al/18-8 钢扩散焊界面过渡区的宽度还会增加。但是，由于加热温度过高将导致扩散焊界面附近的组织明显粗化，对扩散焊接头的组织和力学性能有不利影响。因此，加热温度应加以限制。

② 保温时间和压力的影响 保温时间和压力是决定扩散焊界面附近元素扩散的均匀性以及显微空洞是否消失的主要因素。加热温度为 $1060℃$、不同保温时间和焊接压力时，Fe_3Al/Q235 钢扩散焊界面过渡区的宽度如图 5.44 所示。

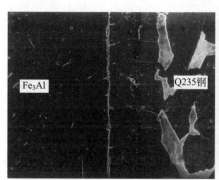 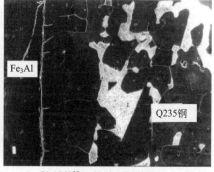

(a) $1060℃×30min$, $p=10MPa$ (b) $1060℃×60min$, $p=12MPa$

图 5.44 不同保温时间时 Fe_3Al/Q235 扩散焊界面过渡区的显微组织

保温时间为 30min 时，即使在较高温度（$T=1060℃$）下，Fe_3Al/Q235 钢扩散焊界面过渡区仍能观察到未消失的显微空洞；加热温度为 $1040℃$、保温时间较短时（$t=30min$），Fe_3Al/18-8 钢界面混合过渡区与靠近 18-8 钢一侧的界面过渡区交界处存在明显的显微空洞和元素扩散不充分现象。这是由于保温时间较短、压力较小时，Fe_3Al/Q235 钢及 Fe_3Al/18-8 钢扩散焊界面微观接触面积较小，界面显微空洞阻碍晶粒生长和原子穿越界面的扩散迁移，原子来不及扩散或扩散不充分，形成的扩散焊界面过渡区较窄。

保温时间越长、压力越大时，扩散焊界面紧密接触面积也越大，界面附近的显微空洞会逐渐消失从而形成致密的扩散焊界面过渡区。由于保温时间越长，元素扩散也越充分，原子之间的相互扩散迁移越剧烈。不同保温时间下 Fe_3Al/Q235 及 Fe_3Al/18-8 扩散焊界面过渡区宽度的实测值见表 5.20。根据实测结果得到的保温时间对 Fe_3Al/Q235 钢及 Fe_3Al/18-8 钢扩散焊界面过渡区宽度的影响如图 5.45 所示。

表 5.20 不同保温时间下 Fe_3Al/Q235 钢及 Fe_3Al/18-8 钢扩散焊界面过渡区的宽度

	保温时间/min	15	30	45	60	80
宽度/μm	Fe_3Al/Q235 钢（$T=1060℃$）	—	17.4	25.8	28.6	30.4
	Fe_3Al/18-8 钢（$T=1040℃$）	12.3	20.1	28.2	35.1	38.5

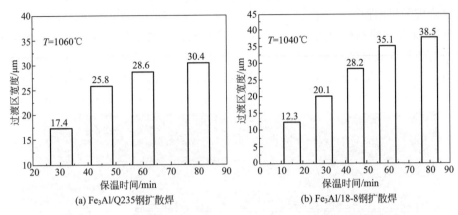

图 5.45　保温时间对 $Fe_3Al/18-8$ 钢扩散焊界面过渡区宽度的影响

随着保温时间的延长，$Fe_3Al/Q235$ 钢及 $Fe_3Al/18-8$ 钢扩散焊界面过渡区宽度逐渐增加。保温时间小于 45min 时，界面过渡区宽度增加较快；但超过 45min 时，界面过渡区宽度的增加较为缓慢。这是由于在保温的初始阶段，元素扩散受保温时间的影响较大，保温时间越长，元素的扩散迁移越充分。当达到一定时间后，元素的扩散受保温时间的影响减小，元素扩散迁移逐渐达到准平衡状态，在 $Fe_3Al/Q235$ 钢及 $Fe_3Al/18-8$ 钢界面附近形成具有稳定组织结构的扩散焊界面过渡区。如果保温时间太长，扩散焊界面附近的组织会随之长大，显微组织明显粗化并影响其宏观力学性能。因此 $Fe_3Al/Q235$ 钢及 $Fe_3Al/18-8$ 钢扩散焊应严格控制保温时间，既要保证扩散焊界面过渡区具有一定的宽度，又不能使组织明显粗化。

加热温度、保温时间和压力在整个扩散焊过程中相互作用，共同影响 $Fe_3Al/Q235$ 钢及 $Fe_3Al/18-8$ 钢扩散焊界面过渡区的组织性能。为了获得界面结合良好、原子扩散充分且具有良好组织性能的 $Fe_3Al/Q235$ 钢及 $Fe_3Al/18-8$ 钢扩散焊接头，必须协调控制加热温度、保温时间和连接压力。

5.4　Fe_3Al 金属间化合物的其他焊接方法

5.4.1　Fe_3Al 金属间化合物的电子束焊

Fe_3Al 金属间化合物熔化焊的焊接性较差，主要表现在以下两个方面：

一是 Fe_3Al 金属间化合物由于交滑移困难导致高的应力集中，造成室温脆性大，塑性低，熔化焊接时容易产生冷裂纹；

二是 Fe_3Al 热导率低，导致焊接热影响区、熔合区和焊缝之间的温度梯度大，加之线胀系数较大，冷却时易产生较大的残余应力，导致产生热裂纹。

电子束焊接是利用电子枪产生的电子束聚焦在工件上，使焊件金属迅速熔化后再重新凝固结晶。化学成分和工艺参数对 Fe_3Al 的焊接性有很大影响。采用真空电子束焊（EBW）对厚度为 0.76mm 的 Fe_3Al 金属间化合物薄板的焊接研究表明，由于焊接过程是在真空中进行的，抑制了氢的有害作用，焊后不产生延迟裂纹。并且集中的高能量输入使焊接熔合区组织有所细化，焊缝组织为柱状晶，宽度窄，沿热传导方向生长，热影响区也十分窄小，在较低的焊速下无裂纹产生，接头变形也较小。因此富含 Cr、Nb、Mn 的 Fe_3Al 基合金焊后无裂纹出现，获得的焊接接头质量较好。

采用电子束焊时，焊接速度控制在 20mm/s 以下，可以获得良好的 Fe_3Al 焊接接头。力学性能试验表明，断裂发生在热影响区，拉伸断口为沿晶和穿晶解理混合断口，这与焊前母材的断裂机制相同。可见电子束焊虽然热输入集中，但接头仍受 Fe_3Al 母材本质脆性的影响而呈现脆性断裂特征。

用真空电子束焊对厚度为 1～2mm 的 Fe_3Al 基合金进行焊接，采用的工艺参数为：聚焦电流为 800～1200mA，焊接电流为 20～30mA，焊接速度为 8.3～20mm/s，真空度为 $1.33×10^{-2}Pa$。由于电子束焊能量集中以及在真空气氛中的 H、O 原子浓度很低，抑制了氢的作用，使焊接接头氢致延迟裂纹难以发生，因此焊接效果优于钨极氩弧焊，可以获得无裂纹和缺陷的焊缝，焊缝很窄（约是氩弧焊的一半），热影响区也很窄，焊后变形小，应力也较小。

电子束焊接 Fe_3Al 基合金的拉伸和弯曲试验表明，室温拉伸和弯曲时，断裂发生在 Fe_3Al 母材热影响区，抗拉强度为 289MPa，焊缝并没有弱化焊接接头区的力学性能。因此，采用电子束焊，Fe_3Al 基合金表现出良好的焊接性，焊缝外形美观、性能优异。

Fe_3Al 基合金薄板真空电子束焊的焊接速度快，可控制在 4.2～16.9mm/s 范围内，焊接效率高，具有很好的应用前景。

5.4.2 Fe_3Al 的焊条电弧焊

(1) 焊条电弧焊工艺参数

在不预热和焊后热处理条件下，采用焊条电弧焊（SMAW）进行 Fe_3Al/Fe_3Al、Fe_3Al/Q235 钢和 Fe_3Al/18-8 钢的对接焊试验。焊条电弧焊（SMAW）采用挪威 Master TIG MLS2500 型焊机，可采用的焊接材料为 E308-16、E316-

16、E309-16、E310-16 四种型号的焊条，焊条直径为 2.5mm 和 3.2mm，化学成分及力学性能见表 5.21。

表 5.21 焊接材料的化学成分及力学性能

焊条型号	熔敷金属的化学成分(质量分数)/%						力学性能	
	C	Cr	Ni	Mn	Mo	Si	抗拉强度 σ_b/MPa	伸长率 δ_5/%
E308-16	≤0.08	18.0～21.0	9.0～11.0	0.5～2.5	≤0.75	≤0.90	≥550	≥35
E316-16	≤0.08	17.0～20.0	11.0～14.0	0.5～2.5	2.0～3.0	≤0.90	≥520	≥30
E309-16	≤0.15	22.0～25.0	12.0～14.0	0.5～2.5	≤0.75	≤0.90	≥550	≥25
E310-16	0.08～0.20	25.0～28.0	20.0～22.5	1.0～2.5	≤0.75	≤0.75	≥550	≥25

焊条电弧焊（SMAW）采用的工艺参数见表 5.22。

表 5.22 Fe₃Al 焊条电弧焊的工艺参数

焊条直径 ϕ/mm	焊接电流 I/A	焊接电压 U/V	焊接速度 v/(cm/s)	焊接热输入 $E(\eta=0.85)$/(kJ/cm)
2.5	100～120	24～26	0.20～0.30	8.8～13.3
3.2	125～140	24～27	0.25～0.35	9.2～12.9

焊接热输入过大或过小都易引起焊接裂纹。焊接热输入过小时，焊缝冷却速度快，焊后产生明显的表面裂纹。焊接热输入过大时，熔池过热时间长，导致焊缝组织粗化进而诱发裂纹。尤其是焊条电弧焊的熔渣附着在熔敷金属上导致散热缓慢和组织粗化。试验结果表明，焊条电弧焊（SMAW）采用 E310-16 型焊条作焊接材料，控制焊接热输入可获得无裂纹的 Fe₃Al 接头。Fe₃Al/Q235 钢焊条电弧焊焊缝的显微组织如图 5.46 所示。

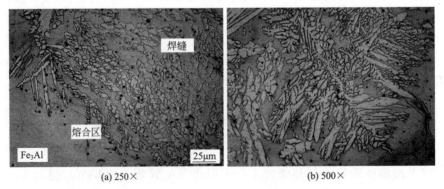

(a) 250×   (b) 500×

图 5.46 Fe₃Al/Q235 钢焊条电弧焊焊缝的显微组织

（2）焊条电弧堆焊

焊条电弧堆焊可以赋予零件表面耐磨、耐腐蚀、耐热等特殊性能。在石油化工及热加工生产中，大量存在用不锈钢堆焊耐热钢的结构，若以 Fe-Al 合金取代不锈钢作为堆焊层，或在零件表面形成一层 Fe_3Al 堆焊层，如可采用焊条电弧焊（SMAW）将 Fe_3Al 合金堆焊在奥氏体不锈钢、2.25Cr-1Mo 钢或其他钢材基体上，可以发挥其优异的性能。

将经中频感应炉熔炼的 Fe_3Al 合金浇铸成铸锭，经过多道热轧和热锻（温度控制在 900℃ 以上），制成直径为 3.2mm 的棒料，用作焊条的焊芯。药皮选用低氢钾型，焊芯成分和堆焊金属的成分见表 5.23。

表 5.23　Fe_3Al 焊芯成分和堆焊金属的成分　　　　　　　　　%

材料	Al	Cr	Fe	Ni	Ti	Si
Fe_3Al 焊芯	16.00	5.10	78.70	—	—	0.20
堆焊层	11.60	5.95	70.69	0.56	0.20	1.00

为了保证成分稳定，至少应堆焊三层。采用直流弧焊机，堆焊电压约为 25V，堆焊电流取下限（一般为 90～110A），堆焊焊条移动速度约为 12cm/min。堆焊时的飞溅较小，但脱渣性较差，堆焊下一层时要仔细清除残渣，可得到无裂纹的 Fe_3Al 堆焊层。

堆焊前将工件预热到 300～350℃，保温 30min，堆焊后对焊件进行 700℃×1h 退火处理。堆焊层金属以粗大的柱状晶为主，堆焊层的 Al 含量在堆焊过程中损失较大，导致堆焊层组织以 α-Fe（Al）固溶体为主，但不影响堆焊层的抗氧化性能。在空气炉中经 800℃×70h 氧化后，不锈钢基体氧化严重，而 Fe_3Al 堆焊层氧化轻微，表明其高温抗氧化性能优于 18-8 不锈钢。

5.4.3　Fe_3Al 氩弧堆焊工艺及特点

这种堆焊工艺大多是采用填丝钨极氩弧焊，选用合金填充材料，可自动化操纵，也可手动完成。将尺寸规格为 40mm×20mm×6mm 的 2.25Cr-1Mo 钢板待堆焊表面的油污和铁锈清除，采用填丝钨极氩弧焊（GTAW）方法在 2.25Cr-1Mo 耐热钢上堆焊 Fe_3Al 合金（Fe 84%，Al 16%），焊接电流为 75A。填丝氩弧焊堆焊前耐热钢工件需经 300℃ 预热处理，堆焊后进行 600℃×1h 的后热处理。

技术关键是选用堆焊层中可形成大量 Fe_3Al 金属间化合物的合金焊丝。这种条件下，堆焊层具有很高的硬度和耐磨性、耐蚀性，尽管堆焊层中可能存在微裂纹，但仍能保证堆焊合金具有良好的工作性能。

通过扫描电镜（SEM）观察，Fe_3Al 堆焊层与 $2.25Cr$-$1Mo$ 耐热钢基体之间界面结合良好，形成的堆焊层熔合区宽度约为 $300\mu m$。堆焊层内组织为粗大的柱状晶组织，每个柱状晶内分布有大量的针状物。通过电子探针分析，这些针状物含有大量的 Fe 和 Al，构成 α-Fe(Al) 固溶体。熔合区是 Fe_3Al 与 $2.25Cr$-$1Mo$ 耐热钢堆焊接头组织性能最薄弱的环节，Fe_3Al 与 $2.25Cr$-$1Mo$ 堆焊接头熔合区化学成分的能谱分析见表 5.24。

表 5.24　Fe_3Al 与 $2.25Cr$-$1Mo$ 堆焊接头熔合区化学成分的能谱分析　　%

位置	Al	Cr	Mo
1	1.07	2.18	1.29
2	1.22	2.42	1.21
3	2.02	2.05	0.85
4	3.04	2.01	0.97
5	3.31	1.85	0.94
堆焊金属	8.15	1.08	0.43
基体	—	2.43	1.19

注：表中的前 5 个位置分别为从熔合线开始，每隔 $100\mu m$ 取测定点。

在 Fe_3Al 堆焊层与 $2.25Cr$-$1Mo$ 基体熔合区附近，合金元素 Cr、Mo、Al 的浓度梯度变化比较显著，堆焊金属中的 Al 被大量稀释，堆焊层相结构中 Al 含量较低，主要形成单相 α-Fe(Al) 固溶体。

参考文献

[1] Li Yajiang, Ma Haijun, Wang Juan. A study of crack and fracture on the welding joint of Fe₃Al and Cr18-Ni8 stainless steel, Materials Science and Engineering A, 528 (2011): 4343-4347.

[2] Ma Haijun, Li Yajiang, U. A. Puchkov, et al. Microstructural characterization of welded zone for Fe₃Al/Q235 fusion-bonded joint. Materials Chemistry and Physics, 2008 (112): 810-815.

[3] M. A. Mota, A. A. Coelho, J. M. Bejarano, et al. Directional growth and characterization of Fe-Al-Nb eutectic alloys. Journal of Crystal Growth, 1999, 198-199 (1): 850-855.

[4] Y. D. Huang, W. Y. Yang, Z. Q. Sun. Effect of the alloying element chromium on the room temperature ductility of Fe₃Al intermetallics. Intermetallics, 2001, 9: 119-124.

［ 5 ］ 马海军，李亚江，吉拉斯莫夫，等. 焊接条件下 Fe_3Al 金属间化合物 B2-D0₃ 有序结构转变模式研究. 中国有色金属学报，2007，17（S1）：25-29.

［ 6 ］ C. G. McKamey, J. A. Horton. Effect of chromium on properties of Fe_3Al, Journal of Materials Research, 1989, 4 （5）：1156-1163.

［ 7 ］ 丁成钢，陈春焕，从国志，等. Fe-Al 合金 TIG 焊接头组织与性能研究. 应用科学学报，2000，18（1）：368-370.

［ 8 ］ Ma Haijun, Li Yajiang, Li Jianing, et al. Division of character zones and elements distribution of Fe_3Al/Cr-Ni alloy fusion-bonded joint. Materials Science and Technology, 2007, 23 （7）：799-812.

［ 9 ］ Ma Haijun, Li Yajiang, Juan Wang, et al. Effect of heat treatment on microstructure near diffusion bonding interface of Fe_3Al/18-8 stainless steel. Materials Science and Technology, 2006, 22（12）：1499-1502.

［ 10 ］ Senying, L. J. Albert. Cr impurity effect on antiphase boundary in FeAl alloy. Journal of Applied Physics, 1999, 38 （5）：2806-2811.

［ 11 ］ D. L. Joslin, D. S. Easton, C. T. Liu, et al. Reaction synthesis of Fe-Al alloys. Materials Science and Engineering, 1995, 192A（2）：544-548.

［ 12 ］ 马海军，李亚江，王娟，等. 再加热对 Fe_3Al/18-8 扩散焊界面附近组织结构的影响. 焊接学报，2006，27（5）：35-38.

［ 13 ］ Wang Juan, Li Yajiang, Ma Haijun. Diffusion bonding of Fe-28Al（Cr）alloy with low-carbon steel in vacuum, Vacuum, 2006, 80（5）：426-431.

［ 14 ］ 李亚江，王娟，U. A. Puchkov，等. Cr、Ni 元素对 Fe_3Al/钢扩散焊界面组织结构的影响. 材料科学与工艺，2007，15 （4）：470-475.

［ 15 ］ Y. Li, S. A. Gerasimov, U. A. Puchkov, et al. Microstructure performance on TIG welding zone of Fe_3Al and 18-8 dissimilar materials. Materials Research Innovations, 2007, 11（3）：45-47.

［ 16 ］ Wang Juan, Li Yajiang, Liu Peng. Microstructure and performance in diffusion-welded joints of Fe_3Al/Q235 carbon steel. Journal of Materials Processing and Technology, 2004, 145 （3）：294-298.

［ 17 ］ 王娟，李亚江，刘鹏. Fe_3Al/Q235 扩散焊接头的剪切强度及组织性能. 焊接学报，2003，24（5）：81-84.

［ 18 ］ 李亚江，王娟，尹衍升，等. Fe_3Al/Q235 异种材料扩散焊界面相结构分析，焊接学报，2002，23（2）：25-28.

［ 19 ］ 闵学刚，余新泉，孙扬善，等. 手弧堆焊 Fe_3Al 堆焊层的组织形貌与抗氧化性能. 焊接学报，2001，22（1）：56-58.

［ 20 ］ Ma Haijun, Li Yajiang, S. A. Gerasimov, et al. Microstructure and phase constituents near the fusion zone of Fe_3Al/Cr-Ni alloys joints produced by MAW. Materials Chemistry and Physics, 2007, 103（1）：195-199.

第6章

叠层材料的焊接

叠层材料是近年来发展起来的一种新型材料，因其独特的抗高温和耐蚀性能等受到欧美、俄罗斯等国家的关注。较薄的超级镍（Super-Ni）复层包覆在 NiCr 基层板表面，能够抑制 NiCr 基层的微裂纹扩展，防止结构件存在微裂纹和缺陷时发生瞬间破坏，提高叠层材料的整体承载能力。由于超级镍叠层材料（Super-Ni/NiCr 叠层材料）具有低密度、耐腐蚀、耐高温等优点，在航空航天、能源动力等领域具有广阔的应用前景，叠层材料的焊接问题也日益受到人们的关注。

6.1 叠层材料的特点及焊接性

6.1.1 叠层材料的特点

超级镍叠层复合材料（Super-Ni/NiCr）是近年来发展起来的一种新型结构材料，由两侧的超级镍（Super-Ni）复层和中间的 NiCr（或金属间化合物）基层复合而成，类似"三明治"结构。所谓超级镍是指复层纯度超出国标规定的 Ni 含量水平。超级镍具有较好的抗氧化性、耐腐蚀性和塑韧性，可应用于耐腐蚀的高温结构件中。

叠层材料的 NiCr 基层是由 Ni80Cr20 粉末烧结而成的多孔材料，孔隙率约为 $30\%\sim35\%$，能够减轻结构质量。目前，可通过粉末冶金技术制备多孔、半致密或全致密材料。多孔材料具有很多优良性能，如轻质、高比刚度、高比强度、抗冲击、隔音、隔热等，但由于存在结构易变形、孔壁和表面存在缺陷等问题，单一多孔金属很少作为结构件使用，往往与实体材料配合形成复合结构，以发挥其独特的材料性能。多孔金属材料可用作刚性夹层复合结构，在航空、航天、导弹、飞行器设计等领域受到关注。

超级镍叠层材料是由超级镍（Super-Ni）复层和 Ni80Cr20 粉末合金基层真空压制成的叠层板，是一种新型的高温结构材料。这种叠层材料的复层厚度仅为 $0.2\sim0.3mm$，$Ni>99.5\%$，基层是厚度约为 $2.0\sim2.6mm$ 的 NiCr 合金（Ni 含量为 80%，Cr 含量为 20%）。

较早的高温合金是在 80%Ni-20%Cr 合金基础上发展起来的压制镍基高温合金 Nimonic80A，通过添加少量的 Ti、Al 元素来提高合金的蠕变断裂强度及高温抗氧化性能。NiCr 合金常作为其他高温合金的基体，镍基高温合金广泛用于航空航天领域，特别是涡轮发动机的热端部件，如燃烧室、涡轮叶片等。

超级镍（Super-Ni）复层具有较好的耐腐蚀性、抗氧化性和韧性；而 Ni80Cr20 粉末经真空烧结形成多孔材料，具有较低的密度，能够减轻结构质量，提高零部件的整体性能。Super-Ni/NiCr 叠层复合材料能够充分发挥 Super-Ni 复层与 NiCr 基层各自的性能优势，应用于某些特定场合优于单一材料。

（1）NiCr 基层的化学成分及孔隙率

Super-Ni/NiCr 叠层复合材料的物理性能参数与传统材料有很大不同，采用等离子发射光谱分析 Ni80Cr20 基层中的元素含量，实测结果见表 6.1。

表 6.1　叠层复合材料基层的化学成分

元素	Ni	Cr	Mo	Al	Co	Fe
波长/nm	231.6	284.3	204.5	167.0	231.1	259.9
平均含量/%	64.86	17.44	0.0467	0.0387	0.0133	0.4343

由表 6.1 可知，Ni、Cr 为基层主体元素，Fe、Co、Mo、Al 为存在的微量元素。叠层复合材料的组织特征如图 6.1 所示。通过金相显微镜观察，超级镍叠层材料（Super-Ni/NiCr）基层的骨骼状结构（白色组织）与造孔剂之间黑白分明，组织结构均匀。

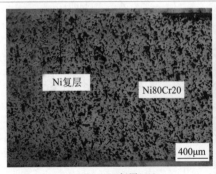
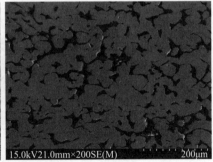

(a) Super-Ni复层/NiCr　　　　　　　(b) NiCr基层

图 6.1　Super-Ni 叠层复合材料的显微组织

叠层材料的 Ni80Cr20 基层为粉末烧结合金，其名义孔隙率与名义密度是反映材料性能的重要参数。根据体视学原理，采用面积法对 Ni80Cr20 基层的名义孔隙率及名义密度进行了测算。

测量孔隙部分的截面积 A_P，以及观测部分的总面积 A，按式(6.1)计算出孔隙部分截面积占总面积的百分数，根据体视学理论（其体积百分比等于截面积百分比），可以计算出多孔材料的名义孔隙率 ε。

$$\varepsilon = \frac{A_P}{A} \times 100\% \tag{6.1}$$

经计算分析，Ni80Cr20 合金基层的名义孔隙率为 35.41%，名义密度为 $6.72\mathrm{g/cm^3}$。

（2）叠层材料的结构特点

叠层材料由两种不同性能的材质通过真空压制或特殊的加工制备方法复合而成，复合了两种组元各自的优点，可以获得单一组元所不具有的物理和化学性能。目前美国、俄罗斯、英国、德国等发达国家在叠层材料的研究及应用领域成果显著。我国相关研究开始于 20 世纪 60 年代，近年来在其科研及生产应用领域也取得了重要的进展。

图 6.2 为合金使用温度与使用温度占其熔点百分比的函数关系图。先进的航空发动机用材料常在熔点 85% 以上的温度、高负载条件下工作，对材料的高温性能提出了更高要求。由图 6.2 可知，将两种具有不同耐高温与力学性能的材料结合，可以充分发挥两种材料良好的耐高温与力学性能优势，更好地满足特殊服役环境的需求。

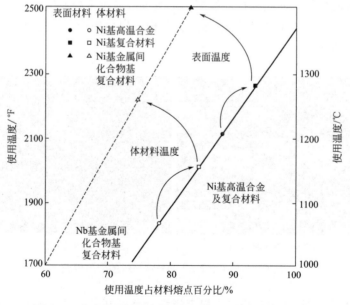

图 6.2　合金使用温度与使用温度占熔点百分比的关系

复合材料可分为层状复合材料、颗粒增强复合材料和纤维增强复合材料等。层状复合材料是由两种或两种以上性能不同的材料通过特殊的加工方法得到的，复合了不同组元的优点，得到单一材料所不具备的物理和化学性能。从各组元尺寸角度可把层状复合材料分为两种类型：叠层复合材料、微叠层复合材料，见表 6.2。叠层复合材料呈复层＋基层＋复层的"三明治"型结构，复层较薄，一般小于 0.4mm。基层主要满足结构强度和刚度的要求，复层满足耐腐蚀、耐磨等特殊性能的要求。而微叠层复合材料是由两种或三种材料交替层叠而成，这与微叠层材料的制备工艺有关，微叠层材料的层厚为 $100\sim300\mu m$。

表 6.2 层状复合材料的分类

层状复合材料	结构形式	层间厚度
叠层复合材料	"三明治"型	（复层）小于 0.4mm
微叠层复合材料	交替层叠	$100\sim300\mu m$

用于航空航天领域的叠层复合材料主要包括 Ni-Cr、Ni-Al 及 Ti-Al 三大体系，Ni-Cr 系叠层材料（例如 Ni80Cr20）是较早研发的一种基础的叠层复合材料，而 Ni-Al 及 Ti-Al 系叠层复合材料是近年发展起来的，其制备工艺、性能及应用研究成为研发的热点。三个体系的叠层复合材料所占比重及使用性能要求有很大差异，可以适用于不同服役环境的特殊需求。

（3）叠层材料的制备工艺特点

Super-Ni/NiCr 叠层材料是将 Ni80Cr20 粉末置于包套中通过真空压制而成，兼具复层和基层的性能优势。Super-Ni 复层包覆在 NiCr 基层表面，能够抑制 NiCr 基层的裂纹扩展，防止零部件存在裂纹和缺陷时发生瞬间破坏，提高叠层材料的整体强度。Super-Ni/NiCr 叠层材料具有低密度、耐腐蚀、耐高温等优点，在航空航天、能源动力等领域具有广阔的应用前景。

微叠层复合材料是将两种或两种以上物理化学性能不同的材料按一定的层间距及层厚比交互重叠而成的多层材料，材料组分可以是金属、金属间化合物、聚合物或陶瓷。微叠层复合材料旨在利用韧性金属克服金属间化合物的脆性，层间界面对内部载荷传递、增强机制和断裂过程有重要影响，使这种复合材料相对于单体材料表现出优异的性能。微叠层复合材料的性质取决于各组分的特性、体积分数、层间距及层厚比。叠层复合材料的应力场是一种能量耗散结构，能克服脆性材料突发性断裂的致命缺点，当材料受到冲击或弯曲时，裂纹多次在层间界面处受到阻碍而偏折或钝化，这样可以有效减弱裂纹尖端的应力集中，改善材料韧性，使界面阻滞裂纹扩展、缓解应力集中。

叠层材料的研究始于 20 世纪 60 年代，美国、俄罗斯、英国等有深入的研究；我国的相关研究工作始于 20 世纪 60～70 年代，主要研究单位有上海钢铁研究所、东北大学、北京科技大学、武汉科技大学等。薄层金属复合材料的生产总体上可以分为三大类：固-固相复合法、液-固相复合法和液-液相复合法，如图 6.3 所示。

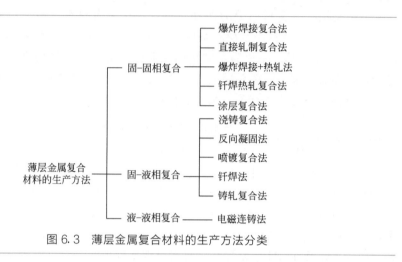

图 6.3　薄层金属复合材料的生产方法分类

20 世纪 60 年代中期，前苏联研究者首次提出微叠层材料的概念，他们将亚微米尺度的 Cu 与 Cr 交替沉积形成微叠层材料，得到材料的强度是单体块状材料的 2～5 倍。所谓微叠层材料是将两种不同材料按一定的层间距及层厚比交互重叠形成的多层材料，一般是由软、硬基体增强材料制备而成的。材料的性质取决于各组分的结构特性、层间距、互溶度以及界面化合物。叠层方向对阻碍疲劳裂纹扩展具有重要意义，垂直于界面方向的抗疲劳性能优于平行于界面方向，这种增强作用主要是因为过渡韧性金属阻碍裂纹尖端扩展造成的。提高叠层材料的层间距可以改善断裂韧性和抗疲劳裂纹扩展能力。

通过研究制备工艺对 NiAl/Al 微叠层复合材料反应合成机制的影响，差热分析（DTA）结果显示：Ni/Al 界面上首先出现 $NiAl_3$ 的形核与长大，接着 Ni_2Al_3 在 $Ni/NiAl_3$ 界面上扩散生长；经 $50MPa～100MPa$、$900～950℃$ 的焊后热处理，获得了 NiAl 与 Ni_3Al 金属间化合物中间层。

还有的研究者采用 Ni、Al 箔轧制出了 Ni/铝化物多层复合材料，并进一步研究了 Ni/铝化物多层复合材料的反应合成机制。结果表明：最终形成的 Ni/Ni_3Al 多层复合材料具有较高的抗拉强度。

6.1.2　叠层材料的焊接性分析

针对这种具有"三明治"结构的 Super-Ni/NiCr 叠层材料，由于其特殊的 Super-Ni 复层包覆 NiCr 合金基层，而且 Super-Ni 复层厚度仅为 0.2～0.3mm，焊接时既要使 Super-Ni 复层和 NiCr 基层与焊缝之间结合良好，又要保证 Super-Ni 复层和 NiCr 基层之间的复合结构完整，因此焊接难度很大。由于基层两侧 Super-Ni 复层的厚度仅为 0.2～0.3mm，Super-Ni/NiCr 叠层复合材料的焊接与传统的大尺寸复合板（复层厚度＞1mm）的焊接有本质区别。

叠层材料熔焊过程中出现的问题主要有以下几个方面：焊缝及熔合区微裂纹、Ni 复层烧损、NiCr 基层熔合缺陷（包括未熔合、显微孔洞及裂纹等）等。

（1）焊接区的微裂纹

叠层材料熔焊中最突出的是裂纹问题。焊缝中主要是产生热裂纹，以及焊接过程中应力集中导致的开裂。焊接热循环引起的热胀冷缩、易使焊接熔合区结合力差的大晶界在应力作用下产生微观裂纹并沿大晶界边缘扩展，终止于 NiCr 基层的烧结孔洞处，烧结孔洞可起到止裂作用。

Super-Ni 叠层材料熔焊时接头的应力状态、焊接物理冶金反应造成的低熔点夹杂物聚集都可能引发裂纹产生。通常焊缝凝固时，S 元素等易与 Fe、Ni 元素形成金属硫化物（FeS、NiS 等）低熔点共晶，易在大晶界聚集，成为裂纹源。为进一步分析形成低熔点硫化物的可能性，采用碳硫分析仪对焊缝及母材中 C、S 元素的含量进行测试，如图 6.4 所示。焊缝中的 C、S 元素含量均低于钢材焊接时的规定含量，其中焊缝中的硫含量远低于规定值，形成低熔点硫化物而导致裂纹产生的可能性很小。

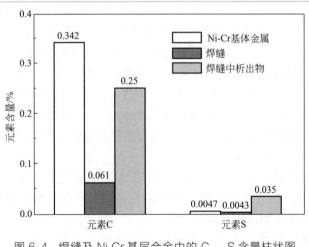

图 6.4　焊缝及 Ni-Cr 基层合金中的 C、S 含量柱状图

Super-Ni 叠层复合材料与奥氏体钢（1Cr18Ni9Ti）填丝钨极氩弧焊（GTAW）焊接试验中观察到的裂纹形态如图 6.5 所示。焊缝组织垂直于熔合区呈柱状晶形态生长，合金元素以及可能的低熔点杂质相在柱状晶末端的剩余液相

中聚集，这一区域成为焊缝中的薄弱区域。如果焊接过程中有拘束应力作用，极易在焊接过程中产生凝固裂纹。

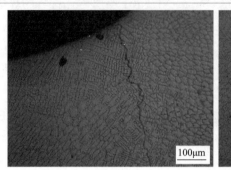 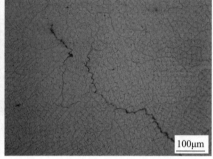

(a) 裂纹起始　　　　　　　　　　　　　　　(b) 裂纹扩展

图 6.5　焊缝中的微观裂纹

图 6.5(a) 所示为由于焊接应力导致的裂纹，从焊缝表面起裂，扩展到焊缝内部，这类裂纹通常在焊缝冷却过程中形成。这类显微裂纹的存在［图 6.5(a)］，表明 Super-Ni/NiCr 叠层材料熔化焊 （GTAW） 接头中有较大的残余应力存在，导致焊缝中心萌生裂纹，沿大晶界分布和扩展。图 6.5(b) 所示为焊缝柱状晶末端分布的裂纹。裂纹尺寸较大，有明显的低熔点夹杂物存在叠层。

Super-Ni 叠层材料与奥氏体钢 （18-8 钢） 填丝钨极氩弧焊 （GTAW） 时，由于叠层材料本身的复层结构，并且 NiCr 基层、Ni 复层、奥氏体钢及 0Cr25-Ni13 填充合金焊丝不同材料的热物性参数不同，焊接后接头区形成复杂的应力状态。在焊缝成形后，冷却至室温的过程中，焊缝金属的塑性下降，形成拉伸应力作用，因而在焊接接头的薄弱区域易产生裂纹。裂纹大多是从焊缝根部或表面形成，并进一步向焊缝中心扩展。同时焊接热循环和不均匀的焊缝组织形态进一步加剧了残余应力的产生。在无复层焊接的情况下 （仅焊接 NiCr 基层），因应力而产生热裂纹的情况将明显降低，因此在实际焊接叠层材料的操作中，需采取必要的降低焊接应力的措施。

Super-Ni 叠层材料与奥氏体钢 GTAW 焊接时，在电弧力的搅拌作用下，从 Ni80Cr20 合金基层脱离的烧结填充剂可能进入熔池，焊缝冷却过程中在柱状晶末端聚集，可能成为裂纹形成的根源。

能谱仪测试结果表明，引发裂纹的夹杂物中主要含有 B、C、O、Cr、Fe、Ni 等元素 （表 6.3），可能形成 Cr 的碳化物及金属氧化物，包括从 Ni80Cr20 基层中过渡而来的烧结填充剂。随着焊缝结晶过程中柱状奥氏体晶粒的生长，杂质元素聚集在奥氏体柱状晶族的末端，形成焊缝金属的薄弱区域。因此应控制焊接工艺参数，减小电弧吹力作用，控制基层合金母材的熔合比。

表 6.3　各测点的元素百分含量　　　　　　%

位置	B	C	O	S	Cl	Cr	Fe	Ni	总量
1	13.16	22.66	5.74	—		17.78	18.75	21.90	100
2	—	52.32	28.47	—	0.48	14.80	0.84	3.09	100
3	—	36.18	18.99	—	0.40	15.73	1.78	26.93	100
4	—	52.12	17.57	—	0.78	18.81	3.54	7.18	100
5	—	41.40	28.55	0.28	0.98	15.09	2.81	10.89	100
max	13.16	52.32	28.55	0.28	0.98	18.81	18.75	26.93	—
min	13.16	22.66	5.74	0.28	0.40	14.80	0.84	3.09	—

注：按重量百分比显示的所有结果。

（2）超级镍复层的烧损

超级镍（Super-Ni）叠层材料熔化焊接时存在超级镍复层的烧损，因超级镍覆层很薄（厚度仅为 0.2～0.3mm），焊接电弧热对其影响很大。焊接过程中很薄的超级镍复层金属由于优先受热，并且其热导率 67.4W/（cm·℃）远高于 Ni80Cr20 基层的热导率，因此在焊接时熔化迅速。致使最后焊缝表面成形变宽，如果焊接电弧较长时间作用时，甚至会发生过度烧损（焊接电流较大时），而导致焊接接头成形不良。

超级镍叠层材料熔化焊接过程中很薄的镍基复层的烧损是难以避免的，这主要与超级镍复层与 Ni80Cr20 基层不同的热物理性质有关。因此熔化焊过程中要严格控制焊接热输入（工艺参数），焊接电弧功率过大、电弧长时间加热复层、焊接过程中工艺参数不稳定、电弧摆动等都易造成超级镍复层的烧损。

（3）基层熔合缺陷

Super-Ni 叠层复合材料焊接时，Ni80Cr20 基层的焊接行为、基层的熔合状态对接头的组织与性能有重要的影响，是 Super-Ni 叠层材料可焊性分析的重要因素。分析发现，部分熔合、熔合区孔洞、熔合区微裂纹成为 NiCr 基层焊接过程中的主要熔合缺陷。

对叠层材料与 18-8 钢填丝 GTAW 接头熔合区的分析发现，NiCr 基层存在部分熔合现象，部分熔合的 NiCr 基层熔合区状态如图 6.6(a) 所示，焊接参数控制不当极易形成不连续的熔合区形态。

NiCr 基层熔合区的组织以奥氏体为主，晶界处析出铁素体。与传统的铸造或轧制合金的熔合区不同，NiCr 基层中烧结填充材料的存在对其焊接成形也有很大影响。熔合区中有少量从 NiCr 基层中过渡的烧结填充剂，形成非连续性的熔合区形态。

Super-Ni 叠层复合材料 GTAW 焊接时可能会在焊缝填充金属与基层合金母

材之间形成一系列的孔洞，在铁基粉末合金的焊接中也存在类似现象。基层合金中的烧结填充剂降低了母材的熔合性，是形成这种大尺度（长度约为 $400\mu m$）孔洞缺陷的主要原因。

对 Super-Ni 叠层复合材料焊接接头使用性能影响较大的一类缺陷是有可能存在 NiCr 基层熔合区的微裂纹，如图 6.6（b）所示。NiCr 基层熔合区微裂纹起源于结合力差的大晶粒晶界，沿大晶界边缘扩展，终止于 NiCr 基层的烧结孔洞处。烧结孔洞起到止裂作用，能够抑制微裂纹的进一步扩展，对焊接接头维持其使用性能有利。

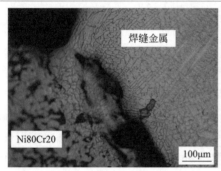
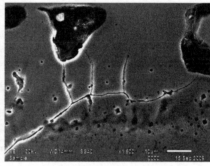

(a) 熔合不良   (b) 微裂纹

图 6.6　Ni80Cr20 基层的部分熔合及微裂纹

(4) 应力与液化裂纹

叠层复合材料侧焊缝组织 Ni 含量达 40%，$Cr_{eq}/Ni_{eq} < 1.52$，焊缝凝固模式为 AF 模式，方向性柱状晶生长强烈，有热裂纹敏感性。NiCr 基层的孔隙对焊接性有重要影响，使 NiCr 基层的焊接与传统轧制材料不同。由于 NiCr 合金基层存在孔隙，焊接热输入较大时 NiCr 基层热影响区（HAZ）的骨骼状组织在焊接电弧热作用下发生局部熔化，重新凝固收缩后可能会有大尺寸孔洞出现。NiCr 基层的孔隙使叠层材料与 18-8 钢的热胀系数差别较大，影响焊接接头的应力分布甚至引发液化裂纹。采用 ANSYS 有限元分析对 Super-Ni/NiCr 叠层材料与 18-8 钢填丝 GTAW 接头进行应力分布模拟，发现应力集中在叠层材料一侧熔合区附近，Super-Ni 复层的应力高于 NiCr 基层，Ni 复层与 NiCr 基层界面为Super-Ni/NiCr 叠层复合材料焊接时的薄弱区域。

6.1.3　叠层材料的焊接研究现状

采用先进焊接技术在实现结构设计新构思中具有重要优势，如减轻结构质量、降低制造成本、提高结构性能等，研究 Super-Ni/NiCr 叠层复合材料的焊接问题将为其推广应用提供理论与试验基础。由于 Super-Ni/NiCr 叠层复合材料化学成分和组织结构的特殊性，它的焊接性研究涉及镍基高温合金、粉末高温合金以及层状复合材料等的焊接。

叠层材料特殊的"三明治"复层结构形式，是影响其焊接性的重要因素之一。由于叠层复合材料综合了两种金属的优良性能，能满足许多特殊场合的使用要求，使其焊接行为研究及应用受到关注。中、厚度板叠层材料焊接通常采用开坡口、复层和基层分别焊接及中间加过渡层的方法焊接，例如复合钢的焊接。亦有研究者对复合板单道焊进行研究。而复层厚度仅为 0.2～0.3mm 的叠层复合材料则不能套用中、厚度板复合钢焊接的方法，解决叠层复合材料的焊接问题是其推广应用的关键。

中南大学黄伯云等采用包套轧制技术，在 1050℃ 的条件下制备了厚度为 2.7mm 的 TiAl 基合金板。金相分析表明，薄板具有均匀、细小的等轴晶组织，平均晶粒尺寸约为 3μm。包套轧制技术可以降低 TiAl 基合金变形时的流变应力，延缓流变软化趋势，降低局部流变系数，从而提高 TiAl 基合金的塑性变形能力。

叠层材料特殊的复层结构是影响其焊接性的关键，由于基层和复层是由两种或两种以上化学成分、力学性能差别较大的金属叠置复合而成的，因此焊接时要兼顾基层和复层两种材料的性能。山东大学采用填丝钨极氩弧焊（GTAW）和扩散钎焊等实现了 Super-Ni/NiCr 叠层材料与 18-8 钢的连接，获得了熔合区结合良好的接头。由于 Super-Ni 复层厚度仅为 0.3mm，焊接过程易烧损，需在复层侧开坡口并控制电弧偏向 18-8 钢一侧。

对双面超薄不锈钢复层材料（复层厚度<0.5mm）的焊接性进行研究发现，分别采用钨极氩弧焊、熔化极氩弧焊以及微束等离子弧焊工艺对复层为 18-8 钢、基层为 Q235 钢的 (0.25mm＋3mm＋0.25mm) 的不锈钢复合板进行焊接，综合分析各种焊接工艺的优缺点，并对焊接接头的电化学腐蚀性能、力学性能等进行研究，可推进超薄不锈钢复合材料的焊接应用。

采用 Nd：YAG 脉冲激光对 0.1mm 不锈钢＋0.8mm 碳钢＋0.1mm 不锈钢的双面超薄不锈钢复合板进行对接焊，为了保证焊缝与复层不锈钢的耐腐蚀性一致，可采用 Cr、Ni 含量高的 Fe 合金粉作为填充金属。焊缝金属与复层不锈钢及基层碳钢结合良好，接头的抗拉强度达到母材的 92%，伸长率为母材的 25%。

有的研究者对双面薄层复合材料的焊接性进行了研究，复层为 18-8 钢，基层为 Q235A，厚度尺寸为 (0.8mm＋5mm＋0.8mm)，借鉴焊接中、厚度复合板的方法，采用手工电弧焊焊基层、钨极氩弧焊（GTAW）焊接复层的方法施焊，能够获得满足使用性能要求的焊接接头。但因为复层很薄，对于坡口加工及焊接操作的要求高，并且焊接效率较低。

还有的研究者对两种金属叠层材料的电阻点焊行为进行了研究，这种金属叠层材料由三层 0.5mm 厚的钢板采用纯 Zn 及 95%Pb-5%Sn 作为中间层复合轧制而成。研究表明，这两种叠层材料表现出很好的焊接性，Zn 中间层的叠层材料电阻点焊强度高于 95%Pb-5%Sn 中间层的情况，接头有 Fe-Zn 及 Fe-Sn 金属间化合物生成。

美国俄亥俄州立大学制备了 NiAl/V 和 NiAl/Nb-15Al-40Ti 微叠层复合材料，制备过程如下：将 NiAl 粉末与 V 箔或 Nb-15Al-40Ti 箔交替层叠在一起放入不锈钢套中，然后将不锈钢套抽真空并用电子束焊密封，之后在 1100℃ × 270MPa 条件下热等静压 4h。通过预制裂纹后三点弯曲试验对微叠层复合材料的断裂韧性进行研究，如图 6.7 所示。

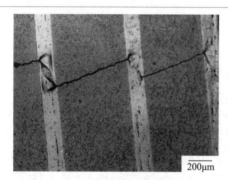
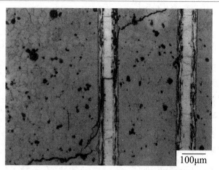

(a) NiAl/V微叠层复合材料　　　　　　(b) NiAl/Nb-15Al-40Ti微叠层复合材料

图 6.7　微叠层复合材料的裂纹扩展路径

对于 NiAl/V 微叠层复合材料，初始裂纹在扩展至韧性层时停止；随着载荷的增加，在韧性层两侧裂纹沿 45°方向形成滑移带后进一步扩展，如图 6.7(a)所示。韧性层与脆性层之间发生脱粘，NiAl 块体材料以脆性晶间断裂为主，而在脱粘区表现出韧窝断口形貌。NiAl/Nb-15Al-40Ti 微叠层复合材料的裂纹沿晶界扩展，Nb-15Al-40Ti 层间的厚度为 500μm 时形成裂纹桥接，见图 6.7(b)；而厚度为 1000μm 时没有裂纹桥接形成，断口为混合型断裂形貌。

Super-Ni 叠层复合材料 NiCr 基层的密度约为致密材料密度的 80%，采用电子束焊、微束等离子弧焊以及激光焊对 Super-Ni/NiCr 叠层材料与 18-8 钢进行焊接的试验结果表明，电子束焊及微束等离子弧焊时对 Super-Ni/NiCr 叠层材料的穿透性强，焊接飞溅严重，很难控制叠层材料熔合区获得良好的成形；激光焊接时，当激光焊功率为 500～600W 时，可使复层熔合良好，但对 Super-Ni/NiCr 叠层复合材料的熔透性不够；激光焊功率为 700～1000W 时，复层出现断续的微孔；功率增大到 1500W 时，微孔连续出现，有明显飞溅现象，熔合急剧变差。

由于 Super-Ni/NiCr 叠层复合材料特殊的多层结构及 NiCr 基层为粉末烧结合金，采用高能束流焊接（包括电子束焊、等离子弧焊以及激光焊等）时，对

NiCr 基层的冲击力大，较难获得良好的焊缝成形。钨极氩弧焊方法具有良好的工艺参数可调节性能，在粉末合金焊接中应用较普遍。

　　Super-Ni 叠层材料在传统高温合金的基础上复合了粉末高温合金的优良性能，是一种有发展前景的新型高温结构材料。焊接是制造技术的重要成形手段，实现叠层复合材料的焊接不但能提高这种新型材料的利用率还能使构件性能得到大幅提升。Super-Ni 叠层复合材料的焊接成形与传统金属材料有很大不同，传统复合钢一般采用开坡口、分层多道焊的办法，而对于复层厚度仅为 0.3mm 的叠层复合材料则不适用。超级镍复层及 NiCr 基层的成形特点成为叠层复合材料的焊接性研究重点。研究叠层复合材料特殊的焊缝成形及组织形态，建立显微组织与接头性能的内在联系，对于阐明叠层复合材料的焊接性及促进其工业应用具有重要的意义。

6.2　叠层材料的填丝钨极氩弧焊

　　很多零部件仅有部分结构承受高温、高应力或腐蚀介质的作用，因此将叠层材料与其他材料通过焊接方法形成复合结构不但能充分发挥不同材质各自的性能优势，还能节省贵重金属材料，具有重要的经济价值。

6.2.1　叠层材料填丝 GTAW 的工艺特点

　　采用填丝钨极氩弧焊（GTAW）方法对 Super-Ni 叠层复合材料进行焊接，精确控制焊接工艺参数，使之形成柔和电弧，可以实现焊缝一次焊接成形。填丝钨极氩弧焊采用逆变氩弧焊机完成（焊接电流调节范围：15～150A），脉动填丝。首先进行焊接工艺性试验，焊前对叠层材料加工坡口，如图 6.8 所示，装配间隙小于 0.5mm。

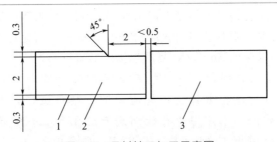

图 6.8　母材坡口加工示意图

1—超级镍覆层；2—Ni80Cr20 基层；3—18-8 钢

　　焊接前将待焊试样（Super-Ni/NiCr 叠层材料、18-8 钢）表面经机械加工，并采用化学方法去除母材及填充材料（0Cr25-Ni13 合金焊丝）表面的油污、锈蚀、氧化膜及其他污物。焊接试板表面机械和化学处理步骤为：砂纸打磨→丙酮清洗→清水冲洗→酒精清洗→吹干。

　　焊接过程中采用 0Cr25-Ni13 合金焊丝作为填充金属，采用填丝钨极氩弧焊（GTAW），试验中采用的焊接工艺参数见表 6.4，焊丝直径为 2.5mm，钨极直径为 2.0mm。因超级镍复层厚度仅为 0.3mm，故焊接时要求采用较小的焊接热输入，并严格控制电弧方向。焊接得到的宏观焊缝形貌如图 6.9 所示。

表 6.4　试验中采用的焊接工艺参数

焊接电流 /A	焊接电压 /V	焊接速度 /(cm/s)	氩气流量 /(L/min)	焊接热输入 /(kJ/cm)	备注
80	10～12	0.08	8	7.5～9.0	电弧偏向叠层
80	10～12	0.12	8	5.0～6.0	电弧居中
80	11～12	0.20	8	3.3～3.6	电弧偏向 18-8 钢

注：电弧有效加热系数 η 取 0.75。

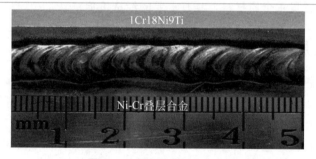

图 6.9　宏观焊缝形貌示意

　　试验中发现，应将钨极电弧稍偏向 18-8 钢一侧。如果钨极电弧直接指向 Super-Ni 叠层复合材料，则叠层材料表面的 Super-Ni 复层熔化过快，与 NiCr 基层的熔化不同步，难以保证 Super-Ni 复层焊接成形质量的稳定。

　　对 Super-Ni 叠层材料与 18-8 钢 GTAW 焊接接头取样，对焊接区域的组织结构及性能进行试验分析。首先应切取、制备试样，并对焊接区进行表面处理及组织显蚀。采用电火花线切割方法在 Super-Ni 叠层材料与 18-8 钢 GTAW 接头处切取系列试样。GTAW 对接焊接头试样切取示意如图 6.10 所示。

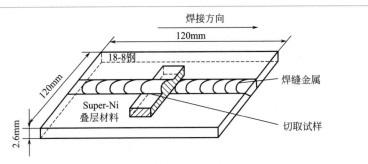

图 6.10　GTAW 对接焊接头试样切取示意

6.2.2　叠层材料焊接区的熔合状态

（1）叠层材料焊接冶金及接头区的划分

① 叠层材料焊接冶金　Super-Ni 叠层材料与 18-8 钢填丝 GTAW 焊接时，主要涉及两方面的焊接冶金过程：一是 Ni、Cr、Fe 元素的相互作用，分析几种主要元素的相互作用特征（表 6.5）可知，易于形成无限固溶体的金属焊接性好；二是叠层材料特殊的压制结构，使其焊接行为与常规金属有很大差异，NiCr 基层合金焊接时极易形成锯齿形的熔合区，焊接熔合区的组织形态对叠层材料接头的组织与性能有重要的影响。

表 6.5　Fe、Cr、Ni 元素的相互作用

合金元素	熔点 /℃	晶型转变 温度/℃	晶格类型	原子半径 /nm	形成固溶体		形成化 合物
					无限	有限	
Fe	1536	910	α-Fe 体心立方 γ-Fe 面心立方	0.1241	α-Cr,γ-Ni	γ-Cr,α-Ni	Cr,Ni
Cr	1875	—	体心立方	0.1249	α-Fe	γ-Fe,Ni	Fe,Ni
Ni	1453	—	面心立方	0.1245	γ-Fe	Cr,α-Fe	Cr,Fe

　　Super-Ni 叠层材料与 18-8 钢填丝 GTAW 焊接时（采用 0Cr25-Ni13 焊丝），叠层材料及 18-8 钢母材与 0Cr25-Ni13 填充焊丝中的 Cr 含量相近，而 Fe、Ni 含量相差很大，因此叠层材料焊接冶金特征可以借助于 20％ Cr-Fe-Ni 相图（图 6.11）进行分析。

　　由图 6.11 可见，根据元素过渡程度的不同，20％Cr-Fe-Ni 合金可有四种凝固模式：

　　合金①，以 δ 相完成凝固过程，凝固模式为 F；

　　合金②，以 δ 相为初生相，超过 AC 面后，依次发生包晶和共晶反应 L+δ→L+δ+γ→δ+γ，凝固模式为 FA；

合金③，初生相为 γ，然后发生以下反应 L＋γ→L＋δ＋γ→δ＋γ，凝固模式为 AF；

合金④，以 γ 相完成整个凝固过程，凝固模式为 A。

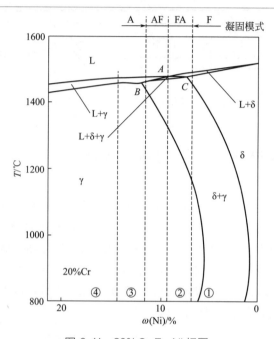

图 6.11　20%Cr-Fe-Ni 相图

奥氏体钢焊接过程中，在焊缝及近缝区产生热裂纹的可能性大，最常见的是焊缝凝固裂纹。焊缝凝固模式与焊缝中的铁素体化元素与奥氏体化元素的比值（Cr_{eq}/Ni_{eq}）有关，其中 Cr_{eq} 表示把每一铁素体化元素按其铁素体化的强烈程度折合成相当若干 Cr 元素后的总和，Ni_{eq} 表示把每一奥氏体化元素折合成相当若干 Ni 元素后的总和。研究发现：决定焊缝凝固模式的 Cr_{eq}/Ni_{eq} 值是影响热裂纹的关键因素，当 $Cr_{eq}/Ni_{eq}>1.52$ 时，初生相以 δ 铁素体相为主，凝固过程中发生 δ 铁素体相向 γ 奥氏体相的转变，最终形成 γ 奥氏体＋少量 δ 铁素体的焊缝组织，一般不易产生热裂纹。而当 $Cr_{eq}/Ni_{eq}<1.52$ 时，初生相为 γ 奥氏体相，冷却过程中会有少量 δ 铁素体析出，焊缝组织韧性明显下降，热裂纹倾向明显。

18-8 钢采用 0Cr25-Ni13 合金焊丝焊接时，焊缝 Cr_{eq}/Ni_{eq} 处于 1.5～2.0 之间，易于形成含少量 δ 铁素体的奥氏体焊缝，焊缝具有良好的综合力学性能，热裂纹倾向小；叠层材料与 18-8 钢焊接时，靠近叠层材料一侧，叠层材料以 Ni 元素为主，向焊缝中过渡，当 $Cr_{eq}/Ni_{eq}<1.52$ 时，Ni_{eq} 越高，其比值越小，热裂倾向明显。所以合理控制母材熔合比，尤其是 Super-Ni 叠层材料的熔合比，降

低焊缝 Ni 含量，能有效降低焊缝的热裂纹敏感性。

试验中采用奥氏体钢填充材料，选用何种成分的填充合金，可借助舍夫勒 (Schaeffler) 焊缝组织图（图6.12）进行分析。

叠层材料基层母材属于 NiCr 合金，Ni 含量很高，根据异种金属焊缝组织预测，Super-Ni 复层（图6.12中 a 点）与 1Cr18Ni9Ti 不锈钢（b 点）采用 0Cr25-Ni13 焊丝（d 点）焊接时，焊缝组织落在 g 点，而 NiCr 基层（c 点）与 1Cr18Ni9Ti 不锈钢（b 点）采用 0Cr25-Ni13 焊丝（d 点）焊接时，焊缝组织落在 h 点。理想状态下，焊接时应使得焊缝金属的成分控制在图6.12所示的 W 区域内，才能保证焊缝具有良好的抗热裂纹性能。异种金属接头中某元素的质量分数计算公式为：

$$\omega_W = (1-\theta)\omega_d + k\theta\omega_{b1} + (1-k)\theta\omega_{b2} \tag{6.2}$$

式中　ω_W——某元素在焊缝金属中的质量分数；

$\quad\quad\omega_d$——某元素在熔敷金属中的质量分数；

ω_{b1}，ω_{b2}——某元素在母材1、2中的质量分数；

$\quad\quad k$——两种母材的相对熔合比；

$\quad\quad \theta$——熔合比。

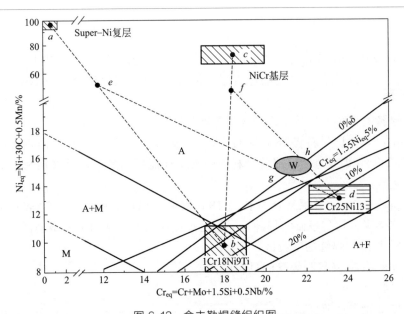

图6.12　舍夫勒焊缝组织图

焊缝中的 Ni 含量与母材熔合比及相对熔合比有关，因此需严格控制母材的熔合比（γ）才能保证焊缝金属组织落在图6.12所示的 W 区。

　　熔合比的控制与母材成分及焊接工艺参数（热输入）有关，为保证焊缝金属中 $Cr_{eq}/Ni_{eq}>1.52$，叠层材料与 18-8 钢对接焊时应保证熔合比＜10%。可以采取开坡口及减小焊接热输入的方法控制焊缝熔合比。

　　② 叠层材料焊接接头区的划分　为便于分析 Super-Ni/NiCr 叠层材料与 18-8 钢填丝 GTAW 接头不同区域的组织特征，可将叠层复合材料 GTAW 焊接接头划分为三个特征区，划分示意如图 6.13 所示。

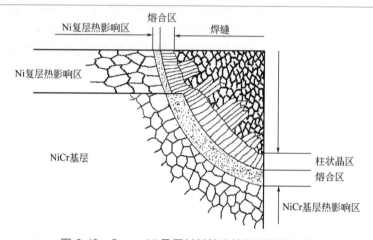

图 6.13　Super-Ni 叠层材料接头特征区划分示意

　　a. Ni 复层与焊缝的过渡区，包括 Ni 复层侧熔合区及 Ni 复层热影响区；

　　b. Ni80Cr20 基层与焊缝的过渡区，包括 NiCr 基层侧熔合区及 NiCr 基层热影响区；

　　c. 焊缝中心区，包括柱状晶区和等轴晶区。

　　Super-Ni 叠层材料与 18-8 钢 GTAW 焊缝成形复杂，Ni 复层附近焊缝过渡区及 Ni80Cr20 焊缝过渡区对叠层材料的组织性能影响最大，是叠层材料焊接性分析的重点。

　　Super-Ni/NiCr 叠层复合材料与 18-8 钢填丝钨极氩弧焊（GTAW）可形成具有一定熔深、均匀过渡的焊缝。完整的焊接接头包括四个典型的区域：

　　a. Ni 复层与焊缝的过渡区；

　　b. Ni80Cr20 基层与焊缝的过渡区；

　　c. 焊缝中心区；

　　d. 18-8 钢侧过渡区。

　　Super-Ni 叠层复合材料与 18-8 钢 GTAW 焊接接头的显微组织形貌如图 6.14(a) 所示。Super-Ni 复层与焊缝熔合良好，焊缝表面成形平整光洁，Ni80Cr20 基层与焊缝金属形成良好的过渡。Ni80Cr20 合金基层熔合区与传统铸造或轧制合金不同，由于 Super-Ni 叠层复合材料基层烧结压制多孔的存在形成了锯齿状熔合区，这与铁基粉末合金焊接时的成形情况很相似。

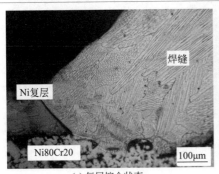 

(a) 复层熔合状态　　　　　　　　　　　　(b) 基层熔合状态

图 6.14　Super-Ni 叠层材料熔合区及焊缝组织

叠层复合材料侧焊缝过渡区如图 6.14（a）所示，Super-Ni 复层与焊缝金属熔合良好。Super-Ni 复层的良好表面成形有利于保持叠层材料特有的耐热和耐腐蚀性能。由于焊接电弧温度梯度的作用，靠近焊缝过渡区的焊缝组织晶粒细小。Ni80Cr20 基层与焊缝的过渡区如图 6.14（b）所示。焊缝与 NiCr 基层结合较弱，过渡界面形成部分熔合。与常规的镍基高温合金不同，NiCr 基层由于其特殊的骨骼状结构，其熔合区组织形态也与常规的焊缝过渡区不同。锯齿状的熔合区成形特点对焊缝的强度及耐高温、耐腐蚀等性能有较大影响。

采用较小焊接热输入的钨极氩弧（如小电流柔和电弧）配以相应的合金焊丝进行焊接时，Super-Ni 复层烧损情况大大减少；NiCr 基层在较柔和的电弧吹力作用下，也能熔合得更好，有利于提高焊接接头区的整体性能。焊缝中奥氏体柱状晶的生长及低熔点偏析杂质的存在，平行及垂直于焊缝的奥氏体柱状晶交错生长，大晶界之间也可能产生组织弱化，增加热裂纹敏感性。焊缝中心为尺寸均匀的等轴奥氏体组织，如图 6.15 所示。

（2）叠层材料侧接头区的组织特征

由于 Super-Ni 叠层材料特殊的复层结构形式，填丝 GTAW 焊接后形成了两个典型的过渡区：Ni 复层与焊缝的过渡区，Ni80Cr20 基层与焊缝的过渡区。

① Super-Ni 复层与焊缝的过渡区　Super-Ni 复层厚度仅为 0.3mm，焊后形成的焊缝显微组织形貌如图 6.16 所示。Ni 复层与焊缝结合良好，熔合过渡区清晰，Ni 复层与焊缝的过渡区形成了明显的熔合区和热影响区，如图 6.16（a）所示。Ni 复层热影响区由于焊接热循环作用，晶粒发生重结晶，由原先的轧制拉长形态的组织演变为块状组织。靠近熔合区处，热影响区晶粒有粗化倾向。

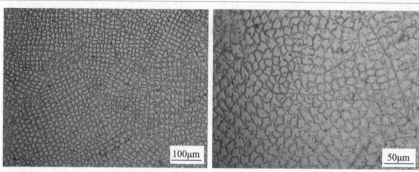

(a) 等轴晶区　　　　　　　　　　(b) 焊缝中部

图 6.15　焊缝金属中心的组织形貌

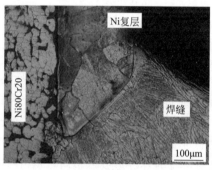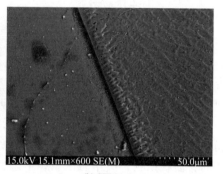

(a) OM　　　　　　　　　　(b) SEM

图 6.16　Super-Ni 复层熔合区组织

Super-Ni 复层 GTAW 接头熔合区与 Ni 复层热影响区交界线平直，焊缝中柱状晶组织垂直于交界线生长、晶粒细小。靠近熔合区母材一侧形成了组织敏化区，形成了贯穿熔合区的晶界形态，表明母材与焊缝组织形成了良好的冶金结合，有利于提高熔合区附近的结合强度，从而保证整个焊缝的强度。

② Ni80Cr20 基层与焊缝的过渡区　Ni80Cr20 基层原本为粉末烧结合金，其熔合区与常规金属不同，Ni80Cr20 基层熔合区的形态及成形是影响 Super-Ni 叠层材料焊接接头性能的重要因素。Super-Ni 叠层材料 Ni80Cr20 基层与焊缝之间的熔合区成形良好，因为烧结粉末合金内部孔隙的存在，熔合区与传统铸造或轧制金属的焊缝组织形态完全不同，粉末合金基层中的 NiCr 金属颗粒在高温下熔化后与填充金属形成冶金结合，熔合区呈现锯齿状断续形态。

熔合区的晶粒尺寸小于 NiCr 合金基体，晶粒呈柱状晶形态垂直于熔合区与热影响区交界线生长，不同的柱状晶族之间形成大晶界，在焊缝冷却过程中最后凝固。NiCr 合金基层的过渡区比 Super-Ni 复层的过渡区明显，Super-Ni 复层侧的熔合区很小。

Super-Ni 复层的热导率要远高于 NiCr 合金基层。焊缝冷却过程中，NiCr 基层熔合区附近的温度梯度更大，呈现出强烈的柱状晶生长形态。靠近 Super-Ni 复层的熔合区，由于 Ni 复层基体的温度升高，因此焊缝金属冷却时温度梯度较小，柱状晶形态相对不明显，有等轴晶形态特征。但是由于处于焊缝表面，空气的对流冷却作用导致温度梯度增大，柱状晶生长形态增强。

NiCr 基层与焊缝金属的熔合区处有大尺寸孔洞出现，这是由于 GTAW 焊接电弧高温作用下，烧结粉末合金基体对于液态填充金属的熔合性变差，相互之间的冶金结合比较困难。这种孔洞的存在对于熔合区的结合强度有不利影响，可以调整工艺参数（热输入）控制这种大尺寸孔洞的产生。

焊接过程中，NiCr 合金基层热影响区原来的烧结 NiCr 合金骨骼状结构发生了变化，出现大尺寸"孔洞"聚集。这种孔洞形态与熔合区形成的孔洞不同，是由于在焊接电弧热的作用下，NiCr 骨骼状基体组织间的低温相发生局部熔化、重新凝固结晶，形成新的相互连接形态，而产生的局部不均匀现象。这是烧结粉末合金焊接时存在的现象，铁基粉末合金的焊接中也会出现这种孔洞。

③ 焊缝中心的组织特征 Super-Ni 叠层材料与 18-8 钢填丝 GTAW 焊缝的显微组织如图 6.17 所示。Super-Ni/NiCr 与 18-8 钢焊接接头的 18-8 钢一侧焊缝组织为方向性奥氏体柱状晶，垂直于熔合区向焊缝中心生长 ［图 6.17（a）］，18-8 钢一侧熔合区的柱状晶形态不如叠层复合材料一侧平直，组织尺度更细小。

焊缝两侧的柱状晶向焊缝中心生长，逐渐转变为焊缝中心部位的等轴状奥氏体组织 ［图 6.17（b）］，少量 δ 铁素体组织分布于奥氏体基体上。奥氏体不锈钢焊缝中存在 4%～8% 的 δ 铁素体时，有利于保证焊缝金属韧性，防止热裂纹产生。冷却速度较慢的焊缝中心部位，奥氏体组织主要平行于焊缝生长；靠近焊缝上表面的奥氏体柱状晶交错生长。

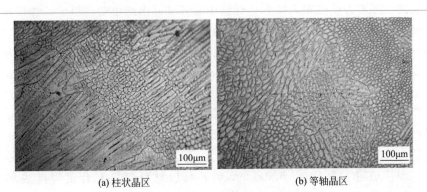

(a) 柱状晶区　　　　　　　　　　　(b) 等轴晶区

图 6.17　焊缝中的柱状晶区与等轴晶区

与一般奥氏体钢的焊缝组织不同，由于有部分 Super-Ni/NiCr 叠层材料 Ni 复层或 NiCr 基层熔化进入焊缝，Ni 为奥氏体化元素，致使焊缝中奥氏体组织含量升高，δ 铁素体含量降低。靠近 Super-Ni 叠层材料一侧由于母材中 Ni 元素的过渡作用，焊缝局部区域 $Cr_{eq}/Ni_{eq}<1.52$，焊缝冷却过程中发生奥氏体向铁素体的转变（AF 凝固模式），而焊缝靠近 18-8 钢一侧 $Cr_{eq}/Ni_{eq}>1.52$，在焊缝冷却过程中首先形成铁素体组织，发生铁素体向奥氏体的转变（FA 凝固模式）。

焊缝中形成了明显的柱状晶向等轴晶过渡的形态，由于焊缝不同部位经受不同的焊接热循环作用，靠近两侧母材的焊缝组织呈现柱状晶形态，在焊缝中心区域，受热均匀而形成等轴晶形态。

6.2.3　叠层材料与 18-8 钢焊接区的组织性能

（1）热输入对叠层材料接头区组织的影响

焊接热输入影响 Super-Ni 叠层材料 GTAW 接头的微观组织及焊缝成形，可通过改变焊接速度实现不同的焊接热输入。试验中确定的焊接热输入分别为 3.3～3.6kJ/cm、5.0～6.0kJ/cm、7.5～9.0kJ/cm。对比不同焊接热输入时叠层材料 GTAW 接头区相同位置的组织特征，可以发现焊接热输入与接头组织形态之间的规律性。

① 不同焊接热输入时的焊缝组织　填丝 GTAW 不同焊接热输入时的焊缝组织特征如图 6.18 所示，不同的焊接热输入条件下均形成了由柱状晶向等轴晶过渡的焊缝组织。随着焊接热输入的增加（由 3.3～3.6kJ/cm 增大到 5.0～6.0kJ/cm、7.5～9.0kJ/cm），焊接速度变小，焊缝中心的等轴晶由细小变得粗大，焊缝组织的非均匀性降低。焊接速度越快，焊缝组织越不均匀。试验中还发现较大焊接热输入的焊缝组织有部分重熔特征。

总之，随着焊接热输入增大，焊缝中心等轴晶由细小变得粗大，焊接速度越快焊缝组织越细小，但也越不均匀。随着焊接速度的降低，焊接热输入增大，Super-Ni 叠层材料及 18-8 钢侧组织呈现出柱状晶长度尺寸变小的趋势。较大焊接热输入时的焊缝成形变差。热输入为 3.3～3.6kJ/cm 和 7.5～9.0kJ/cm 时的焊缝组织形貌如图 6.18(a)、(b) 所示。

② 不同焊接热输入时叠层材料一侧的组织　不同焊接热输入时 Super-Ni 叠层材料一侧的组织也有所变化。焊接热输入为 3.3～3.6kJ/cm 时，叠层材料与填充合金焊丝形成了良好的熔合，焊缝形成了明显的柱状晶形态，柱状晶细长。焊接热输入为 5.0～6.0kJ/cm 时，叠层材料与填充合金焊丝也形成了良好的熔合形态，焊缝组织呈柱状晶形态生长，然而柱状晶生长过程中受其他柱状晶的阻碍，因此柱状晶的长度尺寸要小于热输入为 3.3～3.6kJ/cm 时的

柱状晶。随着焊接速度的降低，焊缝冷却速度下降，形成的柱状晶的长度尺寸变小。

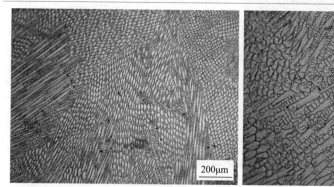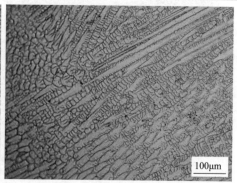

(a) E=3.3～3.6kJ/cm   (b) E=7.5～9.0 kJ/cm

图 6.18   不同焊接热输入时的焊缝组织

焊接热输入为 7.5～9.0kJ/cm 时，靠近焊缝表面与 Ni 复层熔合的焊缝形成了明显的柱状晶形态，叠层材料与填充合金焊丝的熔合变差，焊缝组织粗大，叠层材料热影响区晶粒明显粗化。

（2）热输入对叠层材料 GTAW 接头区显微硬度的影响

为判定 Super-Ni 叠层材料与 18-8 钢填丝 GTAW 接头组织性能的变化，对不同焊接热输入时 Super-Ni 叠层材料熔合区附近的显微硬度进行测定，测定仪器为日本 Shimadzu 型显微硬度计，载荷为 50gf，加载时间为 10s。

焊接热输入为 3.3～3.6kJ/cm 时，Super-Ni 叠层材料侧熔合区的显微硬度测试结果如图 6.19 所示。熔合区附近的显微硬度高于 Super-Ni 复层以及焊缝金属，形成了显微硬度峰值区（190HM）。焊接过程中，熔合区冷却速度快，首先凝固结晶，而且有淬硬倾向。焊缝中靠近熔合区处的组织化学成分不均匀，随着柱状晶组织的生长，成分逐渐均匀化，表现出的显微硬度值变化很小（均值为165HM），表明焊缝中没有明显脆硬相生成。

Ni80Cr20 合金基层及焊缝中都含有大量的 Cr 元素，而 Ni 复层侧由于 Ni 元素熔化向焊缝金属中过渡，对焊缝金属中原有的 Cr 元素起到稀释作用；高 Cr 相的硬度高于低 Cr 相的硬度。Ni80Cr20 基层熔合区附近的显微硬度值比 Super-Ni复层熔合区附近偏高。Super-Ni 叠层材料 NiCr 基层热影响区的显微硬度（均值为135HM）高于 Ni 复层热影响区的显微硬度（均值为108HM）。焊接接头冷却过程中不同位置的温度梯度变化很大，也是造成焊缝组织显微硬度不同的重要原因。

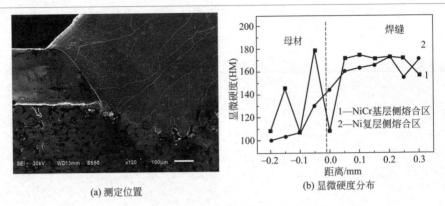

(a) 测定位置　　　　　　(b) 显微硬度分布

图 6.19　叠层材料侧熔合区附近的显微硬度（E= 3.3~3.6kJ/cm）

　　焊接热输入为 5.0～6.0kJ/cm 时，Super-Ni 叠层材料熔合区附近的显微硬度测试结果如图 6.20 所示。焊缝显微硬度（均值为 199HM）明显高于 Super-Ni 叠层复合材料基层母材，NiCr 基层热影响区的显微硬度均值为 135HM，Super-Ni 复层热影响区的显微硬度均值为 163HM。NiCr 基层为粉末合金基体，显微硬度测定时弹性效应明显，使显微硬度值的波动范围更大一些。

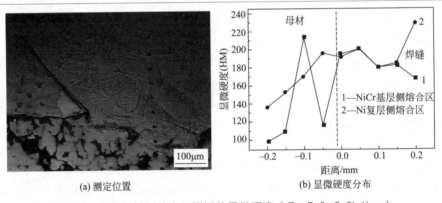

(a) 测定位置　　　　　　(b) 显微硬度分布

图 6.20　叠层材料侧熔合区附近的显微硬度（E= 5.0~6.0kJ/cm）

　　焊接热输入为 7.5～9.0kJ/cm 时，Super-Ni 叠层材料熔合区附近的显微硬度测试结果如图 6.21 所示，焊缝显微硬度均值为 166HM，而 NiCr 基层热影响区的显微硬度均值为 134HM，Super-Ni 复层热影响区的显微硬度均值为 128HM，显微硬度的变化趋势与热输入为 3.3～3.6kJ/cm 和 5.0～6.0kJ/cm 时基本一致。大焊接热输入（7.5～9.0kJ/cm）时的焊缝成形相比前两种较小焊接热输入时较差，焊接热输入的变化直接影响合金元素的过渡及焊缝的凝固结晶。

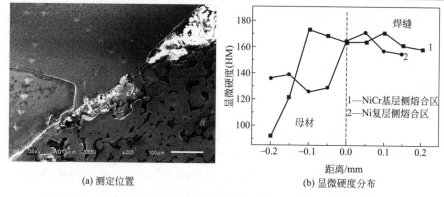

(a) 测定位置　　　　　　　(b) 显微硬度分布

图 6.21　叠层材料侧熔合区附近的显微硬度（ E = 7.5~9.0kJ/cm ）

对三种不同焊接热输入（3.3~3.6kJ/cm、5.0~6.0kJ/cm、7.5~9.0kJ/cm）熔合区附近的显微硬度分析（表6.6）表明，随焊接热输入的变化，Super-Ni叠层材料侧熔合区附近的显微硬度先增加后减小；焊缝显微硬度也是先增加后减小，Super-Ni复层热影响区的显微硬度也表现出先增加后减小的趋势。由于超级镍复层仅为0.3mm，受焊接电弧的热作用影响较大，显微硬度也表现出明显的变化。相比之下，NiCr基层热影响区的显微硬度变化不明显。18-8钢侧焊缝显微硬度逐渐降低，热影响区的显微硬度则先升高后降低。

表 6.6　叠层材料侧熔合区附近显微硬度（HM）与焊接热输入（ E ）的关系

焊接热输入 /(kJ/cm)	显微硬度均值(HM)		
	Ni80Cr20 基层	Super-Ni 复层	焊缝
3.3~3.6	136	108	165
5.0~6.0	135	163	199
7.5~9.0	134	128	166

总之，从熔合区两侧热影响区及母材显微硬度的测定点来看，除熔合区附近显微硬度略有升高外，其余部位显微硬度趋于一致，表明组织均匀性较好。熔合区附近的显微硬度偏高，而焊缝及NiCr基层的显微硬度低于熔合区。

6.3　叠层材料的扩散钎焊

6.3.1　叠层材料扩散钎焊的工艺特点

采用的Super-Ni/NiCr叠层材料由超级镍（Super-Ni，Ni＞99.5％）复层和

Ni80Cr20 粉末合金基层真空压制而成。Super-Ni/NiCr 叠层材料的厚度为 2.6mm，两侧复层的厚度仅为 0.3mm，NiCr 基层的厚度为 2.0mm。NiCr 基层为骨骼状 Ni80Cr20 奥氏体组织。NiCr 基层的孔隙率为 35.4%，名义密度为 6.72g/cm^3。纯 Ni 的密度为 8.90g/cm^3，相比之下，叠层材料可减轻结构质量 24.5%。

(1) 扩散钎焊设备

真空扩散钎焊的加热温度低，对 Super-Ni/NiCr 叠层材料和 18-8 钢母材的影响较小；能够避免采用熔焊方法容易导致的复层烧损、基层缩孔等问题。扩散钎焊时被焊接件整体加热，焊件变形小，能够减小热应力、保证焊接件的尺寸精度。真空扩散钎焊不需要加入钎剂，对扩散钎焊接头无污染。

试验中采用美国真空工业公司（Centorr Vacuum Industries）生产的 Workhorse Ⅱ 型真空扩散焊设备，对 Super-Ni/NiCr 叠层材料与 18-8 钢对接和搭接接头进行真空扩散钎焊。试验设备的外观结构如图 6.22 所示。该设备主要包括真空炉体、全自动抽真空系统、液压系统、加热系统、水循环系统和控制系统等。采用真空扩散钎焊有利于母材表面氧化膜分解和防止钎料氧化，能够保证扩散钎焊接头的成形质量。

图 6.22　Workhorse Ⅱ 型真空扩散焊设备

(2) 钎料

Super-Ni/NiCr 叠层材料因其独特的高温性能和耐腐蚀性能在航空航天、导弹、飞行器设计等领域受到了关注。为了充分发挥叠层材料的性能优势，可选择具有良好高温抗氧化性和耐腐蚀性的钎料作为填充金属，如镍基钎料、钴基钎料等。

钎料的主成分与母材相同时，钎料在母材表面的润湿性较好。钎缝在冷却过程中，与母材同成分的初生相容易以母材晶粒为晶核生长，与母材形成牢固结合，有利于提高接头强度。试验中采用镍基钎料对 Super-Ni/NiCr 叠层材料与18-8 钢进行对接和搭接的真空扩散钎焊。

镍基钎料中加入 Cr 元素能提高钎料的抗氧化性和接头结合强度；加入 Si、B、P 等元素降低熔点、提高流动性和润湿性。但是扩散钎焊过程中降熔元素（B、Si）可能会在钎缝或近缝区形成硼化物、硅化物等脆性相，对钎焊接头质量产生较大的影响。因此采用 Ni-Cr-P 系和 Ni-Cr-Si-B 系两种含有不同降熔元素的镍基钎料作为 Super-Ni/NiCr 叠层材料与 18-8 钢真空扩散钎焊的填充材料。Ni-Cr-P 钎料和 Ni-Cr-Si-B 钎料的化学成分和熔化温度见表 6.7。

表 6.7　钎料的化学成分和熔化温度

钎料	化学成分/%								熔化温度/℃
	Ni	Cr	P	Si	B	Fe	C	Ti	
Ni-Cr-P	余量	13.0~15.0	9.7~10.5	≤0.1	≤0.02	≤0.2	≤0.06	≤0.05	890~920
Ni-Cr-Si-B	余量	6.0~8.0	≤0.02	4.0~5.0	2.75~3.5	2.5~3.5	≤0.06	≤0.05	970~1000

Ni-Cr-P 钎料属于共晶成分，是镍基钎料中熔化温度较低的钎料，具有较好的流动性和润湿性。Ni-Cr-P 钎料中不含 B，对母材的熔蚀作用较小，适用于薄壁件的焊接；并且不吸收中子，适用于核领域。Ni-Cr-Si-B 钎料具有较好的高温性能，钎焊接头结合强度高，适用于在高温下承受大应力的部件，如涡轮叶片、喷气发动机部件等。

此外，试验中还采用了非晶态钎料。非晶态钎料成分均匀，组织一致、厚度可控，钎料自身的精度和强韧性好。非晶钎料可按工件结构冲剪成各种形状，简化钎焊装配工艺，控制钎料用量，钎焊后接头的结构精度较好，但是对于一些较难加工的材料或钎焊配合面比较复杂的零件，要保证精确的间隙比较困难。而膏状或粉末状的晶态钎料对这些情况具有较好的适应性，不过当钎焊间隙超过 $100\mu m$ 时，钎缝中容易形成一种或多种金属间化合物脆性相，需要控制保温时间或提高钎焊温度，抑制金属间化合物的形成。

试验中采用 Ni-Cr-Si-B 晶态及非晶钎料对 Super-Ni/NiCr 叠层材料与 18-8 钢进行真空扩散钎焊，晶态钎料的钎缝间隙为 $100\sim150\mu m$，研究接头的扩散-凝固过程，为控制钎缝区脆性相的形成提供理论基础。

（3）工艺参数

采用线切割将 Super-Ni/NiCr 叠层材料和 18-8 钢板材加工成 30mm×10mm×2.6mm 的试样。扩散钎焊前，采用丙酮清洗除去试样表面的油污，将 Super-Ni/NiCr 叠层材料和 18-8 钢试样的待连接表面用金相砂纸进行打磨，然后用酒精清洗吹干。在 Mo 板上进行试样装配，装配前在待焊试样与 Mo 板之间放置石墨纸，防止钎料在试样与 Mo 板之间铺展形成连接。Super-Ni/NiCr 叠层材料与 18-8 钢扩散钎焊接头采用对接和搭接形式，对接接头的装配示意如图 6.23 所示。

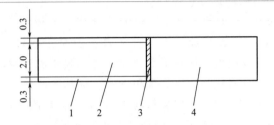

图 6.23　对接试样装配示意

1—超级镍复层；　2—NiCr 基层；　3—填充材料；　4—18-8 钢

　　采用膏状钎料，将膏状 Ni-Cr-P 钎料或 Ni-Cr-Si-B 钎料涂于接头缝隙处表面，为了控制钎缝间隙的大小，用直径约为 $150\mu m$ 的 Mo 丝置于对接面之间。试样装配好用不锈钢板固定后，放入真空室中。

　　Super-Ni/NiCr 叠层材料与 18-8 钢真空扩散钎焊的工艺参数曲线如图 6.24 所示。控制真空度为 $1.33\times10^{-4}\sim1.33\times10^{-5}$ Pa，采用 Ni-Cr-P 钎料时，钎焊温度为 940～1060℃，保温时间为 15～25min；采用 Ni-Cr-Si-B 钎料时，钎焊温度为 1040～1120℃，保温时间为 20～30min。将装配好的试样放入真空炉中，由于真空室尺寸较大，加热过程采用分级加热并设置几个保温平台的方式使真空室内部和焊件温度均匀；冷却过程采用循环水冷却至 100℃后，随炉冷却。循环水冷却初期，冷却速度约为 10℃/min。

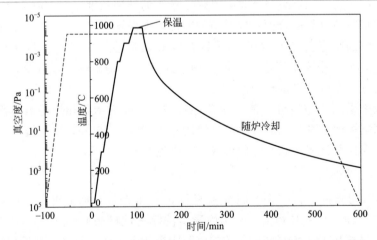

图 6.24　Super-Ni/NiCr 叠层材料与 18-8 钢扩散真空钎焊的工艺曲线

不同工艺参数条件下，钎料对叠层材料与18-8钢扩散钎焊的接头结合及钎料铺展的影响见表6.8。

表6.8 工艺参数对叠层材料和18-8钢接头结合及钎料铺展的影响

钎料种类	钎焊温度/℃	保温时间/min	接头结合及钎料铺展情况
Ni-Cr-P	940	20	未结合,钎料团聚在一起没有润湿母材
	980	20	结合良好,钎缝表面钎料流向叠层材料侧
	1040	20	结合良好,钎缝外观平整,钎料流向叠层材料侧
	1060	20	结合良好,钎缝外观平整,钎料流向叠层材料侧
晶态 Ni-Cr-Si-B	1040	20	结合一般,钎缝表面存在一定厚度
	1060	20	结合良好,钎缝表面存在一定厚度
	1080	20	结合良好,钎缝表面存在一定厚度
	1100	20	结合良好,钎缝表面平整,但存在一定厚度
	1120	20	结合良好,钎料完全铺展
非晶 Ni-Cr-Si-B	1060	20	结合良好,钎缝表面平整,但存在一定厚度
	1080	20	结合良好,钎缝表面平整,但存在一定厚度
	1100	20	结合良好,钎缝表面平整,厚度较小
	1120	20	结合良好,钎料完全铺展

采用 Ni-Cr-P 钎料对叠层材料与18-8钢进行真空扩散钎焊，钎焊温度为940℃时，虽然高于熔点50℃，但没有形成有效连接。Ni-Cr-P 钎料熔化后首先向叠层材料侧铺展，说明 Ni-Cr-P 钎料在 Super-Ni 复层表面具有较好的流动性和润湿性。由于 Ni-Cr-P 钎料的熔点较低，相同钎焊温度下，Ni-Cr-P 钎料比 Ni-Cr-Si-B 钎料的流动性好。

（4）钎焊接头试样制备

为了对 Super-Ni/NiCr 叠层材料与18-8钢真空扩散钎焊接头的组织结构及接头性能进行分析，采用线切割法垂直钎焊界面切取试样，然后采用金相砂纸打磨、抛光。与18-8钢相比，叠层材料复层的硬度较低，打磨抛光过程中应注意用力均匀防止试样磨偏。Super-Ni 复层的厚度仅为 0.3mm，但是 Super-Ni 复层是整个接头中的重点观测区域，打磨过程中应保证复层与基层在同一平面上，防止将复层磨成弧形。采用盐酸、氢氟酸和硝酸混合溶液（HCl：HF：HNO$_3$＝80：13：7）对系列试样进行腐蚀，金相试样腐蚀 1～2min，扫描电镜试样腐蚀时间稍长些，需 2～3min。

6.3.2　叠层材料与 18-8 钢扩散钎焊的界面状态

(1) 接头特征区域划分

采用 Ni-Cr-P 和 Ni-Cr-Si-B 镍基钎料对 Super-Ni/NiCr 叠层材料与 18-8 钢进行扩散钎焊，钎料与母材之间的相互作用主要包括两个方面：①钎料组分向母材扩散；②母材元素向钎缝溶解。

根据 Super-Ni/NiCr 叠层材料与 18-8 钢扩散钎焊接头的扩散-凝固特点，将叠层材料钎焊接头划分为五个特征区域，如图 6.25 所示：

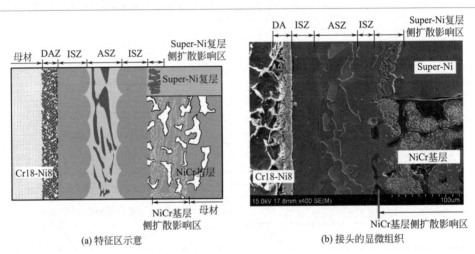

(a) 特征区示意　　　　(b) 接头的显微组织

图 6.25　Super-Ni/NiCr 叠层材料与 18-8 钢扩散钎焊接头特征区划分

① Super-Ni 复层侧扩散影响区 (diffusion affected zone，DAZ)；

② NiCr 基层侧扩散影响区；

③ 等温凝固区 (isothermal solidification zone，ISZ)；

④ 非等温凝固区 (athermal solidification zone，ASZ)；

⑤ 18-8 钢侧扩散影响区。

Ni-Cr-P 钎料和 Ni-Cr-Si-B 镍基钎料中含有较多的 P、Si、B 等降熔元素，用以提高钎料的流动性和润湿性。在扩散钎焊保温阶段，P、Si、B 元素向 Super-Ni/NiCr 叠层材料和 18-8 钢母材扩散，并且母材少量溶解于熔融钎料，使靠近母材的液相熔点升高。当降熔元素含量减少到一定程度时，靠近母材的液相熔点升高至钎焊温度，发生等温凝固结晶，形成固溶体组织。

扩散钎焊过程中，随着等温凝固结晶过程的持续进行，固-液相界面向钎缝中心推移，多余的溶质元素在剩余液相富集。在随后的降温过程中，剩余液相进行非等温凝固形成磷化物、硼化物或硅化物等脆性相；另外，P、Si、B 元素扩散至 Super-Ni/NiCr 叠层材料母材，容易与 Ni、Cr 元素结合形成新的析出相，影响叠层材料与 18-8 钢扩散钎焊接头的组织与性能。

NiCr 基层中有一定数量的孔隙存在，钎料将通过毛细作用渗入到这些孔隙中，但是有三种情况需考虑。

① 如果大量钎料渗入孔隙会导致接头区钎料不足形成孔隙、未钎合等缺陷；另外渗入孔隙的填充金属与母材发生冶金反应引起内应力变化可能使母材膨胀产生微裂纹。

② 适当的钎料渗入孔隙可以通过扩大接触面积提高钎料与基体的结合强度，有利于得到可靠的扩散钎焊接头。

③ 如果没有钎料渗入孔隙，则钎料与基体的接触面积减小，可能是整个扩散钎焊接头的薄弱环节。

（2）钎缝区的显微组织特征

采用 Ni-Cr-P 钎料，钎焊温度为 1040℃、保温时间为 20min 时，Super-Ni/NiCr 叠层材料与 18-8 钢扩散钎焊接头的显微组织如图 6.26 所示。Ni-Cr-P 钎料在 Super-Ni 复层、NiCr 基层上表现出良好的润湿性，整个扩散钎焊接头区没有孔隙、裂纹、未熔合等缺陷。

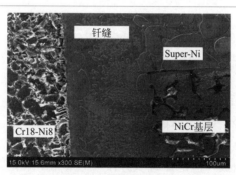

图 6.26　叠层材料/18-8 钢钎焊接头的显微组织（Ni-Cr-P 钎料，T=1040℃）

在 Super-Ni/NiCr 叠层材料与 18-8 钢扩散钎焊接头中，液态钎料没有沿孔隙渗入 NiCr 基层，而是保留在钎缝中。这是由于保温阶段进行的等温凝固，钎缝形成 γ-Ni 固溶体，抑制钎料渗入孔隙。这能够避免钎料大量流失基层形成孔隙、未钎合等缺陷，又有利于 NiCr 基层多孔结构的稳定性。

为了进一步分析扩散钎焊接头的组织特征，对钎缝区进行放大（图 6.27）并采用能谱分析仪（EDS）测定钎缝中物相的化学成分。

分析表明，钎缝中心形成的是网状共晶相，测试点 1 的 Ni 含量为 69.66%，P 含量为 22.03%，并且 Ni、P 的原子比约为 3∶1。测试点 2 富 Ni（80.48%），

P含量较低，约为8.42%。根据Ni-P二元相图可知，当液态Ni中的P含量（原子分数）超过0.32%时，液相就会析出由γ-Ni（P）固溶体和Ni_3P组成的Ni-P二元共晶。因此，测试点1为Ni_3P，测试点2为γ-Ni（P）固溶体。靠近母材侧钎缝为γ-Ni（Cr）固溶体。由于18-8钢中的Fe元素也可能向钎缝扩散，靠近叠层材料侧固溶体中的Fe含量（1.75%，测试点3）低于18-8钢侧固溶体中的含量（5.58%，测试点4）。

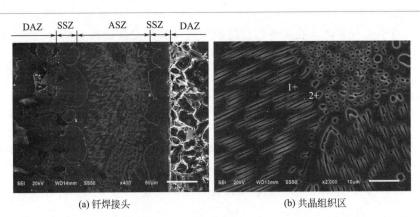

(a) 钎焊接头　　　　　　　　(b) 共晶组织区

图6.27　叠层材料/18-8钢钎缝区的显微组织（Ni-Cr-P钎料，T=1040℃）

(3) 加热温度对钎缝区显微组织的影响

扩散钎焊加热温度为940℃时，虽然加热温度高于Ni-Cr-P钎料的熔点50℃，但钎料在两侧母材表面的流动性、润湿性仍较差。Ni-Cr-P钎料在母材表面聚集成颗粒状，叠层材料与18-8钢之间未形成有效连接。

加热温度为980℃、保温时间为20min的条件下，Super-Ni/NiCr叠层材料与18-8钢扩散钎焊接头的显微组织如图6.28所示。所形成的钎缝主要由γ-Ni固溶体、Ni-P共晶组成，但是钎缝中仍有少量未完全熔化铺展的钎料团（filler metal island）。由于钎料成分不均匀，组织不是单一相，当加热温度缓慢上升时，导致低熔点组分与高熔点组分相分离，在熔化过程中出现成分偏析现象。当焊件被加热至液相线温度时，低熔点相首先熔化、流动，高熔点相因流散缓慢以团状聚集。

加热温度升高至1060℃、保温时间为20min时，Super-Ni/NiCr叠层材料与18-8钢扩散钎焊接头的显微组织如图6.29所示。Ni-Cr-P钎料在Super-Ni/NiCr叠层钎料与18-8钢表面表现出良好的流动性和润湿性，整个扩散钎焊接头中未发现孔洞、空隙、裂纹、未熔合等缺陷。而且随着扩散钎焊温度升高，钎缝中心Ni-P共晶的范围减小，靠近两侧母材的固溶体层变厚。

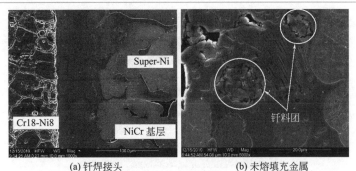

(a) 钎焊接头　　　　　　(b) 未熔填充金属

图 6.28　叠层材料/18-8 钢钎焊接头的显微组织（Ni-Cr-P 钎料，T=980℃）

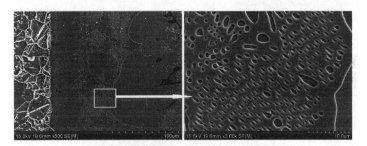

图 6.29　叠层材料/18-8 钢钎焊接头的显微组织（Ni-Cr-P 钎料，T=1060℃）

（4）钎缝区的扩散-凝固过程

由于钎料与母材之间存在浓度梯度，液态钎料在进行毛细填缝时与母材发生相互作用。Super-Ni 复层钎缝区和 NiCr 基层钎缝区中 P、Ni、Cr、Fe 的元素分布如图 6.30 和图 6.31 所示。

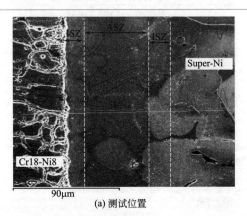

(a) 测试位置

图 6.30

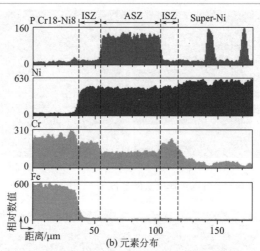

图 6.30 Super-Ni 复层钎缝区的元素分布（Ni-Cr-P 钎料，T=1040℃）

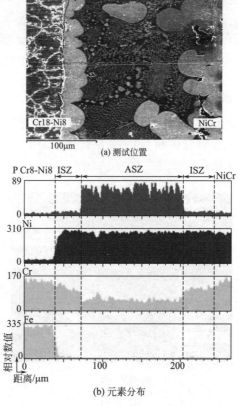

图 6.31 NiCr 基层钎缝区的元素分布（Ni-Cr-P 钎料，T=1040℃）

Super-Ni/NiCr 叠层材料与 18-8 钢时扩散钎焊接头的形成过程分为以下几个阶段：

① 待焊表面的物理接触阶段 [室温＜t＜890℃，如图 6.32(a) 所示]。加热温度低于钎料熔点时，Ni-Cr-P 钎料与母材之间的元素扩散不明显。随着加热温度提高，母材表面的氧化膜在真空气氛中被除去，露出纯净表面，提高表面润湿性。

② 钎料与母材之间的溶解扩散阶段 [890℃＜t＜T，T 为钎焊温度，如图 6.32(b) 所示]。加热温度升高至 890℃ 以上时，Ni-Cr-P 钎料熔化并在钎缝中流动，母材与液态钎料之间进行溶解和元素扩散。Ni-Cr-P 钎料的熔点较低，仅有少量母材向钎料溶解，表层溶于钎料中，使母材以纯净的表面与钎料直接接触，可改善润湿性，提高接头强度。P 元素倾向于沿 Super-Ni 复层的晶界扩散。由于 NiCr 基层与钎料的 Ni、Cr 含量相似，Ni、Cr 元素的扩散不明显。

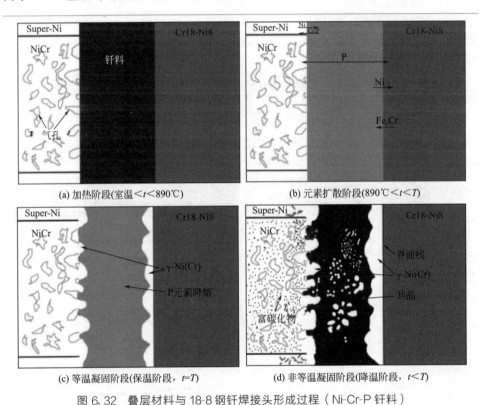

(a) 加热阶段(室温＜t＜890℃) (b) 元素扩散阶段(890℃＜t＜T)

(c) 等温凝固阶段(保温阶段，$t=T$) (d) 非等温凝固阶段(降温阶段，t＜T)

图 6.32 叠层材料与 18-8 钢钎焊接头形成过程（Ni-Cr-P 钎料）

③ 等温凝固阶段 [保温阶段，$t=T$，如图 6.32(c) 所示]。P 元素向 NiCr 基层扩散，没有在 NiCr 基层与钎料之间聚集形成扩散反应层，NiCr 基层与钎缝结合良好。随着 P 元素扩散至 NiCr 基层以及 NiCr 基层溶于液态钎料，靠近母材的液相熔点升高。当熔点升高至钎焊温度时，发生等温凝固形成 γ-Ni 固溶体。

γ-Ni 固溶体沿母材与熔融钎料的界面析出并向钎缝中心生长。

④ 非等温凝固阶段［降温阶段，$t<T$，如图 6.32(d) 所示］。保温阶段结束后，随着温度降低，Super-Ni 复层晶界析出磷化物；P 元素扩散至 NiCr 基层使碳的溶解度降低，析出 Ni、Cr 的碳化物。剩余液相首先凝固形成 γ-Ni，达到共晶点时，富 P 液相凝固形成 γ-Ni（P）固溶体和 Ni$_3$P 共晶。

在降温过程中，靠近两侧母材的钎缝冷却速度较快，形成一定的温度梯度，Ni-P 共晶沿温度梯度生长，形成针状形态。钎缝中心的冷却速度较慢，形成准稳态温度场，共晶自由生长形成蜂窝状。

6.3.3　叠层材料/18-8 钢扩散钎焊接头的显微硬度

（1）Ni-Cr-P 钎料

为判断采用 Ni-Cr-P 钎料获得的 Super-Ni/NiCr 叠层材料与 18-8 钢钎焊接头的组织性能，对钎焊接头的显微硬度进行测定，测定位置及测试结果如图 6.33 所示。

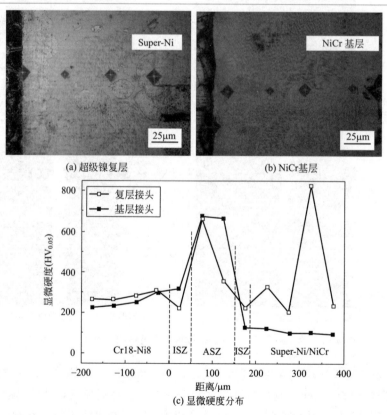

(a) 超级镍复层　　　　　(b) NiCr基层

(c) 显微硬度分布

图 6.33　叠层材料/18-8 钢钎焊接头的显微硬度（Ni-Cr-P 钎料，$T=1040℃$）

靠近 Super-Ni/NiCr 叠层材料侧 γ-Ni 固溶体的显微硬度为 $150HV_{0.05}$，靠近 18-8 钢侧 γ-Ni 固溶体的显微硬度为 $300HV_{0.05}$。这是由于不锈钢中的 Fe 原子扩散至 γ-Ni 固溶体，形成间隙固溶体，使显微硬度升高。非等温凝固区中 Ni-P 共晶的显微硬度最高，为 $650HV_{0.05}$。Super-Ni 复层出现显微硬度波动，最大值为 $800HV_{0.05}$，最小值为 $200HV_{0.05}$。这是由于 P 元素沿 Super-Ni 晶界扩散形成 γ-Ni 固溶体 + Ni_3P 共晶造成的。NiCr 基层母材的显微硬度为 $100HV_{0.05}$，焊后基层的显微硬度升高至 $150HV_{0.05}$。这是由于 NiCr 基层扩散影响区析出 Ni、Cr 的碳化物颗粒，对基层起析出强化作用。

（2）Ni-Cr-Si-B 钎料

扩散钎焊温度为 1040℃、保温时间为 20min 的条件下，采用 Ni-Cr-Si-B 钎料钎焊 Super-Ni/NiCr 叠层材料与 18-8 钢接头的显微组织如图 6.34 所示。Super-Ni 复层钎缝区的显微组织与 NiCr 基层钎缝区的显微组织一致。钎料保留在钎缝中，整个钎焊接头没有出现空隙、裂纹、未钎合等缺陷。钎缝与 Super-Ni 复层和 NiCr 基层形成良好的结合，特别是在基层与复层界面也表现出良好的润湿性。钎缝中形成以网状分布的深灰色块状相，并且块状相边缘有白色颗粒析出。

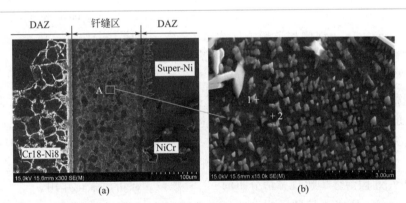

图 6.34 叠层材料/18-8 钢钎焊接头的显微组织（Ni-Cr-Si-B 钎料，T=1040℃）

钎缝中弥散分布着白色星型颗粒［图 6.34（b）］，颗粒（测点 1）的 Si 含量为 18.77%，Ni 含量为 79.70%。而颗粒周围基体（测点 2）的 Si 含量较低，仅为 5.16%。根据 Ni-Si 二元合金相图可知，700℃下 Si 在 Ni 中的溶解度为 10.1%（原子分数）。钎料凝固过程中，Si 在 Ni 中的溶解度随着温度降低逐渐减小，以 Ni_3Si 的形式在 γ-Ni 固溶体中析出。因此，白色星型颗粒为 Ni_3Si。深灰色块状相主要含 Ni 和 B，并且 Ni、B 原子百分比约为 3:1。根据 Ni-B 二元合金相图可知，块状相为 Ni_3B。Ni_3B 块状相上析出不规则白色颗粒，颗粒的

Cr、B 元素含量较高，为 Cr 的硼化物。

扩散钎焊温度为 1040℃，保温时间为 20min 的条件下，采用 Ni-Cr-Si-B 钎料钎焊 Super-Ni/NiCr 叠层材料与 18-8 钢接头的显微硬度如图 6.35 所示。

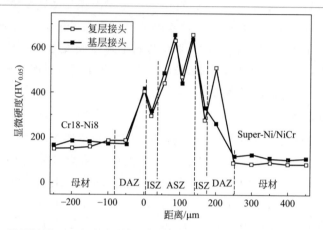

图 6.35　叠层材料/18-8 钢钎焊接头的显微硬度（Ni-Cr-Si-B 钎料，$T=1040℃$）

18-8 钢母材的显微硬度约 $180HV_{0.05}$，18-8 钢扩散影响区（DAZ）的显微硬度升高至 $200\sim430HV_{0.05}$，其中靠近钎缝侧富 Cr 层的显微硬度为 $430HV_{0.05}$。离钎缝较近的 18-8 钢侧扩散影响区为富 Cr 层，形成 Cr_2B、$Fe_{23}B_6$ 高硬度相；离钎缝较远的 18-8 钢侧扩散影响区在晶界析出 Cr 的硼化物颗粒，使显微硬度升高。

等温凝固区由 γ-Ni 固溶体组成，显微硬度较低，约为 $300HV_{0.05}$。非等温凝固区的显微硬度波动较大，γ-Ni 固溶体的显微硬度为 $450HV_{0.05}$；Ni_3B 的显微硬度为 $650HV_{0.05}$，整个钎焊接头中 Ni_3B 的显微硬度最高。非等温凝固区中 γ-Ni 固溶体的显微硬度高于等温凝固区中 γ-Ni 的显微硬度，这是由于非等温凝固区的 γ-Ni 固溶体中出现弥散分布的 Ni_3Si 颗粒，起析出强化作用。

Super-Ni 复层侧扩散影响区的显微硬度为 $500HV_{0.05}$，而 Super-Ni 复层母材的显微硬度仅为 $90HV_{0.05}$。这是由于 B 元素扩散至 Super-Ni 复层形成 Ni_3B 扩散反应层，导致显微硬度升高。这种高硬度相会降低叠层材料/18-8 钢钎焊接头的韧性，高硬度相与钎缝的界面在承受复杂应力状态时，有可能成为裂纹源。NiCr 基层扩散影响区析出的 Ni、Cr 的硼化物颗粒也使显微硬度升高。

扩散钎焊温度为 1100℃，保温时间为 20min 时，叠层材料/18-8 钢钎焊接头的显微硬度如图 6.36 所示。18-8 钢侧扩散影响区的范围约为 $150\mu m$，随着至钎缝距离的增大，18-8 钢侧扩散影响区的显微硬度逐渐由 $500HV_{0.05}$（富 Cr 层）降低至 $300HV_{0.05}$，最后降低至 $180HV_{0.05}$（母材）。

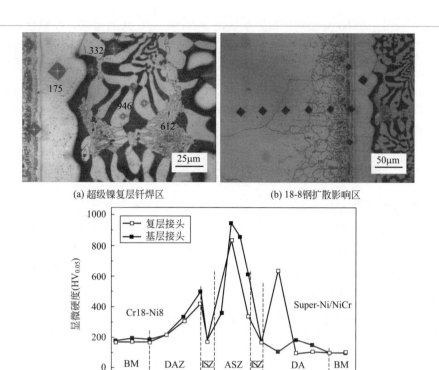

(a) 超级镍复层钎焊区　　　　　　　(b) 18-8钢扩散影响区

(c) 显微硬度分布

图 6.36　叠层材料/18-8 钢钎焊接头的显微硬度（Ni-Cr-Si-B 钎料，$T=1100℃$）

　　非等温凝固区的显微硬度波动幅度增大，γ-Ni 固溶体的显微硬度最低为 $332HV_{0.05}$；Ni_3B 的显微硬度为 $946HV_{0.05}$；Ni-Si-B 网状相显微硬度为 $612HV_{0.05}$。Super-Ni 复层侧扩散影响区的显微硬度为 $640HV_{0.05}$，而 Super-Ni 复层母材的显微硬度明显降低。B 元素对 Super-Ni 复层的影响主要集中在靠近钎缝侧 Super-Ni 复层，形成约 $20\sim30\mu m$ 由 Ni_3B 块状相组成的扩散反应层。

　　NiCr 基层侧扩散影响区的宽度增大至 $100\mu m$，随着至钎缝距离的减小，NiCr 基层侧扩散影响区的显微硬度先增大后减小。这与钎焊温度为 1040℃ 时 NiCr 基层侧扩散影响区显微硬度逐渐增大的趋势不同。钎焊温度为 1100℃ 时，NiCr 基层表面溶于液态 Ni-Cr-Si-B 钎料，基层与钎料之间的原始界面消失，但没有硼化物相生成，使显微硬度与 NiCr 基层母材一致，具有良好的塑、韧性。

　　扩散钎焊温度为 1120℃、保温 20min 时，18-8 钢侧扩散影响区（DAZ）的范围扩大至 $200\mu m$。Super-Ni 复层钎缝区的显微硬度为 $180HV_{0.05}$，由 γ-Ni 固溶体组成，没有脆性相生成。Super-Ni 复层侧扩散影响区的显微硬度为 $300HV_{0.05}$，低于钎焊温度降低（1040℃、1100℃）时的情况。钎焊温度升高至

1120℃时，Super-Ni 复层侧扩散影响区由 γ-Ni＋Ni_3B 共晶组成，显微硬度低于 Ni_3B 扩散反应层。

NiCr 基层钎缝区仍有 Ni_3B 脆性相存在，显微硬度可达 $700HV_{0.05}$。NiCr 基层侧扩散影响区的显微硬度最高值出现在距离钎缝 $150\mu m$ 处。与非等温凝固区的高硬度共晶组织相比，NiCr 基层侧扩散影响区和 18-8 钢侧扩散影响区的硼化物析出相不连续，显微硬度相对较低，对接头的不利影响较小。

6.3.4 叠层材料/18-8 钢扩散钎焊接头的剪切强度

扩散钎焊参数直接影响钎焊接头的组织特征，进而对钎焊接头的结合强度、断裂位置和断口形貌产生影响。为了研究 Super-Ni/NiCr 叠层材料与 18-8 钢扩散钎焊接头的力学性能，采用 CMT-5015 型电子万能试验机和专用夹具对不同钎料、不同工艺参数获得的系列 Super-Ni/NiCr 叠层材料与 18-8 钢扩散钎焊接头进行剪切强度试验，试验结果见表 6.9。

表 6.9 叠层材料与 18-8 钢扩散钎焊接头的剪切强度

钎料	工艺参数 ($T \times t$)	剪切面尺寸 /mm	最大载荷 F_{max}/kN	剪切强度 /MPa
Ni-Cr-P	980℃×20min	9.78×2.38	0.83	37
	1040℃×20min	7.95×2.61	2.85	137
	1060℃×20min	9.25×2.53	3.35	143
Ni-Cr-Si-B 晶态	1040℃×20min	8.00×2.56	5.01	140
	1060℃×20min	10.22×2.46	4.93	150
	1080℃×20min	9.69×2.35	3.49	153
	1100℃×20min	9.47×2.43	3.52	153
	1120℃×20min	10.14×2.45	3.94	159
Ni-Cr-Si-B 非晶	1060℃×20min	8.32×2.68	3.35	150
	1080℃×20min	9.69×2.35	3.97	174
	1100℃×20min	8.69×2.42	4.02	191
	1120℃×20min	9.47×2.54	4.74	195

Ni-Cr-P 钎焊接头的剪切应力达到最大值后迅速降低，破坏前基本没有屈服，无塑性变形，剪切断裂从微观缺陷或脆性相处开始，然后迅速贯穿整个接头，导致完全断裂。采用 Ni-Cr-Si-B 钎料的钎焊接头及非晶 Ni-Cr-Si-B 钎焊接头断裂前出现屈服，接头区表现出一定的塑性。

采用 Ni-Cr-P 钎料时，钎焊温度对叠层材料/18-8 钢扩散钎焊接头剪切强度的影响如图 6.37 所示。钎焊温度为 980℃时，叠层材料/18-8 钢接头的剪切强度仅为 37MPa；随着钎焊温度升高至 1040℃，接头的剪切强度升高至 137MPa；但当钎焊温度继续升高至 1060℃时，剪切强度仅升高为 143MPa。

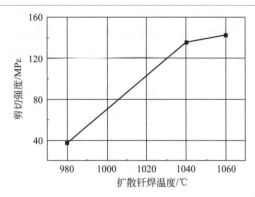

图 6.37　钎焊温度对叠层材料/18-8 钢接头剪切强度的影响（Ni-Cr-P 钎料）

　　钎焊温度为 980℃时，钎缝中存在高熔点组分团聚，接头的结合强度较弱；钎焊温度升高至 1040℃时，Super-Ni/NiCr 叠层材料与 18-8 钢结合良好，钎缝中以 Ni-P 共晶为主；钎焊温度升高至 1060℃时，P 元素向两侧母材的扩散速度提高，钎缝中的 Ni-P 共晶组织含量减少，剪切强度升高。Ni-P 共晶的显微硬度较高，可达 $650HV_{0.05}$，是裂纹起源和扩展的优先路径。钎焊温度为 1060℃时，钎缝中的 Ni-P 共晶并未完全消失，剪切强度升高幅度较小。

　　采用 Ni-Cr-Si-B 钎料时，钎焊温度对叠层材料/18-8 钢扩散钎焊接头剪切强度的影响如图 6.38 所示，随着钎焊温度升高，接头的剪切强度增大。

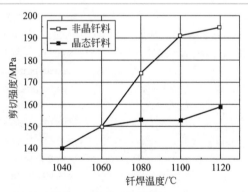

图 6.38　钎焊温度对叠层材料/18-8 钢接头剪切强度的影响
（Ni-Cr-Si-B 钎料）

　　采用 Ni-Cr-Si-B 晶态钎料，钎焊接头剪切强度随钎焊温度的升高增大缓慢：钎焊温度为 1040℃时，钎焊接头的剪切强度为 140MPa；钎焊温度为 1080℃时，钎焊接头的剪切强度为 152MPa；钎焊温度升高至 1120℃时，钎焊接头的剪切强度为 159MPa。采用 Ni-Cr-Si-B 非晶钎料，接头剪切强度随钎焊温度的升高增大较快：钎焊温度为 1060℃时，钎焊接头的剪切强度为 150MPa；钎焊温度为 1100℃时，接头的剪切强度可达 191MPa；钎焊温度升高至 1120℃时，接头的剪切强度为 195MPa。Ni-Cr-Si-B 钎料钎焊叠层材料/18-8 钢接头的剪切强度高于 Ni-Cr-P 钎料钎焊接头。

扩散钎焊温度为 1060℃时，采用 Ni-Cr-Si-B 晶态钎料与 Ni-Cr-Si-B 非晶钎料得到的叠层材料/18-8 钢接头的剪切强度一致。由于 B 元素向母材扩散不充分，钎缝中析出 Ni_3B 脆性相。对于非晶钎料，由于钎缝间隙较小，随着钎焊温度升高，钎缝中的共晶组织减少；钎焊温度升高至 1100℃时，B 元素充分向母材扩散，钎缝完全由 γ-Ni 固溶体组成，接头的剪切强度明显增大。对于晶态钎料，由于钎缝间隙较大，钎焊温度升高至 1100℃时，钎缝中仍有大量共晶组织存在，剪切强度增幅较小；钎焊温度升高至 1120℃时，钎缝中的共晶组织减少，接头剪切强度增大。

参考文献

[1] 陈亚莉. 未来航空发动机涡轮叶片用材的最新形式——微叠层复合材料. 航空工程与维修, 2001(5): 10-12.

[2] 郭鑫, 马勤, 季根顺, 等. 金属间化合物基叠层复合材料研究进展. 材料导报, 2007, 21(6): 66-69.

[3] 王增强. 高性能航空发动机制造技术及其发展趋势. 航空制造技术, 2007, (1): 52-55.

[4] Jang-Kyo Kim, Tong-Xi Yu. Forming and failure behavior of coated, laminated and sandwiched sheet metals: a review. Journal of Materials Processing Technology, 1997, 63: 33-42.

[5] 刘咏, 黄伯云, 周科朝. TiAl 基合金包套锻造工艺. 中国有色金属学报, 2000, 10 (增刊 1): 6-9.

[6] 张俊红, 黄伯云, 周科朝, 等. 包套轧制制备 TiAl 基合金板材的研究. 粉末冶金材料科学与工程, 2001, 6 (1): 48-53.

[7] 李亚江, 夏春智, U. A. Puchkov, 等. Super-Ni 叠层材料与 18-8 钢焊接性. 焊接学报, 2010, 31(2): 13-16.

[8] Wu Na, Li Yajiang, Ma Qunshuang. Micro structure evolution and shear strength of vacuum brazed joint for super-Ni/NiCr laminated composite with Ni-Cr-Si-B amorphous interlayer, Materials and Design, 2014 (53): 816-821.

[9] 王文先, 张亚楠, 崔泽琴, 等. 双面超薄不锈钢复合板激光焊接接头组织性能研究. 中国激光, 2011, 38 (5): 1-6.

[10] H. Engstroen, J. Duran, J. M. Amo, et al. Spot welding of metal laminated composites. Journal of Materials Science, 1996, 31(20): 5443-5449.

[11] M. Li, W. O. Soboyejo. An investigation of the effects of ductile-layer thickness on the fracture behavior of nickel aluminum microlaminates. Metallurgical and

Materials Transaction A, 2000, 31A: 1385-1399.

[12] G. S. Was, T. Foecke. Deformation and fracture in microlaminates. Thin Solid Films, 1996, 286: 1-31.

[13] K. F. Karlsson, B. T. Astrom. Manufacturing and applications of structural sandwich components. Composites Part A: Applied Science and Manufacturing, 1997, 28 (2): 97-111.

[14] 马培燕, 傅正义. 微叠层结构材料的研究现状. 材料科学与工程, 2002, 20(4): 589-593.

[15] 陈燕俊, 周世平, 杨富陶. 层叠复合材料结构技术进展. 材料科学与工程, 2002, 20(1): 140-142.

[16] 夏春智, 李亚江, U. A. Puchkov, 等. Super-Ni 叠层复合材料与 18-8 钢 TIG 焊接头区显微组织的研究. 中国有色金属学报, 2010, 20(6): 1149-1154.

[17] Xia Chunzhi, Li Yajiang, U. A. Puchkov, et al. Microstructural study of super Ni laminated composite/1Cr18Ni9Ti steel dissimilar welded joint. Materials Sci-

ence and Technology, 2010, 26(11): 1358-1362.

[18] Wu Na, Li Yajiang, Wang Juan, et al. Vacuum brazing of super-Ni/NiCr laminated composite to Cr18-Ni8 steel with NiCrP filler metal. Journal of Materials Processing Technology, 2012, 212 (4): 794-800.

[19] [德]埃里希·福克哈德. 不锈钢焊接冶金. 栗卓新, 朱学军, 译. 北京: 化学工业出版社, 2004.

[20] Wu Na, Li Yajiang, Wang Juan. Microstructure of Ni-NiCr Laminated Composite and Cr18-Ni8 Steel Joint by Vacuum Brazing. Vacuum, 2012, 86 (12): 2059-2064.

[21] 吴娜, 李亚江, 王娟. Super-Ni/NiCr 叠层材料与 Cr18-Ni8 钢真空钎焊接头的组织性能. 焊接学报, 2013, 34(3): 41-44.

[22] 吴娜, 李亚江, 王娟. Super-Ni/NiCr 叠层材料 Ni-Cr-Si-B 高温钎焊接头的组织特征及抗剪强度, 焊接学报, 2014（35）1: 9-12.

第7章

先进复合材料的焊接

　　复合材料是指由两种或两种以上的物理和化学性质不同的物质，按一定方式、比例及分布方式合成的一种多相固体材料。通过良好的增强相/基体组配及适当的制造工艺，可以发挥各组分的长处，得到的复合材料具有单一材料无法达到的优异综合性能。复合材料保持各组分材料的优点及相对独立性，但却不是各组分材料性能的简单叠加。近代的复合材料主要是指人工制造的复合材料，而不包括天然复合材料、多相合金和陶瓷等。

7.1 复合材料的分类、特点及性能

　　什么是复合材料？从广义上讲，复合材料是由两种或两种以上不同化学性质或不同组分（单元）构成的材料。从工程概念上讲，复合材料专指用经过选择的一定数量比的两种或两种以上的组分，通过人工方式将两种或多种性质不同但性能互补的材料复合起来做成的具有特殊性能的材料。

7.1.1 复合材料的分类及特点

（1）复合材料的分类

　　复合材料是 20 世纪 60 年代初应航天、航空发展的需要而产生的，已扩展到众多领域。复合材料具有可设计性，即可根据人们的需要，选择不同的基体与增强相，确定材料的组合形式、增强相的比例与分布等。复合材料主要是按基体材料类型、增强相形态和材质等进行分类，其常见的分类方法及特点见表 7.1。

表 7.1　复合材料的分类

分类依据	大类	小类或特征
按用途分类	结构复合材料	利用其优异的力学性能
	功能复合材料	利用其力学性能以外的其他性能,如电、磁、光、热、化学、放射屏蔽性等
	智能复合材料	能检知环境变化,具有自诊断、自适应、自愈合和自决策的功能

分类依据	大类	小类或特征
按基体材料类型	金属基复合材料（MMC）	铝基、钛基、镁基、金属间化合物基等
	无机非金属基复合材料	陶瓷基（CMC）、碳/碳基（C/C）
	树脂基复合材料（PMC）	热塑性树脂基、热固性树脂基等
按增强相形态	连续纤维增强复合材料	纤维排布具有方向性，长纤维的两个端点位于复合材料的边界，复合材料具有各向异性
	非连续纤维增强复合材料	短纤维、颗粒、晶须等增强相在基体中随机分布，复合材料具有各向同性
按增强相材质	无机非金属增强复合材料	碳纤维、硼纤维、碳化硅晶须颗粒、Al_2O_3 颗粒与晶须等
	金属增强复合材料	钨丝、不锈钢丝增强铝基或高温合金基复合材料，铁丝增强树脂基复合材料等
	有机纤维增强复合材料	芳纶纤维增强环氧树脂复合材料，尼龙丝增强树脂复合材料等

复合材料研发的重点在以下几个方面：树脂基复合材料、金属基复合材料、陶瓷基复合材料、C/C 基复合材料。先进复合材料指用高性能增强体（如碳纤维、芳纶纤维等）与高性能耐热高聚物构成的复合材料，以及金属基、陶瓷基、碳（石墨）基和功能复合材料，性能优良，主要用于航空航天、电子信息、精密仪器、先进武器、机器人结构件和高档体育用品等。

① 金属基复合材料（MMC） 金属基复合材料是以金属或合金为基体，并以纤维、晶须、颗粒等为增强体的复合材料。按所用基体金属的不同，使用温度范围为 350～1200℃。其特点是横向剪切强度较高，韧性及抗疲劳性等综合力学性能较好，同时还具有导热、导电、耐磨、线胀系数小、阻尼性好、不吸湿、不老化和无污染等优点。

金属基复合材料的分类有多种方法。根据增强相形态，可分为连续纤维增强、非连续纤维增强和层板金属基复合材料；根据基体材料，分为铝基、钛基、镁基、铜基、镍基、不锈钢和金属间化合物等复合材料。近年来正在迅速研发适用于 350～1200℃ 的各种金属基复合材料。不同基体金属基复合材料的使用温度可以大致划分为：铝、镁及其合金为 450℃ 以下，钛合金为 450～650℃，镍基、金属间化合物为 650～1200℃。

金属基复合材料增强材料可为纤维状、颗粒状和晶须状的碳化硅、硼、氧化铝及碳纤维。金属基复合材料除了和树脂基复合材料同样具有高强度、高模量外，还能耐高温，同时不燃烧、不吸潮、导热导电性好、抗辐射。它是令人瞩目的航空航天用高温材料，可用作飞机涡轮发动机、火箭发动机热区和超音速飞机的表面材料。不断发展和完善的金属基复合材料以碳化硅颗粒增强铝基合金发展最快。这种铝基复合材料的密度只有钢的 1/3，为钛合金的 2/3，与铝合金相近。

它的强度比中碳钢好，与钛合金相近而又比铝合金略高。其耐磨性也比钛合金、铝合金好，目前已批量应用于汽车工业和机械工业。有商业应用前景的是汽车活塞、制动机部件、连杆、机器人部件、计算机部件、运动器材等。

金属基复合材料的焊接性不但取决于基体性能、增强相的类型，而且与双相界面性质和增强相的几何特征有密切的关系。金属基复合材料的增强体包括碳纤维（C/C）、碳化硅、硼纤维、氧化铝纤维、陶瓷晶须、颗粒和片材等。金属基复合材料研发中存在的主要问题是加工温度高、制造工艺复杂、界面反应控制困难、成本相对较高。

② 树脂基复合材料（PMC）　树脂基复合材料又称为聚合物基复合材料，分为热固性树脂基和热塑性树脂基复合材料两类。早期由于热塑性树脂加工工艺存在一些问题，热稳定性差，因此长期以来以热固性树脂基为主。近年来新研发的一些高性能热塑性树脂基复合材料的使用温度有了很大提高，不仅耐热性好，而且韧性优异、吸水率低、湿态条件下力学性能好，特别是可再生使用和焊接性好等，成为先进树脂基复合材料发展的主流。

树脂基复合材料通常只能在 350℃ 以下的不同温度范围内使用。树脂基复合材料由于密度小、强度高、隔热抗蚀、吸音以及设计成形自由度大，被广泛应用于航空航天、船舶与车辆制造、建筑、电器、化工等领域。

③ C/C 复合材料　对 C/C 复合材料的研究开始于 20 世纪 50 年代末。C/C 复合材料是以碳为基体，采用碳纤维或其制品（碳毡或碳布）增强碳（石墨）基体的复合材料。C/C 复合材料具有质量轻、高强度、良好的力学性能、耐热性、耐腐蚀性、减震特性以及热、电传导特性等，在航空航天、核能、军事以及许多工业领域有很好的应用前景。几种常用碳纤维的品种和性能见表 7.2。目前 C/C 复合材料除在宇航方面用作耐烧蚀材料和热结构材料外，还用于高超音速飞机的刹车片以及发热元件和热压模等。

表 7.2　几种常用碳纤维的品种和性能

性能	碳纤维				石墨纤维	
	通用型	T-300	T-1000	M40J	通用型	高模型
密度/(g/cm³)	1.70	1.76	1.82	1.77	1.80	1.81～2.18
抗拉强度/MPa	1200	3530	7060	4410	1000	2100～2700
比强度/[GPa/(g/cm³)]	7.1	20.1	38.8	24.9	5.6	9.6～14.9
拉伸模量/GPa	48	230	294	377	100	392～827
比模量/[GPa/(g/cm³)]	2.8	13.1	16.3	21.3	5.6	21.7～37.9
伸长率/%	2.5	1.5	2.4	1.2	1.0	0.5～0.27
体积电阻率/10⁻³(Ω·cm)⁻¹	—	1.87	—	1.02	—	0.89～0.22

性能	碳纤维				石墨纤维	
	通用型	T-300	T-1000	M40J	通用型	高模型
热膨胀系数/$10^{-6}℃^{-1}$	—	−0.5	—	—	—	−1.44
热导率/[W/(m·K)]	—	8	—	38	—	84~640
含碳质量分数/%	90~96				>99	

④ 陶瓷基复合材料（CMC）　陶瓷基复合材料是 20 世纪 60 年代为了克服陶瓷材料的脆性而发展起来的，是以陶瓷为基体与各种纤维复合的一类复合材料。陶瓷具有高硬度和高强度等优异性能，但其致命的弱点是硬脆性，处于应力状态时会产生裂纹甚至断裂导致材料失效，限制了它的应用。克服陶瓷脆性的有效措施是限制微裂纹尖端的扩展，陶瓷基复合材料通过在陶瓷基体中添加纤维或晶须，使裂纹扩展时受阻或转向，限制了微裂纹尖端的扩展，从而避免了脆性断裂。采用高强度、高弹性的纤维与基体复合，是提高陶瓷韧性和可靠性的有效方法。纤维能阻止裂纹的扩展，从而得到有优良韧性的纤维增强陶瓷基复合材料。

由于陶瓷基复合材料的耐磨性、耐高温和抗化学腐蚀的能力，使其成为一种很好的隔热和耐烧蚀材料，可用作防热结构，如航天飞机的隔热瓦、火箭和导弹发动机燃烧室的隔热内衬和高超音速飞行器的蒙皮和翼前缘等，还能用作发动机上的高速轴承、活塞及活塞环、密封环、阀座和阀门导轨等要求转速高及耐热耐磨的部件。陶瓷基复合材料已实用化的领域有刀具、滑动构件、发动机制件、能源构件等。将长纤维增强碳化硅复合材料应用于制造高速列车的制动件，表现出优异的摩擦磨损特性，取得了满意的使用效果。

20 世纪 80 年代末，纳米复合材料受到人们的关注。纳米复合材料是由两种或两种以上的固相至少在一维以纳米级大小（1~100nm）复合而成的复合材料。这些固相可以是非晶质、半晶质或晶质，可以是无机物、有机物或两者兼有。由于分散相与连续相之间界面非常大，因此界面间具有很强的相互作用，使界面模糊。纳米复合材料目前处于研发阶段，对推进复合材料的发展将产生重要的影响。

(2) 复合材料的特点

① 比强度、比刚度高，均高于金属材料，用作结构件时重量轻，对于航空航天、运载工具是很重要的。

② 线胀系数小、尺寸稳定性好。

③ 耐疲劳性和断裂韧度高。破坏时不会发生突然的脆性断裂，结构的安全性好。

④ 高温性能好。例如铝合金在 300℃时强度就下降到 100MPa；而纤维增强

铝基复合材料在 500℃时强度仍可达到 600MPa。

⑤ 耐磨性好。例如碳化硅颗粒增强铝基复合材料的耐磨性比铝材高出数倍。

⑥ 减震性好。由于复合材料的震动阻尼高，因此减震性好。

总之，先进复合材料具有高比强度、高比模量、耐热性好、抗疲劳、低膨胀等综合性能。先进复合材料的增强体有高性能碳纤维、芳纶纤维、有机纤维等。根据材料的用途，可分为结构复合材料、功能复合材料和智能复合材料。

结构复合材料主要用于各种机械、仪器、装备等零部件，基本上由能承受载荷的增强体组元与能连接增强体成为整体材料同时又起传递力作用的基体组元构成。结构复合材料的主要特点是可根据材料在使用中工况的要求进行组分选材设计和复合结构设计，即增强体排布设计，满足工程结构需求。

复合材料性能稳定，应用非常广泛。表 7.3 给出金属基复合材料应用的示例。

表 7.3　金属基复合材料应用的示例

种类	材料	应用示例	特点
铝基复合材料	25%（体积分数）SiC 颗粒增强 6061 铝基复合材料	航空结构导槽、角材	代替 7075 铝合金，密度下降 17%，弹性模量提高 65%
	17%（体积分数）SiC 颗粒增强 2014 铝基复合材料	飞机和导弹零件用薄板	拉伸模量在 10^5 MPa 以上
	40%（体积分数）SiC 晶须增强 6061 铝基复合材料	三叉戟导弹制导元件	代替机加工铍元件，成本低，无毒
	Al_2O_3 纤维增强铝基复合材料	汽车连杆	强度高、发动机性能好
	15%（体积分数）TiC 颗粒增强 2219 铝基复合材料	汽车制动器卡钳、活塞	模量高、耐磨性好
镁基复合材料	SiC 颗粒增强镁基复合材料	飞机螺旋桨、导弹尾翼	耐磨性好、弹性模量高
钛基复合材料	SiC 纤维增强 Ti-6Al-4V 钛基复合材料	压气机圆盘、叶片	高温性能好
铜基复合材料	SiC 增强的青铜基复合材料	推进器	效率高、噪声小

复合材料的研发推动了焊接技术的发展。20 世纪 80 年代美国航天飞机成功地采用了纤维增强铝基复合材料（B/Al）焊接结构制造航天飞机中部机身桁架。在 B/Al 复合材料管两端插入 Ti-6Al-4V 钛合金制成的套管，在 B/Al 复合化的同时完成 B/Al 管与 Ti-6Al-4V 套管之间的扩散连接；最后，将套管与 Ti-6Al-4V 钛合金构件进行电子束焊接，形成复合材料构件。在航天飞机机体中部，共用了 242 根这种复合结构材料，与先前用铝合金相比，机体中部重量减轻了 145kg（减重约 44%）；同时由于铝基复合材料导热性下降，在隔热方面比采用铝合金结构降低了要求。因此，复合材料焊接受到世界各国的密切关注。

7.1.2 复合材料的增强体

复合材料的最大特点是具有优异的综合性能和可设计性。根据预期的性能指标将不同材料（包括有机高分子、无机非金属和金属材料）通过一定的工艺复合在一起，充分发挥其优点，利用复合效应使复合后的材料具有单一材料无法达到的优异性能，如比强度和比模量高、耐高温、耐热冲击、线胀系数小、耐磨和耐腐蚀等。温度对复合材料比强度和比模量的影响如图 7.1 所示。

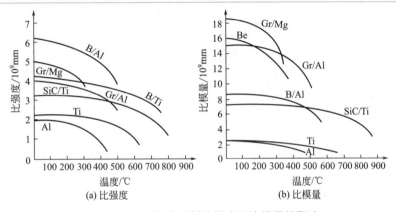

图 7.1 温度对复合材料比强度和比模量的影响

从 20 世纪 40 年代开始到现在，复合材料的发展经历了三个阶段：第一代复合材料的代表是玻璃钢（即玻璃纤维增强塑料），使用温度和弹性模量较低；第二代复合材料是以碳纤维和芳酰胺纤维等高性能增强体和一些耐高温树脂基构成的树脂基复合材料，如碳纤维强化树脂以及硼纤维强化树脂；第三代是近年来发展起来的金属基、陶瓷基和碳/碳复合材料等。这些新型复合材料在航空航天等领域发挥了重要的作用，在能源、交通运输、化工、机械等领域得到了应用并具有广阔的前景。

（1）颗粒、晶须和纤维

复合材料是人工复合的，组成多相、三维结合且各相之间有明显界面的、具有特殊性能的材料。

复合材料一般有两个基本相，一个是连续相，称为基体；另一个是分散相，称为增强相。复合材料的命名是以复合材料的相为基础，命名的方法是将增强相（或分散相）材料放在前面，基体相（或连续相）材料放在后面，之后再缀以"复合材料"。例如，由碳纤维和环氧树脂构成的复合材料称为"碳纤维环氧复合材料"；为了书写简便，在增强相材料与基体材料之间画一斜线（或一个半字线）

再加"复合材料"。增强相包括颗粒增强、晶须增强及纤维增强，颗粒、晶须、纤维及短纤维分别以下标 p、w、f、sf 表示。例如，碳化硅粒子增强铝基复合材料表示为 SiC_p/Al。

复合材料的性能不但取决于各相的性能、比例，而且与两相界面性质和增强剂的几何特征（包括增强剂的形状、尺寸、在基体中的分布方式等）有着密切的关系。分散相是以独立的形态分布在整个连续相中的，分散相可以是纤维，也可以是晶须、颗粒等弥散分布的填料。

复合材料的组分分成基体和增强体两个部分。通常将其中连续分布的组分称为基体，如聚合物（树脂）基体、金属基体、陶瓷基体；将颗粒、晶须、纤维等分散在基体中的物质称为增强体。金属基复合材料的增强体示例见表 7.4。

表 7.4　金属基复合材料的增强体示例

增强体类型	直径/μm	典型长度/直径比	最常用材料
颗粒	0.5～100	1	Al_2O_3、SiC、WC
短纤维、晶须	0.1～20	50：1	Al_2O_3、SiC、C
长纤维	3～140	＞1000：1	Al_2O_3、SiC、C、B

① 晶须增强体　一类长径比较大的单晶体，直径由 $0.1\mu m$ 至几微米，长度一般为数十至数千微米，为缺陷少的单晶短纤维，其拉伸强度接近纯晶体的理论强度。晶须主要包括金属晶须增强体和非金属晶须增强体。不同的晶须可采用不同的方法制取。晶须常用作复合材料的增强体。

② 颗粒增强体　用以改善基体材料性能的颗粒状材料。有延性颗粒增强体和刚性颗粒增强体。在基体中引入第二相颗粒，使材料的力学性能得到改善，它使基体材料的断裂功能提高。颗粒增强体的形貌、尺寸、结晶完整度和加入量等都会影响复合材料的力学性能。

③ 纤维增强体　增强体为纤维物质，包括硼纤维、碳纤维、碳化硅纤维、氧化铝纤维等。

增强材料在复合材料中是分散相。对于结构复合材料，增强材料的主要作用是承载，纤维承受载荷的比例远大于基体。例如，对于结构陶瓷复合材料，纤维的主要作用是增加韧性；对于多功能复合材料，纤维的主要作用是吸波、隐身、隔热和抗热震等其中的一种或多种，同时为材料提供基本的结构性能。

增强材料种类很多，可分为无机增强材料和有机增强材料两大类：

① 无机增强材料　如玻璃纤维、碳纤维、硼纤维、晶须、石棉及金属纤维等。

② 有机增强材料　如芳纶纤维、超高分子量聚乙烯纤维、聚酯纤维、棉、麻等。

增强相是粘接在基体内以改进其力学性能的高强度材料，不同基体材料中加入性能不同的增强相，目的在于获得性能优异的复合材料。增强相在复合材料中是分散相，对于结构复合材料，增强相的主要作用是承载，能大幅度地提高复合材料的强度和弹性模量。增强相是根据对制品的性能要求（如力学性能、耐热性能、耐腐蚀性能等）以及对制品的成形工艺和成本要求来确定的。

（2）纳米超微粒子

20世纪80年代，随着高分辨电子显微镜等微观表征技术的发展，促进了人们在纳米尺度上认识物质结构与性质的关系，出现了纳米技术。1990年在美国巴尔的摩召开的第一届国际纳米会议上，正式提出了关于纳米技术的概念。

纳米粒子，又称为超微粒子（ultrafine powers，UFP），指粒度为1～100nm的细微颗粒。纳米粒子不同于微观原子、分子团簇，也不同于宏观体相材料，是一种介于宏观固体和分子间的亚稳中间态物质。纳米粒子具有三个基本特性（小尺寸效应、量子尺寸效应、比表面效应），从而使纳米粒子表现出许多不同于常规固体材料的新奇特性，展现了广阔的应用前景。

纳米技术也为复合材料的研究和应用增添了新的内容。含有纳米单元相的纳米复合材料以实际应用为目标，是纳米材料工程的重要组成部分，正成为纳米材料发展的新动向。例如，高分子纳米复合材料由于高分子基体具有易加工、耐腐蚀等优异性能，能抑制纳米单元的氧化和团聚特性，使体系具有较高的长效稳定性，能发挥纳米单元的特殊性能而受到重视。

纳米复合材料是一个内涵丰富的体系。纳米的形态也很多，包括：

① 零维的纳米粉体、纳米微粒或颗粒等；

② 一维的纳米线、丝、管及纳米晶须等；

③ 二维的层状、片状或带状结构的纳米材料。

依据纳米复合材料的属性也可将其分类如下。

① 纳米金属材料 目前用各种方法制备出很多纳米金属粉体材料，如Au、Ag、Cu、Mo、Ta、W等，这些金属纳米粉体因比表面能大，很不稳定，易被氧化或聚集。

② 氧化物纳米材料 这类纳米材料的表面易被改性，容易获得物理和化学性能稳定的纳米微粒，具有储存、运输和进一步加工的稳定性特点。根据氧化物组成的不同，可进一步分为：金属氧化物纳米材料，如TiO_2、MgO、CuO、Cr_2O_3等；非金属氧化物纳米材料，如SiO_2；两性金属氧化物纳米材料，如ZnO、Al_2O_3；稀土金属氧化物纳米材料，如La_2O_3、Y_2O_3、ZrO_2、WO_3等。

③ 碳（硅）化物纳米材料 碳化物纳米材料（如SiC）和硅化合物纳米材料（如$MoSi_2$）都属于高硬度纳米材料，在某种程度上具有明显的小尺寸效应和高的比表面效应。

④ 氮（磷）等化合物纳米材料　氮化物纳米材料，如 TiN、Si_3N_4；磷化合物纳米材料，如 GaP 等；卤化物纳米材料，如 AgBr 等。

⑤ 含氧酸盐纳米材料　硫酸盐类、磷酸盐类、碳酸盐类等含氧酸盐具有许多特殊的性能，各类含氧酸盐纳米材料以其高温下的化学稳定性和呈色范围宽等优点，在新型功能复合材料中具有重要的应用价值。

应指出，并非所有的纳米材料都可以用于纳米复合材料的增强材料，只有对它相材料具有提高力学性能的纳米材料才可称为增强增韧型纳米材料。对有机基体增强的，如 SiO_2、Al_2O_3 等；对陶瓷基体增强的，如 Si_3N_4、SiC、ZrO_2 等；对金属基体增强的，如 MgO、CaO 等。这类纳米材料不具有所谓的量子效应和量子隧道效应，但具有的表面效应促使其具有高表面活性，有很强的表面能和表面结合能，用于有机聚合物增强时，能够获得明显的增强效果。当这种纳米材料均匀分散在有机基体中时，因分散尺寸小，故在起到增强作用的同时，又不会降低有机材料的韧性。例如橡胶中使用的超细炭黑就属于这种增强型纳米材料。

纳米复合材料的工业化始于 20 世纪 90 年代，但纳米技术的研究已经远远超出了纳米材料本身的制备研究，可使纳米技术广泛应用于新材料、石化、能源、光电信息等众多领域。

7.1.3　金属基复合材料的性能特点

（1）叠层复合材料

叠层复合材料是将不同性能的材料分层压制构成的复合材料。

通过选择不同的金属层，可使层压复合材料在以下几个方面具有比各组成金属更好的：抗腐蚀性、抗磨性、韧性、硬度、强度、导热性、导电性以及更低的成本等。

常见的层压复合材料是复合板材，主要有不锈钢、镍基合金、钛合金、铜合金覆层板等，覆层厚度可占总厚度的 5%～30%，一般为 10%～20%。基层的作用是保证结构强度及刚度，覆层的作用是提高耐蚀性、导电性等。还有一种耐蚀层压复合材料是纯铝覆层铝合金板。覆层金属板的耐蚀性主要利用了覆层的性能，而纯铝包覆铝合金复合材料是利用两种材料的不同阳极电位来保护内层材料的。

近年来，覆层厚度仅为 0.1～0.2mm 的 Ni/M/Ni 叠层复合板材（M 层为金属间化合物，如 Ti_3Al、Ni_3Al 等）和 Ti/Al/Ti/Al/Ti 微叠层复合材料受到人们的关注。微叠层材料是将两种不同材料按一定的层间距及层厚比交互重叠形成的多层材料，一般是由基体及增强材料制备而成的，材料组分可以是金属、金属间化合物、聚合物或陶瓷。该材料的性质取决于每一组分的结构和特性、各自体积含量、层间距、它们的互溶度以及在两组分之间形成的金属间化合物。

叠层复合材料在耐热合金的基础上复合了金属间化合物的一些优良性能，是一种很有发展前景的新型高温结构材料。新型叠层复合材料对于减轻构件重量、提高部件的整体性能具有重要作用，可应用于航空航天、能源动力等行业承受高温、腐蚀等严苛工作条件下零部件的制造。将叠层复合材料与其他材料连接形成复合结构不但能减轻结构件的重量，而且能发挥不同材质各自的性能优势。由于叠层材料能满足高性能产品的结构需求，这种材料受到美国、俄罗斯等国的高度重视。

（2）连续纤维增强金属基复合材料

与非连续（颗粒增强、短纤维或晶须）增强的金属基复合材料相比，连续纤维增强的金属基复合材料在纤维方向上具有很高的强度和模量。因此，它对结构设计很有利，是宇航领域中有发展前景的一种结构材料。但其制造工艺复杂、价格昂贵，而且焊接性比非连续增强的金属基复合材料差得多。

常用的连续纤维有 B 纤维、C 纤维、SiC 纤维、Al_2O_3 纤维、B_4C 纤维和不锈钢丝、高强钢丝、钨丝等，这些纤维具有很高的强度、模量及很低的密度，用于增强金属时，可使强度显著提高，而密度变化不大。表 7.5 给出了常用增强纤维的性能。

表 7.5　常用增强纤维及性能

纤维种类	直径 /μm	制造方法	抗拉强度 /10^3MPa	密度 /(g/cm^3)	拉伸弹性模量 /10^5MPa
硼纤维	100～150	化学气相沉积	3.2	2.6	4.0
复硼 SiC 纤维	100～150	化学气相沉积	3.1	2.7	4.0
SiC 纤维	100	化学气相沉积	2.7	3.5	4.0
碳纤维	70	热解	2.0	1.9	1.5
B_4C 纤维	70～100	化学气相沉积	2.4	2.7	4.0
复硼碳纤维	100	化学气相沉积	2.4	2.2	—
高强度石墨纤维	7	热解	2.7	1.75	2.5
高模量石墨纤维	7	热解	2.0	1.95	4.0
Al_2O_3 纤维	250	熔体拉制	2.4	4.0	2.5
S-玻璃纤维	7	熔体喷丝	4.1	2.5	8.0
铍纤维	100～250	拉拔丝	1.3	1.8	2.5
钨纤维	150～250	拉拔丝	2.7	19.2	4.0
不锈钢纤维	50～100	拉拔丝	4.1	7.9	1.8

常用的金属基复合材料基体有 Al、Ti、Mg、Cu、Ni 及其合金和高温合金以及金属间化合物等。金属基复合材料具有很高的比强度和比模量。例如，B 纤维增强铝基复合材料含 B 纤维 45%～50%，单向增强时纵向抗拉强度可达 1250～1550MPa，模量为 200～230GPa，密度为 2.6g/cm^3，比强度可为钛合金、合金钢的 3～5 倍，疲劳性能优于铝合金，在 200～400℃时仍能保持较高的强

度，可用来制造航空发动机的风扇、压气机叶片等。

纤维增强金属基复合材料的主要制造方法包括扩散结合法、熔融金属渗透法、铸造法、等离子喷涂法、电镀法及挤压法等。表 7.6 和表 7.7 给出了几种典型金属基复合材料的性能。

表 7.6　SiC 纤维增强 Ti 基复合材料的性能（SiC 体积分数为 28%）

复合材料	试验温度/℃	纤维排列方向	抗拉强度/MPa	比例极限/MPa	断裂应变/(μm/mm)	弹性模量/10^5MPa		热膨胀系数/10^{-6}℃$^{-1}$
						拉伸	弯曲	
SiC 纤维增强 Ti-6Al-4V（SiC$_f$/Ti-6Al-4V）	室温	0	979.2	806.1	—	2.5		
		15	930.1	806.1	—	2.4		
		30	779.2	716.6	—	2.2		
		45	737.9	516.8	—	2.1		
		90	655.1	365.2	—	1.9		
涂覆 SiC 的硼纤维增强 Ti-6Al-4V（Borsic$_f$/Ti-6Al-4V）	21	0	965	—	3440	2.862	2.37	1.39
	21	15	689	—	3220	2.538	2.29	
	21	45	454.7	—	4220	2.152	2.19	
	21	90	289.4	—	3130	2.055	1.15	1.75
	260	0	820	—	—	—	2.28	1.55
	370	0	737	—	—	—	2.23	
	450	0	751	—	—	—	2.17	1.75
	450	15	593	—	—	—	2.06	
	450	45	365	—	—	—	1.90	
	450	90	241	—	—	—	1.54	
SiC 纤维增强 6061Al-T6（SiC$_f$/6061Al）	室温	0	585	415	—	131	—	—

表 7.7　石墨纤维增强的几种金属基复合材料的性能

基体	基体成分	纤维		制造工艺	抗拉强度/MPa	弹性模量/10^5MPa
		牌号	体积含量/%			
铝基	纯铝	T-75	32	渗透、挤压	680	1.78
			35		650	1.47
	Al+7%Zn		32	渗透、挤压	710	1.66
			38		870	1.90
	Al+7%Mg		31	渗透	680	1.95
	Al+7%Si		32	渗透	550	1.65

续表

基体	基体成分	纤维		制造工艺	抗拉强度 /MPa	弹性模量 /10^5MPa
		牌号	体积含量/%			
铜基	Ni+Cu	—	30～50	纤维镀镍后再镀铜，600℃热压	560 (400℃下测量)	—
镁基	—	T-75	42	渗透、挤压	450	1.80
镍基	—	T-50 T-75	50 50	纤维镀镍后热压：温度为700～1250℃，时间为5min～2h，压力为10～35MPa	800 830	240 310
铅基	—	T-75	41	纤维电沉积后渗透、挤压	717.2	200
锌基	—	T-75	35	渗透、挤压	758.6	116.5
铍基	—	Hough	45	叠片、压合	1103.4	—

（3）非连续增强金属基复合材料

非连续增强金属基复合材料既保持了连续纤维增强金属基复合材料的优良性能，又具有价格低廉、生产工艺和设备简单、各向同性等优点，而且可采用传统的金属二次加工技术和热处理强化技术进行加工。在民用工业中比纤维增强金属基复合材料具有更大的竞争力。目前这种材料发展迅速，应用也较为广泛。

非连续增强金属基复合材料包括晶须增强、颗粒增强和短纤维增强的金属基复合材料等。增强相包括单质元素（如石墨、硼、硅等）、氧化物（如 Al_2O_3、TiO_2、SiO_2、ZrO_2 等）、碳化物（如 SiC、B_4C、TiC、VC、ZrC 等）、氮化物（如 Si_3N_4、BN、AlN 等）的颗粒、晶须及短纤维（分别以下标 p、w、sf 表示）。常用复合材料的增强颗粒及晶须的性能见表 7.8。

表7.8　常用增强颗粒及晶须的性能

类型	材料	密度 /(g/cm³)	拉伸强度 /10^3MPa	线胀系数 /10^{-6}℃$^{-1}$	拉伸模量 /10^3MPa	泊松比	比强度
晶须	C(石墨)	2.2	20	—	1000	—	9.09
	SiC	3.2	20	—	480	—	6.25
	Si_3N_4	3.2	7	1.44	380	—	2.19
	Al_2O_3	3.9	14～28	—	700～2400	—	3.59～7.18
颗粒	SiC	3.21	—	5.40	324	—	—
	Si_3N_4	3.18	—	1.44	207	—	—
	Al_2O_3	3.98	0.221(1090℃)	7.92	379(1090℃)	0.25	—
	B_4C	2.52	2.759(24℃)	6.08	448(24℃)	0.21	—
	NbC	7.60	—	6.84	338(24℃)	—	—

续表

类型	材料	密度 /(g/cm^3)	拉伸强度 /$10^3 MPa$	线胀系数 /$10^{-6}℃^{-1}$	拉伸模量 /$10^3 MPa$	泊松比	比强度
	TiC	4.93	0.055(1090℃)	7.6	269(24℃)	—	—
颗粒	VC	5.77	—	7.16	434(24℃)	—	—
	ZrC	6.73	0.090(1090℃)	6.66	359(1090℃)	—	—

① 晶须增强金属基复合材料　基体金属主要有 Al、Mg、Ti 等轻金属，Cu、Zn、Ni、Fe 等金属及金属间化合物、高温合金等，用得最多的是轻金属（主要是 Al）。这是因为轻金属基复合材料的性能更能体现复合材料的高比强度、高比模量的性能特点。使用的晶须有：SiC、Si_3N_4、Al_2O_3、B_2O_3、$K_2O \cdot 6TiO_2$、TiB_2、TiC 和 ZnO 等。对于不同的基体，要选用不同的晶须，以保证获得良好的浸润性，而又不产生界面反应损伤晶须。如对铝基复合材料，大多选用 SiC、Si_3N_4 晶须；对钛基则选用 TiB_2、TiC 晶须。

这类复合材料具有高强度和高比模量，综合力学性能好，还具有良好的耐高温性、导电性、导热性、耐磨性、尺寸稳定性等。例如，20％SiC 晶须增强铝基材料，室温抗拉强度可达 800MPa，弹性模量为 120GPa，比强度、比模量超过钛合金，使用温度为 300℃，缺点是塑性和断裂韧性较低。晶须增强铝基复合材料制备工艺较成熟，正向实用化发展。

② 颗粒增强金属基复合材料　这是一类容易批量生产、成本低和研发比较成熟的复合材料。这类复合材料的组成范围广泛，可根据工作条件选择基体金属和增强颗粒。基体金属主要有 Al、Mg、Ti、Cu、Fe、Co 及其合金等；常用的增强颗粒有：SiC、TiC、B_4C、WC、Al_2O_3、Si_3N_4、TiB_2、BN 和石墨等。增强颗粒尺寸一般为 $3.5\sim10\mu m$（也有小于 $3.5\mu m$ 和大于 $30\mu m$ 的），含量范围为 5％~75％（一般为 15％~30％），视需要而定。

典型的颗粒增强金属基复合材料有 SiC/Al、Al_2O_3/Al、TiC/Al、SiC/Mg、B_4C/Mg、TiC/Ti、WC/Ni、C/Al 等。例如，10％~20％Al_2O_3 增强铝基复合材料可将基体铝的弹性模量由原来的 69GPa 增加到 100GPa，屈服强度可增加 10％~30％，耐磨性、耐高温性能也相应提高。这类材料在航空航天、汽车、电子等领域有很好的应用前景。

非连续增强金属基复合材料的制备方法有：粉末冶金法、铸造法（又分为半固态铸造法、浸渗铸造法、液态搅拌铸造法）及喷射雾化共沉积法等。

粉末冶金法的工艺流程是：

① 将增强相颗粒与金属粉末混合均匀后封装除气；

② 利用热等静压或真空热压制造成锭坯；

③ 对锭坯进行机械热加工。

　　该方法的特点是可任意改变增强相与基体的配比，所得到的复合材料基体非常致密，增强相分布均匀，力学性能好；但是合金粉末较贵，制造成本高，因此不适合大批量生产。用这种方法生产的复合材料的含氢量较高，焊接时易产生大量的气孔。

　　喷射雾化共沉积法的工艺流程是：液态金属在高压气体（通常为 N_2）作用下从坩埚底部喷出并雾化，形成熔融的金属喷射流，同时将增强颗粒从另一喷嘴中喷入金属流中，使两相混合均匀并共同沉积在经预处理的基板上，最终凝固得到所需要的复合材料。这种方法的工艺及设备较简单、生产率较高，适合于大批量生产。

　　铸造法是一种应用最广的制备复合材料的方法，特别是美国开发的一种新型液态搅拌法（Dural 法），该方法是在真空或惰性气氛保护下将增强相颗粒加入到被高速搅拌的基体金属溶液中，使增强相与金属溶液直接接触，实现颗粒在金属溶液中的均匀分布，然后进行浇注。Dural 法的特点是所制备的复合材料具有良好的重熔性，并能通过二次加工及热处理进一步强化，其焊接性也比其他方法制备的复合材料好。表 7.9 给出了几种非连续增强金属基复合材料的性能。

表 7.9　几种非连续增强金属基复合材料的性能

材料	增强相的体积分数/%	制造方法	密度/(kg/m³)	弹性模量/GPa	屈服强度/MPa	抗拉强度/MPa	伸长率/%	热导率/[W/(m·K)]
Al₂O₃ₚ/6061Al	0	—	—	69	276	310	20.0	—
	10	Dural 法	2.80	81	297	338	7.6	—
	15			88	386	359	5.4	—
	20			99	359	379	2.1	—
Al₂O₃ₚ/2024Al	0	—		73	414	483	13.0	
	10	Dural 法		84	483	517	3.3	
	15			92	476	503	2.3	
	20			101	483	503	0.9	
SiCₚ/356Al	0	—	2.68	75	200	276	6.0	150.57
	10	Dural 法		81	283	303	0.6	
	15		2.74	90	324	331	0.3	173.94
	20		2.76	97	331	352	0.4	
SiCw/6061Al	0	—		70	255	290	17	
	20	粉末冶金法		120	440	585	14	
	30			140	570	795	2	
SiCₚ/6061Al	20			97	415	498	6	

续表

材料	增强相的体积分数/%	制造方法	密度/(kg/m³)	弹性模量/GPa	屈服强度/MPa	抗拉强度/MPa	伸长率/%	热导率/[W/(m·K)]
$SiC_p/2009Al$	15		2.83	98.3	379.2	—	5.0	
$SiC_p/6113Al$	20		2.80	104.8	379.2	—	5.0	
$SiC_p/6092Al$	25	粉末冶金法	2.82	113.8	379.2	—	4.0	
$SiC_p/7475Al$	15		2.85	97.9	586.1	—	3.0	
$B_4C_p/6092Al$	15		2.68	95.2	379.2	—	5.0	
$B_4C_p/6061Al$	12		2.69	97.9	310.3	—	5.0	

非纤维增强金属基复合材料中发展最早、研究最多和应用最广的是 Al 基复合材料，如 SiC_p/Al（SiC 颗粒增强铝）、SiC_w/Al（SiC 晶须增强铝）、Al_2O_{3sf}/Al（Al_2O_3 短纤维增强铝）、Al_2O_{3p}/Al（Al_2O_3 粒子增强铝）、B_4C_p/Al（B_4C 颗粒增强铝）。短纤维增强及晶须增强的复合材料的二次加工性能介于颗粒增强金属基复合材料和连续纤维增强金属基复合材料之间。晶须在操作时对健康有潜在的危险，因此目前发展的重点为颗粒增强的复合材料。

7.2 复合材料的连接性分析

7.2.1 金属基复合材料的连接性分析

金属基复合材料的基体是塑、韧性好的金属，焊接性一般较好；增强相则是一些高强度、高熔点、低线胀系数的非金属纤维或颗粒，焊接性较差。金属基复合材料焊接时，不仅要解决金属基体的结合，还要考虑到金属与非金属之间的结合。因此，金属基复合材料的焊接问题，关键是非金属增强相与金属基体以及非金属增强相之间的结合。

（1）界面反应

金属基复合材料的金属基体与增强相之间，在较大的温度范围内是热力学不稳定的状态，焊接加热到一定温度时，两者的接触界面会发生化学反应，这种反应称为界面反应。例如 B_f/Al 复合材料加热到 430℃ 左右时，B 纤维与 Al 发生反应，生成 AlB_2 反应层，使界面强度下降。C_f/Al 复合材料加热到 580℃ 左右时发生反应，生成脆性针状组织 Al_4C_3，使界面强度急剧下降。SiC_f/Al 复合材料在固态下不发生反应，但在基体 Al 熔化后也会反应生成 Al_4C_3。此外，Al_4C_3

还与水发生反应生成乙炔，在潮湿的环境中接头处易发生低应力腐蚀开裂。因此，防止界面反应是这类复合材料焊接中要考虑的首要问题，可通过冶金和改善焊接工艺两方面措施来解决。

① 冶金措施　加入一些能阻止界面反应的元素来防止界面反应。金属基复合材料瞬时液相扩散焊时，为避免发生界面反应，应选用能与复合材料的基体金属生成低熔点共晶或熔点低于基体金属的合金作为中间层。例如，焊接 Al 基复合材料时，可采用 Ag、Cu、Mg、Ge 及 Ga 金属或 Al-Si、Al-Cu、Al-Mg 及 Al-Cu-Mg 合金作为中间层。采用 Ag、Cu 等纯金属作中间层时，瞬时液相扩散焊的焊接温度应超过 Ag、Cu 与基体金属的共晶温度。共晶反应时焊接界面处的基体金属发生熔化，重新凝固时增强相被凝固界面推移，增强相聚集在结合面上，降低接头强度。因此，应严格控制焊接时间及中间层的厚度。而采用合金作中间层时，只要加热到合金的熔点以上就可形成瞬时液相。

② 改善焊接工艺　通过控制加热温度和焊接时间避免或限制界面反应的发生或进行。例如采用低热量输入（或固相焊）的方法，严格控制焊接热输入，降低熔池的温度并缩短液态 Al 与 SiC 的接触时间，可以控制 SiC_f/Al 复合材料的界面反应。

采用钎焊法时，由于温度较低，基体金属不熔化，加上钎料中的元素阻止作用，不易引起界面反应。采用 Al-Si、Al-Si-Mg 等硬钎料焊接 B_f/Al 复合材料时，钎焊温度为 577～616℃，而 B 与 Al 在 550℃ 时就可能发生明显的界面反应，生成脆性相 AlB_2，降低接头强度。而在纤维表面涂一层厚度 0.01mmSiC 的 B 纤维增强 Al 基复合材料（$B_{sic,f}/Al$）时，由于 SiC 与 Al 之间的反应温度较高（593～608℃），可完全避免界面反应。

采用扩散焊时，为防止发生界面反应，须严格控制加热温度、保温时间和焊接压力。随着温度的增加，界面反应越发容易发生，反应层厚度增大的速度加快，但加热和保温一定时间以后，反应层厚度增大速度变慢。

还可以采用一些非活性的材料作为增强相，如用 Al_2O_3 或 B_4C 取代 SiC 增强 Al 基复合材料 Al_2O_3/Al、B_4C/Al，使得界面较稳定，焊接时一般不易发生界面反应。

③ 采用中间过渡层　采用中间过渡层可以避免界面上纤维的直接接触，使界面易于发生塑性流变，因此用过渡液相扩散焊（也称瞬时液相扩散焊）能较容易地实现复合材料的焊接。直接扩散焊时所需的压力仍较大，金属基体一侧变形过大；采用添加中间层的过渡液相扩散焊时，所需的焊接压力较低，金属基体一侧变形较小。

例如，采用 Ti-6Al-4V 钛合金中间层扩散焊接含有体积分数 30％ 的 SiC 纤维增强的 Ti-6Al-4V 复合材料时，当中间过渡层厚度为 80mm 时，复合材料接头的抗拉强度达到850MPa。再增加中间层的厚度，SiC/Ti-6Al-4V复合材料接头的强度不再增大。这是由于接头的强度由基体金属间的结合强度控制，当中间层厚度达到80mm后，基体金属间的结合已达到最佳状态，再增加厚度时基体金属的结合情况不再发生变化，整个接头的强度也就不再变化。

采用Al-Cu-Mg合金作中间层对SiC纤维增强铝基复合材料与纯铝进行扩散连接，当中间层液相体积分数为1%～5%时，接头强度较为稳定。但微观组织分析表明，此时也只是复合材料基体与铝合金中间层结合良好，而SiC纤维与中间层铝合金未获得良好结合，扩散焊接头强度低于母材强度，如图7.2所示。

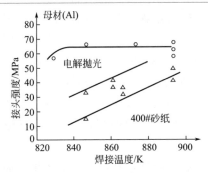

图 7.2　$Al_{SiC,f}/Al$ 扩散焊接头的强度（2017al 中间层）

分析表明，铝基复合材料液-固相温度区间存在一个"临界温度区"，在该温度区扩散连接时，结合界面形成液相，接头强度可显著提高（图7.3）。通过对铝基复合材料母材和扩散焊接头区基体与增强相的界面状态分析可知，基体与增强相的界面有微量的界面反应物，但未明显改变增强相形貌。

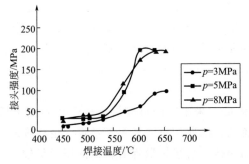

图 7.3　连接温度对铝基复合材料接头抗拉强度的影响

（2）熔池流动性和界面润湿性差

基体金属与增强相的熔点相差较大，熔焊时基体金属熔池中存在大量未熔化的增强相，这大大增加了熔池的黏度，降低了熔池金属的流动性，不但影响了熔池的传热和传质过程，还增大了气孔、裂纹、未熔合和未焊透等缺陷的敏感性。

采用熔焊方法焊接纤维增强金属基复合材料时，金属与金属之间的结合为熔焊机制，金属与纤维之间的结合属于钎焊机制，因此要求基体金属对纤维具有良好的润湿性。当润湿性较差时，应添加能改善润湿性的填充金属。例如，采用高 Si 焊丝不仅可改善 SiC_f/Al 复合材料熔池的流动性，还能够提高熔池金属对 SiC 颗粒的润湿性；采用高 Mg 焊丝有利于改善 Al_2O_3/Al 复合材料熔池金属对 Al_2O_3 的润湿作用。

采用电弧焊方法焊接非连续增强金属基复合材料时，基体金属不同时，复合材料焊接熔池的流动性也明显不同。基体金属 Si 含量较高时，熔池的流动性较好，裂纹及气孔的敏感性较小；Si 含量较低时，熔池的流动性差，容易发生界面反应。因此，为改善焊接熔池的流动性，提高接头强度，应选用 Si 含量较高的焊丝。

采用软钎焊焊接金属基复合材料时，由于钎料熔点低，熔池流动性好，可将钎焊温度降低到纤维开始变差的温度以下。采用 95％Zn-5％Al 和 95％Cd-5％Ag 钎料对复合材料 B_f/Al 与 6061Al 铝合金进行氧-乙炔火焰软钎焊的研究表明，用 95％Zn-5％Al 钎料焊接的接头具有较高的高温强度，适用于在 216℃ 温度下工作，但钎焊工艺较难控制；用 95％Cd-5％Ag 钎料焊接的接头具有较高的低温强度（93℃ 以下），焊缝成形好，焊接工艺易于控制。

共晶扩散钎焊是将焊接表面镀上中间扩散层或在焊接面之间加入中间层薄膜，加热到适当的温度，使母材基体与中间层之间相互扩散，形成低熔点共晶液相层，经过等温凝固以及均匀化扩散等过程后形成成分均匀的接头。因此，采用共晶扩散焊、形成低熔点共晶液相层也能增强熔池的流动性。适用于 Al 基复合材料共晶扩散钎焊的中间层有 Ag、Cu、Mg、Ge 及 Zn 等，中间层的厚度一般控制在 1.0mm 左右。

（3）接头强度低

金属基复合材料基体与增强相的线胀系数相差较大，在焊接加热和冷却过程中会产生很大的内应力，易使结合界面脱开。由于焊缝中纤维的体积分数较小且不连续，致使焊缝与母材间的线胀系数也相差较大，在熔池结晶过程中易引起较大的残余应力，降低接头强度。焊接过程中如果施加压力过大，会引起增强纤维的挤压和破坏。此外，电弧焊时，在电弧力的作用下，纤维不但会发生偏移，还可能发生断裂。两块被焊接工件中的纤维几乎是无法对接的，因此在接头部位，增强纤维是不连续的，接头处的强度和刚度比复合材料本身低得多。

采用 Al-Si 钎料钎焊 $SiC_w/6061Al$ 时，保温过程中 Si 向复合材料的基体中扩散，随着基体金属扩散区 Si 含量的提高，液相线温度相应降低。当降低至钎焊温度时，母材中的扩散区发生局部熔化。在随后的冷却凝固过程中 SiC 颗粒或晶须被推向尚未凝固的焊缝两侧，在此形成富 SiC 层，使原来均匀分布的组织分离为由富 SiC_w 区和贫 SiC_w 区所组成的层状组织，使接头性能降低。

钎焊时复合材料纤维组织的变化与钎料和复合材料之间的相互作用有关。经挤压和交替轧制的 $SiC_w/6061Al$ 复合材料中，Si 的扩散较明显；但在未经过二次加工的同一种复合材料的热压坯料中，Si 扩散程度很小，不会引起基体组织的变化。

连续纤维增强金属基复合材料在纤维方向上具有很高的强度和模量，保证纤维的连续性是提高纤维增强金属基复合材料焊接接头性能的重要措施，这就要求焊接时必须合理设计接头形式。采用对接接头时，由于焊缝中增强纤维的不连续性，不能实现等强匹配，接头的强度远远低于母材。

过渡液相扩散焊中间层类型、厚度及工艺参数影响接头的强度。表 7.10 列出了利用不同中间层焊接的体积分数为 15% 的 Al_2O_3 颗粒增强的 6061Al 复合材料接头的强度。用 Ag 与 BAlSi-4 作中间层时能获得较高的接头强度。用 Cu 作中间层时对焊接温度较敏感，接头强度不稳定。

表 7.10　体积分数 15% 的 Al_2O_3 颗粒增强的 6061Al 复合材料接头的强度

中间层		工艺参数		强度性能		
材质	厚度 /μm	加热温度 /℃	保温时间 /min	剪切强度 /MPa	屈服强度 /MPa	抗拉强度 /MPa
$(Al_2O_3)_p$-15%/6061Al(母材)	—	—	—	—	317	358
Ag	25	580	130	193	323	341
Cu	25	565	130	186	85	93
BAlSi-4	125	585	20	193	321	326
Sn-5Ag	125	575	70	100	—	—

焊接时间较短时，中间层来不及扩散，结合面上残留较厚的中间层，限制接头抗拉强度的提高。随着焊接时间的延长，残余中间层减少，强度逐渐增加。当焊接时间延长到一定值时，中间层消失，接头强度达到最大。继续增加焊接时间时，由于热循环对复合材料性能的不利影响，接头强度不但不再提高，反而降低。

过渡液相扩散焊压力对接头强度有很大的影响。压力太小时，塑性变形小，焊接界面与中间层不能达到紧密接触，接头中会产生未焊合的孔洞，降低接头强度；压力过高时将液态金属自结合界面处挤出，造成增强相偏聚，液相不能充分润湿增强相，也会导致形成显微孔洞。例如，用厚度为 0.1mm 的 Ag 作中间层，在 580℃×120min 条件下焊接 Al_2O_3/Al 复合材料时，当焊接压力为 0.5MPa 时接头抗拉强度约为 90MPa；而当压力小于 0.5MPa 时，结合界面上存在明显的孔洞，接头强度降低。

非连续增强金属基复合材料焊接时，除界面反应、熔池流动性差等问题外，还存在较强的气孔倾向、结晶裂纹敏感性和增强相偏聚的问题。由于熔池金属黏度大，气体难以逸出，因此焊缝及热影响区对形成气孔很敏感。为了防止气孔，需在焊前对复合材料进行真空除氢处理。此外，由于基体金属结晶前沿对颗粒的推移作用，结晶最后阶段液态金属的 SiC 颗粒含量较大，流动性很差，易产生结晶裂纹。粒子增强复合材料重熔后，增强相粒子易发生偏聚，如果随后的冷却速度较慢，粒子又被前进中的液/固界面所推移，致使焊缝中的粒子分布不均匀，降低了粒子的增强效果。

7.2.2　树脂基复合材料的连接性分析

先进的树脂基复合材料在航空航天等领域有着广阔的应用，新一代战机的树脂基复合材料用量已占结构质量的 25%～30%，主要用于机身、机翼蒙皮、壁板等。树脂基分为热固性树脂和热塑性树脂两大类。树脂基复合材料的焊接一般是针对热塑性树脂而言的。

（1）热固性树脂基复合材料的连接

热固性树脂的成形是在一定温度下加入固化剂后通过交联固化反应形成三维网络结构。由于这是一个不可逆过程，因此固化后的结构不能再溶解和熔化。热固性树脂基复合材料的聚合物基体为交联结构，在高温下不仅不能熔化，还会因碳化而被破坏，所以这类材料不能进行熔化焊接，只能采用机械固定和胶接的方法进行连接。

（2）热塑性树脂基复合材料的连接

热塑性树脂的高分子聚合物链是通过二次化学键结合在一起的，当加热时二次化学键弱化或受到破坏，于是这些聚合物键能自由移动和扩散，热塑性树脂基体变为熔融状态。因此，这类树脂可反复加热熔融和冷却固化。这就使得这类材料可以在一定的温度和压力下进行热成形加工，还可以通过熔焊方法进行连接。

1）热塑性树脂基复合材料的熔化特点

热塑性树脂基分为两类：一是无定形的非晶态热塑性树脂基，二是半结晶态的热塑性树脂基。这两类树脂基的熔化连接临界温度是不同的。

对于无定形的非晶态热塑性树脂基复合材料，非晶区内高分子链是无序排列的。非晶态树脂基的熔化连接临界温度为其玻璃化转变温度（T_g）。

半结晶态的热塑性树脂基具有非晶区和结晶区两部分，结晶区内高分子链段是紧密堆积的，原子密集到足以形成结晶的晶格。半结晶态树脂基的熔化连接临界温度为晶体熔化温度（T_m）。但是，这两类热塑性树脂基的熔化连接温度上限都不能超过其热分解温度。

大多数适于连接热塑性塑料的方法也能用于连接热塑性树脂基复合材料，其连接过程类似于塑料的连接。一般是将树脂基复合材料加热到熔融的流动状态，并加压进行连接。树脂基复合材料中由于有增强纤维或晶须，会影响加热熔化连接时的热过程、熔融树脂的流动和凝固后的致密性，因此连接时的加压尤为重要，这有助于促使界面紧密接触、高分子链扩散和消除显微孔洞等。熔化连接的冷却速度也影响接头的性能，因为冷却速度会影响到晶体的比例，较高的晶体比例会降低复合材料的韧性。

2）热塑性树脂基复合材料的连接方法

树脂基复合材料比较常用的连接方法有热气焊、热板焊（包括电阻或感应加热焊）、红外或激光焊、超声波焊等。

① 热气焊　是采用热气流加热的树脂基复合材料的连接方法。由于采用热气流作为热源，是一种灵活的连接方法，不受被连接面形状的限制，还可以外加填充材料实现两部件的连接，适用于低熔化温度、变几何形状、小体积部件的树脂基复合材料焊接。但这种方法的连接速度慢、焊接面积小；在连接增强的树脂基复合材料时，难以通过增加连接面积达到补强的作用，影响接头的承载能力。

② 热板焊　热板焊（包括电阻或感应加热焊）又称为热工具焊，是应用较广泛的一种树脂基复合材料的连接方法。这种方法的加热过程与低温钎焊时的电烙铁加热类似，通过加热的介质将热量传给工件，使工件熔化或熔融，然后施加压力完成连接。热板焊的工艺步骤如下：

a. 表面处理。对于热塑性树脂基复合材料，由于表面涂有脱模剂，表面处理是很重要的。一般地，脏污的连接处表面可以用机械打磨或化学方法进行处理。

b. 加热和加压。先将作为热源的热板放置在被连接的工件之间，使被连接面直接与热板接触，将两个需要连接的表面加热软化，然后迅速移出热板，同时对被连接工件加压，使分子充分扩散，最终达到实现连接的目的。由于热板与连接表面直接接触加热，因此焊接效率比较高，能一次很快地将整个连接表面加热和连接。焊接加热时须使工件适当支撑，以减小变形等不必要的影响。

c. 分子间扩散。结合表面间的分子扩散和分子链间的缠绕对接头强度有明显的影响。对于非晶态聚合物，扩散时间依赖于材料温度和玻璃化温度的差别；对于半晶态聚合物，分子间的扩散只有超过熔化温度时才会发生，因此熔化温度明显高于玻璃化温度，但扩散时间很短。

d. 冷却。冷却是焊接工艺的最后一步，这时热塑性树脂基重新硬化——保持工件和连接结构一体化。冷却过程中所加载荷一定要保持到基体材料足以抵抗软化和扭曲为止。在这一步，半晶态基体重新结晶并形成了最终的微观结构。

由于被焊工件直接与热板接触，容易造成工件与热板的粘连。为了防止粘连，可在金属热板表面涂敷聚四氟乙烯涂层；对于高温聚合物，可采用特制的青铜合金板以减少粘连。采用非接触热板加热也可以防止粘连，但是须提高加热板的温度，依靠对流和辐射加热被连接件的表面。

热板加热焊接对被焊工件形状的适应性差，由于受到加热面形状和尺寸的限制，这种方法适合于形状单一的小部件大批量生产。这种连接方法不适于高导热性增强相的复合材料（如碳纤维复合材料），因为热板抽出后，被连接件在对中和加压之前表面温度下降很快，无法进行可靠的连接。

红外和激光焊接用红外光或激光直接照射热塑性树脂基复合材料的连接表面（由于电磁辐射被表面吸收而加热），将其迅速加热到熔融状态，然后对工件快速加压，直至凝固冷却。这一过程类似于热板焊，只是加热的方式不同。

电阻加热焊是将电阻加热元件插入到被连接件表面之间，通电后电阻元件产生热量而实现焊接。加热结束后并不将电阻加热元件抽出，而是直接加压，连接结束后，加热元件留在接头内部，成为接头的一个组成部分。因此，这种焊接方法要求植入的加热元件与树脂基复合材料具有良好的相容性，并且能很好地结合在一起。

感应加热焊与电阻加热焊的差别在于产生热量的原理不同。电阻加热是直接通入电流，依靠电阻热加热工件。感应加热焊接时，将加热元件嵌入被连接件表面间，根据磁场感应产生的涡流来产生热量。感应焊接所用的加热元件一般是金属网或含有弥散金属颗粒的热塑性塑料膜，这种方法可用来连接非导电纤维复合材料。对于导电纤维复合材料，应在连接表面间放入比增强纤维导电性好的加热元件，使界面优先加热。

③ 超声波焊　与金属材料的超声波焊相同，依靠超声波振动时被连接件表面的凹凸不平处产生周期性的变形和摩擦，并产生热量，导致熔融而实现连接。为了改善材料的焊接性和加速熔化，通常人为地在连接表面制造一些凸起。为了将超声波能量施加到待焊构件上，振动声波极和底座之间应加一定的压力，必要时还需放大振幅。冷却时仍需施加压力，以保证获得成形良好的接头。超声波焊接接头的强度不仅取决于选择的超声波能量、压力，还与接头形式有关。采用超声波焊接较小的热塑性树脂基复合材料时，接头强度可达到压缩模塑零件的强度。用断续焊和扫描焊两种超声波焊工艺连接大件时，接头强度为压缩模塑的80%。

超声波焊是一种较好的连接热塑性树脂基复合材料的方法。这种方法便于实现机械化和自动化，并有可能通过对焊缝质量的监测实现焊接过程的闭环控制。

7.2.3　C/C 复合材料的连接性分析

（1）C/C 复合材料连接的主要问题

C/C 复合材料由于具有高比强度和优异的高温性能而在航空航天领域成为一种很有吸引力的高温结构材料，已用于飞机制动片、航天飞机的鼻锥和翼前缘以及涡轮引擎部件，如燃烧室和增压器的喷嘴等。其优异的热-力学性能、很低的中子激活以及很高的熔点和升华温度，也适合于核聚变反应堆中的应用。由于 C/C 复合材料主要在一些具有特殊要求的极端环境下工作，将其连接成更大的零部件或将 C/C 复合材料与其他材料连接使用具有重要的意义。C/C 复合材料连接中可能出现的主要问题如下：

① 在连接过程中如何保证 C/C 复合材料原有的优异性能不受破坏，这是连接工艺要解决的问题；

② 如何获得与 C/C 复合材料性能相匹配的接头区（或连接层），这是连接材料要解决的问题。

针对以上两个问题，要实现 C/C 复合材料的连接，在目前的各种连接方法中真空扩散焊和钎焊是最有希望获得成功的连接技术。但是，由于 C/C 复合材料的工作条件特殊，在选择连接材料时必须考虑到 C/C 复合材料应用中的特殊要求。例如，作为宇航结构材料其主要要求为高比强度和高温性能；而作为核聚变反应堆材料则除了热力学性能外，还必须满足特殊的低激活准则。

（2）C/C 复合材料的扩散连接

一般采用加中间层的方法对 C/C 复合材料进行扩散连接，中间层材料可以采用石墨（C）、硼（B）、钛（Ti）或 $TiSi_2$ 等。不管是哪种方式，都是通过中间层与 C 的界面反应，形成碳化物或晶体从而达到相互连接的目的。

（3）加石墨中间层的 C/C 复合材料扩散连接

采用能与碳作用生成碳化物的石墨作中间层材料。在扩散焊加热过程中，先通过固态扩散连接或液相与 C/C 复合材料母材相互作用，生成热稳定性较低的碳化物过渡接头。然后，加热到更高温度使碳化物分解为石墨和金属，并使金属完全蒸发消失，最终在连接层中仅剩下石墨片晶。

从接头的微观组成考虑，这种接头结构的匹配较为合理，即接头结构形式为：（C/C 复合材料）/石墨/（C/C 复合材料），其中除了 C 外没有任何其他的外来材料。但是从实际试验结果看，所得接头的强度性能不令人满意，主要原因是由于接头中石墨晶片的强度不足。作为提高石墨晶片强度的措施，以 Mn 作为填充材料生成石墨中间层扩散连接 C/C 复合材料可获得相对较好的效果。

采用这种形成石墨中间层扩散连接 C/C 复合材料的方法时，获得性能良好接头的关键在于：

① 所加的中间层和填充金属要能与 C/C 复合材料中的 C 反应，形成完整的碳化物连接层。应指出，碳化物只是扩散连接过程中的中间产物，但碳化物的形成也很关键，没有碳化物连接层，也就不能获得最终的石墨连接层。

② 高温下碳化物的分解和金属元素（或碳化物形成元素）的蒸发，形成石墨晶片连接层。应指出，形成碳化物连接层后不一定能形成完整的石墨连接层，还取决于所形成的碳化物连接层在高温下能否充分分解，分解后的金属又能否彻底蒸发掉。

研究表明，那些蒸气压过高的金属、易氧化的金属、生成的碳化物在很高温度（>2000℃）下分解的金属以及高温下不易蒸发的金属，都不适合用作形成石墨中间层扩散连接 C/C 复合材料的填充金属。有研究者曾用 Mg、Al 作为填充材料加石墨中间层扩散连接 C/C 复合材料，但未获成功。

以下是用 Mn 作填充材料生成石墨中间层扩散连接 C/C 复合材料获得成功的实例。

1）试验材料

扩散连接 C/C 复合材料（C-CAT-4）的试样尺寸：$25.4mm \times 12.7mm \times 5mm$，两块。用纯度为 99.9%（质量分数）、粒度为 100 目（$\leqslant 150\mu m$）金属锰粉做成的乙醇稀浆作为中间层填充材料，放在试样的被连接表面间。

2）连接工艺要点

通过加热和加压进行扩散连接。在加热的开始阶段，即中间层开始熔化前（1250℃左右）以及在连接过程后期，金属完全转变为固态碳化物相后（约1700℃），在接触面上保持最低压力为 0.69MPa，最高压力为 5.18MPa。在有液相的温度区间为防止液相流失引起 Mn 元素失损，将所加压力调整为 0。

3）扩散连接过程分析

整个扩散连接过程可分为两个阶段：第一阶段是碳化物形成阶段，第二阶段是碳化物分解和石墨晶形成阶段。

① 第一阶段内中间层中的填充材料 Mn 与 C/C 复合材料中的 C 发生反应，生成 Mn 的碳化物。这一阶段中碳化物逐渐增加，Mn 逐渐减少，直至完全消失，并形成碳化物连接层。第一阶段内为了生成更多的碳化物，减少金属 Mn 的蒸发损失，不应在真空条件下进行，而是在充氦（He）条件下进行，氦气纯度为 99.99%（体积分数），蒸气压约为 27.5kPa。

② Mn 与 C 形成碳化物的反应从固态（<1100℃）就开始进行，一直到 Mn 熔化后。在生成的碳化物中，Mn_7C_3 的稳定性最高，可以达到 1333℃。

③ 进入第二阶段，当温度进一步升高时，Mn_7C_3 会分解为石墨和 Mn-C 的溶液，即碳化物分解和石墨形成阶段。在第二阶段中为了加速 Mn 的蒸发，需在

真空条件下进行。Mn 的沸点为 2060℃，其蒸气压在 1850℃时为 28.52kPa。因此，在真空条件下，Mn 在低于 1850℃很多时能很快蒸发。

④ 加热到 1850～2200℃之间时，真空度突然下降，这表明此时分解出来的 Mn 或一些没有反应完的 Mn 开始大量蒸发。因此，加热到 2200℃后，经保温使中间层中的 Mn 完全蒸发掉，最终获得全部由石墨晶组成的中间层。

4）接头强度性能

中间层的石墨形成过程进行得越充分，剪切断口石墨晶的面积百分比越高，接头强度也越高。为了获得完整的石墨连接层，应采用较厚的中间填充材料（约 $100\mu m$），并防止在 $1246℃≤T<1700℃$ 温度区间由于液相流失导致的 Mn 量不足。

（4）提高 C/C 复合材料扩散连接强度的措施

针对加石墨中间层的 C/C 复合材料扩散焊接头强度低的问题，为了获得耐高温的接头，可采用形成碳化物的难熔金属（如 Ti、Zr、Nb、Ta 和 Hf 等）作中间层，在 2300～3000℃时进行扩散连接。因此，用难熔的化合物（如硼化物和碳化物）作为连接 C/C 复合材料的中间层可以提高接头的高温强度。

用 B 或 B+C 中间层扩散连接 C/C 复合材料时，B 与 C 在高温下发生化学反应，形成硼的碳化物。图 7.4 所示是连接温度对用 B 和 B+C 作中间层的 C/C 复合材料接头抗剪强度的影响（剪切试验温度为 1575℃）。所用试件的尺寸为 25.4mm×12.7mm×6.3mm，三维纤维增强。

由图 7.4 可知，扩散连接温度低于 2095℃时，B 中间层的接头强度比 B+C 中间层的强度高；温度超过 2095℃以后，由于 B 的蒸发损失，导致扩散接头强度急剧下降。扩散连接压力对接头抗剪强度有很大影响，在 1995℃的连接温度下，扩散连接压力由 3.10MPa 增加到 7.38MPa 时，扩散接头在 1575℃下的抗剪强度由 6.94MPa 增加到 9.70MPa。这表明压力高时接头中间层的致密度较高，因此接头强度也较高。但过高的压力会导致 C/C 复合材料的性能受损。

图 7.5 所示为试验温度对用 B 作中间层的 C/C 复合材料接头抗剪强度的影响。所有试验都是在扩散连接条件下（加热温度为 1995℃，保温时间为 15min，压力为 7.38MPa）获得的。由图可见，开始时接头的抗剪强度随试验温度升高而增加，原因与高温下 C/C 复合材料的强度较高和残余应力降低有关。但超过约 1600℃以后抗剪强度急剧下降，原因可能与连接中间层的强度下降有关。

（5）C/C 复合材料的钎焊连接特点

① 钎焊连接要点　C/C 复合材料在加热过程中会释放出大量的气体，对钎焊工艺和接头质量有很大的影响。因此，钎焊前应在真空或氩气中、高于钎焊温度 100～150℃的条件下对 C/C 复合材料进行除气处理。由于 C/C 复合材

料存在一定的孔隙，钎料难以保持在表面，将向母材中渗入，致使钎焊接头强度降低。

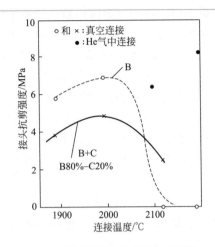

图 7.4 连接温度对 C/C 复合材料
接头抗剪强度的影响

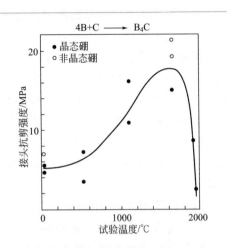

图 7.5 试验温度对用 B 作中间层的 C/C
复合材料接头抗剪强度的影响

C/C 复合材料的钎焊连接一般是在气体保护的环境中进行，最适宜的接头形式是搭接。可添加不同的填充材料对 C/C 复合材料进行钎焊连接，所加的填充材料可以是金属，也可以是非金属，主要有硅（Si）、铝（Al）、钛（Ti）、玻璃、化合物等。其中钎焊连接效果比较好的是用 Si 作填充材料。在 1400℃的钎焊温度下，虽然 Si 与 C 发生反应生成 SiC，但是试验结果表明这对接头强度没有太大的影响，接头的力学性能良好。

② C/C 复合材料钎焊示例 用厚度为 $750\mu m$ 的硅片作填充材料钎焊连接 C/C 复合材料。C/C 复合材料（3DC/C）的试样尺寸为 5mm×10mm×3.1mm，在钎焊温度为 1700℃、保温时间为 90min 的条件下进行钎焊连接。钎焊时采用 Ar 气保护。焊后对钎焊接头进行拉伸型的剪切试验，试样接头状态如图 7.6 所示。

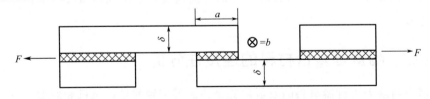

图 7.6 C/C 复合材料钎焊接头的拉伸型剪切试样
a—接头长度；b—接头宽度；δ—复合材料厚度；F—加的力

剪切试验结果表明，接头的平均抗剪强度为 22MPa（C/C 复合材料的层间抗剪强度为 20～25MPa）。

对钎焊接头剪切试样的断裂途径进行分析表明，断裂（裂纹扩展）以多平面的方式通过 Si、SiC 和 C/C 复合材料，没有发现单纯地在某一层发生断裂，也没有出现单纯地沿着 C/C 复合材料和 SiC 的界面（或 SiC/Si 的界面）的剪切断裂。因此，这种多层结构接头的综合力学性能良好，钎焊接头的平均抗剪强度与 C/C 复合材料固有的抗剪强度相当，SiC 反应层并没有减弱钎焊接头的力学性能。

③ 用 Ti 作中间层的 C/C 复合材料扩散钎焊 这种方法主要是为了能用于核聚变装置中 C/C 复合材料保护层与铜冷却套的连接。采用厚度 0.01mm 的钛箔（Ti）作中间层，通过形成 Ti-Cu 共晶连接 C/C 复合材料与铜冷却套的扩散钎焊。

为了改善用 Ti 作中间层扩散钎焊 C/C 复合材料与 Cu 的结合强度，钎焊前可先对 C/C 复合材料表面进行预镀处理，然后再插入钛箔与 Cu 一起进行扩散钎焊。所采用的预镀处理方法有如下两种：

a. 在 C/C 复合材料连接表面进行 Ti、Cu 的多层离子镀；

b. 在 C/C 复合材料表面涂敷纯 Ti 粉和纯 Cu 粉加有机黏结剂的膏状物。

以上两种预镀方法所得的镀层或涂敷层均需经 1100℃、5min 真空重熔处理后再进行扩散钎焊。

扩散钎焊的工艺参数为加热温度 1000℃、保温时间 5min、真空中加热钎焊，并在试件上压具有一定质量的重物（施加一定的压力）。C/C 复合材料的纤维垂直于无氧铜的连接表面。分析表明，用钛箔作中间层的扩散钎焊接头的连接界面上有很薄的反应层以及厚度约为 0.05mm 的合金化层；在与连接界面相邻处有粒状沉淀析出物的凝聚。

对扩散钎焊接头的三点弯曲强度试验表明，C/C 复合材料表面无预处理时平均弯曲强度为 50MPa，用离子镀预处理后接头弯曲强度为 62～63MPa，用膏状涂敷层预处理后接头弯曲强度约为 72MPa。由此可见，C/C 复合材料表面预镀处理可以提高它与 Cu 扩散钎焊接头的弯曲强度，采用预涂敷 Ti-Cu 膏剂时的效果最好。

7.2.4 陶瓷基复合材料的连接性分析

航空与航天飞行器材料的发展趋势是耐高温和轻质量，飞机和舰船、汽车的发动机要提高效率和功率必须要有较高的运转温度。金属材料和高分子材料都难以满足这个苛刻要求。陶瓷材料虽然具有高温强度、抗氧化、抗高温蠕变等耐高温性能以及高硬度、高耐磨性和耐化学腐蚀等特点，但也存在致命的弱点，即脆性，它难以承受剧烈的机械冲击和热冲击，这限制了它的进一步应用。

用粒子、晶须或纤维增韧增强的陶瓷基复合材料，则可使陶瓷的脆性大大改观。陶瓷基复合材料（CMC）成为备受重视的新型耐高温材料。

陶瓷基复合材料的研发可以航空发动机为应用背景。CMC复合材料与其他材料相比，优势在于耐高温、密度小、比模量高，有较好的抗氧化性和耐摩擦性。选择耐高温陶瓷应使基体具有较高的熔点、较低的高温挥发性、良好的抗蠕变性能和抗热震性能，以及良好的抗氧化性能。

用作陶瓷基复合材料的基体材料主要有氧化铝、氧化锆、碳化硅、氮化硅、氮化硼等。

（1）陶瓷基复合材料的特点

陶瓷基复合材料分为粒子增强、短纤维（晶须）增强、连续纤维增强三种增强机制。目前，颗粒和晶须增韧陶瓷的效果仍比较有限，连续纤维增韧的陶瓷基复合材料由于其独特的增韧机制可大幅度提高陶瓷材料的断裂韧性，增强的效果最好，特别是近年来陶瓷增韧纤维及CMC复合材料制备工艺的发展，使其具有广阔的应用前景。

用于工业化的陶瓷基复合材料的增韧纤维主要有四类，见表7.11。

氧化铝系列纤维的高温抗氧化性能优良，有可能用于1400℃以上的高温场合。但目前作为连续纤维增强CMC复合材料主要存在两个问题：

① 高温下晶体相变、粗化及玻璃相蠕变，导致纤维的高温强度下降；

② 在高温成形和使用过程中，氧化物纤维易与陶瓷基体（尤其是氧化物陶瓷基体）形成强结合的界面，导致复合材料的脆性破坏，从而丧失了纤维的增韧作用。

碳化硅纤维分为两类：一是由化学气相沉积法制备的高温性能好的CVD-SiC纤维，但由于直径太粗（>100μm）不利于成形复杂形状的陶瓷基复合材料构件，而且价格昂贵；二是由有机聚合物制备的SiC纤维，但是纤维中含有氧和游离碳杂质，导致其高温性能受到影响，温度为1000℃时即出现较大的强度下降。

表 7.11　陶瓷基复合材料的增韧纤维的性能

纤维类型	品种	生产厂家	纤维组成（质量分数）	密度/(g/cm³)	直径/μm	弹性模量/GPa	抗拉强度/GPa
氧化铝纤维	FP	杜邦	α-Al_2O_3>99%	3.9	21	380	1.38
	PRD166	杜邦	Al_2O_3,ZrO_2	4.2	21	380	2.07
	Sumitomo	住友	85Al_2O_3,15SiO_2	3.9	17	190	1.45
	Nextel312	3M	62Al_2O_3,14B_2O_3,24SiO_2	2.7	11	154	1.75
	Nextel440	3M	70Al_2O_3,2B_2O_3,20SiO_2	3.1	12	189	2.1
	Nextel480	3M	70Al_2O_3,2B_2O_3,28SiO_2	3.1	12	224	2.3

纤维类型	品种	生产厂家	纤维组成 （质量分数）	密度 /(g/cm³)	直径 /μm	弹性 模量 /GPa	抗拉 强度 /GPa
碳化硅纤维	SCS-2	AVCO/Textron	C 芯，表面 C 涂层	3.05	140	407	3.45
	SCS-6	AVCO/Textron	C 芯，表面 C、SiC 涂层	3.05	142	410	3.45
	Sigma	Berghof	C 芯 SiC	3.4	100	410	3.45
	Nicalon	日本炭素公司	Si-C-O	2.55	10	200	2.8
	Tyranno	日本宇部	Si-Ti-C-O	2.5	10	193	2.76
	MPS	Dow Corning /Celanese	Si-C-O	2.6	12	210	1.4
氮化硅纤维	TNSN	东亚燃料工业 公司（日）	Si-N-O	2.5	10	296	3.3
	Fiberamics	Rhone-Poulene	Si-C-N-O	2.4	15	220	1.8
	MPDZ	Dow Corning	Si-C-N-O	2.3	10	210	2.1
	HPZ	Dow Corning	Si-C-N-O	2.35	10	210	2.45
碳纤维	T300R	Amoco	C	1.8	10	276	2.76
	T40R	Amoco	C	1.8	10	276	3.45

　　氮化硅纤维实际上是由 Si、N、C、O 组成的复相纤维，这类纤维也是由有机聚合物制备的，性能与碳化硅纤维相近，也存在着与碳化硅纤维类似的问题。

　　碳纤维是目前开发成熟、性能最好的纤维之一，已被广泛用作复合材料的增韧纤维。碳纤维的高温性能也非常突出，惰性气氛中可在 2000℃ 以上温度下保持强度不下降，是目前增强纤维中高温性能最好的一种。但是，碳纤维的最大弱点是高温抗氧化性能差，在空气中 360℃ 以上即出现氧化失重和强度下降，采取纤维表面涂层的方法可以解决这个问题。因此，涂层碳纤维是连续纤维增强的陶瓷基复合材料的最佳候选材料。

　　目前应用较多的是以 Si_3N_4、SiC、ZrO_2、Al_2O_3 等陶瓷为基的复合材料。另外，新发展的高性能纳米复合陶瓷也是很有发展前景的一种复合材料。

　　（2）陶瓷基复合材料的连接特点

　　陶瓷基复合材料的连接具有连接陶瓷材料时的难点，例如：高熔点及有些陶瓷的高温分解使熔焊困难，陶瓷的电绝缘性使之不能用电弧或电阻焊进行连接，陶瓷的固有脆性使之无法承受焊接热应力，陶瓷材料的塑性韧性差使之不能施加很大的压力进行固相连接，陶瓷的化学惰性使之不易润湿而造成钎焊困难等。

　　连接陶瓷复合材料还应注意以下几个方面：

　　① 陶瓷复合材料连接时，在选择连接方法与材料时，要考虑对基体材料与增强材料的适应性。

② 应考虑避免增强相与基体之间的不利界面反应，不能造成增强相（如纤维）的氧化及性能的降低等，因此连接温度和时间不能太高和太长。例如，加热到 1425℃用 Si 作中间层连接 SiC_f/SiC 复合材料时，保温时间为 45min 时 SiC 性能严重降低，而保温时间降低到 1min 时，基体的性能基本上不受影响。

③ 由于纤维增强的陶瓷基复合材料的耐压性能较差或受到限制，连接过程中不能施加较大的压力。

陶瓷基复合材料的连接方法主要有：钎焊、无压固相反应连接、过渡液相扩散连接、微波连接等。陶瓷基复合材料的钎焊连接与陶瓷钎焊基本相同，可采用含有 Ti、Zr 等元素的钎料进行活性钎焊；也可以先在陶瓷基复合材料表面进行金属化后，再用一般的钎料进行钎焊连接。无压固相反应连接是利用高温下活性元素与陶瓷基体的反应，形成化合物将陶瓷复合材料连接起来，连接时不能施加很大的压力。这种连接方法可以形成致密的接头并且可以耐高温，但接头力学性能不高，不能承受载荷。

7.3　连续纤维增强金属基复合材料的焊接

7.3.1　连续纤维增强 MMC 焊接中的问题

连续纤维增强金属基复合材料（MMC）由基体金属及增强纤维组成，这类材料的焊接不但涉及金属基复合材料之间的焊接，还涉及金属与非金属增强相之间的焊接以及增强相之间的焊接。基体通常是一些塑性、韧性好的金属，其焊接性一般较好；而增强相是高强度、高模量、高熔点、低密度和低线胀系数的非金属，其焊接性都很差。因此，纤维增强金属基复合材料的焊接性也很差，焊接这类材料遇到的主要问题如下。

（1）界面反应

金属基复合材料基体与增强相之间通常是热力学不稳定的状态，在较高的温度下两者的接触界面上易发生化学反应，生成对材料性能不利的脆性相。防止或减轻界面反应和生成脆性相是保证焊接质量的关键之一，该问题可通过冶金和工艺两个方面来解决。

① 冶金方式　通过加入一些活性比基体金属更强的元素或能阻止界面反应的元素来防止界面反应。例如加 Ti 可以取代 SiC_p/Al 复合材料焊接时 Al 与 SiC 反应，不仅避免了有害化合物 Al_4C_3 的产生，而且生成的 TiC 还能起强化相的作用；而提高基体 Al 中的 Si 含量或利用 Si 含量高的焊丝可抑制 Al 与 SiC 之间

的界面反应。

　　② 工艺措施　控制加热温度和焊接时间，限制界面反应的进行。例如采用固相焊工艺或低热量输入的熔焊工艺，限制 SiC_f/Al 复合材料的界面反应。

　　(2) 熔池的流动性差、基体金属对纤维的润湿性

　　基体金属与增强相纤维的熔点相差较大，采用熔焊方法时基体金属熔池中存在大量的固体纤维，阻碍液态金属流动，易导致气孔、未焊透和未熔合等缺陷。

　　(3) 接头残余应力大

　　增强相纤维与基体的线胀系数相差较大，在焊接加热和冷却中在界面附近产生很大的内应力，易使结合界面脱开。因此这种材料的热裂纹敏感性较大。

　　(4) 纤维的分布状态被破坏

　　扩散连接或压力焊时，如果压力过大，增强纤维将发生断裂；被焊接件在界面处的纤维几乎是无法对接的，在接头部位增强纤维是不连续的，导致接头的强度及刚度比母材低得多。

7.3.2　连续纤维增强 MMC 接头设计

　　纤维增强金属基复合材料接头中纤维的不连续性影响了材料的强度和刚度。因此，为了改善接头的性能，必须合理地设计接头形式。

　　采用搭接接头时，接头强度可通过调整搭接面积来改善，随搭接面积的增大而增加。当搭接面积增大到一定值时接头可达到母材的承载能力。但搭接接头增加了焊接结构的质量，而且接头的形式是非连续的，因此其应用受到很大限制。理想的接头形式是台阶式和斜坡式的对接接头，这种接头的特点是将不连续的纤维分散到不同的截面上。台阶的数量和斜坡的角度可根据工件受力情况进行设计。为保证增强纤维的连续性，合理的焊接接头形式如图 7.7 (d)、(e)所示。

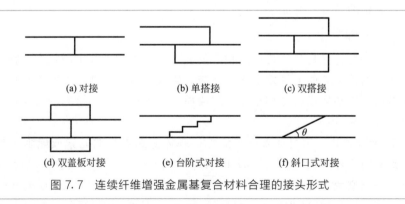

　　(a) 对接　　　　　　(b) 单搭接　　　　　　(c) 双搭接

　　(d) 双盖板对接　　　(e) 台阶式对接　　　　(f) 斜口式对接

图 7.7　连续纤维增强金属基复合材料合理的接头形式

7.3.3　纤维增强 MMC 的焊接工艺特点

适用于纤维增强金属基复合材料（MMC）的焊接方法主要有电弧焊、激光焊、扩散焊、钎焊等。由于摩擦焊需要在结合界面处发生较大的塑性变形，因此这种方法不适合于纤维增强金属基复合材料的焊接。表 7.12 给出了复合材料常用的焊接方法及接头强度的示例。

表 7.12　复合材料常用的焊接方法及接头强度的示例

接头	焊接方法	接头形式	接头强度 /MPa	备注
B_f/Al 接头	钎焊	搭接 双盖板对接 斜口对接 双分叉盖板对接	590 820 640 320	—
B_f/Al 与 Ti-6Al-6V-2Sn 接头	钎焊	双搭接	496	—
SiC_f/Al 与 Al 接头	扩散焊	对接	60	
SiC_f/Al 接头	扩散焊	对接	60	
	CO_2 激光焊	堆焊	—	
Nicalon SiC_f/Al 接头	扩散焊	搭接	96	剪切强度
C_f/Al 接头	CO_2 激光焊	堆焊	—	
	GTAW	对界	—	
	钎焊	搭接	—	
	电阻点焊	搭接	—	
Nb-Ti/Cu 接头	扩散焊	斜口对接	300	
SiC_f/Ti 接头	激光焊	对接	550	
	扩散焊	对接	850	
		12°斜口对接	1380	
		双盖板对接	1300	
SiC_f/Ti 与 Ti-6Al-6V 接头	激光焊	—	850～991	

（1）电弧焊

电弧焊在金属基复合材料的焊接方面也受到了重视。利用电弧焊焊接时，只能采用对接接头及搭接接头。这种焊接方法的主要问题是易引起界面反应、易导致纤维断裂等。为了防止界面反应，通常采用脉冲钨极氩弧焊（P-GTAW）进行焊接，通过严格控制焊接热输入、缩短熔池存在时间来抑制界面反应。通过添加适当的填充焊丝，可降低电弧对纤维的直接作用，降低对纤维的破坏程度。

（2）激光焊

激光焊作为一种高能量密度的焊接方法，焊接纤维增强复合材料时既有优势，也有缺点。激光焊方法焊接纤维增强复合材料的优势是：

① 可将加热区控制在很小的范围内，可以将熔池存在的时间控制得很短；

② 激光束不直接照射纤维时，纤维受到的机械冲击力很小，因此只要控制激光束的照射位置就可防止纤维断裂及移位。

激光焊的缺点是熔池温度很高，电阻率较高的增强相优先被加热，容易引起增强相熔化、溶解、升华以及界面反应，不适合于易发生界面反应的复合材料，如 C_f/Al 及 SiC_f/Al 等；这种方法只能焊接一些具有较好化学相容性的复合材料，如 SiC_f/Ti 等。

利用激光焊焊接纤维增强金属基复合材料的关键是严格控制激光束的位置，使纤维处于激光束照射范围之外，即熔池中的"小孔"之外。例如焊接 SiC_f/Ti-6Al-4V 复合材料与 Ti-6Al-4V 钛合金的异种材料接头时，应将激光束适当偏向钛合金一侧，如图 7.8（a）所示，使 SiC 纤维处于熔池中的小孔之外。

当焊接 SiC_f/Ti-6Al-4V 接头时，应在复合材料焊接界面之间夹一层厚度大约等于小孔孔径两倍（约 300μm）的 Ti-6Al-4V 钛箔，使两个工件中的纤维均处于小孔之外 [图 7.8（b）]，通过热传导将复合材料熔化并与夹层熔合在一起形成接头。

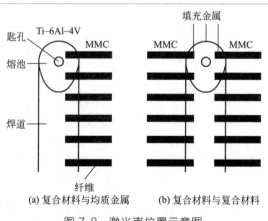

(a) 复合材料与均质金属　　(b) 复合材料与复合材料

图 7.8　激光束位置示意图

研究表明，即使采取了这种措施，熔池中的 SiC 纤维与液态钛仍能发生反应。但由于熔池存在的时间很短，该反应可以被限制在很低的程度上。

SiC_f/Ti-6Al-4V 复合材料与 Ti-6Al-4V 钛合金之间的激光焊接头强度主要取

决于焊接参数及激光束中心与复合材料边缘之间的距离（X）。激光焊参数一定时，有一最佳距离 $X*$，在该最佳距离下，接头抗拉强度达到最大值，如图 7.9 所示。当 $X < X*$ 时，SiC 纤维损伤程度增大，且纤维附近产生 C 和 Si 的偏析，致使接头强度下降。当 $X > X*$ 时，易导致未熔合且复合材料与 Ti 合金的结合面处易出现晶界，也使接头强度降低。

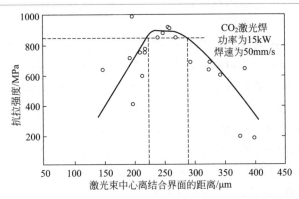

图 7.9　激光束位置对 Ti-6Al-4V 与 SiCf/Ti-6Al-4V 接头性能的影响

从图 7.9 可见，在 CO_2 激光焊的功率为 1.5kW、焊接速度为 50mm/s 的条件下，$X = 250\mu m$ 时接头的抗拉强度达到最大值，为 991MPa。当 X 在 225～280μm 的范围内时，接头抗拉强度高于 850MPa。对于 X 超出该范围的焊接接头，通过焊后热处理（900℃保温 60min）可提高抗拉强度，使接头抗拉强度达到 850MPa 的激光束范围扩大为 190～310μm。接头强度得以改善的主要原因是：对于 X 较小的接头，热处理使受损纤维附近的 C 和 Si 偏析消失；对于 X 较大的接头，热处理使沿着结合界面的晶界发生了迁移。

当中间层厚度确定后，SiCf/Ti-6Al-4V 复合材料接头的强度主要取决于激光功率。当中间层金属厚度一定时，有一最佳的激光功率，在该功率下接头强度达到最大。在激光功率较小时，焊缝底部的中间层未完全熔化或熔合，因此强度降低。激光束功率过大时，由于纤维与基体间的界面反应程度显著增大，生成的脆性相使接头强度降低。

（3）扩散焊

扩散焊过程中工件处于固态，避免了熔化金属对纤维增强相的侵蚀作用，因此这种方法被认为是纤维增强金属基复合材料的最佳焊接方法之一。但纤维增强金属基复合材料扩散焊时仍存在一些问题，主要问题如下：

① 由于扩散焊加热时间长，纤维与基体之间可能会发生相互作用；

② 两焊接面上的高强度和高刚度纤维相互接触时阻碍了焊接面的变形和紧

密接触，使扩散结合难以实现；

③ 复合材料与其基体金属扩散焊时，基体金属一侧的变形过大；

④ 纤维增强金属基复合材料扩散焊接头的强度主要取决于结合面上金属基复合材料基体之间的结合强度，因此基体金属在整个接头的焊接界面上所占的百分比越大，接头的强度越高；反之，纤维所占百分比越大，接头的强度越低。也就是说，复合材料中纤维体积分数越大，其焊接性越差。

1）扩散焊温度及时间的选择

所选择的扩散焊温度及时间应确保不会发生明显的界面反应。下面以 SiC (SCS-6)$_f$/Ti-6Al-4V 复合材料的扩散焊为例，讨论焊接参数的选择原则。SCS-6 是一种专用于增强钛基复合材料的 SiC 纤维，直径约为 $140\mu m$，表面有一层厚度为 $3\mu m$ 的富 C 层。

图 7.10 所示为不同温度下 SiC (SCS-6)$_f$/Ti-6Al-4V 复合材料界面反应层厚度与加热时间之间的关系。可以看出，加热温度越高，反应层的增大速度越快，但加热维持一定时间以后，反应层厚度增大速度变慢。由此可见，SCS-6 碳化硅纤维与钛合金基体之间的反应分两个阶段。

根据热力学分析，高温下 SCS-6 碳化硅纤维与钛合金基体之间容易发生的反应是：

$$Ti+C =\!\!=\!\!= TiC$$

这是第一阶段发生的反应，该反应依赖于 Ti 或 C 的扩散。由于 C 在 TiC 中的扩散比 Ti 要快得多，因此 C 不断地穿过生成的 TiC 层向外扩散，并与钛基体进一步发生反应，直至表面的富 C 层完全耗尽。然后进行自由能变化较小的两个反应：

$$9Ti+4SiC =\!\!=\!\!= 4TiC+ Ti_5Si_4$$
$$8Ti+3SiC =\!\!=\!\!= 3TiC+ Ti_5Si_3$$

这是第二阶段的反应，反应物为两种硅化物和 TiC。进行这两个反应时，Ti 必须首先穿过一定厚度的反应层才能与 SiC 发生反应，由于反应层已较厚，而且 Ti 的扩散速度较慢，因此这两个反应的反应速度比较慢。

当反应层的厚度超过 $1.0\mu m$ 时，SiC/Ti-6Al-4V 复合材料的抗拉强度显著下降。图 7.11 给出不同温度下反应层达到 $1.0\mu m$ 时所需的时间。对 SiC/Ti-6Al-4V 复合材料进行扩散焊时，焊接温度和保温时间所构成的点应位于图 7.11 所示的曲线下方。

2）中间层及焊接压力

焊接 SiC/Ti-6Al-4V 与 Ti-6Al-4V 钛合金接头时，两个对接界面上不存在纤维的直接接触，易于发生塑性流变，因此用直接扩散焊及瞬时液相扩散焊均能较容易地实现其连接。但是用直接扩散焊时所需的压力较大，Ti 合金一侧的变形过大；而采用瞬时液相扩散焊时，焊接压力较低，Ti 合金一侧的变形也较小。例如，为使接头强度达到 850MPa，直接扩散焊所需的焊接压力为 7MPa，焊接时间为 180min；而采用 Ti-Cu-Zr 作中间层进行瞬时液相扩散焊时，所需的焊接压力仅为 1MPa，焊接时间为 30min。同时钛合金一侧的变形量也由固态直接扩散焊时的 5％降到瞬时液相扩散焊时的 2％。

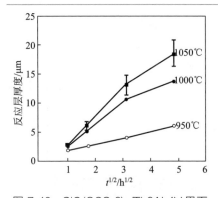

图 7.10　SiC(SCS-6)$_f$/Ti-6Al-4V 界面反应层厚度与保温时间 t 的关系

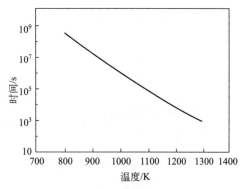

图 7.11　不同温度下反应层达到 1.0μm 时所需的时间

纤维增强金属基复合材料的直接扩散焊是非常困难的，这是因为焊接界面上的高强度、高刚度纤维相互接触，阻碍了焊接面的紧密接触，并阻碍了焊接面上的塑性变形。为了克服这些问题，应在被焊接的复合材料中间插入一中间层，使焊接面上避免出现纤维与纤维的直接接触。

采用瞬时液相扩散焊方法焊接纤维增强金属基复合材料的接头效果也不好。瞬时液相只能使基体金属之间获得良好的结合，而纤维与基体之间的结合仍然很差，因此接头的整体强度仍很低。一般在利用瞬时液相层的同时，还要在结合界面上加入厚度适当的基体金属作中间过渡层。

图 7.12 为用 Ti-6Al-4V 合金作中间层、用 Ti-Cu-Zr 作瞬时液相层时 SiC$_f$/Ti-6Al-4V 复合材料的瞬时液相扩散焊示意图。图 7.13 所示为中间层厚度对 SiC$_f$-30％/Ti-6Al-4V 复合材料接头强度的影响，可见当中间层厚度超过 80μm 时所得复合材料接头的抗拉强度达到了 850MPa，等于 SiC$_f$-30％/Ti-6Al-4V 复合材料与 Ti-6Al-4V 钛合金之间的接头强度。事实上，Ti-6Al-4V 中间层达到一定厚度时，复合材料的焊接变成了 SiC$_f$/Ti-6Al-4V 复合材料与 Ti-6Al-4V 钛合金的焊接，不同的是要同时焊接两个这种异种材料接头。

3）接头的优化设计

焊接接头形式对接头强度有重要的影响。为了提高纤维增强金属基复合材料的接头强度，可将接头形式设计成斜口接头，图 7.14 （a)为加中间层的复合材料扩散焊斜口接头示意图。接头强度系数大约为 80% 时，断裂起始于接头界面 SiC 纤维不连续的位置 [图 7.14 (b) 中的 A 点]，起裂后裂纹沿垂直于拉伸方向扩展，穿过整个复合材料断面。接头强度未达到复合材料基体强度的原因是由于接头界面层纤维的不连续性，界面处纤维的增强作用大大降低，在较低的应力下就萌生裂纹。

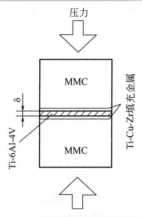

图 7.12　同时用中间层及瞬时液相层的焊接方法

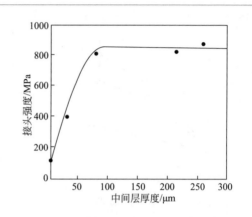

图 7.13　中间层厚度对 SiC_f-30%/Ti-6Al-4V 复合材料接头强度的影响

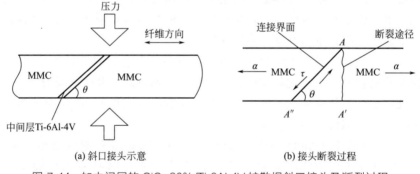

(a) 斜口接头示意　　　　　　(b) 接头断裂过程

图 7.14　加中间层的 SiC_f-30%/Ti-6Al-4V 扩散焊斜口接头及断裂过程

（4）钎焊

钎焊的焊接温度较低，基体金属不熔化，不易引起界面反应。通过选择合适的钎料，可以将钎焊温度降低到纤维性能开始变差的温度以下。钎焊一般采用搭接接头，这在很大程度上把复合材料的焊接简化为基体自身的焊接，因此这种方法比较适合于复合材料焊接，已成为金属基复合材料焊接的主要方法之一。

1）纤维增强铝基复合材料的钎焊

① 硬钎焊　20世纪70年代，国外利用钎焊技术连接了 B_f/Al 复合材料，成功地制造了航空器上的加强筋。用 Al-Si、Al-Si-Mg 等硬钎料焊接时，由于钎焊温度为577～616℃，而 B-Al 在550℃就可能发生明显的界面反应，生成脆性相 AlB_2，使接头的强度大大下降，因此 B_f/Al 不适于用硬钎焊进行焊接。但用同样的工艺钎焊纤维表面涂一层0.01mm厚度 SiC 的 B 纤维增强的 Al 基复合材料（Borsic/Al）时，可完全避免界面反应，这是由于 SiC 与 Al 之间的反应温度较高（593～608℃），具有保护 B 纤维的作用。硬钎焊可采用真空钎焊和浸沾钎焊两种工艺。浸沾钎焊的接头强度较高（T 形接头断裂强度可达310～450MPa），但抗蚀性较差；真空钎焊的接头强度较低（T 形接头断裂强度为235～280MPa），抗腐蚀性较好。

采用真空钎焊方法可将单层 Borsic/Al 复合材料带制造成多层的平板或各种截面的型材。例如将单层的 Borsic/Al 复合材料带之间夹上 Al-Si 钎料箔，密封在真空炉中加热到577～616℃，施加1030～1380Pa 的压力，保温一定时间后就可得到平板。用这种方法制造的 Borsic-45%（纤维体积分数为45%）/Al 平板复合材料的抗拉强度为978～1290MPa。截面复杂的构件更适合于在热等静压容器中进行钎焊。真空钎焊所需的压力比扩散焊时的压力低。与扩散焊相比，B_f/Al 复合材料钎焊接头的强度低约20%～30%，但焊接成本也较低。

利用钎焊焊接 SiC_f/Al 复合材料时，存在一个最佳的钎焊温度，在该温度下焊接的接头强度最高。焊接温度低于该最佳温度时，断裂发生在焊缝上；焊接温度高于该最佳温度时，断裂发生在母材上。这表明，尽管在钎焊时 SiC 与 Al 不会发生界面反应，但钎焊热循环对材料的性能还是有影响的。

② 软钎焊　可用 95%Zn-5%Al、95%Cd-5%Ag 及 82.5%Cd-17.5%Zn 三种钎料对 B_f/Al 或 Borsic/Al 复合材料进行软钎焊，这些钎料的熔化温度分别为383℃、400℃及265℃。软钎焊时，复合材料的表面处理对接头强度有很大的影响，在 B_f/Al 复合材料的焊接表面上镀一层0.05mm厚的 Ni 可显著改善润湿性并提高结合强度。采用化学镀时，接头强度比采用电镀时的接头强度提高10%～30%。这是因为暴露在表面的 B 纤维是不导电的，利用电镀不能可靠地将 Ni 镀到 B 纤维上，因此钎料对 B 纤维的润湿性仍很差；而利用化学镀时则不存在这个问题。

表7.13给出了利用这三种钎料焊接的 B_f/Al 复合材料与6061Al（T6）铝合金接头的剪切强度，钎焊工艺采用加熔剂的氧-乙炔火焰钎焊。

表 7.13　B_f/Al 软钎焊接头的力学性能

钎料成分	剪切强度 /MPa	试验温度 /℃	失效方式
95％Cd-5％Ag	81	294	1
	89	366	1
	69	422	1
	47	478	3
	29	533	2
	5.6	588	2
95％Zn-％Al	80	294	1
	94	366	1
	30	588	3
82.5％Cd-17.5％Zn	74	294	1
	90	366	1
	59	422	3

注：1——复合材料层间剪切；2——从钎缝处断裂；3——1 与 2 均会发生。

用 95％Zn-5％Al 钎料钎接的接头具有较高的高温强度，适用于 316℃ 温度下工作，但钎焊工艺较难控制；用 95％Cd-5％Ag 钎料焊接的接头具有较高的低温强度（93℃ 以下），而且焊缝成形好，焊接工艺易于控制；用 82.5％Cd-17.5％Zn 钎料焊接的接头非常脆，冷却过程中就可能发生断裂。

③ 共晶扩散钎焊　共晶扩散钎焊的工艺过程是：将焊接表面镀上中间扩散层或在焊接表面之间加入中间层薄膜，加热到适当的温度，使母材基体与中间层相互扩散，形成低熔点共晶液相层，经过等温凝固和均匀化扩散等过程后形成一个成分均匀的接头。适用于 Al 基复合材料共晶扩散钎焊的中间层有：Ag、Cu、Mg、Ge 及 Zn 等，中间层的厚度应控制在 $1\mu m$ 左右。

与单一金属材料的共晶扩散钎焊相比，共晶钎焊复合材料时，由于增强纤维阻碍了中间层元素向金属基复合材料基体中自由扩散，致使扩散均匀化速度急剧降低，因此接头中的脆性层很难最终完全通过扩散而消除。所以控制中间层厚度是非常重要的，而且还应适当延长扩散均匀化的时间，以防止接头性能降低得过于严重。

用厚度为 $1.0\mu m$ 的 Cu 箔焊接 B_f-45％/1100Al 基复合材料，加热温度稍高于 548℃，均匀化处理温度为 504℃，保温时间为 2h。在加热过程中 Cu 和 Al 之间逐渐发生扩散，当温度超过 548℃时形成共晶液相（Al-Cu33.2％），然后进行保温，随着保温过程的进行，Cu 不断向基体 Al 中扩散，当 Cu 的浓度降到低于 5.65％时，接头就等温凝固。然后进行 504℃×2h 的均匀化处理后，接头中的 Cu 浓度梯度进一步降低。采用该方法所得焊态下的接头抗拉强度为 1103MPa，接头强度有效系数达到 86％。Ag 中间层比 Cu 中间层的均匀化容易，接头性能更高一些。

2）纤维增强钛基复合材料

钎焊热循环一般不会损伤钛基复合材料的性能。通常使用的钎料有 Ti-Cu15-Ni15 及 Ti-Cu15 非晶态钎料，还可以利用由两片钝钛夹一片 50%Cu-50%Ni 合金轧合成的复合钎料。采用复合钎料时钎焊温度较高，保温时间较长，因此扩散层厚度较大。

用 Ti-Cu15-Ni15 钎料及由两片钝钛夹一片 50%Cu-50%Ni 合金轧合成的复合钎料焊接 SCS-6/β21S 异种材料。β21S 是一种成分为 Ti-Mo15-Nb2.7-Al3-Si0.25 的钛合金。室温和高温（649℃、816℃）拉伸试验结果表明，钎焊过程并未降低 SCS-6/β21S 复合材料的拉伸性能。

通过快速红外线钎焊工艺，用厚度为 $17\mu m$ 的非晶态钎料 Ti-Cu15 对 CSC-6/β21S 钛合金基复合材料进行共晶扩散钎焊，在通 Ar 的红外炉中进行加热，升温速度为 50℃/s。在 1100℃ 下加热 30s、120s 和 300s 时，反应层厚度分别为 $0.19\mu m$、$0.44\mu m$、$0.62\mu m$。但加热 30s 时未能形成等温凝固接头；加热 120s 后接头已扩散均匀化。因此，理想的焊接温度及时间参数为 1100℃×120s。在 650℃ 和 815℃ 下，对利用该参数焊接的接头进行了剪切试验。结果表明，利用该参数焊接的接头均未断在结合面上。

（5）电阻焊

电阻焊加热时间短，可控性好，能有效防止界面反应，而且通过施加压力还可防止裂纹及气孔。通过采用搭接接头，可把纤维增强金属基复合材料之间的焊接在很大程度上变为 Al 与 Al 之间的焊接，因此这种方法很适于焊接纤维增强金属基复合材料。但增强相的存在使电流线的分布及电极压力的分布复杂化，给焊接参数的选择及焊接质量控制带来了困难。

纤维增强金属基复合材料电阻焊存在的主要问题是焊接过程中纤维的断裂及熔核中熔化基体金属的大量飞溅。为了防止纤维的断裂，应尽量降低电极压力，但电极压力太小时结合界面处熔化的基体金属会产生飞溅，因此要求严格控制电极压力的大小。焊接时还应尽量降低热量输入，热量输入过大时不仅损伤纤维，而且结合界面处的基体金属也会飞溅出来，使纤维露出，结合性变差。另外，纤维增强金属基复合材料中的脱层缺陷也易导致飞溅，焊前最好进行超声波检查，把焊点选在无脱层处。

纤维增强金属基复合材料与均质基体材料焊接时，由于复合材料的电阻率大、热膨胀系数小，熔核易偏向复合材料一侧，为了保证熔核居于中间位置，应对两个电极进行正确匹配。均质金属一侧应选用接触面积较小、电阻率较高的电极；复合材料一侧应选用接触面积较大、电阻率较低的电极。

增强纤维的体积分数对其电阻焊的焊接性影响很大，随着纤维增强相体积分数的增大，熔核中熔化金属的流动性变差，致使接头强度下降。如纤维体积分数从 35％上升到 50％时，接头强度降低约 10％。

7.4 非连续增强金属基复合材料的焊接

连续纤维增强金属基复合材料由于制造工艺复杂、成本高，应用仅限于航空航天、军工等少数领域。非连续增强金属基复合材料保持了复合材料的大部分优良性能，而且制造工艺简单、原材料成本低、便于二次加工，近几年来发展极为迅速。这类材料的焊接性虽然比连续纤维增强金属基复合材料好，但与单一金属及合金的焊接相比仍是非常困难的。非连续增强金属基复合材料主要有 SiC_p/Al、SiC_w/Al、Al_2O_{3p}/Al、Al_2O_{3sf}/Al 及 B_4C_p/Al 等。

7.4.1 非连续增强 MMC 焊接中的问题

根据非连续增强金属基复合材料的性能特点，焊接中可能会存在以下问题：

（1）界面反应

大部分金属基复合材料（MMC）的基体与界面之间在高温下会发生界面反应，在界面上生成一些脆性化合物，降低复合材料的整体性能。Al_2O_3 颗粒或短纤维在任何温度下均不会与 Al 发生反应，因此属于化学相容性较好的复合材料。固态 Al 中的 SiC 不与 Al 发生反应，但在液态 Al 中，SiC 粒子与 Al 会发生如下反应：

$$4Al（液）+3SiC（固）\Longrightarrow Al_4C_3（固）+3Si（固）$$

该反应的自由能为：

$$\Delta G=11390-12.06T\ln T+8.92\times10^{-3}T^2+7.53\times10^{-4}T^{-1}+2.15T+3RT\ln\alpha_{[Si]}$$

式中，$\alpha_{[Si]}$ 为 Si 在液态 Al 中的活度。

上述反应不仅消耗了复合材料中的 SiC 增强相，而且生成的脆性相 Al_4C_3 使接头明显脆化。因此，防止界面反应是这类复合材料焊接中要考虑的首要问题。

防止或减弱界面反应的方法有：

① 采用 Si 含量较高的 Al 合金作基体或采用含 Si 量高的焊丝作填充金属，以提高熔池中的 Si 含量。根据反应自由能公式，Si 的活度增大时，反应的驱动力（$-\Delta G$）减小，界面反应减弱甚至被抑制。

② 采用低热量输入的焊接方法，严格控制焊接热输入，缩短熔池的温度并缩短液态 Al 与 SiC 的接触时间。

③ 增大接头处的坡口角度（尺寸），减少从母材进入熔池中的 SiC 量。

④ 也可采用一些特殊的填充金属，其中应含有对 C 的结合能力比 Al 强、不生成有害碳化物的活性元素，例如 Ti。当熔池中含 Ti 时，Ti 将取代 Al 与 SiC 反应生成 TiC 质点，这不仅对焊接性能无害而且还能起强化相的作用。

Al_2O_3/Al、B_4C/Al 等复合材料的界面较稳定，一般不易发生界面反应。

（2）熔池的黏度大、流动性差

复合材料熔池中未熔化的增强相，增加了熔池的黏度，降低了熔池金属的流动性，增大了气孔、裂纹、未熔合等缺陷的敏感性。通过采用高 Si 焊丝或加大坡口尺寸（减少熔池中 SiC 或 Al_2O_3 增强相的含量）可改善熔池的流动性。采用高 Si 焊丝可改善熔池金属对 SiC 颗粒的润湿性；采用高 Mg 焊丝有利于改善熔池金属对 Al_2O_3 的润湿作用，并能防止颗粒集聚。

（3）气孔、结晶裂纹的敏感性大

金属基复合材料，特别是用粉末冶金法制造的金属基复合材料的含氢量较高。由于熔池金属黏度大，气体难以逸出，因此气孔敏感性很高。为了避免气孔，一般焊前对材料进行真空除氢处理。

此外，焊缝与复合材料的线胀系数不同，焊缝中的残余应力较大，这进一步加重了结晶裂纹的敏感性。

（4）增强相的偏聚、接头区的不连续性

重熔后的增强相粒子易发生偏聚，致使焊缝中的粒子分布不均匀，降低了粒子的增强效果。目前还没有复合材料专用焊丝，电弧焊时一般根据基体金属选用焊丝，这使焊缝中增强相的含量大大下降，破坏了材料的连续性。即使是避免了上述几个问题，也难以实现复合材料的等强性焊接。

7.4.2　非连续增强 MMC 的焊接工艺特点

表 7.14 给出了可用于焊接非连续纤维增强金属基复合材料的三类焊接方法（熔焊、固相焊、钎焊）的优点及缺点。

表 7.14　各种焊接方法用于复合材料焊接的优点及缺点

焊接方法		优点	缺点
熔焊	TIG 焊	①可通过选择适当的焊丝来抑制界面反应,改善熔池金属对增强相的润湿性 ②焊接成本低,操作方便,适用性强	①增强相与基体间发生界面反应的可能性较大 ②采用均质材料的焊丝焊接时,焊缝中颗粒的体积分数较小,接头强度低 ③气孔敏感性较大
	MIG 焊	同上	同上

续表

焊接方法		优点	缺点
熔焊	电子束焊	①不易产生气孔 ②焊缝中增强相分布极为均匀 ③焊接速度快	①焊接参数控制不好时增强相与基体间会发生界面反应 ②焊接成本较高
	激光焊	不易产生气孔,焊接速度快	难以避免界面反应
	电阻点焊	加热时间短,熔核小,焊接速度快	熔核中易发生增强相偏聚
固相焊	固态扩散焊	①利用中间层可优化接头性能,基体与增强相间不会发生界面反应 ②可焊接异种材料	生产率低、成本高,参数选择较困难
	瞬时液相扩散焊	同上	同上
	摩擦焊	①通过焊后热处理可获得与母材等强度的接头 ②可焊接异种金属 ③不会发生界面反应	只能焊接尺寸较小、形状简单的部件
钎焊		①加热温度低,界面反应的可能性小 ②可焊接异种金属及复杂部件	需要在惰性气氛或真空中焊接,并需要进行焊后热处理

(1) 电弧焊

可用于焊接非连续增强金属基复合材料（MMC）的电弧焊方法主要有非熔化极和熔化极氩弧焊（TIG、MIG）。焊接 SiC_p/Al 或 SiC_w/Al 复合材料时，热量输入选择不当会引起严重的界面反应，生成针状 Al_4C_3。因此，最好采用脉冲氩弧焊（GTAW、GMAW），以减小热量输入，减弱或抑制界面反应。脉冲电弧对熔池有一定的搅拌作用，可部分改善熔池的流动性、焊缝中的颗粒分布状态及结晶条件。

基体金属不同时，SiC_p/Al 或 SiC_w/Al 复合材料的焊接性有明显的不同。基体金属 Si 含量较高时，界面反应较轻，熔池的流动性也较好，裂纹及气孔的敏感性较小。基体金属 Si 含量较低时，应选用 Si 含量较高的焊丝进行焊接，以避免界面反应，提高接头的强度。SiC_p/Al 或 SiC_w/Al 的气孔敏感性非常大，焊缝及热影响区中易产生大量的氢气孔，严重时甚至出现层状分布的气孔，因此焊前必须对材料进行真空去氢处理。处理工艺是在 $10^{-2} \sim 10^{-4} Pa$ 的真空下加热到 $500℃$，保温 $24 \sim 48h$。

与 SiC_p/Al 复合材料不同，用电弧焊焊接 Al_2O_{3p}/Al 复合材料时不存在增强相与液态 Al 之间的界面反应问题，此时焊接的主要问题是熔池黏度大、流动性差以及熔池金属对 Al_2O_3 增强相的润湿性不好等。采用 Mg 含量较高的填充材料可增加熔池流动性并改善熔池金属对 Al_2O_3 增强相的润湿性。

表 7.15 所示为几种非连续增强金属基复合材料的焊接参数及接头性能示例。

表 7.15 非连续增强金属基复合材料的焊接参数及接头性能示例

接头	焊接参数						接头的热处理条件	抗拉强度/MPa
	焊接方法	焊接电流/A	电弧电压/V	焊丝	氩气流量/(L/min)	焊前处理方式		
SiC_p-10%/LD_2-Al	脉冲GTAW	I_p=150 I_b=50	12～14	311 (Al-Si)	—	真空去氢	焊态	210
						未处理	焊态	131
				LF6 (Al-Mg)	—	真空去氢	焊态	165
						未处理	焊态	122
SiC_w-18.4%/6061Al	GTAW	145～160	12～14	4043	16.5～19	真空去氢	焊态	181
						未处理	焊态	105
	GMAW	100～110	19～20	5356	5.7～7.1	真空去氢	焊态	245
						真空去氢	T6	257
SiC_p-20%/2028Al	GTAW	154	12	4047	—	—	固溶+时效	218
		145	11.5		—	—		196
		149	12		—	—		153
		147	11.5		—	—		175
		147	12.8		—	—		125

(2) 钎焊

并不是所有能钎焊铝合金的钎料均可用来钎焊铝基复合材料，这是因为，钎焊铝基复合材料时不但要求对基体金属有良好的润湿性，还要能够润湿增强相颗粒或晶须。而且，要求钎焊温度尽量低，避免钎焊热循环对增强相颗粒或晶须的不利影响。Al-Si、Al-Ge 和 Zn-Al 这几种铝合金用钎料对 SiC_w/6061Al、SiC_p/LD_2 等复合材料有较好的润湿性，可钎焊铝基复合材料。钎焊中的主要问题是熔化的 Al-Si、Al-Ge 钎料中的 Si 或 Ge 易向复合材料基体中扩散，破坏基体原有的组织结构。

在钎焊的保温过程中，Si 或 Ge 向复合材料的基体中扩散，随着基体金属扩散区内含 Si 或 Ge 量的提高，液相线温度相应降低。当液相线温度降低至钎焊温度时，母材中的扩散区发生局部熔化，在随后的冷却凝固过程中 SiC 颗粒或晶须被推向尚未凝固的焊缝两侧，在此处形成富 SiC 层，使复合材料的组织遭到破坏。原来均匀分布的组织分离为由富 SiC_w 区和贫 SiC_w 区所构成的层状组织，而且在贫 SiC 区内含有来自共晶合金的高浓度的 Si 和 Ge，使接头性能降低。比较而言，Zn-Al 共晶与复合材料之间的相互作用较小，Zn 向基体金属中的扩散程度较低。

钎料与复合材料之间的相互作用与复合材料的加工状态有关，经挤压和交叉轧制的 $SiC_w/6061Al$ 复合材料中，Si 和 Ge 的扩散程度较大，但在未经过二次加工的同一种复合材料的热压坯料中，Si 和 Ge 的扩散程度很小，不会引起复合材料组织的变化。这可能是因为复合材料经过挤压和交叉轧制加工后，基体中的位错密度增大，这些位错与层错及晶界一起为 Si 及 Ge 原子的扩散提供了快速扩散的通道。

钎焊这类复合材料时必须对钎焊工艺参数进行优化，正确匹配钎焊温度及保温时间。

(3) 摩擦焊

摩擦焊是利用摩擦产生的热量及顶锻压力下产生的塑性流变来实现焊接的方法，整个焊接过程中母材不发生熔化，因此是一种焊接 SiC_p/Al、Al_2O_{3p}/Al 等颗粒增强型复合材料的理想方法。由于被焊接表面附近需要发生较多的塑性变形，因此用这种方法焊接纤维增强型复合材料是不合适的。

对于颗粒增强金属基复合材料，由于颗粒的尺寸细小，摩擦焊过程中基体金属发生塑性流动时，颗粒可随基体金属同时发生移动，因此焊接过程一般不会改变粒子的分布特点。焊缝中粒子分布非常均匀，体积分数与母材中粒子的体积分数相近，而且由于在摩擦焊过程中界面上的颗粒被相互剧烈碰撞所破碎，焊缝中增强相颗粒还会变细，增强效果加强。

母材的加工状态及焊后热处理规范对接头的强度有很大的影响，对于经 T6 处理的 $SiC_p/357Al$，由于焊接过程中 $β''$-Mg_2Si 粒子的大量溶解，焊缝的强度及硬度明显下降，但经焊后 T6 热处理后，焊缝强度及硬度又恢复到母材的水平。而对于经 T3 回火处理的 $SiC_p/357Al$ 复合材料，由于晶粒的细化及位错密度的提高，焊缝的强度及硬度反而比母材有所提高。表 7.16 给出了两种铝基复合材料的力学性能。

表 7.16　两种铝基复合材料的力学性能

材料	接头处理条件	屈服强度 $\sigma_{0.2}$/MPa	抗拉强度 σ_b/MPa	伸长率 δ/%
$SiC_p/2618Al$(母材)	时效+固溶	396	455	4.2
$SiC_p/2618Al$(接头)	焊态	—	386	1.8
$SiC_p/2618Al$(接头)	时效+固溶	—	432	1.0
$SiC_p/357Al$(母材)	时效+固溶	315	352	3.6
$SiC_p/357Al$(接头)	焊态	207	268	3.0
$SiC_p/357Al$(接头)	时效+固溶	313	348	3.1

对 $Al_2O_{3p}/6061Al$ 与 6061-T6、5052-T4、2017-T4 等 Al 合金的摩擦焊进行了研究。发现焊缝中复合材料与 Al 合金发生了充分的机械混合，粒子的尺寸及基体金属的晶粒尺寸均比母材减小。焊接过程中复合材料中的粒子向 Al 合金中推移，移动的距离按 6061、5052、2017 的顺序增大。增强相粒子的体积含量较低时，$Al_2O_{3p}/6061Al$ 热影响区的硬度比母材明显减小，而粒子含量较高时，$Al_2O_{3p}/6061Al$ 热影响区的硬度没有明显减小。

（4）扩散焊

由于在 Al 的表面上存在一层非常稳定而牢固的氧化膜，它严重地阻碍了两焊接表面之间的扩散结合。Al 基复合材料的直接扩散焊是很困难的，需要较高的温度、压力及真空度，因此多采用加中间层的方法。加中间层后，不但可在较低的温度和较小的压力下实现扩散焊接，而且可将原来结合界面上的增强相-增强相（P-P）接触改变为增强相-基体（P-M）接触，如图 7.15 所示，从而提高了接头强度。这是由于 P-P 几乎无法结合，而 P-M 间可形成良好的结合，使接头强度大大提高。根据所选用的中间层，扩散焊方法有两种：采用中间层的固态扩散焊及瞬时液相扩散焊。

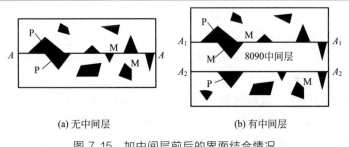

(a) 无中间层　　　　　　　(b) 有中间层

图 7.15　加中间层前后的界面结合情况

1）采用中间层的固态扩散焊

这种方法的关键是选择中间层，选择中间层的原则是：中间层能够在较小的变形下去除氧化膜，易于发生塑性流变，且与基体金属及增强相不会发生不利的相互作用。可用作中间扩散层的金属及合金有 Al-Li 合金、Al-Cu 合金、Al-Mg、Al-Cu-Mg 及纯 Ag 等。

Li 具有较高的活性，与 Al_2O_3 能反应生成一些比 Al_2O_3 容易破碎或较易溶解的氧化物 Li_2O、$LiAlO_2$、$LiAl_3O_5$ 等，因此，Al-Li 合金具有通过化学机制破碎氧化膜的作用。所以，利用含 Li 中间层焊接 $SiC_w/2124Al$ 时，在较低的变形量（<20%）下就能得到强度较高（70.7MPa）的接头。

Al-Cu 合金对基体 Al 的润湿性较差，接头只有在较大的变形量（>40%）下才能获得较高的强度。这是因为，利用这种材料作中间层时，结合界面上氧化膜的破坏完全是靠塑性流变的机械作用。在中等变形（20%～30%）的焊接条件下，氧化膜很难有效去除，所得接头的抗剪强度是很低的。

Ag 作中间扩散层时，焊缝与母材间的界面上会形成一层稳定的金属间化合物 δ 相，δ 相的形成有利于破碎氧化膜，促进焊接界面的结合。但 δ 相含量较大时，特别是当形成连续的 δ 层时，接头将大大脆化，且强度降低。当中间扩散层足够薄（2～3μm）时，可防止焊缝中形成连续的 δ 化合物，接头的强度仍较高。例如，将焊接表面镀上厚度为 3μm 的一层 Ag 时进行扩散焊（470～530℃，1.5～6MPa，60min），得到的接头抗剪切强度为 30MPa。

破坏界面氧化膜实现焊接的机制有两种：一种是机械的机制，另一种是化学的机制。仅靠机械的机制，如采用超塑性 Al-Cu 合金作中间层时，工件结合界面上的变形很大，难以用于实际制品的焊接中。化学机制太强时，可能会产生对接头性能不利的脆性相，例如，用 Ag 作中间层时，如果厚度超过 3μm，将形成连续分布的脆性金属间化合物，使接头强度降低。因此，最理想的破除氧化膜方式是这两种机制相结合的方式。

2）过渡液相扩散焊接

由于粒子增强型金属基复合材料中存在大量的位错、亚晶界、晶界及相界面，中间扩散层沿这些区域扩散时可大大缩短扩散时间，因此这种材料的过渡液相扩散焊要比基体金属更容易。例如，用 Ga 作中间扩散层焊接 SiC_p/Al 时，在 150℃ 的温度下进行焊接时所需的焊接时间小于时效时间，因此焊接可以与时效同时进行。

① 中间层的选择　过渡液相扩散焊的中间层材料选择原则是：应能与复合材料中的基体金属生成低熔点共晶体或熔点低于基体金属的合金，易于扩散到基体中并均匀化，且不能生成对接头性能不利的产物。

Al 基复合材料过渡液相扩散焊时可用作中间层的金属有 Ag、Cu、Mg、Ge、Zn 及 Ga 等，可用作中间层的合金有：Al-Si、Al-Cu、Al-Mg 及 Al-Cu-Mg 等。用 Ag、Cu 等金属作中间层时，共晶反应时焊接界面处的基体金属要发生熔化，重新凝固时增强相被凝固界面所推移，增强相聚集在结合面上，降低了接头强度。因此，应严格控制焊接时间及中间层的厚度。而用合金作中间层时，只要加热到合金的熔点以上就可形成瞬时液相，不需要在焊接过程中通过中间层和母材之间的相互扩散来形成瞬时液相，基体金属熔化较轻，可避免颗粒的偏聚问题。

中间层厚度太薄时，过渡液相不能去除焊接界面上的氧化膜，不能充分润湿焊接界面上的基体金属，甚至无法避免 P-P 接触界面，因此接头强度不会很高。中间层太厚时，焊接过程中难以完全消除，也限制了接头强度的提高，有时还会形成对接头性能不利的金属间化合物。

表 7.17 所示为用不同中间层焊接的 $(Al_2O_3)_{sf}$-5％/6063Al 复合材料接头的强度及焊接参数。不加中间层时，尽管也能得到强度较高的接头，但工艺参数的选择范围非常窄。而用 Cu、2027Al 或 Ag 作中间扩散层时，在宽广的焊接参数范围均能获得接近母材性能的接头。

表 7.17　加不同中间层焊接的 $(Al_2O_3)_{sf}$-15％/6063Al 复合材料接头的强度

中间层		焊接参数			抗拉强度 /MPa	断裂位置
材质	厚度/μm	温度/℃	压力/MPa	时间/min		
无	—	600	2	—	98 97	—
Ag	16	600	2	30 30	188 145	焊接界面
Cu	5	610	1	30	125	焊接界面
		600	2	30 30	179 181	母材 焊接界面
		600	1	30	162	焊接界面
		550	1	30	119	焊接界面
Al-Cu-Mg(A2017)	75	610	1	30	161	焊接界面
		600	2	30 30	184 181	母材
		600	1	30	173	焊接界面
Al-Cu-Mg(A2017)	30	610	1	30	177	焊接界面
		600	2	30	187	焊接界面

② 焊接温度和保温时间　Ag、Cu、Mg、Ge、Zn 及 Ga 与 Al 形成共晶的温度分别为 566℃、547℃、438℃、424℃、382℃ 及 147℃。用这些金属作中间层时，过渡液相扩散焊的焊接温度应超过其共晶温度，否则就不是过渡液相扩散焊，而是加中间层的固态扩散焊。同样，用 Al-Si、Al-Cu、Al-Mg 及 Al-Cu-Mg 合金作中间层时，焊接温度应超过这些合金的熔点。焊接时温度不宜太高，在保证出现焊接所需液相的条件下，尽量采用较低的温度，以防止高温对增强相的不利作用。从表 7.17 可看出，在同样的条件下，温度过高时，强度反而下降。

保温时间是影响接头性能的重要参数。时间过短时，中间层来不及扩散，结合面上残留较厚的中间层，限制了接头抗拉强度的提高。随着保温时间的增大，残余中间层逐渐减少，强度逐渐增加。当保温时间增大到一定程度时，中间层基本消失，接头强度达到最大。继续增加保温时间时，接头强度不但不再提高，反而降低，这是因为保温时间过长时，热循环对复合材料的性能有不利的影响。

例如，用厚度为 0.1mm 的 Ag 作中间层，在 580℃ 的焊接温度、0.5MPa 的压力下焊接 Al_2O_{3sf}-30％/Al 复合材料。当保温时间为 20min 时，接头中间残留较多的中间层，接头抗拉强度的平均值为 56MPa。当保温时间为 100min 时，抗拉强度达到最高值，约为 95MPa。当保温时间为 240min 时，接头的抗拉强度降到 72MPa 左右。

③ 焊接压力　过渡液相扩散焊时，压力对接头性能有很大的影响。压力太小时塑性变形小，焊接界面与中间层不能达到紧密接触，接头中会产生未焊合的孔洞，降低接头强度。压力过高时可将液态金属自结合界面处挤出，造成增强相偏聚，液相不能充分润湿增强相，也会形成孔洞。例如，用 0.1mm 厚的 Ag 作中间层，在 580℃ 的焊接温度下焊接 Al_2O_{3sf}-30％/Al 时，压力小于 0.5MPa 和压力大于 1MPa 时，结合界面上均存在明显的孔洞，接头强度较低；在 1MPa、120min 的条件下焊接的接头强度小于 60MPa，而在 0.5MPa、120min 的条件下焊接的接头抗拉强度约为 90MPa。

④ 焊接表面的处理方式　焊接表面的处理方式对接头性能有很大的影响，比较电解抛光、机械切削以及用钢丝刷刷等三种处理方式对 Al_2O_{3sf}/Al 接头性能的影响，发现用电解抛光处理时接头强度最高，用钢丝刷刷时接头强度最低。这是因为用后两种方法处理时，被焊接面上堆积了一些细小的 Al_2O_3 碎屑，这些碎屑阻碍了基体表面的紧密接触，降低了接头的强度。

电解抛光时，被焊接表面上不存在 Al_2O_3 碎屑，但纤维会露出基体表面。电解抛光时间对接头的强度影响很大，电解抛光时间太长时，纤维露头变长，焊接时在压力的作用下断裂，阻碍基体金属接触，降低接头的性能。

（5）高能束焊接

电子束和激光束等高能束焊具有加热及冷却速度快、熔池小且存在时间短等特点。这对金属基复合材料的焊接有利，但是由于熔池的温度很高，焊接 SiC_p/Al 或 SiC_w/Al 复合材料时很难避免 SiC 与 Al 基体间的反应。特别是激光焊，由于激光优先加热电阻率较大的增强相，使增强相严重过热，快速溶解并与基体发生严重的反应，因此激光焊很难用于焊接 SiC/Al 复合材料。在用激光焊焊接 Al_2O_3/Al 复合材料时，虽然增强相与基体之间没有反应，但由于 Al_2O_3 的过热熔化，形成粘渣，破坏了焊接过程的稳定性。

电子束焊和激光焊的加热机制不同，电子束可对基体金属及增强相均匀加热，因此适当控制焊接参数可将界面反应控制在很小的程度上。由于电子束的冲击作用以及熔池的快速冷却作用，焊缝中的颗粒非常均匀。用这种方法焊接 SiC 颗粒增强的 Al-Si 基复合材料时效果较好，由于基体中的 Si 含量高，界面反应更容易抑制。用电子束焊接 Al_2O_3 颗粒增强的 Al-Mg 基或 Al-Mg-Si 基复合材料也可获得较好的效果。

（6）其他焊接方法

电容放电焊接用于金属基复合材料是有利的。焊接时虽然焊接界面也发生熔化，但由于放电时间短（0.4s），熔核的冷却速度快（10^6℃/s），且少量熔化金属全部被挤出，因此能够成功地避免界面反应。而且焊缝中也不会出现气孔、裂纹、纤维断裂等缺陷，因此用这种方法焊接的接头强度很高。这种方法的缺点是焊接面积很小，应用范围有限。

电阻点焊加热时间短、熔核小、可控性好，能有效地防止界面反应。特别是通过采用搭接接头，可把纤维增强金属基复合材料间的焊接在很大程度上变为Al与Al之间的焊接，因此这种方法适于焊接复合材料。但焊接非连续增强金属基复合材料时熔核中易引起增强相的严重偏聚，焊接时应通过减小熔核尺寸来减轻这种现象。

参考文献

---

[1]　魏月贞. 复合材料. 北京: 机械工业出版社, 1987.

[2]　肯尼斯. G. 克雷德. 金属基复合材料. 温仲元, 等译. 北京: 国防工业出版社, 1982.

[3]　I. A. Ibrahim, et al. Particle reinforced metal matrix composite-A review, Journal of Materials Science, 1991 (26): 1137-1156.

[4]　A. Hirose, S. Fukumoto, K. F. Kobayashi. Joining process for structure application of continuous fibre reinforced MMC. Key Engineering Material, 1995 (104-107): 853-872.

[5]　I. W. Hall, et al. Microstructure analysis of isothermally exposed Ti/SiC MMC, Journal of Materials Science, 1992 (27): 3835-3842.

[6]　沃丁柱. 复合材料大全. 北京: 化学工业出版社, 2000.

[7]　E. K. Hoffman, et al. Effect of braze processing on SCS-6/β21S Ti matrix composite, Welding Journal, 1994 (73), 8: 185-191.

[8]　C. A. Blue, et al. Infrared transient-liquid-phase joining of SCS-6/β21S Ti matrix composite, Metallurgical and Material Transactions, 1996 (27A): 4011-4018.

[9]　陈茂爱, 吴人洁, 陆皓, 等. 金属基复合材料的焊接性研究. 材料开发及应用. 1997, 12（3）: 34-40.

[10]　陈茂爱, 陆皓, 等. SiC_p/LD2复合材料电弧焊焊接性研究. 金属学报, 2000, 36 (7): 770-774.

[11]　任家烈, 吴爱萍. 先进材料的焊接, 北京: 机械工业出版社, 2000.

[12]　O. T. Midling, et al. A process model for friction welding of Al-Mg-Si alloys and Al-SiC MMC——Ⅰ. HAZ temperature and strain rate distribution. Acta metall. mater. 1994(42), 5: 1595-1609.

[13]　Suzumura Akio, et al. Diffusion brazing of Al_2O_{3sf}/Al MMC, Material Transaction, JIM, 1976(37), 5: 1109-1115.

[14]　于启湛, 史春元. 复合材料的焊接, 北京: 机械工业出版社, 2012.

[15]　陈茂爱, 陈俊华, 高进强. 复合材料的焊接. 北京: 化学工业出版社, 2005.

第8章

功能材料的连接

功能材料是具有除力学性能以外的其他物理性能的特殊材料，例如超导材料和形状记忆合金都是典型的功能材料。功能材料在高科技发展中具有举足轻重的作用，已受到世界各国的高度重视。采用传统的焊接方法难以实现超导材料或形状记忆合金的连接，因为焊接接头获得与母材等同的超导性能或形状记忆效应是非常困难的。本章仅以超导材料、形状记忆合金为例，阐述这两种典型功能材料的焊接。

8.1 超导材料与金属的连接

20世纪80年代超导材料的发现为超导技术发展翻开了崭新的一页。以 Nb-Ti 超导材料制作的实用超导磁体已进入大型化阶段，这不仅对超导材料的性能提出更为严格的要求，而且对导体的长度也要求越长越好。倒如，一些超导装置，实用超导材料重达数十吨，导体的长度至少数千米。制造这样长度的超导线材受到加工设备的限制，因此超导材料的焊接受到人们的重视。

8.1.1 超导材料的性能特点及应用

（1）基本特点

超导材料是指极低温度下电阻突然下降为0，处于超导状态的材料。一般金属在极低温度下仍具有电阻，只有超导材料到达某一临界温度（T_c）后，电阻骤降为0，才具有完全导电性的特征。

超导体有一个容许的电流密度，当电流密度超过某一临界电流密度（J_c）后，它的完全导电性会被破坏。超导材料还具有完全抗磁性特征，当材料处于超导状态时，外加磁场不能进入超导体内。原来处于磁场中的正常态材料，当温度下降到低于临界温度（T_c）转变为超导状态时，会把原来在导体内的磁场完全排除出去（这种完全抗磁性称为迈斯纳效应）。当外界磁场达到某一临界磁场强度（H_c）后，磁场立即进入超导体内，使原来处于超导状态的材料恢复到正常状态，超导电性也就被破坏。

因此，超导材料从正常状态转变为超导状态时受到临界温度（T_c）、临界电流密度（J_c）和临界磁场强度（H_c）三个条件的限制。超导材料只有在各个临界点以下时才能显示出它的超导性能。

不同的超导材料具有不同的临界值 T_c、J_c、H_c。如何获得具有高临界温度、高临界电流密度和高临界磁场强度的超导材料，使其能在工业中得到应用，一直是人们关注的问题和追求的目标。

（2）超导材料的类型

超导材料的种类有纯金属（如超导临界温度 T_c 接近绝对零度的水银、铅、铟、钨等）、合金、化合物、氧化物陶瓷以及少量的有机物超导材料。目前研究的超导材料主要有以下三种类型：合金超导体、金属间化合物超导体（如 Nb_3Sn）和氧化物陶瓷超导体（如 Y-Ba-Cu-O、Bi-Pb-Sr-Ca-Cu-O）。

① 合金超导体（如 Nb-Ti、Nb-Ti-Ta、Nb-Zr 等）是目前应用最广泛的具有代表性的超导线材，例如在液氦温度（4.2K）下工作的超导材料——Nb-Ti 超导线材。

② 金属间化合物超导材料比合金超导材料的临界磁场强度（H_c）高，临界转变温度（T_c）也高，可用作产生高磁场的超导线材。但金属间化合物较脆，对其设计和制造需考虑采用特殊的措施。例如在液氦温度下工作的高超导特性线材 Nb_3Sn。

③ 从超导性能看，氧化物陶瓷超导体最好，但阻碍氧化物陶瓷超导材料发展的突出问题是脆性及由此引起的成形加工困难，包括很难焊接。

目前已有实用性和工业化制造规模的超导材料主要是前两种。其中合金超导材料的力学性能最好，加工性能也较好，在较低的磁感应强度（10T 以下）可得到高的电流密度。

（3）应用前景

超导材料由于其独特的完全导电性，在满足临界磁场强度（H_c）和临界温度（T_c）的条件下，临界电流密度（J_c）以内的电流可以在无阻状态下通过，也就是在没有能量损耗的情况下传输电流。此外，由于超导材料在磁场中表现出来的、独特的完全抗磁性，可用于超导磁悬浮系统。

超导材料的许多应用与节电、节能有关，是一种重要的节能材料。例如，超导材料可应用于交（直）流输电、大型电磁铁、超导加速器、电磁推进器、磁悬浮列车等。在仪器设备、仪表等方面超导材料也得到广泛的应用，例如用于医疗器械中的核磁共振成像装置、用于地球物理测量和生物磁学等电磁测量方面的超导量子干涉器件等。

8.1.2　超导材料的连接方法

超导材料的连接方法很多，用于大型超导磁体的连接方法有爆炸焊、扩散焊、钎焊、冷压焊、微波焊等。表 8.1 列出了不同连接方法所得到的超导接头低温电阻率的量级范围。

表 8.1　超导接头低温电阻率比较

焊接方法	储能冲击焊	爆炸焊	冷压焊	微波焊	扩散焊	钎焊
低温接头电阻率/$\Omega \cdot cm$	10^{-13}	$10^{-9} \sim 10^{-10}$	10^{-8}	10^{-9}	$10^{-8} \sim 10^{-9}$	$10^{-8} \sim 10^{-9}$

超导材料焊（连）接方法的选择，除了须满足上述对超导材料接头电阻率的要求外，更重要的是还须考虑工程应用的可能性与可靠性。上述几种超导材料焊接方法，国内外都进行过试验研究，部分方法已在工程中应用。但是，针对具体超导材料，不同焊接方法工程应用的可能性与可靠性需进行深入系统的研究。

（1）爆炸焊

爆炸焊是利用化学炸药的爆炸作为能源瞬间急剧地释放出来，使被焊金属表面产生金属射流和纯金属间的互相接触，实现固态金属的结合。美国劳伦斯·利弗莫尔实验室为制造受控核聚变反应装置的一对阴阳型大线圈用的长超导体，采用爆炸焊方法制作了截面尺寸为 6mm×6mm 的 NbTi-Cu 多芯超导复合体接头。该接头样品在 4.2K 的温度、6T 的场强下，临界电流为 750A，低温电阻为 $3×10^{-11}\Omega$。英国帝国金属工业公司用含有爆炸焊接头的 NbTi-Cu 超导体绕制了磁体线圈，该导体截面尺寸为 10mm×1.8mm，在 6T 的场强下，接头的临界电流为 1500A，低温电阻为 $3×10^{-9}\Omega$。我国西北有色金属研究院也采用爆炸焊技术成功地焊接了 NbTi-Cu 多芯超导短样，试样尺寸分别为 7mm×3.6mm、204 芯和 3.6mm×1.8mm、174 芯。超导体接头在 4.2K 的温度、5T 的场强下，平均电流值为 180A，这个数值比该导体在相同条件下的临界电流低 10%，室温和液氮条件下的抗拉强度几乎等同于母材。

从上述西北有色金属研究院和美国劳伦斯·利弗莫尔实验室的实验结果看，都取得了较为满意的结果，且部分研究成果已应用于中长型超导长带的生产中。但是，从两者的实验方法和结果看，仍有几个问题需进一步研究。

① 爆炸焊接头截面的形成及生长机制问题　爆炸焊时，对于斜接头，高速斜撞击产生很大压力，该处的超导体受到很大的剪切作用。塑性剪切功转变成热量，由热传导所耗散的热量只占很小一部分，大部分热量促使接头处温升。材料的剪切强度随温升降低，因此在界面接触处很窄的区域产生熔化现象。爆炸焊过程中接头界面的瞬间熔化和瞬间冷却，产生了很薄的完全不同于超导合金的新界

面层组织。这种新组织导致接头超导电性及力学性能发生变化。针对界面层的组织形态、形成机制与爆炸焊参数的关系，界面层的形成对超导电性的影响等仍有待探明。

② 爆炸焊接头的适用性问题　爆炸焊技术在较大截面积的超导带材方面显示出优越性。美国劳伦斯·利弗莫尔实验室和我国西北有色金属研究院的研究结果是很好的证明。大截面超导体爆炸焊接头配置时易于观察对正，爆炸焊后导体损伤很小。但对于细小的或极小截面的超导体，采用爆炸焊困难极大，特别是多芯超导体，由于接头配置时导体两端的芯丝很难对正，稍微偏离一点对焊接效果影响很大，这也是爆炸焊连接超导细丝的不足之处。

（2）扩散连接

扩散焊是借助于原子间互相扩散而达到冶金结合的。超导材料扩散焊接头也采用斜面搭接，被焊接超导体端头做成斜面并使其成一定角度，要求斜面处清洁无氧化物。将两导体斜面顶头排成一线，放入特制的压模中。在压力下加热超导体，达到温度要求时保温、缓冷以达到连接的目的。

美国加利福尼亚大学对 NbTi-Cu 多芯超导体进行扩散焊的试验表明，可将该技术应用于制造受控核聚变用大型线圈的导体。试验中采用的超导体规格有两种：一是直径为 5.4mm，芯径为 $600\mu m$；二是直径为 1.5mm，芯径为 $200\mu m$。试验最佳的焊接条件是：导体斜面角是 15°，焊接温度为 450℃，焊接压力为 600MPa，保温时间为 30min。但未能给出电性能参数（临界电流和低温电阻）。

北方交通大学采用扩散焊方法对 2.1mm×1.54mm 的扁线（长度为 30mm）和直径为 0.75mm、长度为 10mm 的圆线短试样进行了扩散焊试验，扩散焊温度为 360～380℃。对于扁线，临界电流退降率大于 20%，接头在室温和液氮温度下的抗拉强度退降率大于 15%；对于细径圆线，临界电流退降率低于 12%，室温和液氮温度下的抗拉强度退降率低于 10%。从理论上讲，扩散焊方法应用于 Nb-Ti 超导体的连接是可行的，但是从工程实际出发，还有一些问题需要进一步探明。

① 扩散连接的适用性　从已有研究结果看，扩散焊工艺应用于超导体的连接还仅局限于短试样或实验阶段。对数千米乃至万米长带的生产，扩散焊方法受设备的制约，应用于工程实际中是很困难的。

② 扩散焊工艺参数的选择

a.扩散焊温度。根据公式 $D = D_0 \exp(-t/RT)$ （D 为元素的扩散速率，$\mu m^2/s$；D_0 为与温度有关的系数；t 为扩散激活能，J/mol；T 为加热温度，K；R 为气体常数），扩散过程随温度升高而加快，扩散温度应符合 $T_D = 0.7T_M$ 的关系式。但 Nb-Ti 超导体扩散焊温度受其本身热处理制度的制约。Nb-

46.5Ti（质量分数）合金在 420℃下时效，样品在 5T 和 8T 下的临界电流密度（J_c）分别达到 $3700A/mm^2$ 和 $1560A/mm^2$。扩散焊接温度超过其时效温度将破坏超导组织，导致超导电性的丧失。过高的温度易生成 Cu-Ti 化合物，增大接头界面电阻率，最终导致失超。

　　b.扩散焊压力。扩散焊过程施加较大的压力使结合面紧密接触，这样大的压力在超导接头中产生很大的应变，可能破坏由塑性变形和沿拉伸方向伸展后形成的微观亚结构，导致超导电性的破坏。

　　(3) 钎焊连接

　　钎焊是在超导领域普遍应用的一种连接方法。在超导试样的电性能测量中很多试样都是采用钎焊连接。美国橡树岭国家实验室采用钎焊方法为受控核聚变反应堆的等离子磁柱装置焊接数千米长的大截面 NbTi-Cu 多芯超导复合体，对钎料的润湿性和流动性进行了较系统的研究，并做了接头拉伸性能试验。钎料为 Pb-1.5Ag-1Sn 和 95Sn-5Ag；钎剂为 $ZnCl_2＋NH_2Cl＋HCl＋H_2O$。北方交通大学也对截面尺寸为 2.8mm×1.2mm、178 芯的铜基 Nb-Ti 复合超导线进行了电阻钎焊研究。采用高铅、高锡及含铟类钎料，钎料厚度为 0.2mm，接头性能测试结果为：3T 下临界电流退降率为 12%，4T 下退降率为 4%；液氮温度下钎焊接头强度退降率小于 10%。电阻钎焊方法已成功地应用于中国第一个稳定强磁场装置（合肥 20T 混合磁体系统）的建造，超导线圈绕组中共有五段导体，须逐段相连。接头形式为两个楔形面叠焊在一起，结合面夹箔带焊料，由电阻焊机逐段压焊。接头超导电性及接头弯曲张力均达到设计要求。

　　钎料温度受超导材料热处理温度的制约（<450℃）。此外，受钎料性能和接头形式的限制，该接头不能绕制在磁体里，而是放在磁体外，置于低场区。从接头力学性能看，高铅钎料焊接的接头低温力学性能和电阻值较低；而高锡钎料由于在 Cu-Sn 界面层出现脆性化合物，降低了界面强度，这对于超导体的应用是极其不利的，甚至是危险的。尽管钎焊方法适用范围广，各种形状和大小的导体均可焊接，但是不利于绕制磁体。

　　(4) 冷压焊

　　冷压焊是在室温下强压力作用下，借助于原子的相互扩散作用而使被焊界面连接在一起。焊接时由于温度升高，接触面上的氧化膜被挤出焊缝形成飞边，焊接后须清除飞边。北方交通大学采用冷压焊方法对 Cu/SC 为 2/1，芯数为 55，芯径为 50～80μm 和 Cu/SC 为 1.9/1，芯数为 504、芯径为 50μm 两种规格的超导线进行冷压焊。从试验结果看，4.2K 下接头电阻值为 10^{-8}～10^{-9}Ω 量级，但临界电流退降率高达 30%。上海冶金研究所采用冷压焊方法制作 CuNi-NbTi 超导开关线，超导线规格分别为：直径为 0.46mm、芯数为 245 和直径为

0.25mm、芯数为 245，接头经长时间恒流闭路运行，电阻优于 $10^{-10}\Omega$ 量级。

从试验结果看，尽管冷压焊方法简便易行，但其工程可靠性较低，对于制造中长型超导带（线）材，不是理想的首选方法。

(5) 储能冲击焊

储能冲击焊是把电网中的能量预先储存在焊机电容器中，在很短时间内通过焊件释放出来，在焊接处瞬时产生大量热能，将工件加热熔化，然后快速加压而形成接头。这种方法的优点是焊接时间短（在几微秒内放电）、热量集中、热影响区很小、消耗电能较低、容易实现机械化和自动化焊接。西安交通大学采用储能冲击焊技术对直径为 1.2mm、芯数为 3025，芯径为 $12\mu m$ 的细丝超导线进行了焊接研究，结果表明：4.2K、6T 下，接头临界电流退降率为 8%；4.2K、0T 下接头电阻为 $1.13\times10^{-13}\sim7.78\times10^{-14}\Omega$；室温下接头拉伸强度退降率为 6.3%，液氮温度下接头拉伸强度退降率为 1%。

从试验结果看，采用储能冲击焊方法连接超导细丝，不论是从超导电性能方面还是从力学性能方面都是令人满意的。应利用储能冲击焊技术在细线、小截面超导线对接焊方面的优势，将其推广至大截面、扁带的连接，而且应对致使超导电性能退降的接头界面层形成原因、防止措施、对超导电性的影响和质量控制做深入研究。

不论采用哪种焊接方法，焊接过程中热、力（材料的应力应变）及由此产生的与母材微观结构存在差异的接头界面层都会对接头处的超导电性及力学性能产生影响，甚至影响整个超导磁体的正常运行。在实际应用中，应根据不同的工程要求和焊接方法的可行性，考虑接头的临界电流退降率及抗拉强度退降率，综合考虑选择最佳的焊接方法。

8.1.3　超导材料的连接工艺特点

(1) Nb-Ti 低温超导材料的焊接特点

Nb-Ti 超导材料在超导应用领域占有很重要的地位。但是，经过焊接之后，如何保持焊接接头区的超导性能，不因焊接区性能的变化而影响整个超导装置的性能，这是研究超导材料焊接的主要问题。

目前采用的 Nb-Ti 合金中的钛含量为 44%～65%（质量分数）。从合金的物理本质上看，Nb-Ti 超导体具有良好的工艺焊接性；但是从其超导电性出发，Nb-Ti 超导体又具有其特殊的焊接特点。

① 尽可能小的接头电阻　液氮温度下，超导体的电阻率很小，在 4.2K 时，Nb-Ti 合金的电阻率约为 $10^{-15}\Omega\cdot cm$。焊接部位能否达到这样低的电阻率，是焊接成败的关键。如果焊接接头区的电阻大会局部发热，由于电阻热量的恶性循

环而引起超导磁体的失超。实验证明，负载电流为千安级的导体，所允许的接头电阻率上限值约为 $10^{-8}\Omega\cdot cm$。

② 焊接后超导线临界电流的下降尽可能小　焊接的超导线接头，有可能受到焊接时温度上升的影响，改变接头部位的微观组织。微观组织对 Nb-Ti 的临界电流是一个很敏感的影响因素，因此要求超导材料的焊接温度不能超过 $350\sim400℃$。这个温度范围是 Nb-Ti 合金的最佳时效处理温度。

③ 焊接接头应有足够的力学强度　超导体在工作时受到多种应力的作用，例如，冷却时产生的热应力，励磁时产生的洛仑兹力和缠绕磁体时产生的弯曲应力等。因此，要求焊接接头应具有足够的力学强度。对于搭接接头来说，要求具有较高的低温剪切强度和较高的界面强度；对于对接接头，要求具有较高的抗拉强度。

④ 焊接接头的形式应适于绕制磁体　超导体的接头应尽可能减少占据磁体的额外空间。根据这种要求，以对接焊为好，但这种接头的焊接工艺操作复杂。搭接接头焊接比较简单，但占据磁体的额外空间较多。

对于 Nb-Ti 低温超导材料的焊接，除了保证接头具有一定的连接强度外，更重要的是保证接头具有与母材尽量相近的超导电性。然而，由于超导材料本身具有特殊的物理化学性质和复杂结构，实现连接并保证其超导性能是很困难的，尽管人们在 Nb-Ti 低温超导材料的连接方面进行了大量的研究，取得了一些成果，但从整体水平和应用效果看，仍需进行深入的研究。

（2）金属间化合物超导的焊接特点

这类材料连接采用的方法包括软钎焊、固相连接（如冷压焊、扩散焊、微波焊）和电阻焊等。这类材料中研究较多、较稳定的高超导特性线材是 Nb_3Sn。由于 Nb_3Sn 化合物脆性大和加工性差的特点，目前用软钎焊的方法进行连接较为适宜。软钎焊是超导线材连接方法中应用最广的方法，用于超导线材的搭接焊，也可用于加补强材料的对接焊。例如采用 Pb-Bi-Zn-Ag 钎料的搭接超导线材，但这种接头的电阻很大。

固态连接中的冷压焊是一种较简便的方法，接头区电性能良好，但这种方法难以适用于加工性能差的脆性超导材料。

8.1.4　氧化物陶瓷超导材料的焊接

（1）连接方法

除完全导电性、完全抗磁性外，氧化物陶瓷超导材料最大的特点是具有高超导临界温度（T_c），是最有应用前景的超导材料，将在电力与电子、交通、能源、航天、医疗及物理化学基础研究等领域得到应用，如用于超导输电、电力储存、超导发电机、磁悬浮列车、核聚变、核磁共振成像、超导量子干涉器件等。但是，由于陶瓷材料本征脆性，用一般冷加工方法难以获得各种形状的元件。目前的制备技术还不能获得足够大和长的氧化物陶瓷超导体，限制了陶瓷超导材料的实用化进程。

通过连接形状简单和尺寸小的陶瓷零件来制备所需要的超导元器件，而超导材料的连接除须获得足够的接头强度和完整性外，还须保证接头的超导电性与母材相近，因此氧化物陶瓷超导材料的连接既有很大的难度又有重要意义。

在氧化物陶瓷超导材料中，有应用前途的是铋系（Bi-Pb-Sr-Ca-Cu-O）和钇系（Y-Ba-Cu-O）两种陶瓷超导材料。20 世纪 90 年代，国内外针对高临界温度的陶瓷超导材料进行连接研究，采用的连接方法有熔化焊、半固态烧结连接、微波焊接和固态扩散连接，并取得了一定的成果。

① 熔化焊接　熔化焊氧化物陶瓷超导材料是非常困难的，因为其熔点高、很脆、易开裂，而且对成分很敏感、高温时不稳定。如钇系（Y-Ba-Cu-O）超导材料在熔化时会分解，难以获得可靠的、超导性能满足要求的接头，一般不建议采用熔化焊。

熔化焊对连接面没有特殊要求，焊接过程不需施加压力。铋系（Bi-Pb-Sr-Ca-Cu-O）超导材料采用熔化焊可获得较满意的接头。例如，采用液化石油气和氧气（LPG-O）焊铋系（Bi-Pb-Sr-Ca-Cu-O）超导材料，先用高温火焰熔化焊接面并迅速对接上，之后用低温火焰在 $900\sim950℃$ 下烧结被焊部位并在空气中冷却，最后在空气炉中进行 $830℃\times50h$ 退火处理。结果表明，接头强度接近母材，临界电流密度（J_c）约为母材的 80%，在母材的临界温度（T_c）下，接头电阻虽有陡降，但还不能达到 0 电阻。

微观分析表明，导致熔焊接头超导电性不理想的原因是热影响区宽、有微裂纹、微气孔和杂质相等。熔化焊时被连接的熔化部位的成分有重新均匀化的过程，为保证接头的超导电性接近母材，熔化焊主要用于纯氧化物陶瓷超导材料。为获得更高强度和更高塑性的陶瓷超导材料，所使用的制备方法主要是 Ag 或 AgCu 合金包套法制得的截面组成不均匀的单芯或多芯超导材料。因此，熔化焊方法难以用于 Ag 或 AgCu 合金等包套陶瓷超导材料的焊接。

② 微波连接　微波连接是利用材料吸收微波后产生的热量来加热材料的，具有温度分布均匀、热应力小、不易开裂以及材料热损伤小、晶粒不易长大等优点。微波电磁场对扩散的非热作用也是促使连接的重要因素。因此，微波连接应是连接氧化物陶瓷超导材料的一种较合适的方法。它不仅能用于直接连接，也能用于加中间层的连接，但这方面的研究还很少。针对 Bi-Pb-Sr-Ca-Cu-O 超导材料的微波连接研究表明，微波连接接头经空气中 $855℃\times60h$ 退火处理后，临界温度 T_c 可达到 107K，与连接前超导母材的 T_c 基本一致，连接区强度高于基体。

显微结构分析发现微波连接区组织致密，在焊后热处理过程中发生再结晶，导致连接区晶粒长大、连接区变宽且存在较多的杂质。针对 Y-Ba-Cu-O 超导材料的微波连接研究表明，被连接接头经空气中 960℃×15h 退火处理后随炉冷却，临界温度 T_c 可达到 89.7K，比连接前超导母材的 T_c 低 1.5K。分析表明，未经退火处理的微波连接区存在 Y_2BaCuO_x 相、$Ba_{2-y}Cu_yO_x$ 相和 CuO 等非超导相，这是接头超导电性不如母材的主要原因。退火处理使 Y_2BaCuO_x 相明显减少，$Ba_{2-y}Cu_yO_x$ 相基本消失，但 CuO 长大。总之，微波连接存在超导相分解、产生少量杂质相以及为了使接头区有效地吸收微波而需要焊前预脱氧处理等缺点。

③ 固态扩散连接　当超导材料为 Ag 或 AgCu 合金等包套陶瓷超导材料时，焊前须用腐蚀剂将被焊部位的 Ag 或 AgCu 合金等包套材料腐蚀掉。特别是当超导材料为多芯带材时，焊前腐蚀被焊部位包套的工艺要求很严格。对被焊部位处理后，通过添加 AgO 或 Ag_2O＋PbO 与母材成分相近的粉末作中间层（或不加中间层），施加一定的压力在空气中高温扩散连接，焊后在空气或氧含量更高的气氛中进行退火处理。

扩散连接接头的强度基本能达到要求，但绝大多数接头的临界电流密度（J_c）只有母材的 50%～90%。因连接温度较高，还存在超导相失氧现象。因此，为增加连接区超导相的氧含量，焊后所需的退火时间长达 50～200h。为减少扩散连接陶瓷超导材料的退火时间和提高接头的超导电性，应减少连接过程超导相的分解和提高连接区晶粒的织构度。近年来采用焊前冷压或焊后冷压工艺，提高了连接区晶粒的织构度并达到了减少微裂纹、微气孔的效果，但其稳定性需进一步提高。接头形式、压力、冷压次数以及连接参数和退火参数的匹配、中间层材料及环境气氛中的氧分压对接头性能的影响，以及界面微观结构等方面有必要深入研究。

降低连接温度可减少连接区超导相的分解。而为了降低连接温度，通过活化连接表面（如采用离子溅射技术）有望达到目的。采用多次冷压和多次退火的工艺有可能提高连接区晶粒的织构度和减少微裂纹和微气孔，从而大幅度提高接头的超导电性。

④ 过渡液相扩散连接　又称为半固态扩散连接（或固-液态扩散连接），采用熔点低于陶瓷母材但超导性能与母材相近的超导材料作中间层（中间层有冷压成形的粉末片和膏状两种形式），连接温度下中间层处于固-液状态，其中的液相有利于对被连接面润湿，加快连接过程。

例如，用冷压成形的粉末片 $Ba_2Cu_3O_x$（固相线温度为 995℃）作中间层材料连接 Y-Ba-Cu-O 陶瓷超导材料（固相线温度为 1015℃）。将装配好的试样以 100℃/h 的加热速度缓慢加热到 1005℃，使中间层处于固-液相状态，并保温 2h 以确保中间层中的液相润湿母材；然后以 76℃/h 的冷却速度缓慢冷到 980℃，保温 6h，可获得良好的晶粒取向。再以 0.5℃/h 的冷却速度缓慢地冷到 955℃，达到长时间退火的效果，以保证超导相中的氧含量恢复到高温烧结分解前的水平；最后以 100℃/h 的冷却速度冷却到室温。

通过上述长时间的扩散连接过程，可获得超导电性能和力学性能较好的接头。不足之处是中间层材料的选择和连接温度控制很严格，接头易出现显微孔洞，超导电性还是不易达到母材的超导电性。这种连接方法不适合于 Ag 或 AgCu 合金等包套陶瓷超导材料。为减少接头中的微孔、提高接头的超导电性，在固-液态保温后期施加适当的压力有可能获得良好的效果。

（2）Y-Ba-Cu-O 超导材料的连接

氧化物高临界温度超导材料的连接，类似于陶瓷材料的连接。除了要求达到一定的结合强度外，还必须保持原有的超导性能。因此，超导陶瓷连接的理想方法是不加中间层材料。如果必须加中间层时，中间层的选材应满足连接后接头的超导性能。

① 不加中间层的扩散连接 试验表明，直接扩散（不加中间层）连接 Y-Ba-Cu-O 超导陶瓷是可行的。扩散连接接头的临界温度（T_c）和抗剪强度几乎与母材相等。试验所用母材为在 1223K、12h 大气中热压烧结，经过氧气氛中 673K×50h 退火处理的 $YBa_2Cu_3O_{7-y}$ 超导陶瓷。扩散连接条件为：加热温度为 1173～1223K，压力为 0.5～4.7MPa，保温时间为 4h、大气中。扩散连接后接头在氧气氛中进行 673K×50h 退火处理。

图 8.1 所示为 Y-Ba-Cu-O 超导扩散连接的加热温度和压力的组合。从在 1223K、0.5MPa、4h 连接条件下的接头试样和超导母材的显微组织及电子探针分析结果看，两者没有差别，原始界面也完全消失。两者的 X 射线衍射图也没有什么差别。

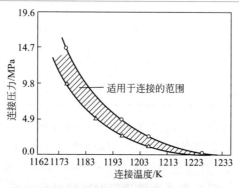

图 8.1 适合于扩散连接的温度和压力的组合

从扩散连接后温度与电阻率的关系曲线（图 8.2）可见，超导母材的临界温度（T_c）为 93K，在加热温度 1223K 下连接试样的临界温度为 88K；扩散连接界面的抗剪强度也是足够高的，为 10MPa～15MPa，几乎与母材相等。当扩散连接时间小于 2h 时，虽仍能保持较高的抗剪强度，但扩散接头中保留了局部原始界面，临界温度低于 77K。因此，为使扩散接头具有较高临界温度的超导性能，扩散连接时间应大于 4h。

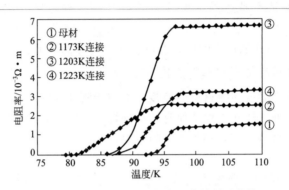

图 8.2　扩散连接后温度与电阻率的关系曲线

② 加中间层的扩散连接　可采用加煅烧粉末中间层扩散连接 $YBa_2Cu_3O_{7-y}$ 超导材料，连接温度为 1000℃，连接时间为 1～2h，在流动氧气氛中进行扩散焊接头的后热处理。在所采用的 4 种热处理条件下，扩散连接试样在 90K 左右都出现了电阻陡降，但都没有达到零电阻（表 8.2）。这可能是由于受到接头区局部杂质相和微孔的影响造成的。图 8.3 所示是一个典型的扩散连接试样（02 号）电阻和温度的关系曲线。

表 8.2　扩散连接试样的焊后热处理结果

试样号	温度/℃	时间/h	临界温度 T_c/K	T_c 时的电阻/Ω
01	900	25	85	0.0025
02	930	15	90	0.0005
03	930	20	84	0.0020
04	940	20	85	0.0020

采用 Ag_2O 作中间层扩散连接 Y-Ba-Cu-O 超导材料，先将 Ag_2O 粉末用有机溶剂调成糊状，直接涂刷在连接表面，厚度约为 $50\mu m$，扩散连接在大气中进行，连接温度为 970℃，连接压力为 2.1kPa。图 8.4 所示为不同连接时间对接头抗剪强度的影响。开始时抗剪强度随连接时间的延长而增大，但 75min 后抗剪强度下降。剪切断裂主要发生在 Y-Ba-Cu-O 超导陶瓷中，而不是发生在连接界面处。但当连接时间超过 90min 时断裂发生在连接界面。

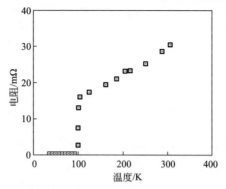

图 8.3　扩散连接试样（02 号）电阻和温度的关系曲线

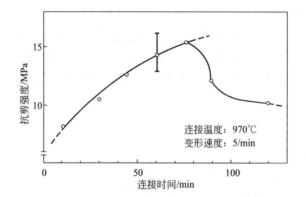

图 8.4　用 Ag_2O 作中间层扩散连接时间对接头抗剪强度的影响

图 8.5 所示是在液氮沸点温度（77.3K）测得的连接部位的电阻与连接时间的关系曲线。连接时间大于 90min 时电阻不等于 0，当继续增加连接时间时，电阻迅速增大。显然，扩散接头中心的反应层对超导性能有很大影响。X 射线衍射（XRD）结果表明，该反应层是由 $YBa_2Cu_3O_{7-x}$ 和 Y_2BaCuO_5 组成的复合结构，连接部位的超导性能与其中 Y_2BaCuO_5 含量的多少有关。

用厚度 $100\mu m$ 的 Ag_2O-$PbO50\%$（摩尔分数）作中间层，在加热温度为 970℃、时间为 30min、压力为 2.1kPa 的条件下的大气中扩散连接 Y-Ba-Cu-O 超导材料，所得连接试样的临界温度（T_c）为 88K，连接试样的抗剪强度随连接温度的升高而增加，见图 8.6。

采用 Ag_2O + YBCO 作中间层连接 $YBa_2Cu_3O_{7-x}$ 超导材料取得了良好的结果。所用的中间层是由混合粉末压制成厚度为 2mm、直径为 10mm 和 12mm 的薄片，经过 1203K×12h 烧结而成。扩散连接参数为：加热温度为 1202K，保温 1h，压力为 2.4kPa，连接在大气中进行。

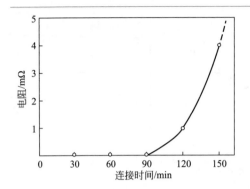

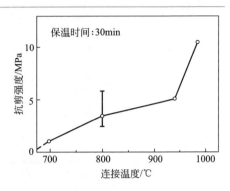

图 8.5　液氮沸点温度（77.3K）连接部位
的电阻与连接时间的关系

图 8.6　用 Ag$_2$O-PbO50% 作中间层时
温度对抗剪强度的影响

图 8.7 所示为中间层材料中 Ag$_2$O 对接头临界温度（T_c）的影响。可见，母材 YBa$_2$Cu$_3$O$_{7-x}$ 的临界温度为 87K，用质量分数为 0%、25% 和 50% 的 Ag$_2$O 中间层连接所得接头的临界温度分别为 88.8K、88.1K 和 88.6K。当中间层材料全部为 Ag$_2$O 时（质量分数为 100%），直到 50K 还没有出现超导现象。这表明，当中间层中加入过量的 Ag$_2$O 时，接头区的超导组织减少得太多，因此临界温度受到了严重的影响。

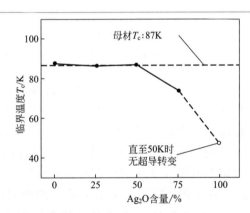

图 8.7　中间层材料中 Ag$_2$O 对临界温度的影响

图 8.8 所示为中间层中 Ag$_2$O 对接头抗剪强度的影响。加入质量分数为 25% 的 Ag$_2$O，使平均抗剪强度由 4.95MPa 提高到 5.08MPa；加入 50% Ag$_2$O 时抗剪强度进一步提高到 19.8MPa。中间层中 Ag$_2$O 对接头强度的影响与其对接头致密度的影响有关。由图 8.9 可以看出，中间层中含 Ag$_2$O 增加时，扩散接头致密度明显增加。

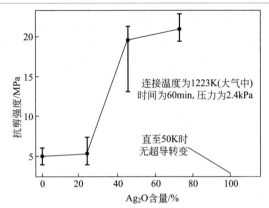

图 8.8　中间层材料中 Ag_2O 对接头抗剪强度的影响

（母材 YBCO 陶瓷的强度：　27.2MPa）

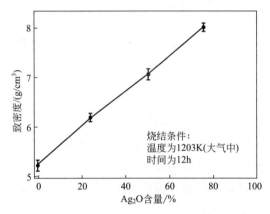

图 8.9　中间层材料中 Ag_2O 对接头致密度的影响

（3）Bi-Pb-Sr-Ca-Cu-O 超导材料的扩散连接

这类材料很脆、易开裂，而且对成分变化很敏感，熔焊这类陶瓷材料极易开裂，很难得到可靠的电性能满足要求的接头，一般不建议采用熔焊方法。可采用扩散连接或微波连接的方法。

① 加中间层的扩散连接　用 In_2O_3 和 Ag_2O 的混合物作为中间层扩散连接 Bi-Sr-Ca-Cu-O 超导材料可获得具有超导性能的接头。中间层材料为物质的量相同的 In_2O_3 和 Ag_2O 粉末，用有机溶剂混合后涂刷在两个连接表面。母材为加 Pb 和 Sb 烧结的 Bi-Sr-Ca-Cu-O 超导材料。

当连接压力为 2.4kPa、连接时间为 30min 时，连接温度对扩散接头抗剪强度的影响如图 8.10 所示。接头抗剪强度随温度的升高而增加，在 870℃时达到 6MPa。

连接温度为 850℃时，连接时间对接头抗剪强度的影响如图 8.11 所示，接头的抗剪强度与连接时间几乎呈直线关系。虽然接头的抗剪强度低于母材（12MPa～15MPa），断于连接界面，但这种接头强度已能满足实际应用。

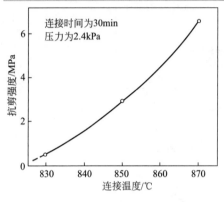

图 8.10　连接温度对接头抗剪强度的影响　　图 8.11　连接时间对接头抗剪强度的影响

扩散连接接头的超导性能如图 8.12 和图 8.13 所示。图 8.12 所示为连接温度 850℃，连接时间对接头电阻的影响。连接时间很短时，电阻值很高；但连接时间由 5min 增加到 15min 时，电阻陡降；当连接时间超过 90min 时，接头出现超导行为。图 8.13 所示为对试样表面逐层磨掉时测得的临界温度 T_c 变化曲线，虽然在离连接界面约 0.04mm 处的临界温度 T_c 下降到 88K，在接头界面处 T_c 又提高到 92K。这些试验数据也表明扩散接头处显示出了超导性。

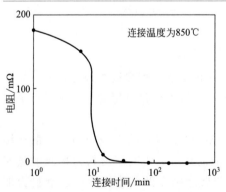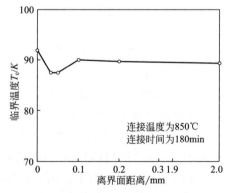

图 8.12　连接时间对接头电阻的影响　　　图 8.13　离界面距离对临界温度 T_c

（所测电阻为 77K 时通过连接界面　　的影响（所测电阻为 77K 时平行于连

的电阻）　　　　　　　　　　　接界面的电阻）

② 不加中间层的扩散连接　针对母材为热压 $Bi_{0.85}Pb_{0.15}Sr_{0.8}CaCu_{1.4}O_y$ 超导陶瓷，可不加中间层直接扩散连接。连接温度为 780℃，连接时间为 30min，连接压力为 2.5MPa。连接界面结合良好，界面附近没有发现明显的显微孔洞。对扩散连接后的试样进行 830℃×40h 退火处理，在接头界面处没有形成明显的二次相。经测定，接头试样的电阻率和临界温度 T_c 几乎与母材相等，但在液氮温度（77K）和零磁场下测得接头的临界电流密度 J_c 低于母材的临界电流密度（分别为 $241A/cm^2$ 和 $375A/cm^2$）。扩散接头处临界电流密度 J_c 的降低可能是在连接界面上有结合不充分之处，在连接工艺上有待进一步优化。

氧化物陶瓷超导材科在未来高科技领域具有广阔的应用前景，而其应用的前提是成熟的连接技术。目前存在的主要问题是接头超导电性与母材相比还有一定的差距，主要原因是在连接过程中超导相存在不同程度的分解、接头区有少量微裂纹和微孔、连接区晶粒的织构度比母材差等。

8.2　形状记忆合金与金属的连接

8.2.1　形状记忆合金的特点及应用

什么是形状记忆合金？一般金属材料受到外力作用后，首先发生弹性变形，达到屈服点就产生塑性变形，应力消除后留下永久变形。但有些材料，在发生了塑性变形后，经过合适的热过程，能够恢复到变形前的形状，这种现象叫做形状记忆效应。具有形状记忆效应的金属一般是两种以上金属元素组成的合金，称为形状记忆合金（shape memory alloy，SMA）。

（1）形状记忆合金的发现

自 20 世纪 50 年代在 Au-Cd 合金和 In-Ti 合金中发现热弹性马氏体之后，1963 年发现 TiNi 合金元件的声阻尼性能与温度有关。1961 年，美国海军研究所的一个研究小组，花了不少精力将一批使用不便的乱如麻丝的镍钛（Ni-Ti）合金丝一根根地拉直，并在试验中发现，当温度升到一定值的时候，这些已被拉直的镍钛合金丝，突然"记忆"起自己原来的模样又恢复到弯弯曲曲的状态，而且丝毫不差。经过反复试验，结果这一"变形-恢复"的现象可重复进行。

进一步研究发现，近等原子比的 TiNi 合金具有良好的形状记忆效应。记忆合金较早的典型应用之一是 1970 年美国将 TiNi 记忆合金丝制成宇宙飞船天线。20 世纪 70 年代先后在 CuAlNi 及 CuZnAl 等合金中发现了形状记忆效应。80 年代开发出 FeMnSi、不锈钢等铁基形状记忆合金，由于其成本低廉、加工简便而引起材料工作者的兴趣。20 世纪 90 年代高温形状记忆合金（金属间化合物型）、宽滞后记忆合金以及记忆合金薄膜等相继被开发出来。

（2）形状记忆合金的分类及性能特点

这类合金，包括 Ni-Ti 合金、Cu-Zn 合金、Cu-Al-Ni 合金以及 Cu-Au-Zn 合金等，它们在外力作用下改变形状以后，通过加热又能够恢复原来的形状。这就是所谓的形状记忆合金，简称记忆合金。现在铁基合金以及不锈钢合金也有了记忆合金。

按照记忆效应形状记忆合金可以分为三种：

① 单程记忆效应　形状记忆合金在较低的温度下变形，加热后可恢复变形前的形状，这种只在加热过程存在的形状记忆现象称为单程记忆效应。

② 双程记忆效应　某些合金加热时恢复高温相形状，冷却时又能恢复低温相形状，称为双程记忆效应。

③ 全程记忆效应　加热时恢复高温相形状，冷却时变为形状相同而取向相反的低温相形状，称为全程记忆效应。

形状记忆合金材料的应用领域相当广泛，包括电子、机械、能源、宇航、医疗及日常生活等多方面。具有形状记忆效应的合金系已达 20 多种，主要材料包括：Au-Cd 合金、In-Ti 合金、NiTiNb 合金、铁基形状记忆合金、铜基形状记忆合金、TiNi 系合金（如 TiNiFe、TiNiCu、TiNiV、TiNiCuR、TiNiPd）等（表 8.3），其中得到实际应用的集中在 TiNi 系合金与 CuZnAl 等合金。TiNi 形状记忆合金的物理性能、力学性能和形状记忆性能见表 8.4～表 8.6。

表 8.3　一些形状记忆合金的成分和特点

合金	成分（摩尔分数）/%	马氏体相变温度（M_s）/K	逆转变开始温度（A_s）/K	有序（无序）	体积变化/%
Ag-Cd	Cd44～49	83～223	≈15	有序	−0.16
Au-Cd	Cd46.5～50	243～373	≈15	有序	−0.41
Cu-Al-Ni	Al14～14.5 Ni3～4.5	133～373	≈35	有序	−0.30
Cu-Au-Zn	Au23～28 Zn45～47	83～233	≈6	有序	−0.25
Cu-Sn	Sn≈15	153～213	—	有序	—
Cu-Zn	Zn38.5～41.5	93～263	≈10	有序	−0.50
Cu-Zn-X	（X＝Si,Sn,Al,Ga）	93～263	≈10	有序	—
In-Tl	Tl18～23	333～373	≈4		−0.20
Ni-Al	Al36～38	93～373	≈10	有序	−0.42

续表

合金	成分(摩尔分数)/%	马氏体相变温度(M_s)/K	逆转变开始温度(A_s)/K	有序(无序)	体积变化/%
Ti-Ni-Cu	Ni20,Cu30	353	≈5	有序	—
Ti-Ni-Fe	Ni47,Fe3	183	≈18	有序	—
Ti-Ni	Ni≈51	223~373	≈10	有序	−0.34
Fe-Pt	Pd≈25	~143	≈30	有序	−0.8~−0.5
Fe-Pd	Pd≈30	~173	≈4	无序	—
Mn-Cu	Cu5~35	23~453	≈25	无序	—
Fe-Ni-Ti-Co	Ni33 / Ti4,Co10	~133	≈20	部分有序	0.4~2.0

　　形状记忆合金除了具有形状记忆效应外，还有另一个特性，即超弹性。在应力作用下它的可恢复应变为普通金属的几十倍。普通金属弹性应变量一般不超过0.5%，而具有超弹性的形状记忆合金可达5%~20%。形状记忆效应是由热弹性马氏体的逆转变产生的，而超弹性是由应力诱发的马氏体逆转变引起的。

表8.4　TiNi形状记忆合金的物理性能

密度/(g/cm³)	熔点/℃	比热容/[J/(kg·K)]	线胀系数/10⁻⁶℃⁻¹	热导率/[W/(m·K)]	电阻率/10⁻⁶Ω·cm
6~6.5	1240~1310	25~33	10	0.21	50~110

表8.5　TiNi形状记忆合金的力学性能

硬度(HV)	抗拉强度/MPa	形状记忆合金屈服强度/MPa	超弹性合金屈服强度/MPa	伸长率/%
(马氏体相)180~200	(奥氏体相)200~350	(热处理后)686~1073	(未热处理)1274~1960	(马氏体相)49~196
(奥氏体相)98~588	(加载时)98~588	(卸载时)0~294	20~60	—

表8.6　TiNi合金的形状记忆性能

相变温度(M_s点)/℃	温度滞后/℃	形状回复量(循环次数N)			最大回复应力/MPa	热循环寿命/次	耐热性/℃
		$N \ll 10^5$	$N = 10^5$	$N = 10^7$			
−50~100	2~30	6%以下	2%以下	0.5%以下	588	$10^5 \sim 10^7$	≈250

　　热弹性马氏体相变是由温度变化引起的马氏体相变；应力诱发马氏体相变是在母相稳定的温度区内（$T > A_f$），由应力变化引起的马氏体相变。当所加载荷超过了诱发马氏体相变的临界应力 σ_M 时，在变形的同时就诱发了马氏体的产

生。当应力去除后，随着马氏体的逆转变，应变也消失了，恢复到了母相原来的状态。超弹性形状恢复的现象，本质上与形状记忆效应相同，都是马氏体的逆转变引起的，但这种马氏体是很不稳定的，一旦卸去载荷，相应的变形即可得到恢复。

(3) 形状记忆合金的应用

TiNi 形状记忆合金具有优异的形状记忆效应和超弹性、比强度高、抗腐蚀、抗磨损和生物相容性好等特点，在航空航天、海洋开发、仪器仪表和医疗器械等领域有广阔的应用前景。

1) 在航空航天中的应用

形状记忆合金已应用到航空和太空装置。美国国家航空和航天局在"阿波罗"登月活动中用 NiTi 记忆合金制造的半球形展开式天线，其本身的体积相当庞大，为便于火箭或航天飞机运载，科学家先将这种天线进行"压缩"，待运送到月球表面以后，再利用阳光加热而使其恢复到原来的形状。例如，先在正常温度下按预定要求做好半球形天线，然后降低温度，把它压成一团，装入登月舱的低温容器中，送到月球后取出，在太阳光照射下，温度升高到约 40℃ 时，天线便"记忆"起原来的形状，自动展开成半球形。

荷兰科学家采用 NiTi 记忆合金制造的人造卫星天线，也是通过"压缩"技术把它卷放于卫星本体内，当卫星进入运行轨道以后，再利用太阳光加热，使其恢复"记忆"而在太空中自动展开。

在太空方面，俄罗斯制作的形状记忆合金装置已达到了实用化水平，如用于空间计划的大型天线和 MIR 空间站天线杆的连接与装配。在美国，太空计划应用形状记忆合金的驱动插销释放发射后的有效载荷，也已证实是成功的。脆性插销用在预压气缸中，当形状恢复时引起有凹口的插销断裂，它比常规的爆炸释放装置要安全得多。另外，在卫星中使用一种可打开容器的形状记忆释放装置，用于保护灵敏的锗探测器免受装配和发射期间的污染。

1970 年美国用形状记忆合金制作 F-14 战斗机上的低温配合连接器，随后在数百万的连接件上应用。

2) 在工业自动控制中的应用

在自动控制技术中，形状记忆合金用得很多。例如，用于住宅供暖系统的"恒温阀"，就是借助于形状记忆合金进行工作的。当室内温度上升到一定数值后，记忆合金弹簧伸长，使阀门关闭；而当温度降低到一定数值后，记忆合金弹簧缩短，阀门又被打开，以此来保持室内的恒温。通过调整旋钮改变弹簧的压力，即可使室温升高或降低。

使用形状记忆合金制作的驱动器，可以在低电压、小电流的条件下工作，既安全又省电，有些国家已经将这种小巧玲珑的部件用在微型机器人上。由于形状记忆合金的结构简单、控制灵活，在轻型机器人及小型化系统中有独特的技术优势。几个应用示例如下：

① 利用单程形状记忆效应的单向形状恢复，如管接头、天线、套环等。例如，Ti-Ni 形状记忆合金管接头可用于密封连接各类液、气高压或低压管件，也可用于异质器件的密封连接与紧固，性能稳定。

② 外因性双向记忆恢复，即利用单程形状记忆效应并借助外力随温度升降做反复动作，如热敏元件、机器人、接线柱等。以记忆合金制成的弹簧为例，把这种弹簧放在热水中它的长度伸长，再放到冷水中它会恢复原状。利用形状记忆合金弹簧可控制浴室水管的水温，在热水温度过高时通过"记忆"功能调节或关闭供水管道。也可制作成消防报警装置及电器设备的保安装置。当发生火灾时，记忆合金制成的弹簧发生形变，启动消防报警装置，达到报警的目的。

③ 内因性双向记忆恢复，即利用双程记忆效应随温度升降做反复动作，如热机、热敏元件等。但这类应用记忆衰减快、可靠性差，不常用。

④ 超弹性的应用，如弹簧、接线柱、眼镜架等。例如用记忆合金制作的眼镜架，如果被碰弯曲了，将其放在热水中加热就可以恢复原状。

形状记忆合金作为低温配合连接件可在飞机的液压系统中及石化、电力系统中应用。宽热滞 NiTiNb 合金的出现使形状记忆合金连接件和连接装置更有吸引力。

另一种连接件的形状是焊接的网状金属丝，可用于制造导体的金属丝编织层的安全接头。这种连接件已用于密封装置、电气连接装置、电子工程和机械装置，并能在 $-65\sim300$℃下可靠地工作。开发出的密封装置可在严酷环境中用作电气件连接。计算机连接电路板的互连电缆需要一个接头，该接头在接触电阻降至最低时关闭，可防止电器件损坏。

3）在医学中的应用

用于医学领域的记忆合金，除了具备形状记忆或超弹性特性外，还应满足化学和生物学等方面可靠性的要求（具有生物相容性）。在实用中，只有与生物体接触后会形成稳定性很强的钝化膜的合金才可以植入生物体内，其中仅 TiNi 合金满足使用条件，是目前医学上主要使用的记忆合金。

TiNi 合金的生物相容性很好，在医学上 TiNi 合金应用较广的有口腔牙齿矫形丝，外科中用的各种矫形棒、骨连接器、血管夹、凝血滤器等。例如：

① 牙齿矫形丝　用超弹性 TiNi 合金丝和不锈钢丝做的牙齿矫正丝。通常牙齿矫形用不锈钢丝和 CoCr 合金丝，但这些材料有弹性模量高、弹性应变小的缺点。用 TiNi 记忆合金作牙齿矫形丝，即使应变高达 10％也不会产生塑性变形，而且应力诱发马氏体相变使弹性模量呈现非线性特性，即应变增大时矫正力波动很小，这样可减轻患者的不适感。

② 脊柱侧弯矫形　采用形状记忆合金制作的矫形棒只需一次安放固定。如果矫形棒的矫正力有变化，可通过体外加热形状记忆合金，温度升高到比体温约高 5℃ 就能恢复足够的矫正力。

4）在法兰密封连接中的应用

法兰密封连接是压力容器、动力机器和连接管道等工业装置中常见的可拆连接形式，它的失效有可能带来灾难性后果。螺栓在长期拉伸状态下也表现出蠕变松弛。在核电站、宇航设施等特定工况下要满足法兰连接的密封要求，须保证在长周期工作状态下密封元件上仍能维持足够的压紧力。形状记忆合金制成的管接头在工程中已得到应用，特别是在航空用液压管路的连接中。

① 法兰密封合金的性能　法兰密封连接的蠕变松弛是垫片、螺栓与法兰相互作用的结果。当螺栓法兰连接进入工作状态后，在介质压力的作用下，螺栓变形伸长，垫片变形减薄，起密封作用的压紧力下降。随着时间推移和温度作用，各元件逐渐增大的蠕变使得垫片上的压紧力越来越小，导致密封失效。特别是高温状态下的法兰连接，蠕变松弛现象更为明显。

形状记忆合金具有形状记忆效应，具热弹性马氏体相变的合金还呈现出超弹性。记忆合金在高于奥氏体转变结束温度（A_f）时是稳定的母相，而在低于马氏体转变结束温度（M_f）后变为马氏体相，在 M_f 和 A_f 之间两相共存。当一定形状的母相样品由 A_f 以上冷却至 M_f 以下形成马氏体后，将在 M_f 以下变形，加热至 A_f 以上伴随逆相变，材料会自动恢复其在母相时的形状。当记忆合金在形状恢复过程中受到约束时，会产生很大的应力予以反抗。例如，TiNi 合金的记忆效应受到阻止时，可产生 700MPa 的抗力。这种反抗应力可直接或间接应用在螺栓法兰连接密封中，弥补蠕变松弛造成的压紧力下降。

② 形状记忆合金密封元件　在螺栓法兰连接中，已经取得进展的有形状记忆合金制成的螺栓（或组合螺栓）和垫片。预紧后的螺栓法兰连接进入工作状态时，随着工作温度和内压的升高，螺栓和垫片表现出形状记忆效应，产生逆变形，阻止螺栓的伸长，使加载在垫片上的压紧力维持在较为恒定的范围；形状记忆效应和超弹性性能在随后的长期工作中，对蠕变松弛、内压和温度场波动引起的压紧力减小起主动补偿，获得优异的密封效果。

图 8.14 所示为一种新的组合螺栓，该螺栓用两种材料制成，同轴组合后制成一体，利用记忆效应来抑制螺栓应力松弛行为。对形状记忆合金制成的双头螺栓进行的低周反复载荷试验表明，在同样的应力状态下（钢制螺栓低于屈服强度，记忆合金螺栓高于马氏体转变强度且低于屈服强度），相对于钢制螺栓，形状记忆螺栓有更高的耗能能力。这对特殊场合下的螺栓法兰连接体提高抗疲劳性能和延长密封寿命有应用价值。

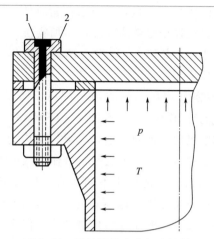

图 8.14 形状记忆合金组合螺栓

1—形状记忆合金；2—普通合金钢制螺栓；p—工作内压；T—工作温度

图 8.15（a）中所示的记忆合金垫片由波纹状记忆材料和一层保护膜组成，图 8.15（b）中所示的垫片采用记忆合金制成的 V 形带与填充材料螺旋相间缠绕而成，都是利用形状记忆效应来弥补密封压紧力的下降。试验表明，TiNi 合金平垫片的密封性能优于铝制平垫片，在轴向压紧力出现下降 20% 波动时，处于母相状态的记忆合金垫片仍能通过其超弹性性能来维持密封效果。

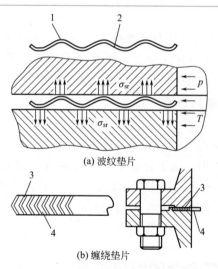

(a) 波纹垫片

(b) 缠绕垫片

图 8.15 形状记忆合金垫片

1—保护膜；2，3—形状记忆合金；4—填充材料；p—工作内压；T—工作温度；

σ_{sr}—形状记忆效应恢复力

形状记忆合金垫片的优势很明显，但要求预紧时处于低温马氏体相，工作状态时处于高温母相状态，这样记忆效应才能产生所需抗力；记忆效应超弹性性能也要求垫片工作温度处于 A_f 点与 M_d（应力诱发马氏体的最高温度）点之间，应针对不同工作环境开发适用的记忆合金垫片。

③ 几种记忆合金在密封连接中的应用　按马氏体逆相变开始温度（A_s），可将记忆合金划分为高温形状记忆合金（HTSMA）和低温形状记忆合金（LTSMA）。经过后续热-机械处理的合金，在无约束应力条件下，$A_s > 120℃$ 归为 HTSMA，反之归为 LTSMA。从延长密封寿命、减少维护和提高密封可靠性方面来讲，HTSMA 和 LTSMA 适用于不同场合。HTSMA 的开发应用价值更大，能解决核反应堆、汽轮机热区、地热等情况下管路的密封连接。开发适合于螺栓法兰连接要求的密封元件，除了要考虑材料适用温度、密封设计外，还需要考虑合金材料的可加工性、相稳定性、机械稳定性和经济性。

a. Ti-Ni 合金。Ti-Ni 合金是研究最早的记忆合金之一，加入第 3 系元素形成 Ti-Ni-X 合金可改变性能满足不同场合的要求。对于开发法兰连接密封组件而言，LTSMA 中具有应用价值的有 Ti-Ni、Ti-Ni-Nb 和 Ti-Ni-Cu；HTSMA 中具有应用价值的是 Ti-Ni-Hf 和 Ti-Ni-Pd。

b. Cu 基合金。Cu 基记忆合金某些特性不如 Ti-Ni 合金，但由于加工容易、成本低，在工程应用中受到青睐。Cu 基记忆合金包括 Cu-Zn 和 Cu-Al 两大合金系，Cu-Zn 系合金的 M_s 点一般低于 100℃，热稳定性较差，而 Cu-Al 系合金有望开发成为 HTSMA。

c. Fe 基合金。Fe 基合金具有强度高、塑性好、易成形加工和价格便宜等优点，虽然记忆效应比不上 Ti-Ni 合金，但有很大的应用潜力。其中 Fe-Mn-Si 合金可用来开发螺栓或螺栓组件，其合金逆相变发生在 100～200℃，添加 Cr、Ni、Co 可防止生锈，提高耐腐蚀性，添加稀土元素 Re 可以改善记忆效应和提高 M_s 点。

d. Ni-Al 合金。Ni-Al 合金的马氏体相变温度（M_s）随 Ni 含量不同由 -196℃ 变化到 950℃ 左右，由于合金中含有大量 Al，呈现良好的高温抗氧化性能和导热性能，适合于开发高温形状记忆合金，是目前被认为发展潜力最大的高温形状记忆合金之一。在螺栓法兰连接密封中，可进一步研发的有 Ni-Al-Fe 和 Ni-Al-Mn 合金。

8.2.2　形状记忆合金的焊接进展

当前实用化的 TiNi 形状记忆合金主要是制造成简单的工业制件（如弹簧、丝和片等），将 TiNi 形状记忆合金焊接成更复杂的形状是扩大其应用的重要途径。对 TiNi 形状记忆合金焊接的研发主要集中在焊接方法、焊接工艺以及对接头组织性能的影响等方面。目前的研究多为探索性研究，但对推进其应用有现实意义。

众多研究者在 TiNi 形状记忆合金连接的研发方面做了很多的工作，包括氩弧焊、电子束焊、激光焊、电阻焊、摩擦焊、钎焊等。TiNi 形状记忆合金焊接时，除了要求保证具有一定的力学性能外，还须保证形状记忆功能达到所需要求。因此，它比一般结构材料更难焊接，焊接工艺所受限制也更多，这给其焊接带来很大的困难。

（1）TiNi 形状记忆合金的熔化焊

由于 TiNi 形状记忆合金组织和力学性能对温度变化极为敏感，高温下 Ti 对 N、O、H 的亲和力特强，在熔焊过程中 TiNi 记忆合金很容易吸收这些气体，在接头处形成脆性化合物。熔焊时接头形成粗大的铸态组织并在凝固过程中形成 Ti_2Ni、$TiNi_3$ 等化合物，对接头力学性能和形状记忆效应有不利影响。故连接这类合金时要防止 N、O、H 等的侵入并尽可能不产生液相。针对 TiNi 形状记忆合金的特点，钎焊、摩擦焊及电阻焊等固相连接方法应有利于 TiNi 形状记忆合金的连接。

焊接生产中熔化焊应用最为广泛。20 世纪 60 年代就开始采用钨极氩弧焊连接 TiNi 形状记忆合金，但没有获得满意的结果。采用氩弧焊、电子束焊和激光焊等熔焊方法焊接 TiNi 系形状记忆合金的焊接效果仍不能令人满意。

形状记忆合金熔焊中存在的主要问题是：

① 由于 N、O、H 等的溶入使焊接接头变脆；

② 焊缝中产生的铸态结晶组织阻碍马氏体相变而影响其形状记忆效应；

③ 焊接热影响区晶粒长大破坏母材的有序点阵结构而影响其形状记忆效应；

④ 易形成金属间化合物（如 Ti_2Ni、$TiNi_3$），对接头强度和形状记忆效应有不利影响。

1）钨极氩弧焊

通过研究 N、O 对 TiNi 形状记忆合金钨极氩弧焊接头组织、形状记忆效应和力学性能的影响规律，结果表明：N、O 对 TiNi 形状记忆合金氩弧焊接头组织和性能有不利影响，随着接头中 N、O 含量增加，接头区出现第二相粒子（如 TiN、Ti_4Ni_2O 等），相变温度下降、形状记忆效应和接头抗拉强度降低。

采用 He 气保护钨极电弧焊来连接 TiNi 记忆合金时，焊缝呈细的树枝状组织，但接头的形状记忆效应和力学性能仍不佳。

2）电子束焊

用电子束焊针对厚度为 1.16mm 的 TiNi 形状记忆合金板材焊接接头的力学性能试验表明，记忆合金压延后经 973K×60min 热处理，室温时母相状态下的断裂应力为 740MPa，伸长率为 26%。

TiNi 记忆合金电子束焊接头的力学性能见表 8.7。焊接接头在马氏体状态下的断裂应力为 410MPa，原始母相状态下断裂应力为 560MPa；断裂发生于焊缝中或焊趾部位半熔化区，焊趾部位有纵、横小裂纹存在。通过研磨可去除裂纹，断裂应力上升为 710MPa。焊接接头经过焊后热处理（973K×120min）后晶粒明显细化，伸长率上升为 16%，断裂应力为 660MPa。但电子束焊对其形状记忆效应仍有不利影响。

表 8.7　TiNi 记忆合金电子束焊接头的力学性能

材料	状态	试验条件	断裂应力/MPa	伸长率/%
母材	973K×60min，水淬	$T<M_f$	860	31
	973K×60min，水淬	$T>A_f$	740	26
焊接接头	无热处理，无研磨	$T<M_f$	410	9.8
	无热处理，无研磨	$T>A_f$	560	11
	无热处理，进行研磨	$T>A_f$	710	7.2
	973K×120min，水淬和研磨	$T>A_f$	660	16

3）激光焊

激光焊可实现形状记忆合金薄板件的焊接，并能获得与母材相近的形状记忆效应和超弹性，但焊缝强度较低，且在焊缝中心易产生裂纹，这主要是由于接头熔化区产生了粗大的铸态组织而使焊缝变脆的缘故。日本学者用 10kW 的 CO_2 激光器焊接厚度为 3mm 的 NiTi 记忆合金薄板，也证实了这一结论。

例如，针对 Ti-Ni50.7% 记忆合金，母材固溶处理条件为 973K×30min，时效处理条件为 673K×60min，Ar 气中。CO_2 激光焊的工艺参数为：功率为 6kW，焊接速度为 3.4m/min，焊后在 Ar 气中进行 673K×60min 时效处理。表 8.8 列出了 Ti-Ni50.7% 合金、母材时效处理后以及激光焊焊缝金属的转变温度，表中数据表明母材与焊缝金属的相变点基本相同。

表 8.8　Ti-Ni50.7% 合金和激光焊焊缝金属的转变温度

材料	转变温度/K			
	A_f	A_s	M_s	M_f
Ti-Ni50.7% 合金	296	251	248	194
母材 673K×60min 时效处理	296	271	245	200
激光焊焊缝金属	296	236	250	185

形状记忆效应的评定在不同的试验温度（从 M_s 点以下到 A_f 点以上）下进行，以 $1.6×10^{-4}/s$ 应变速度加载，到达 4% 应变率后去除载荷，加热到母相状

态，试验其形状恢复情况和评定其形状记忆效应。试验结果表明，激光焊接头与母材具有相同的形状记忆效应，但焊接试样的抗拉强度和断裂应变均低于母材（表8.9）。断裂发生于焊缝中心柱状晶的晶界，这是因为柱状晶的晶界垂直于载荷，而且晶界上存在有氧化物夹杂。尽管如此，焊接试样断裂应变仍超过6%，这是多晶体TiNi金属中的最大可恢复伸长率。因此，针对Ti-Ni50.7%形状记忆合金，激光焊是可行的。

表 8.9　Ti-Ni50.7%合金及其激光焊接头的力学性能

材料	状态	试验温度 /K	抗拉强度 /MPa	伸长率 /%
Ti-Ni50.7%合金	973K×30min 固溶处理	233	957	37
		313	840	18
	673K×60min 时效处理	233	1224	15
		313	1155	18
激光焊接头	焊态	233	417	7.9
		313	740	7.7
	673K×60min 时效处理	233	492	6.5
		313	656	6.0

采用 Nd：YAG 激光焊机对 Ni-49.6%Ti 形状记忆合金焊接接头功能特性进行了研究。拉伸试验结果表明，经 900℃×1h 退火处理，试样焊接区对其形状记忆效应影响较小；而经 400℃×20min 退火处理，试样的超弹性性能较未焊接试样变化较大。

采用 CO_2 激光器对厚度为 2mm 的 $Ti_{50}Ni_{50}$ 和 $Ti_{49.5}Ni_{50.5}$ 形状记忆合金板材进行焊接，研究接头的形状记忆效应和抗腐蚀性，结果表明，焊接接头马氏体相变点略有下降，其形状记忆效应与母材相近。$Ti_{50}Ni_{50}$ 合金焊缝 B2 相增多，接头强度较高，而伸长率较低。焊接接头在 H_2SO_4（1.5mol/L）和 HNO_3（1.5mol/L）溶液中表现出良好的耐腐蚀性。对 $Ti_{49.5}Ni_{50.5}$ 合金的超弹性试验结果表明，焊接接头经循环应力变形后残余应变较大，这是由于焊缝组织不均匀造成的。

采用 500W 脉冲激光焊机对直径为 0.5mm 的 Ti-50.6%Ni 合金丝进行激光点焊，研究接头的组织和性能，结果表明：激光点焊接头熔化区由树枝晶组成，热影响区靠近焊缝部分为粗大等轴晶，靠近母材部分为细小等轴晶；激光焊造成 Ni 的蒸发，使接头中 Ni 含量降低，使接头相变温度升高；接头抗拉强度可达母材的 70%，可恢复应变达母材的 92%。当 TiNi 合金作为形状记忆效应功能材料使用时，激光点焊方法是可取的。

以上研究结果表明，采用熔化焊方法来焊接 TiNi 形状记忆合金，由于 N、O、H 的溶解及 Ti_2Ni、$TiNi_3$ 脆性化合物的生成而使接头变脆；热影响区金属受热使其组织粗大、组织结构发生变化，导致 TiNi 形状记忆合金的形状记忆效应和超弹性下降。因此，从保证接头区的功能特性来说，除激光焊外，采用常规熔化焊方法焊接 TiNi 形状记忆合金是比较困难的。

（2）TiNi 形状记忆合金的固态焊接

固态焊接方法（如电阻焊、摩擦焊和扩散焊）具有接头区金属微观结构变化小、能在较低的温度下获得接头（相对于熔化焊）及没有熔融金属等优点，对 TiNi 形状记忆合金的焊接和保证接头区性能十分有利。

1）电阻焊

① 电阻点焊　针对直径为 0.5mm 的 Ti-55.2%Ni 形状记忆合金丝网结构中十字搭接头的点焊试验，对比精密时间控制的交流点焊和储能点焊两种工艺方法，并研究氩气保护的影响。结果表明，点焊 TiNi 合金时容易吸收 N、O、H，使接头的力学性能和形状记忆效应下降。所以，焊接过程中采用氩气保护是非常必要的。两种工艺方法所获得的焊接接头的形状记忆恢复率均可达到 98% 以上。力学性能方面交流点焊方法优于储能脉冲点焊，交流点焊接头和储能脉冲点焊接头的最大抗剪强度分别为 700MPa 和 500MPa，其最大抗拉强度分别为 1200MPa 和 1000MPa。

对 TiNi 合金母材、焊点和焊后热处理组织性能的分析表明，TiNi 形状记忆合金经点焊后，焊点各区域和母材成分基本上是均匀的。焊后未经热处理的焊缝组织以高温相为主，焊点经与母材相同的热处理后，焊缝组织与热处理后的母材基本一致，由高温相与马氏体相组成。通过对焊点的变温动态分析，证明焊点具有热弹性马氏体相变的功能和形状记忆效应的特性。

② 电阻对焊　针对直径为 0.73mm 的 TiNi 形状记忆合金丝的电阻对焊，研究焊接顶锻力和焊接电流对接头力学性能和形状记忆效应的影响，可给出适合于焊接条件与形状恢复率的区域图。可采用弯曲试验方法评定焊接部位的形状记忆特性。

针对 TiNi 形状记忆合金的精密脉冲电阻对焊，分析焊接电流、焊接压力、顶锻压力和保护气体等参数对焊接接头力学性能和形状记忆效应的影响。试验得出的获得最高形状恢复率焊接接头的参数为：焊接热量为 75%，激磁电流为 2A，调伸长度为 5.0mm，焊接留量为 2.5mm，后热处理量为 10%，后热处理时间为 40~60cycles。

电阻焊是连接 TiNi 合金的有利方法，但该方法的灵活性受到限制，如对工件形状和接头的复杂程度以及尺寸大小等限制较大。

2）摩擦焊

采用摩擦焊和焊后热处理，可成功连接直径为 6mm（长度为 100mm）的 Ti50-Ni50（摩尔分数,%）金属棒，获得良好的结果。摩擦焊时所用的顶锻压力为 39.2~196.1MPa，焊后热处理条件为：773K×30min、冰水淬火。焊接接头经热处理后的力学性能和形状记忆效应均很好，不同工艺条件下摩擦焊焊缝的转变温度见表 8.10，可见热处理后的焊接接头具有与 TiNi 母材几乎相同的转变温度。应力-应变测定表明热处理后的摩擦焊接头的形状记忆效应优于母材。

表 8.10　不同工艺条件下摩擦焊焊缝的转变温度

母材及接头状态	转变温度/K			
	M_s	M_f	A_s	A_f
Ti50-Ni50 记忆合金	309.0	277.5	314.2	331.0
顶锻压力为 39.2MPa，焊后热处理	309.5	279.0	316.3	332.0
顶锻压力为 196.1MPa，焊后热处理	309.2	276.3	316.3	334.5
顶锻压力为 39.2MPa，焊态	245.0	216.4	287.4	310.0
顶锻压力为 196.1MPa，焊态	267.6	216.7	286.9	309.8

摩擦焊时在焊接区产生了严重的热挤压变形，可获得较细小的显微组织，这对形状记忆效应是有利的。但摩擦焊不能保证接头结合面的几何精度。因此，工件接头的几何精度是 TiNi 形状记忆合金摩擦焊中难以避免的问题。

储能摩擦焊能够连接非轴对称的部件，但在焊接时需要施加快速的热循环和高轴向力，使受热变形的塑性金属挤出结合面，得到致密的接头，但这对 TiNi 合金的形状记忆效应会造成不利的影响。

3）扩散焊

扩散焊通过在高温下施加一定的压力实现材料的连接，被连接工件没有明显的宏观变形。可在结合面处填加中间合金，这是在连接形状记忆合金方面非常有潜力的方法。但扩散焊的温度一般高于 TiNi 形状记忆合金的退火温度，这对母材的形状记忆效应是不利的。

通过对 NiTi 合金的瞬间液相扩散焊（TLP）研究，发现在接头界面处形成一层 Ni_2AlTi 化合物。焊接过程中 NiTi 合金中 Ti 向接头扩散，导致 NiTi 合金固相线温度下降，从而使其在焊接过程中部分熔化。NiAl 合金中元素 Cr 向接头及 NiTi 基体扩散，导致 NiTi 基体中形成 α-Cr 相，通过焊后热处理能够消除该相，减小对 NiTi 合金记忆效应的影响。

研究表明采用瞬间液相扩散焊方法连接 TiNi 形状记忆合金，通过长时间的扩散或焊后热处理可使焊接接头的化学成分和显微组织与母材接近，这在连接 TiNi 形状记忆合金方面具有极大的潜能，它的成功应用依赖于给定合金系统的参数优化。

（3）TiNi 形状记忆合金的钎焊

1）同质接头钎焊

日本学者研制出能在大气中钎焊 Ti-55.75％Ni 形状记忆合金的钎料和钎剂。

以 BAg7 为基础研制成的钎料 A-1 成分（质量分数）为 Ag59％，Cu23％，Zn15％，Sn1％，Ni2％。钎剂成分（质量分数）为 AgCl25％、KF25％、LiCl50％，它能使 Ag 基钎料在 TiNi 形状记忆合金上很好地润湿。

钎焊工艺分两步进行：第一步为预熔敷钎料，将研制的钎剂涂于试件的连接部位，使钎料熔化后熔敷在试件的连接部位；第二步为连接，在预置有熔敷钎料层的试样连接部位涂上通用的银钎料用钎剂，然后将两块需要连接的试件装配在一起，压上 100g 质量，在炉中进行钎焊。试验结果表明，与常规钎料 BAg7 相比，加有 2％Ni 的 A-1 钎料显著地提高了接头的强度，最大抗剪强度约为300MPa，与其对比的 BAg7 钎料的最高抗剪强度约为 200MPa。

在红外线加热炉中于氩气流中以纯 Cu 和 Ti-15Cu-15Ni 箔片为钎料，对 $Ti_{50}Ni_{50}$ 形状记忆合金进行钎焊，研究钎缝的组织及接头的形状记忆特性。结果表明，采用纯 Cu 钎料时，钎缝由富 Cu 相、CuNiTi 相和 Ti（Ni，Cu）相组成，其中富 Cu 相在钎焊最初 10s 内就迅速消失，接头由 CuNiTi 和 Ti（Ni，Cu）共晶组织组成。随钎焊时间的延长，CuNiTi 相逐渐减少；钎焊温度为 1150℃、钎焊时间为 300s 时，钎焊接头在 130℃下形状回复率达 99.9％，与母材相当，延长钎焊时间有助于提高接头形状回复率。而采用 Ti-15Cu-15Ni 钎料时，接头形成 Ti_2（Ni，Cu）脆性化合物相，使弯曲试验不能顺利进行，提高钎焊温度或延长钎焊时间不能消除该脆性化合物。

2）异质接头钎焊

采用 Ag-Cu 共晶钎料 BAg28、添加 0.5％和 3％Ni 的 BAg28（成分分别为：Ag72.6％、71.5％和 77％，Cu27.4％、28％和 20％，Ni0％、0.5％和 3％），可实现 TiNi 形状记忆合金与 304 奥氏体不锈钢的钎焊连接。连接部位的钎焊层保持固定，在红外线加热炉中于氩气流中以 0.5MPa 的压力进行焊接。结果表明：

① 采用 BAg28 钎料钎焊时，较低温度或较短的保温时间，在接合面上可形成均匀的反应层，接合强度为 200MPa～250MPa，最高强度可达 270MPa。焊接件的断裂发生在钎料与界面上所形成的 FeTi 化合物层附近。

② 采用加 Ni 的钎料钎焊时，能抑制 Fe 和 Ti 的溶解，不会形成 FeTi 化合物层，在 304 不锈钢一侧形成了富 Fe 和 Ni 的固溶体层，而在形状记忆合金一侧形成了 Ni_3Ti 层。

③ 加 Ni 钎料的钎焊件，破断发生在界面上所形成的 Ni_3Ti 层和 NiTi 层，因为不形成 FeTi 化合物，焊件的最高断裂强度可提高到 400MPa 左右。

采用 Ag-Cu（BAg-8）和 Cu-Ti-Zr（MBF5004）钎料可实现 TiNi 形状记忆合金与纯 Ti 的钎焊连接。试验结果表明，采用 BAg-8 钎料，钎焊温度低于 1153K 时，接头形成 4 层化合物层，抗拉强度最高达 330MPa，断裂发生在纯 Ti

和钎料间的 Ti-Cu 金属间化合物层；当钎焊温度高于 1193K 时，接头形成两层化合物层，抗拉强度最高达 350MPa，断裂发生在钎缝中的 α-Ti 和 Ti₂（Ni，Cu）层。此时扩散层厚度是钎料厚度的 3 倍，表明钎焊过程中靠近界面的 TiNi 记忆合金母材部分熔化。

采用 MBF5004 钎料，钎焊接头组织和断裂部位与采用 BAg-8 钎料类似，但接头强度更高，接近纯 Ti 母材强度。采用微束等离子弧焊、储能焊和激光钎焊对 TiNi 形状记忆合金与不锈钢接头微观组织和性能进行对比，结果表明，采用微束等离子弧焊和储能焊，由于不锈钢与 TiNi 形状记忆合金熔化，在接头处形成铸态组织及脆性化合物，改变了 TiNi 形状记忆合金成分和组织，焊接接头极脆，抗拉强度低且不能承受弯曲载荷，热影响区硬度增加，接头呈脆性断裂。因此要提高异质接头的性能，焊接时应避免 TiNi 形状记忆合金过热和尽量减少两种母材的熔化或焊接时将焊缝中多余熔化金属挤出。

可采用适合于 TiNi 形状记忆合金与不锈钢钎焊的新型 AgCuZnSn 银基钎料，这种钎料可应用于医学领域，该银基钎料成分（质量分数）为：Ag51%～53%，Cu21%～23%，Zn17%～19%，Sn7%～9%。固相线温度为 590℃，液相线温度为 635℃，该钎料主要由 α-Ag 固溶体、α-（Cu，Zn）固溶体和 Ag-Cu 共晶相组成。采用该钎料钎焊 TiNi 形状记忆合金与不锈钢，钎焊接头界面冶金结合平直、致密。选取适当的激光钎焊工艺参数，接头强度可达 360MPa，同时 TiNi 形状记忆合金的形状记忆效应和超弹性性能损失较小。将 TiNi 形状记忆合金矫齿丝与不锈钢矫齿丝采用激光钎焊连接而成的复合正畸矫齿弓丝应用于口腔正畸临床，取得了良好的矫治效果。

对 TiNi 形状记忆合金异质材料连接，采用钎焊及瞬间液相扩散焊可以在低于 TiNi 形状记忆合金退火温度下获得性能较好的焊接接头，对母材的形状记忆效应和超弹性能影响较小，应引起关注。

8.2.3 TiNi 形状记忆合金的电阻钎焊

针对 TiNi 形状记忆合金，薛松柏等采用附有氩气保护的电阻钎焊方法进行了试验研究。因为 TiNi 合金导热性差、电阻大，而电阻钎焊方法时间短、焊接热量低、加热集中、热影响小，钎料对母材有良好的浸润性，这些特点不但有利于钎缝强度的提高，而且可以减小接头形状记忆效应的丧失。

（1）试验材料与焊接方法

试验所用 TiNi 记忆合金的规格为 2.5mm×1.2mm 扁丝，主要化学成分见表 8.11。钎料为 1.0mm×0.24mm 的 CuNi 薄带，其化学成分见表 8.12。采用钎剂为现有钎剂（质量分数，%）AgCl25-KF25-LiCl50 的改进型，加入一定量

的 $A_x B_y$。

表 8.11　TiNi 形状记忆合金的化学成分　　　　　%

Ti	Ni	Mn	Si	Fe
43.58	余量	0.01	0.005	0.005

表 8.12　钎料的化学成分（质量分数）　　　　　%

Cu	Ni	Mn	Fe	Al	Si
55.65	42.20	1.47	0.50	0.10	0.084

焊接前，母材及钎料先用丙酮进行清洗除油，然后将母材置于氢氟酸、硝酸水溶液中浸泡 10～15min（室温），去除表面的氧化膜，最后将母材及钎料用酒精清洗干净，自然晾干备用。

试验用焊接设备是自行研制的 DN25 型数控交流电阻焊机，额定初级电流为66.8A，额定功率为 25kW，次级空载电压为 4V。可实现焊接过程中多参数的同步精确控制，能控制焊接热量大小和焊接时间长短，焊接压力通过电磁气阀根据焊接要求准确控制。采用内部水冷电极和与焊接同步的氩气保护。

焊接接头采用搭接形式，在钎料薄带与母材之间的接触面上涂以一定量钎剂（预先将钎剂搅拌成膏状），分别采用加氩气保护和不加氩气保护，经过预压阶段、通电焊接阶段及维持加压阶段完成一个焊接过程。基于试验分析选定的焊接工艺参数见表 8.13。针对 2.5mm×1.2mm 的 TiNi 丝材的最佳工艺参数为：焊接热量调节为 1，焊接压力为 0.14MPa，焊接时间为 5cycles。焊后利用 Zwick I型微机控制电子拉伸试验机测定接头抗剪强度。

表 8.13　焊接工艺参数

焊接热量调节	0	1	2	3	4
焊接时间 t/cycles	—	—	5	—	—
焊接压力 p/MPa	—	—	0.14	—	—

（2）焊接热量对接头力学性能的影响

由于焊接热量调节直接影响接头的热输入（当焊接热量调节为 0 时，可控硅的导通角为 30°；当焊接热量调节为 10 时，可控硅的导通角为 90°），很大程度上决定着接头的质量。图 8.16 所示为焊接热量调节与接头抗剪强度的关系。

可以看出，随着焊接热量调节的增大，接头的强度随之升高，在焊接热量调节为 1 时达到峰值，焊接热量调节进一步增大，强度开始下降。采用 CuNi 钎料薄带配合改进型钎剂，TiNi 形状记忆合金的电阻钎焊接头的抗剪强度最高可达到 577MPa。

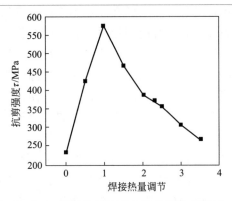

图 8.16　焊接热量调节与抗剪强度的关系

　　分析认为，当焊接热量调节小时，钎缝接合区所获得的热量小，接合区的温度较低，钎剂的活性降低。接合面的热塑性变形较小，不足以使接合面的氧化膜破裂。这影响了氧化膜的去除，妨碍了钎料对母材的润湿，接头钎着率低。当承受剪切力时，接头接合面处受力面积小，容易在搭接部位断开，所以强度较低。从接头断面的宏观形貌也证明了这一点，试件接合区母材的原貌清晰可见，未发现有钎料润湿的痕迹。

　　焊接热量调节大时，虽然钎剂与钎缝接合面热塑性变形的共同作用使母材表面氧化膜得以很好地去除，但由于温度过高，导致钎料与母材发生剧烈的反应，形成了新的化合物相。同时较大的热输入对母材的热影响较大，母材晶粒粗化，原有的 $TiNi_3$ 化合物相会急剧长大，接头的脆性相较多，使位错密度增大，在接头及热影响区形成了潜在的裂纹源，接头的塑性较差，受力时很容易在钎缝及热影响区断裂。只有当焊接热量调节适当时，才能获得强度和塑性都较高的钎焊接头。

　　(3) 焊接参数对接头力学性能的影响

　　根据电阻焊热量计算公式：

$$Q = I^2 Rt \tag{8.1}$$

　　式中，I 为电流强度，A；R 为接触电阻，Ω；t 为焊接时间，s。

　　可以看出，当焊接热量调节一定、母材采用相同的焊前处理时，热量 Q 与焊接时间 t 成线性关系。图 8.17 所示为焊接时间与抗剪强度的关系。表明焊接时间短时，热量小，钎剂活性不够，接合界面处的氧化膜不能充分被去除。同时熔化的钎料与母材的相互作用时间短，钎料不能够完全熔化，致使钎着率低，不能形成致密的钎缝。而焊接时间过长时，过大的热量使钎料与母材的作用剧烈，钎缝处形成脆性化合物。同时母材晶粒由于过多的热输入而粗化，这会造成接头强度的降低。用氩气保护的钎焊接头的强度比不采用氩气保护的高 25% 左右。

没有氩气保护的条件下，钎焊时间短时，界面接合程度对母材的力学性能起着决定性的作用。随着钎焊时间的延长，热量逐步加大，氩气的保护作用效果明显。由于热输入较大时，如果没有氩气保护，接头高温区受氮、氢、氧等侵入而生成的各种氧化物或氮化物等夹杂物影响钎料填缝，使接头严重脆化，接头强度降低。焊接时间不是一个独立的参数，它依赖于焊接热量调节的大小，共同决定着焊接温度的高低。

图 8.18 所示为焊接压力与接头力学性能的关系。接头的强度随着压力的增大而提高，并在 0.14MPa 时达到最大值。焊接压力对接头强度的影响没有焊接热量显著，随着焊接压力的变化，接头强度的变化范围较小。

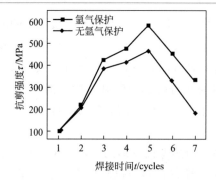

图 8.17　焊接时间与抗剪强度的关系

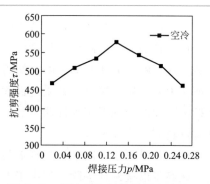

图 8.18　焊接压力与抗剪强度的关系

电阻钎焊技术对焊接压力的要求较宽松，压力的调节范围较大，加大压力使接头金属的热变形增加，导致钎缝结合区晶粒细化，提高接头的强度。但过大的焊接压力将使焊件发生明显的宏观变形，使接头的强度降低。

电阻钎焊过程中，由于母材表面粗糙度不同，在适中的焊接压力作用下，使钎料薄带及母材接合面产生一定量的热塑性变形，界面之间达到微观上的全接触，避免了由于接合面微观局部接触使瞬态焊接电流陡增而产生飞溅。焊接压力能够在热作用下使接合面处的氧化膜破裂，钎剂能够通过氧化膜破裂处深入母材与氧化膜之间，通过氧化膜的剥离和溶解达到去膜的目的。但过大的压力使接合面的热塑性变形较大，熔化的钎料被挤出接合面，会导致接合面与母材的直接接触，由于温度较低难以实现原子的充分扩散，不利于钎缝结晶过程的进行，从而降低接头的强度。

（4）母材及钎缝组织分析

用光学显微镜对母材及电阻钎焊接头金相进行分析表明，接头处没有明显的热影响区，且钎缝连续、致密，钎焊过程对母材热影响很小，熔化的钎料能够充分填缝。钎缝主要是由 β 相和 Ni_3Ti_2 相组成，这是由于钎缝区直接由熔化的钎料快速冷却，保留了较多的高温相，这对 TiNi 形状记忆效应及力学性能是有利的。

焊接接头的形状记忆性能与超弹性受焊接时间、焊接温度的影响，也受母材自身几何尺寸的影响，也与钎缝所需热容量的大小有关。

与电阻点焊相比，电阻钎焊无需使焊接温度达到母材熔点，只需使低熔点的钎料熔化即可，这样可减小对母材的热影响。电阻钎焊热源产生于焊件内部，与熔化焊时的外部热源相比，对焊接区加热更为迅速集中，内部热源使整个焊接区发热。为了获得合理的温度分布，可采用水冷电极对焊接区急冷来实现散热。同时熔化的钎料相对较少，排除了钎接过程中钎料大量熔化所形成的脆性相对强度的不利影响，也能减小对母材的热影响，从而使接头的形状记忆效应损失减小到最低限度。

与常规的钎焊方法相比，电阻钎焊弥补了由于长时间的加热保温所引起的新化合物相形成、母材晶粒粗化以及钎缝强度低等不足。研究结果表明，采用电阻钎焊接头的抗剪强度比电阻点焊接头的抗剪强度提高了 1 倍，比炉中钎焊接头的抗剪强度提高了约 70%。由于对母材热影响相对较小，基本上保证了接头的形状记忆效应。因此 TiNi 合金丝采用电阻钎焊技术具有良好的应用前景。

8.2.4 TiNi 合金与不锈钢的过渡液相扩散焊

TiNi 形状记忆合金价格较贵，在实际应用中将其与性能优异、价格低廉的不锈钢连接起来是降低成本、扩大其应用的重要途径。TiNi 合金和不锈钢的物理化学性质（如熔点、导热系数、线胀系数、晶体结构等）相差很大，采用熔焊方法时接头易产生应力集中而开裂，且结合界面易形成 TiFe、$TiFe_2$、TiC 等脆性化合物，严重影响接头的性能。采用 AgCu 金属箔作中间过渡层，针对 TiNi/不锈钢开展过渡液相扩散焊（TLP-DB）试验研究，可扩大 TiNi 形状记忆合金的应用范围。

（1）材料及焊接方法

试验材料为 Ti50.2Ni49.8（质量分数，%）和 304 不锈钢（18-8 钢），物理性能见表 8.14。采用厚度为 $50\mu m$ 的 AgCu28 金属箔作中间层，熔点为 779℃，室温的抗拉强度为 343MPa。采用搭接接头，试样尺寸为 30mm×10mm×2mm，搭接长度为 10mm。待焊接面先用砂纸磨光，用丙酮超声波清洗 10min，烘干。将准备好的材料按 TiNi/AgCu/304 不锈钢的顺序装配。工艺参数为：连接温度 T 为 820～900℃，保温时间 t 为 20～100min，连接压力 p 为 0～0.1MPa，真空度为 $1.0×10^{-2}$～$1.0×10^{-3}$ Pa。

表 8.14　试验母材的物理性能

母材	密度/(g/cm³)	熔点/℃	线胀系数/10⁻⁶℃⁻¹	热导率/[W/(cm·℃)]	抗拉强度/MPa	屈服强度/MPa	断面伸长率/%
TiNi	6.4~6.5	1310	10	0.21	940	444	9
304 不锈钢	7.9~8.0	1440	17	0.16	726	379	59

采用扫描电镜和 X 射线衍射仪分析连接界面组织结构。采用剪切强度评价各工艺参数下接头强度,至少取 3 个试样剪切强度的平均值。焊后接头在 MTS810 材料实验机上进行剪切实验,加载速度为 0.5mm/min。

(2) 工艺参数对接头强度的影响

① 加热温度的影响　$t=60min$,$p=0.05MPa$ 时,接头的剪切强度随连接温度的变化如图 8.19 所示。随着连接温度的升高,接头剪切强度先增加后减小。加热温度为 820℃时,AgCu 中间层仅与母材 TiNi 形成宽度约为 $2\mu m$ 的扩散层,与不锈钢的连接界面反应不充分,分界线明显。断口形貌为大的层片状上分布少量的韧窝,以脆性断裂为主。这表明只有少量的反应产物在界面上形成和生长,未形成连续扩散层,界面冶金结合率较低。当温度升高到 860℃时,扩散接头剪切强度最大为 239.4MPa。

温度升高到 900℃时,中间层与两侧母材的连接界面消失,焊缝相对较窄,但扩散层的厚度显著增加。断口形貌显示晶粒粗大,中间层低熔点共晶熔化填充晶粒间隙,晶粒形貌不明显。这表明接头已由韧性断裂转向脆性断裂。因此,TiNi/不锈钢过渡液相扩散焊接头的剪切强度与界面扩散反应程度和晶粒大小有关。

② 保温时间的影响　$T=860℃$,$p=0.05MPa$ 时,接头的剪切强度随保温时间的变化如图 8.20 所示。在此温度下,中间过渡层生成低熔共晶,在较低的温度下得到液态金属。随焊接时间的延长,熔化的液态中间层逐渐铺展到基体金属的表面。同时基体 TiNi 和不锈钢界面处部分溶解,并扩散到液态金属中,使液态金属不断增多。随扩散反应的进行,中间层成分发生变化,液态金属的熔点升高,最后沉积在基体表面。随保温时间的延长,焊缝中富集的固态 Ag 不断向母材中扩散,使焊缝组织逐渐均匀化,得到性能良好的焊接接头。

保温时间较短时,中间层元素来不及向母材中扩散,界面尚未形成冶金结合层或结合率较低,尤其是不锈钢一侧,还存在大量的孔隙。断口形貌呈层状撕裂,表明界面冶金结合较差。保温时间超过 60min 后,由于界面反应层增厚,增大了界面结合区因物理性能不匹配而产生的应力,在接头 TiNi 一侧产生裂纹,导致接头强度大幅下降。接头呈脆性和韧性混合断裂,这是因为反应过程中界面析出第二相硬质点,并长大连成片状。保温时间决定了过渡液相扩散焊界面元素扩散的程度，是接头形成均匀反应层的重要参数。

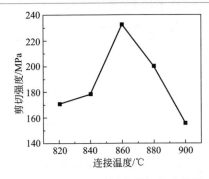

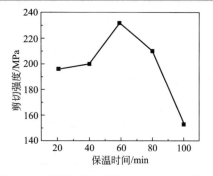

图 8.19　连接温度对接头剪切强度的影响　　图 8.20　保温时间对接头剪切强度的影响

③ 压力对接头强度的影响　从图 8.21 可见，连接压力较小时（$T=860℃$，$t=60min$），被焊材料表面只有少量微观凸起发生物理接触，且塑性变形小，提供的变形能很少，焊合率较小，接头强度不高。

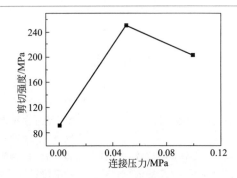

图 8.21　连接压力对接头剪切强度的影响（$T=860℃$，　$t=60min$）

当压力增加到 0.05MPa 时，有效接触面积和变形能增加，中间层与母材间隙减小，界面元素扩散加快，接头强度较高。但当压力过大时，连接过程中可能挤出液态中间层，减少了界面元素的反应与扩散，接头强度反而降低。接头的剪切强度随连接压力的变化也呈先增加后减小的趋势，但是减小的幅度不大。连接压力为 0.05MPa 时，接头的剪切强度最高。

（3）接头组织及界面反应层

$T=860℃$，$t=60min$，$p=0.05MPa$ 时，TiNi/304 不锈钢过渡液相扩散焊接头各点成分的能谱分析结果见表 8.15。根据能谱分析，连接过程中不锈钢中的 Fe 和 TiNi 中的 Ti 穿过中间过渡层，参与中间层发生的界面反应，TiNi 一侧的反应层主要由 Ti、Ni、Fe 元素和少量的 Ag、Cu、Cr 元素组成，界面反应产物以 Ti（Ni，Fe）为主。860℃时，Ag 在 Fe 中的有效扩散系数比 Cu 在 Fe 中的有效扩散系数大，不锈钢一侧界面结合区 Ag 的含量比 Cu 多。

表 8.15　过渡液相扩散焊接头各点成分的能谱分析　　　　%

测定点	Ti	Ni	Ag	Cu	Fe	Cr	Si	Mn	可能相
1	47.78	51.05	—	—	1.17	—	—	—	—
2	32.23	16.79	7.63	3.06	33.07	7.22	—	—	TiFe
3	1.67	0.11	58.35	37.62	1.36	0.89	—	—	AgCu
4	23.95	7.87	14.72	3.15	40.39	7.88	2.04	—	TiFe$_2$
5	—	7.73	—	—	70.29	18.88	1.63	1.48	

断裂发生在 TiNi 与中间层的反应界面上。X 射线衍射结果显示，界面除了扩散的 α-Ag 及 TiNi$_2$、TiFe 等脆性相外，还发现一种与基体 TiNi 具有共格关系的 Ti$_3$Ni$_4$ 化合物相。Ti$_3$Ni$_4$ 相是 TiNi 形状记忆合金产生双程及全程记忆效应的主要因素，接头具有一定的形状记忆效应。

参考文献

［1］　任家烈，吴爱萍. 先进材料的连接，北京：机械工业出版社，2000.

［2］　魏巍，冯勇，吴晓祖，等. 铌-钛低温超导材料焊接技术的研究状况述评. 钛工业进展，1991，（1）：12-16.

［3］　邹贵生 吴爱萍 任家烈，等. 高 Tc 氧化物陶瓷超导材料的连接研究状况与展望. 材料导报，2001，15（12）：27-28.

［4］　王辉，陈再良. 形状记忆合金材料的应用. 机械工程材料，2002，26（3）：5-8.

［5］　李明高，孙大谦，邱小明，等. TiNi 形状记忆合金连接技术的研究进展. 材料导报，2006，20（2）：121-125.

［6］　薛松柏，吕晓春，张汇文. TiNi 形状记忆合金电阻钎焊技术. 焊接学报，2004，25（1）：1-4.

［7］　汪应玲，李红，栗卓新，等. TiNi 形状记忆合金与不锈钢瞬间液相扩散焊工艺研究. 材料工程，2008，9：48-51.

［8］　诸士春，陆晓峰. 形状记忆合金在法兰密封连接中的应用. 核动力工程，2009，30（3）：136-140.